普通高等教育"十三五"电子信息类规划教材

电子测量原理简明教程

詹惠琴 古天祥 习友宝 古军 何羚 编著

U0218156

机械工业出版社

电子测量技术是广泛用于各个学科专业的一门通用技术。电子测量的基本内容包含"信号的测量"和"系统的测量"两大部分,其中又以信号的测量为基础。本书根据电子信息科学与技术研究的基本对象——信号和系统的测量编写而成。全书共分8章,包括电子测量总论、测量误差及测量数据处理、信号的时间与频率的测量、信号幅度的测量、信号波形的测量、信号频谱的测量、信号源及系统的测量等内容,其中系统的测量一章中简单介绍了电子元器件特性参数、线性系统特性及网络分析等的测量。

本书可作为普通高校测控技术与仪器专业、电子信息专业学生的教材,也可作为广大科研和工程技术人员的参考书。

本教材配有电子课件和部分习题答案,欢迎选用本书作为教材的教师登录 www.cmpedu.com 下载,或发邮件至 jinacmp@163.com 索取。

图书在版编目(CIP)数据

电子测量原理简明教程/詹惠琴等编著 . —北京:机械工业出版社,2019.7(2024.7重印)

普通高等教育"十三五"电子信息类规划教材

ISBN 978-7-111-63023-4

Ⅰ. ①电… Ⅱ. ①詹… Ⅲ. ①电子测量技术-高等学校-教材

Ⅳ. ①TM93

中国版本图书馆 CIP 数据核字(2019)第 120743 号

机械工业出版社(北京市百万庄大街 22 号 邮政编码 100037)
策划编辑:吉 玲 责任编辑:吉 玲 韩 静 刘丽敏
责任校对:佟瑞鑫 封面设计:张 静
责任印制:郜 敏
北京富资园科技发展有限公司印刷
2024 年 7 月第 1 版第 2 次印刷
184mm×260mm · 16.5 印张 · 451 千字
标准书号:ISBN 978-7-111-63023-4
定价:39.00 元

电话服务 网络服务

客服电话:010-88361066 机 工 官 网:www.cmpbook.com
　　　　　010-88379833 机 工 官 博:weibo.com/cmp1952
　　　　　010-68326294 金 书 网:www.golden-book.com
封底无防伪标均为盗版 机工教育服务网:www.cmpedu.com

前言

电子测量是获取信息的重要手段，它与各个学科、各个行业的关系十分密切。工农业生产、科学技术研究、国防现代化建设等各个领域都广泛应用电子测量技术，使用各种电子测量仪器。在大学本科生和研究生的教学阶段，电子信息类理工学科专业的课程实验和综合实践，以及创新性的科研活动中，为了获取实验数据，更离不开电子测量技术及仪器。在信息化社会中，电子信息技术已成为各行各业的通用技术，同样，作为获取信息的电子测量技术及仪器更是不可缺少的通用技术和通用设备。

高校理工科专业的学生，特别是电子信息类的学生需要具备一定的电子测量知识和相应的测试能力，但这种需求又是有区别的。这种区别大体分两类：一类是测控技术与仪器专业，培养从事测控技术及仪器的研究、设计及创造的人才，需要在掌握电子测量原理的基础上，进一步学习电子测量仪器及系统的设计开发和工程实现技术，其学习基于电路结构和程序算法，进行仪器及系统内部硬件和软件的设计；另一类是非测控技术与仪器专业，着重测控技术及仪器的应用，即了解被测对象的测量原理和技术要求，在此基础上能合理选用测量仪器，正确使用和操作仪器，获得所需的测量结果，并能对结果进行误差分析。由于两类需求上的不同，因此，对电子测量原理的学习内容和学时安排就有所不同。

为测控技术及仪器专业学生编写的《电子测量原理》（第2版），对非测控技术与仪器专业的学生来说内容多了一些，篇幅大了一些，可适当精简。为此，本书在《电子测量原理》（第2版）的基础上编写，对内容进行精简，压缩了篇幅。精简的考虑是：①本书仍按照《电子测量原理》（第2版）的体系结构，即根据电子科学技术的基本研究对象——信号和系统，安排了"信号的测量"和"系统的测量"两大部分内容，仍保证了体系的完整性；②保留最基本的内容，删去扩展性的内容。本书以信号的测量为重点，以信号基本参数的测量为基本内容，对系统的测量中的内容做了较多的删减和合并，以缩减全书的篇幅；③根据电子测量技术的发展趋势，重点讲解数字式测量仪器，精简了模拟式仪器的内容，如在信号波形的测量等章节中，精简了模拟示波器的内容；④保留下来的章节按精选内容的要求做了部分的删减、改写和补充，使体系结构更合理，原理阐述更清晰，文句更通顺流畅，可读性更好；⑤本书着重电子测量及仪器的原理讲述，仪器的具体使用和操作等技巧性的内容放入实验课中，通过电子测量实验课进一步锻炼学生的测试能力。

本书根据科学性、先进性和实用性的原则精选内容，阐述了电子测量的基本原理，阐述中力求思路清晰、概念准确、逻辑性强、可读性好，以便于教学和自学。本书适用面广，可作为理工科院校机电类相关专业本科、高职、专科的电子测量课程教材，建议教学学时数为32～48学时，也可作为广大科研和工程技术人员的参考书。

本书由詹惠琴编写第2、8章，古天祥编写第1章，习友宝编写第4、5章，古军编写第3、7章，何羚编写第6章。全书由詹惠琴、古天祥统稿。

在本书的编写过程中学习和参考了国内外同行专家学者的有关教材、专著和论文，并在本书中有所引用。此外，本书编写过程中，得到机械工业出版社王保家、吉玲等同志的支持，在此，一并致以诚挚的感谢！尽管编者对本书内容和文字做了仔细的推敲和校订，但由于水平有限，书中仍难免存在一些疏漏之处，殷切希望广大读者批评指正。

编　者

目 录

第1章

电子测量总论

1.1 概述

1.1.1 测量的基本概念

1. 测量的意义

什么是测量？虽然并非每一个人都能给出一个明确的科学定义，但是人们都能深深感受到它的存在，并或多或少对它有一定的了解。在日常生活中，买东西要称重量，做衣服要量尺寸，安排工作要计时间，生病了要测体温……以及在家庭中常用的电表、水表、气表、空调器、洗衣机、电冰箱、电饭锅等，还需要测量电压、电流、电能、温度、湿度、流量、水位等物理量。可见，人们日常生活中处处离不开测量，那么，建立在严格数量观念之上的自然科学，如物理学、化学、生物学、医学等，就更加离不开测量了。为了揭示科学的奥秘，人们用实验的方法去认识客观世界，用测量的手段获取实验数据，再对测量数据进行归纳和演绎就可得到科学的理论，使感性认识上升到理论阶段。近代自然科学正是在有了实验与测量之后才真正形成，正如著名科学家门捷列夫所说："没有测量，就没有科学"。

现代信息科学技术的三大支柱是信息获取技术（测量技术）、信息传输技术（通信技术）、信息处理技术（计算机技术）。在这三大技术中，信息获取（测量）是信息的源头。没有获取到信息，其传输和处理就是无源之水、无米之炊。

在现代化的工业生产中，处处离不开测量。测量是精细加工的基础，没有测量也就没有现代化的制造业。在高新技术和国防现代化建设中则更是离不开测量。例如，在航天飞行中需要监测飞行参数、导航参数、运载火箭及发动机参数、座舱环境参数、航天员生理参数、飞行器结构参数等六大类五千多项参数。在医学生物领域，对人身体进行检查与诊断的心电图机、CT扫描仪、磁共振成像设备、超声诊断设备等现代医疗仪器，使人类诊断疾病的准确性和可靠性大大提高。在农业、气象、环境、勘探等各个领域中也离不开测量技术。

总之，测量技术已渗透到人类社会的各个领域，其应用的广泛性和重要性已越来越为人们所认识。

2. 测量的定义

现在再回到"什么是测量"的问题上来。关于测量的科学定义，下面将从狭义和广义两个方面进行阐述。

（1）狭义测量的定义　测量是为了确定被测量的量值而进行的一组操作。在进行这组操作的过程中，人们借助专门的设备，把被测量直接或间接地与同类已知单位进行比较，取得用数值和单位共同表示的测量结果。

测量结果，即被测量的量值 x 可表示为

$$x = \{x\} x_0$$

2

式中，x 为测量结果；$\{x\}$ 为测量数值；x_0 为测量单位。

为了准确理解测量的基本概念，下面先对测量定义中量和量值的有关术语进行说明，见表1-1。

表1-1 测量定义中的有关术语

术语	术语解释
量	人们把事物可定性区别和定量确定的属性，称之为（可测量的）量
被测量	是指作为测量对象（测量客体）的特定量
测量结果	是指通过测量所得到的赋予被测量的量值
（测）量值	量都是可测量的，并用量值来表示。一个特定量的大小，是由一个数值和测量单位共同表示的，即量值 = 数值 × 单位，如 5.34mV、−40.2℃ 等
（量的）数值	它是在量值表示中用来与单位相乘的数字。一个数值可以用量值除以单位的形式来表示，即数值 = 量值/单位，$\{x\} = x/x_0$
（测量）单位	为了定量表示同种量的大小，人们共同约定的一个特定参考量，它有名称、符号和定义，其数值为1。人们把"数值等于1的量"作为单位的定义

上面关于测量的定义采用了传统的、经典的表述方法，较完整地阐明了测量的内涵。它表明：①测量的对象是被测客体中相应的量值，测量的目的是对被测对象有一个定量的认识；②一组操作（手动的或自动的）就是一个实验过程，测量必须是通过实验过程去认识对象，说明了测量的实践性；③从测量结果的表达式可得，$\{x\} = x/x_0$，它说明测量是通过比较来确定被测量的数值，比较可采用直接或间接的方法进行，比较通常需要用专门的设备（测量仪器）才能实现；④测量需要有同类已知单位作标准，某种类型的被测量必须在有明确的定义，且其量值的标准已建立的前提下，对该类量的测量才可能实施；⑤测量结果最终需要给测量的主体（人）表示出来，表示的内容包括数值（大小及符号）和单位（标准量的单位名称）。

量值比较是狭义测量的最基本的原理，关于测量的比较原理将在后面详细阐述。

（2）广义测量的定义　测量是为了获取被测对象的信息而进行的实践过程。在这个过程中，人们借助专门的设备去感知和识别有关的信息，取得关于被测对象的属性和量值的信息，并以便于人们利用的形式表示出来。测量（信息获取）的基本原理如图1-1所示。

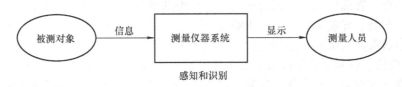

图 1-1　测量的基本原理

所谓某事物的信息，即该事物（系统）的运动状态及其变化方式。世间万事万物，无不在运动。事物运动的状态也总会随着时间和空间的推移依照某种方式发生变化或转移，这就是说，世界随时随地产生着巨量的信息。人们要认识世界，首先必须获取事物的信息。

广义测量原理可以从信息获取过程来说明，即从信息的感知和识别两个环节来说明。信息获取的首要环节是信息的感知。信息感知的原理是通过感知系统与产生信息的源事物之间的相互作用，把源事物信息转化为某种物理量形式表现的信号。所以，感知的实质是信息载体的转换，是获取信息的必要前提。但是，仅仅感知出信息还不够，还必须有能力识别所感受到的信息是有用的还是无用的（甚至是有害的）。如果是有用信息，还要用有效的方法把这种有用信息同其他（无用或有害）的信息分离开来，再判明它属于哪一类信息；如果是有害信息，则要找到有效的方法对它进行抑制或消除。有用信息识别的基本原理是与标准样板进行比较，判断出信息的属性和数量。为了对感知的信息进行定性区分和定量确定，建立信息类别相似性的表示和信息量值的度量是信息识别的主要任务。

广义地讲，测量不仅对被测的物理量进行定量的测量，而且还包括对更广泛的被测对象进行定性、定级的测量，如故障诊断、无损探伤、遥感遥测、矿藏勘探、地震源测定、卫星定位等。而测量结果也不仅仅是由量值和单位来表征的一维信息，还可以用二维或多维的图形、图像来显示被测对象的属性特征、时序关系、空间分布及拓扑结构等。

3. 测量的组成

（1）测量的基本要素　从测量的定义可知，测量要有对象（测量的客体），测量要由人（测量的主体）来实施，测量需要专门的仪器设备（硬件）作工具，测量要有理论和方法（软件）作指导，测量总是在一个特定的环境中进行的。因此，构成测量的基本要素是：被测对象、测量人员、测量仪器、测量技术和测量环境，如图1-2所示。

图1-2中，①被测对象是从被测的客体中取出的信息；②测量人员是获取信息和实施测量的主体；③测量仪器包括测量器具与标准仪器；④测量技术是根据被测对象和测量要求采用的测量原理、方法及相应技术措施；⑤测量环境是测量所处空间的一切物理和化学条件的总和，是测量结果的影响因素。五个基本构成要素之间的连线，表示互相之间的一种联系或影响。实线表示两者之间有物理上的硬连接，传递着信号，连线的箭头表示信号的流向；虚线表示了一种软连接，虽然两者之间没有物理上的连接，而它们之间却传递着某种信息或施加有某种影响。

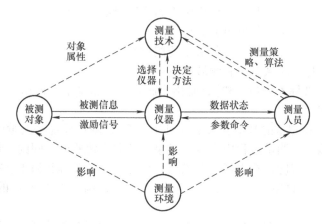

图1-2　测量的基本要素

（2）测量过程——基本要素之间的互动关系　测量过程是测量的主体（测量人员）获取测量客体（被测对象）的量值信息的过程。在这个过程中，测量的主体（测量人员）根据测量任务的要求、被测对象的属性和特点及现有仪器设备状况，拟定合理的测量方案，选择测量仪器，组建测量系统。根据所采用的测量技术（即测量原理、方法及相应的技术措施），制定出测量策略（测量算法）和操作步骤（测量程序），对仪器和系统实施测量操作（发出控制命令），按照一定的逻辑和时序完成测量过程，取得测量数据，分析测量误差并显示测量结果。

（3）被测对象——信息　狭义地讲，测量是量值的获取，被测对象是各种被测量，包括物理量、化学量、生物量等；广义地讲，测量是信息的获取，被测对象是信息，信息反映了事物的运动状态及其变化方式。

在自然界中，有的信息显露于表面，或者说信息反映的运动状态及变化方式关系比较简单，比较直接。对于人类主体来说，有的信息形态通过人体五官可直接感知，如一定范围内的声、光、热、力、味等；而有的信息形态不能通过人体五官直接感知，如超声、红外、电磁波等，需用相应的测量仪器或传感器，把人体五官不能感知的信息检测出来。

（4）测量人员　测量人员是获取信息的主体，他主宰了测量过程中的一切活动。测量所实施的一组操作或由测量主体（测量人员）在直接参与下手动完成，或由测量主体交给智能设备（计算机等）自动完成，但测量策略、软件算法、程序编写等均需由测量人员事先设计好，再交付给智能设备执行。

（5）测量仪器——量具和仪器　测量需要借助专门的设备，这类设备包括量具、测量仪器、测量系统及附件等。

量具是按给定的量值，复制某一物理量的器具，如砝码、尺子、量杯、标准电阻、标准电池、石英晶体振荡器等，是一个以固定形态体现测量单位的已知量。在测量中，除少数的量具（如尺子、量杯等）可以直接参与比较外，大多数量具都需要借助于专门的比较设备才能进行比较。因此，在实际测量中，广泛地通过各种测量仪器，来完成间接的或直接的比较。

测量仪器是单独或连同辅助设备一起，用以进行测量的器具。测量仪器通常能完成感知、变换、比较、处理和显示等基本测量功能。借助于测量仪器，把被测量转换为测量的主体（人）的五官能直接感觉的形式，如指针偏转、显示器上的数码或图像等。

（6）测量技术　测量中所采用的原理、方法和技术措施，总称为测量技术。

测量原理，是测量的科学基础，如应用于温度测量的热电效应、应用于压力测量的压电效应、应用于某电参量测量的仪器组成原理等。

测量方法，是指在实施测量中，所采用的按类别概括说明的一组合乎逻辑的操作顺序，如直接测量和间接测量、时域测量和频域测量等。

测量程序（有时被称为测量步骤），是指实施特定的测量中，根据给定的测量方法说明的一组具体操作步骤。

（7）测量环境　在测量的基本要素中（见图1-2），测量环境是测量中客观存在的一个影响因素。测量环境是指测量过程中人员、对象和仪器系统所处空间的一切物理和化学条件的总和。它包括温度、湿度、重力场、电磁场、辐射、化学气雾和粉尘、霉菌以及有关电磁量（工作电流、电压、频率、源阻抗、负载阻抗、地磁场、雷电等）的数值、范围及其变化。

环境对测量的影响表现在下列三个方面：①环境对被测对象的影响：测量应在被测对象的正常或额定工作环境下进行；②环境对仪器系统的影响：环境可能直接或间接地影响到仪器的某个工作特性，进而影响测量结果；③环境对测量人员的影响：不良工作环境（高温、严寒、潮湿、嘈杂、照明不适当等）会对测量人员的身心产生不良影响，从而引起人身误差。

总之，测量环境以及工作条件变化均对测量结果有影响。不是被测量，但对测量结果有影响的量，称为影响量，如测量中的环境温度。应当采取适当的控制措施，尽量减少环境的不良影响。

1.1.2　电子测量的意义

人类靠五官来认识外部世界，但人直接感知信息的能力是有限的。这主要表现在敏感域和灵敏度有限、分辨力不够高、响应范围不够宽和响应速度不够快。

随着科技的发展，人类借助外部力量（科学技术能力）来不断增强自己的感知能力。在测量科学技术领域，不断研究新的测量技术和开发出新的测量仪器，使人类具有更广阔的感知能力、更精细的分辨能力和更准确的识别能力。要使人类认识世界的能力有突飞猛进的进步，如果只停留在以物质和能量为研究对象的传统的、经典的科学技术领域，已很难获得突破性的进展，只有借助于电子信息科学技术的手段，测量科学才能蓬勃发展。利用电磁波或电子作为信息载体的电子信息技术，在处理信息上有着巨大的优越性，并成功地应用于电子测量技术之中。电子测量的优势表现在以下方面：

1）具有极快的速度。电子的电荷量 q 最小，而荷质比（q/m）相当大，故电子运动可达很高的速度和加速度（电子在足够的加速电压作用下其速度可达 $10^5 km/s$ 以上；电磁波的传播速度可达 $3 \times 10^5 km/s$——光速）。利用电磁波和电子运动来工作的电子仪器，从根本上来说就具有极高的信息传播与处理速度。

2）具有极精细的分辨能力和很宽的作用范围。例如，电压分辨力达纳伏，时间分辨力达皮秒，功率的有效作用范围（最大值与最小值之比）可达 $10^{15} \sim 10^{18}$。因此利用电子技术获取信息可以有很宽的感受域和很高的分辨能力。

3）极有利于信息传递。由于电磁波的光速传播和数据的海量存储能力，无论是信息在空间中的传递（通信）或是信息在时间上的传递（存储），都十分快速、方便、可靠。利用电磁波的远距离传输和远距离作用的性能，可实现远距离测量，即遥测。

4）极为灵活的变换技术，有利于信息的获取。在传统的测量技术中，测量长度（或距离），只能用各式各样的尺子（卷尺、杆尺、卡尺等）；测量重量只能用各种磅秤、杆秤、弹簧秤或天平；测量时间只能用各类钟表。人们不能用测量重量的技术和仪器（例如天平）去量长度；反之，不能用尺子去称重量，也不能用钟表去量重量或长度。但是，利用电子技术灵活变换的手段，像这样似乎是十分荒谬的替换，在电子测量中不仅是可能的，甚至是常见的。雷达就是用了相当于钟表测时间的方法去测量出了飞机的距离。电视和电话通过光 – 电 – 光和声 – 电 – 声的变换，借助电磁波的快速、远距离的传输能力，实现了人类千里眼、顺风耳的梦想。

5）巨大的信息处理能力。具有加、减、乘、除、对数、指数、二次方、开方等各种模拟与数字的运算处理功能的电子电路，可对信号进行各种处理。特别是计算机具有十分强大的算术、逻辑运算能力，可完成各种更为复杂的数字信号的处理功能。

测量科学是研究信息的科学，它与电子科学技术结合应当是很自然的事情。事实上，20世纪 30 年代便开始了测量科学与电子科学的结合，产生了电子测量技术，这是测量科学技术前进中的一个最具代表性的里程碑，使测量技术与电子信息科学技术一样突飞猛进地发展，而测量学科成为一个既有悠久历史又是朝气蓬勃的学科。

1.1.3 电子测量的定义

从广义上说，电子测量是泛指以电子科学技术为手段，即以电子科学技术理论为依据，以电子测量仪器和系统为工具，对信号和系统进行的测量。从狭义上讲，电子测量则是利用电子技术对电子学中有关的电量和非电量进行的测量。

1. 电子测量的基本对象是未知的信号与系统

在获取被测对象信息的过程中，各种信息要变换成某种能量形式的信号，才便于测量。信号中蕴含着信息，但不是信息的本身，必须对信号进行测量后，才能从信号中提取出信息。在各种信号中，电信号最便于处理和利用。所以，电子测量的基本对象是电信号。

信号与系统是紧密相关的。信号的产生、变换、传输、处理、存储和再现都需要一定的物理装置，这种装置通常称为系统。一定物理形式的信号往往要依附于一定的物理系统才能存在，电信号要依附于电系统（电路与电网络），而系统的性能决定了它对信号进行加工的质量。因此，电系统也是电子测量的基本对象。

2. 电子测量的基本工具是已知的信号与系统

为了获取被测对象的信息，在对各种物理量的信号进行测量时，需用到各种测量装置和仪器，去完成信息的感知和信号的识别的任务。即用一个特性标准的、已知的系统——测量系统，才能精确地、不失真地获取被测对象的信息。

被测对象分为有源量和无源量两大类，信号参量是有源的，系统参量是无源的。如果被测对象本身是无源的，对它的测量必须在一定信号的激励下才能进行，这个信号称为测试信号。当对系统进行测量时，要用一个已知的测试信号（测量用信号）去激励一个未知的被测系统，通过测量仪器（一个已知的系统）对被测系统响应的观测，求得该系统的固有特性，获取到它的有关信息。

已知信号和已知系统是进行电子测量的基本手段，而各种信号源和测量仪器也成为电子测量中不可缺少的基本工具。

3. 电子测量的基本工作机理是信号与系统的相互作用

在电子测量中，信号与系统是紧密相关的。测量过程是信号与系统互相作用的过程，即信号按一定的规律作用于系统，系统在输入信号的作用下，对信号进行"加工"，并输出"加工"后的信号。通常将输入信号称为系统的激励，而将输出信号称为系统的响应。测量的结果，是信号与系统互相作用的结果，即为了正确地描述或反映被测的物理量，实现所谓的"不失真测量"，根据测量的要求和被测信号的特性，选择与之匹配的测试系统特性，以获得最好的测量结果。

一个系统与其输入、输出之间的关系可用图 1-3 表示，其中 $x(t)$ 和 $y(t)$ 分别表示输入量与输出量，$h(t)$ 表示系统的传递特性。三者之间一般有如下的几种关系：

图 1-3　测试系统框图

1）已知系统的传递特性 $h(t)$ 和输出量 $y(t)$，来推知系统的输入量 $x(t)$。这就是用测量系统来测未知输入量的测量原理。

2）已知系统的输入量 $x(t)$ 和输出量 $y(t)$，求系统的传递特性 $h(t)$。这通常用于对被测系统的特性测量或故障诊断，以及对测量系统的性能检定。

3）若已知输入量 $x(t)$ 和系统的传递特性 $h(t)$，则可综合出系统的输出量 $y(t)$。这种方式可用于信号的产生、频率或波形的合成、电压或功率分配、多级系统的组建等。

1.1.4　电子测量的特点

电子测量是测量学与电子学的结晶。由于采用了电子技术来进行测量，与其他测量相比，电子测量具有以下几个明显的特点：

1）测量频率范围宽。被测信号的频率范围除测量直流外，测量交流信号的频率范围低至微赫兹（$1\mu Hz = 10^{-6} Hz$）以下，高至太赫兹（$1THz = 10^{12} Hz$）。

2）量程范围宽。测量范围的上限值与下限值之间相差很大，仪器具有足够宽的量程。如数字万用表电压测量由纳伏（nV）级至千伏（kV）级电压，量程达 12 个数量级；而数字式频率计的量程可达 17 个数量级。

3）测量准确度高。电子测量的准确度比其他测量方法高很多。例如，用电子测量方法对频率和时间进行测量时，可以使测量准确度达到 $10^{-13} \sim 10^{-14}$ 的数量级。这是目前在测量准确度方面达到的最高指标。采用电子测量技术，长度测量和力学测量的最高精度均达

10^{-9}量级。

4）测量速度快。由于电子测量是通过电子运动和电磁波传播进行工作的，具有其他测量方法通常无法类比的高速度，这也是它广泛地用于各个领域的重要原因。像火箭、卫星、宇宙飞船等各种航天器的发射和运行，没有快速、自动与实时地测量和控制，绝对是不可能实现的。

5）易于实现遥测。电子测量可以通过电磁波进行信息传递，很容易实现遥测、遥控。例如，对于遥远距离或环境恶劣的、人体不便于接触或无法到达的区域（如人造卫星、深海、地下、核反应堆内等），可通过传感器或通过电磁波、光、辐射的方式进行远距离非接触式的测量。

6）易于实现测量过程的自动化和测量仪器智能化。由于微型计算机的应用，在电子测量中可实现程控、遥控、自动转换量程、自动调节、自动校准、自动诊断故障，对于测量结果可进行自动记录，自动进行数据运算、分析和处理。

电子测量的一系列优点，使它广泛应用于科学技术的各个领域。现在，电子测量技术（包括测量理论、方法、仪器和系统等）已成为电子信息科学领域重要而又发展迅速的分支。

1.2 电子测量的原理及基本技术

狭义测量最基本的原理是比较，测量是通过量值比较来取得一个定量的认识。量值比较分为直接比较法和间接比较法，天平和弹簧秤分别是两种方法的典型代表，其原理可以用图1-4来说明。图1-4a所示的天平称重，是将被测物体的质量与同类标准（即砝码）的质量，通过天平的直接比较完成的，测量结果是从所加砝码值获得的；图1-4b所示的弹簧秤称重，被测重物与标准砝码的比较测量是间接进行的，测量结果是从度盘上获得的。弹簧秤在出厂前已经用标准砝码进行了度盘刻度的标定和校准，刻度是事先与标准量进行比较的结果。

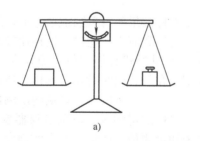

a)   b)

图1-4 测量的比较原理

a）天平直接比较 b）弹簧秤间接比较

1.2.1 间接比较法

间接比较法是电子测量中最常用的一种方法，它的实现原理基于两种技术，即变换和比较。下面分别说明。

1. 变换

电子测量中常常把被测的未知量经过一系列的变换后，最后变换成人（测量主体）能直接感知的一种量值表示形式，例如指示器的偏转角（或位移）或显示的数码，如图1-5所示。

一个测量过程中通常要经过三种类型的子变换：

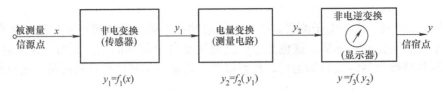

图1-5 偏转法（直读法）测量原理

第一类子变换：通过传感器把被测非电量 x 转换成电量 y_1，即 $y_1 = f_1(x)$。

第二类子变换：电量到电量的变换，电量 y_1 可能再经多次变换，被转换成为一种可供指示器直接利用的电量 y_2，即 $y_2 = f_2(y_1)$。

第三类子变换：电量到非电量的变换，y_2 是一个能直接驱动仪表指针偏转或者供显示直接使用的电量，经显示器把电量变成测量主体（人）能直接感知的显示非电量 y，它是第一类子变换的逆变换。指示器的示值 $y = f_3(y_2)$。

示值 y 按被测量 x 进行刻度，为

$$y = f_3\{f_2[f_1(x)]\} = f(x) \tag{1-1}$$

式（1-1）为整个测量过程中所完成的从被测的未知量到可观察的显示量的总变换。

对于实际的测量系统，式（1-1）表示的函数关系可用多项式表示为

$$y = f(x) = \sum_{i=0}^{n} a_i x^i = a_0 + a_1 x + a_2 x^2 + \cdots + a_n x^n \tag{1-2}$$

式中，a_0，a_1，a_2，$\cdots$，a_n 为常量，它们是测量仪器的变换系数。

测量系统经各种变换后的输出量与输入量之间应保持一个确定的函数关系。这种关系在理想的情况下应当是稳定不变的，即既不因环境的影响而改变，也不随时间的推移而变化。其变换系数（读数的刻度系数）可通过理论分析加以确定，但最后都要通过实验方法来标定。

2. 比较

被测量与标准量的比较，是把被测量与标准量各自单独地通过上述的变换过程，分别变换成输出的显示量后，人们根据各自显示的读数值进行比较。这种比较是间接的，一方面是因为，被测量与同类标准量不是以原来的参量形式直接比较，而是变成其他量后再进行比较；另一方面，被测量与标准量的比较不是在两者同时对仪器作用下通过一次测量过程来完成，而是分别对标准量和被测量单独地进行两次测量操作，再从两次测量结果的对比完成比较功能的。间接比较分两步进行：首先，对标准量测量，以确定仪器变换系数 a 的刻度值，这个过程叫作标定或校准；然后，再对未知量测量，并从已标定的刻度上读取测量结果。这就是一个间接比较的过程，这种比较是非同时的，甚至可能是通过时间相隔甚久的先后两次测量操作完成的。

综上所述，为了进行间接比较，广泛使用了各种变换技术，把被测量变换成人眼可见的显示量。如果是指针式仪器，需要把各种类型的被测量最终变换成指针的偏转角；如果是数字式仪器，则需采用各种变换技术最终变换成供数字显示器显示的数字量。

1.2.2 直接比较法

1. 直接比较测量原理

被测量与标准量直接进行比较的原理如图1-6所示。图中被测量为 x、标准量为 s、比较器输出为 y。假设比较结果 y 为逻辑值输出，即有 y_L 和 y_H 两种逻辑值，则：当 $x < s$ 时，$y = y_L$；当 $x > s$ 时，$y = y_H$；当 $x = s$ 时，y 输出发生变化的转折点，即输出一个跃变信号。

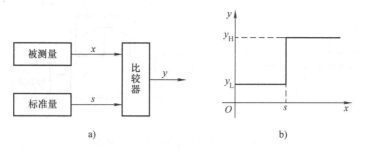

图 1-6　直接比较的原理

a）框图　b）比较特性

2. 直接比较法的典型结构

双通道对称的差动结构，是实现直接比较的一种典型结构，如图 1-7a 所示。其结构特点是具有两个独立的、特性相同的正向变换通道，其中一个通道加被测量，另一个通道加标准量。两通道的变换器输出的信号分别为 $u_x = K_1 x$ 和 $u_s = K_2 s$，它们经过减法比较或比例比较，比较器的输出再经 K_3 变换，最后由指示器显示出比较的结果 y。比较器的输出为 $\Delta u = u_x - u_s$（差值比较）或 $m = \dfrac{u_x}{u_s}$（比例比较），当差值 $\Delta u = 0$ 或比值 $m = 1$ 时，$u_x = u_s$ 或 $K_1 x = K_2 s$，则

$$x = \frac{K_2}{K_1} s \tag{1-3}$$

当两通道性能相同，即 $K_1 = K_2$ 时，则　$x = s$

对称差动的桥式结构也是比较测量中的一种常见的典型结构，如图 1-7b 所示。图中，x 为被测量，s 为标准量，r_1 和 r_2 通常为与 x 和 s 同类的参考量。当电桥处于平衡时，指示器的示值 y 为零，则有

$$\frac{x}{r_2} = \frac{s}{r_1} \quad 或 \quad x = \frac{r_2}{r_1} s \tag{1-4}$$

当 $r_1 = r_2$ 时，$x = s$。

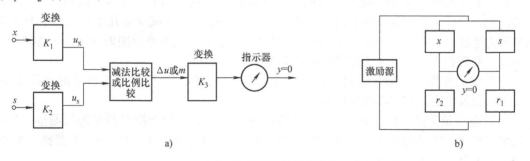

图 1-7　比较测量的差动结构

a）双通道对称输入结构　b）对称桥式结构

3. 零示法原理

零示法是被测量与标准量直接比较的典型方法，在测量过程中调节可变标准 s，使 $s = x$，s 与 x 二者的效应互相抵消，差值比较器的输出为 0，或者测量系统达到一个平衡状态，比例比较电路的输出为 1，此时标准量的数值等于被测量的数值。零示法如图 1-8 所示。

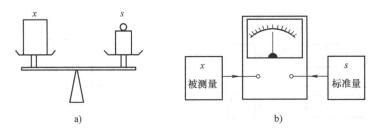

图 1-8　直接比较（零示法）的原理
a）天平　b）电压比较

1.2.3　电子测量中的变换技术

1. 变换的作用

在电子测量中，广泛应用了各种变换技术。这有以下两方面的原因：

1）某些被测量不便于直接比较，或者无法直接观测而采用了变换。例如，雷达测量飞机的距离，采用了把距离变换成时间，通过直接测量时间来测得距离（$s = vt$）。

2）为了获得更高的识别分辨力和精度、更快的速度、更宽的量程而采用变换技术。例如，将各种非电物理量（如长度、重量等）变换成电量；而许多电参量（如电压、阻抗、相位等）变换成频率量来测量，可获得更高的测量精度（因为目前频率测量具有最高的精度）。

2. 变换的类型

灵活的变换技术是电子测量最具特色的和最广泛使用的技术，变换的类型十分广泛，下面仅对其中最常用的几种变换做概略的介绍。

（1）幅值变换　幅值是指电压、电流、功率、阻抗等电参量的大小。幅值变换即指把它们的幅值按比例地增大或缩小，即把幅值处于难以测量的边缘状态（太小或太大）的被测量，按某一已知比值变换为量值适中的量进行测量。通过幅值变换，可扩展测量范围，提高测量分辨力和精度。

（2）频率变换　频率变换的方式很多，常用的有检波、斩波、变频、倍频、分频、取样等。频率合成是频率变换技术的一个典型应用，它把一个（或少量几个）高稳晶体振荡频率源 f_s 经过一系列综合的加、减、乘、除四则运算，在一定频率范围内获得许多离散的点频输出。变频技术在各类电子仪器中获得了极其广泛的应用。

（3）波形变换　整形、限幅、微分、波形合成等波形变换广泛用于电子测量技术中，多波形函数发生器是它的典型应用例子。

（4）电参量变换　在电子测量中，常将被测参量做必要的变换以便于进行测量。参量变换形式很多，常见的有 $A-V-\Omega$ 变换、$V-F$ 及 $F-V$ 变换、$V-T$ 及 $T-V$ 变换、$A-D$ 及 $D-A$ 转换、网络参数变换等。

（5）非电参量变换　非电参量变换是泛指其他多种形式的非电物理量与电学量之间的变换。事实上，非电参数变换分为参量变换器及电势变换器两大类。参量变换器是将各种物理量变换成电阻、电感、电容等电参量。电势变换器是将各种物理量变换成电压、电流等电量的变换器，即把机械量、热能、压力、光通量、离子浓度等物理量变换成电压、电流。

事实上，电子测量中也离不开从电量变换成非电量的一大类能量逆变换。在各种显示器中，需要把以电量形式表示的测量结果，变换成人的视觉直接感知的机械量、光学量等非电物理量，如指针的偏转、发光的数码、字符和图像等。

1.2.4 电子测量中的比较技术

量值比较是基于比较器进行的比较，比较器是把未知量和同一种类型的标准量进行直接比较。天平就是直接对重量进行比较，它是一个重量的比较器具。在电子测量中，常见的有电压、阻抗、频率、相位等类型的电量，相应地有电压比较器、阻抗比较器、频率比较器和相位比较器等。下面将对这几类电量的比较器做简略介绍。

1. 电压比较

（1）电平比较器　电平比较器可进行两个模拟电压的大小的比较，它用输出的逻辑电平表示结果，原理与图1-6相同。

（2）差值型比较器　如果需要对两个电压的差值 y 进行测量，应当采用能输出模拟差值电压的减法运算放大器代替电平比较器，因为电平比较器输出的是逻辑电平而不是模拟差值电平值。

（3）比例型比较器　具有除法或比例运算功能的电路或部件，也可完成被测量与标准量的比较。例如，电桥电路具有这样的功能。

2. 阻抗比较

电桥电路具有对称差动的电路结构，可以十分方便地实现差值检测和比例比较的功能，如图1-9所示。电桥电路是一种阻抗的电量天平，可对阻抗类电参量（如电阻、电容、电感等）进行直接比较，或者把这些电量的微小变化量（差值）检测出来，并转换成相应的电压或电流的变化量输出。电桥电路具有灵敏度高等优点，是测量技术中广泛应用的一种电路。

比例臂电桥和有源电桥如图1-9a、b所示，电压比较式和电流比较式变压器电桥如图1-9c、d所示。当电桥平衡时，根据电路平衡条件有

$$Z_x = \frac{Z_2}{Z_1}Z_s \quad \text{或} \quad Z_x = \frac{N_2}{N_1}Z_s \tag{1-5}$$

可见，Z_x 与 Z_s 成正比例关系，比例系数为 Z_2/Z_1 或 N_2/N_1。当 $N_2 = N_1$ 或 $Z_2 = Z_1$ 时，$Z_x = Z_s$。

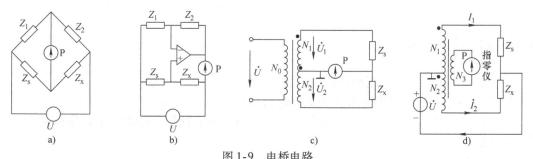

图 1-9　电桥电路
a）比例臂电桥　b）有源电桥　c）电压比较式电桥　d）电流比较式电桥

3. 频率（时间）比较

（1）时间或频率的差值比较　用RS触发器实现时间差值比较的原理如图1-10所示。用混频器的频率减法功能实现差频比较的原理如图1-11所示。

（2）时间和频率的比例比较　用一个门电路可以实现两个脉冲信号频率（或周期）的数字式比例运算功能。如果用周期 T_B 的脉冲形成开门时间，让频率为 f_A 的脉冲通过门电路，则输出用脉冲数表示的比值为 $N = \dfrac{f_A}{f_B}\left(\text{或}\dfrac{T_B}{T_A}\right)$。频率比例比较的原理如图1-12所示。电子计

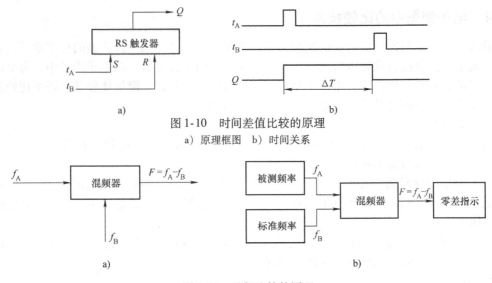

图 1-10　时间差值比较的原理

a）原理框图　b）时间关系

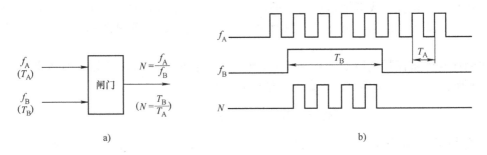

图 1-11　差频比较的原理

a）混频器实现差频比较功能　b）差频比较法在频率测量中的应用

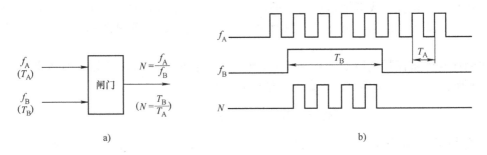

图 1-12　频率（周期）比例比较的原理

a）原理框图　b）工作波形

数器采用了这种比较方式。

4. 相位比较

各种类型的鉴相器是实现相位比较的基本部件，鉴相电路类型如下：

1）模拟鉴相器用乘法器或相敏检波器进行相位比较。

2）脉冲与数字式鉴相器用触发器构成的脉冲鉴相器，或用专用的数字式鉴相器芯片进行相位比较。

5. 数字比较

一位二进制的数 B_1 和 B_2 加于异或门的输入端，即可进行比较。多位二进制数 N_1 和 N_2 比较，可由多个异或门构成数字比较器。多位数字比较器已做成专用集成电路芯片。

1.3　电子测量的分类

1.3.1　概述

电子测量的基本对象是信号和系统。实际中，被测对象又可细分为许多种类，各类信号和系统中又有参数类型、幅值大小、频率范围，以及缓变与瞬变、有源和无源、分布和集中、模拟和数字等区别。对这些千差万别的被测对象，有可能要采用完全不同的测量技术和方法，本书将阐述其测量技术和测量方法。

如图 1-13 所示，电子测量按被测对象的属性，划分为有源量（信号）和无源量（系统）测量；根据被测对象的表现形式，划分为直接测量、间接测量和组合测量；根据被测对象的状态变化，划分为静态测量、稳态测量和动态测量；根据对被测对象的观测与分析的方法，划分为时域测量、频域测量和时频域测量；根据采用的测量技术，划分为模拟量的模拟式测量和数字式测量，以及数字量（数字信号和数字系统）的数据域测量。

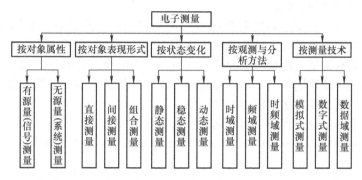

图 1-13　电子测量的分类

1.3.2　有源量（信号）测量和无源量（系统）测量

1. 有源量和无源量

被测对象按属性可划分为信号和系统两大类，这两类对象按被测量的属性分别为有源量和无源量。在各种分类法中，这是最基本、最本质的一种分类方法。信号是有源量，有源量是指一个携带能量的物理量，如力、电场、磁场、发光强度、压力等。有源量能将有关量值信息以能量的形式主动地提供出来，传送至传感器或测量仪器，通过仪器的自身响应，取得被测量的有关信息，测量中不需另外的辅助激励源。系统的特性参数是无源量，无源量是被动的，被测量的有关信息隐含在事物的内部结构中，只有在被测对象受到外部的激励时，才在被动产生的响应中显露系统固有的特性，并能通过测量其响应获取相关的信息。例如，为了测量放大器的放大能力，必须先在放大器的输入端加上激励的电信号，然后测出放大器输入端和输出端的信号幅度，才能获得放大器的放大倍数等信息。系统的特性，如物体的质量、弹簧的弹性、桥梁的应变、元件的阻抗、网络的参数、物体的颜色、地质的结构等，均属无源量。

在电子测量中，信号特性参量为常见的有源量，主要包含信号的电压、电流、功率、频率、波长、周期、波形、频谱等；系统特性参数为常见的无源量，包括集总与分布参数系统的特性，如电阻、电感、电容、品质因数、阻抗、导纳、谐振频率、截止频率、上升时间、延迟时间、介电常数、磁导率、驻波比、反射系数、散射系数、增益、衰减以及单位阶跃响应或单位冲激（脉冲）响应与传递函数等。

2. 有源量（信号）的测量

在对有源量的测量中，被测的有源量是一个未知的信号，用它去激励一个功能已明确且定义、性能已预先知道的系统（测量系统），通过系统的响应求得被测参量的量值。所以，这类测量又叫信号的测量，其测量方法如图 1-14 所示。

由于在有源量的测量过程中，不需要向被测对象施加能量，恰恰相反，测量系统还要靠被测对象的能量来驱动，才能完成测量过程，故图 1-14 所示的有源量的测量系统又叫作被动式测量系统。

图 1-14　有源量（信号）的测量

3. 无源量（系统）的测量

对无源量的测量，要用已知的有源信号（频率、幅度、波形等已知的信号）去激励一个特性未知的被测系统，然后从被测系统输出端得到包含被测系统特性的响应，此时无源量实际上已经转换为有源量，再按照有源量的测量方法对响应进行测量。如果激励与响应之间的关系，唯一地由被测系统的某些特性参量决定，那么就能求得无源量的量值。这类测量又称为系统的测量，其测量方法如图 1-15 所示。

由于在无源量的测量过程中，需要向被测对象施加能量，测量无源量的测量系统，必须具有主动提供激励的能力，故按图 1-15 构成的无源量的测量系统又叫作主动式测量系统。

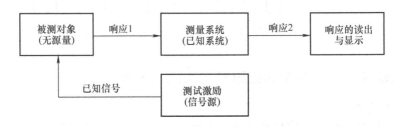

图 1-15　无源量（系统）的测量

4. 电子测量仪器按被测对象属性的分类

被测对象的有源与无源特性决定了测量系统的组成方式和功能结构。从图 1-14 和图 1-15可见，有源量测量系统（被动式测量系统）和无源量测量系统（主动式测量系统）两者功能结构的最显著的区别在于，前者不需要测量激励信号源，而后者必须要测量激励信号源。因此，在电子测量仪器中，电压表、电流表、功率计、频率计、示波器、频谱仪、逻辑分析仪等仪器，采用了图 1-14 所示的功能结构；而 R、L、C 测量仪、阻抗分析仪、网络分析仪、频率特性测量仪（扫频仪）、晶体管特性图示仪等仪器，采用了图 1-15 所示的功能结构。

1.3.3　静态、稳态和动态测量

1. 静态测量、动态测量与稳态测量的基本概念

根据被测物理量是否随时间变化，可将它们分成静态量和动态量。所谓静态量，是指那些不随时间变化的（静止的）或随时间缓慢变化的（准静态的）物理量，对这类物理量的测量称之为静态测量；反之，动态量是指随时间不断变化的物理量，对它们的测量相应地称之为动态测量。在工程测量中常常遇到动态量的测量，如瞬时温度、速度、动态流量、形变以及冲击加速度、爆发力等的测量。

在自然界中，有一大类随时间变化的被测量，其变化规律是周期性的，且性能十分平稳。对于这类处于稳态下的周期性交替变化的物理量的测量，称为稳态测量。

2. 静态、稳态和动态测量的基本方法

静态、稳态和动态可从测量信号的特征上来区分。在电子技术中，最基本的电信号有五种类型，即直流信号、正弦信号、脉冲信号、随机信号和数字信号。在电子测量中，系统受到不同的信号激励时将处于不同的状态，因此，讨论系统诸量之间的关系就应该有不同的分析方法，并以此作为选用测量方法的依据。根据信号和系统状态的不同，电子测量技术可分为静态（直流）测量技术、稳态（交流）测量技术、动态（脉冲）测量技术、随机（噪声）测量技术和数字（逻辑）测量技术五大类。下面主要从信号与系统的特点上来阐述静态、稳态和动态测量。

1）静态（直流）测量技术。静态测量，是指被测量的值在测量期间被认为是恒定的测量。被测对象的状态处于静止不变（或缓变）的状态，测量系统对应于一个直流（或缓变）的输入激励信号，测量系统也处于静止不变的状态，即使系统有惯性、时延、阻尼等也不起作用。此时测量原理、方法、手段最简单，测量过程不受时间限制，测量系统的输出与输入两者之间为简单的一一对应关系。静态特性的测量是在最简单的静态或准静态下进行的，测量精度也最高。

2）稳态（交流）测量技术。稳态测量，是指被测量处于平稳的、周期性变化的状态下所进行的测量。一个波形（幅度、频率和相位）恒定不变的周期性（正弦或非正弦）交流信号，可看成一个处于稳定状态的信号，对于这类信号的测量称为稳态测量，俗称交流测量。周期性的交流信号是电子测量的基本对象，事实上，电子计数器、交流电压表、通用示波器、取样示波器、外差式频谱仪等电子测量仪器，均只适宜测量这类处于稳定状态的周期性交流信号，而不适宜测量非周期性或单次瞬变信号。这类仪器测量出的交流信号的频率、周期、相位、电压、波形、频谱等均属稳态量。稳态测量是电子测量中最常见、最大量的一种测量。

周期性信号（最简单的周期性信号是正弦信号）激励下的被测系统，是处于稳态下的系统，观测在此激励下系统的输出响应，可以测线性系统的稳态参量。稳态参量是指系统的阻抗、增益、损耗、相移、群延迟和非线性失真度等，以激励信号的频率为变量对被测线性系统的输出响应进行测量，可在频域内研究被测系统的稳态参量随频率变化的情况。正弦测量必须待被测系统达到稳定状态时进行测量，它也是一种最常见的稳态测量。

稳态测量基本上不考虑时间，响应的读数及稳态参量均与时间无关，因此对稳态参量通常不从时域上去研究，而从频域上去研究它们随频率的变化情况。

3）动态（脉冲）测量技术。动态测量，是指为确定被测量的瞬时值，或被测量的值在测量期间随时间（或其他影响量）变化所进行的测量。自然界存在大量瞬变冲激的物理现象，如力学中的爆炸、冲击、碰撞等及电学中的放电、闪电、雷击等，对这类量进行测量，称为动态测量或瞬态测量。动态或瞬态测量技术有两种对象：一种是测量有源量（信号），测量幅值随时间呈脉冲形或阶跃形变化（突变、瞬变）的电信号；另一种是测量无源量（系统），是以最典型的脉冲或阶跃信号作被测系统的激励，观察系统的输出响应（随时间的变化关系），即研究被测系统的动态或瞬态特性。无论是测量有源量还是无源量，都是脉冲型的激励与响应，因此脉冲测量是一种动态测量。此外，动态测量是以时间为变量对线性系统进行的测量，也就是说，是在时域内研究被测信号和系统的动态或瞬态响应，故常采用时域测量技术。这类信号的时域特征（波形），只有数字存储示波器、动态信号采集系统等才适宜观测。

另外，在研究动态或瞬态测量时，还经常用到实时测量技术。所谓实时测量，是指以高于被测量变化若干倍的测量速度，对随时间变化的被测量，及时地采集原始动态数据的测量。

1.3.4 时域、频域和时频域测量

各种变化的被测量的特征，既可用幅度与时间的函数来描述，也可用幅度与频率的函数来描述。在电子测量中，观测变化的被测量的方法，相应地可划分为频域测量和时域测量两大类。

1. 频域测量技术

频域测量是以获取被测信号和被测系统在频率领域的幅度特性和相位特性为目的，采用测量被测对象的复数频率特性（包括幅度－频率特性和相位－频率特性）的方法，以得到信号的频谱和系统的频率响应。

在频域测量技术中，无论是分析信号的频谱成分还是测量系统的频率响应，常常是基于正弦波测量技术。由于正弦信号只需用三个参量（频率、幅度、相位）表示，所以讨论的问题十分简单，同时，正弦信号具有波形不受线性系统影响的特点，在用正弦信号激励线性系统时，系统内的所有电压和电流都是具有同一频率的正弦波，只是彼此之间的幅度和相位可能有所差别。由于测量一个系统的响应，只需要测量响应的幅度和相位，参数较少，易于实现，而且对一个复杂的信号，也可以用许多不同频率、幅度和相位的正弦信号成分来分析，因此，正弦测量技术是出现最早、使用最普遍的传统经典测量技术，正弦测量有正弦波点频法和正弦波扫频法两种基本方法。

频域测量的主要对象是频谱和网络的测量。频谱分析仪是频域测量中的一种极为重要的仪器，它能对信号进行频谱分析，并广泛用于测量信号电平、频率和频率响应、谐波失真、互调失真、频率稳定度、频谱纯度、调制指数和衰减量等。

此外，正弦波测量技术进行网络分析时，可以测量一个系统的灵敏度、增益、衰减、阻抗、无失真输出功率、谐波分析、延迟失真、噪声系数、幅频特性和相频特性等多种参数。网络分析仪是这类仪器的典型代表。

2. 时域测量技术

时域测量是以获取被测信号和系统在时间领域的特性为目的，采用测量被测对象的幅度－时间响应特性的方法，以得到信号波形和系统的瞬态响应（阶跃响应或冲激响应）。

在时域测量中，信号波形的采集和分析、系统瞬态特性的测量和分析是最根本的任务，常用的测试信号和待测信号是脉冲及阶跃信号，因而也把时域测量称为脉冲测量。时域测量是研究信号随时间变化和分析一个系统的瞬态过程的重要手段。

在时域内，表征信号和系统的主要动态变量有上升时间 t_r、下降时间 t_d、冲量 δ 和平顶下降 Δ 等。由于实际的任何线性系统都存在着惯性，因而在时间上输出响应的幅度往往跟不上输入激励的变化，使输出响应的建立有一个过渡过程。一个系统的上升时间的大小，反映了该系统的惯性大小。系统惯性越小，输出响应的幅度越能跟随输入幅度的快速变化，即动态性能好。从频域的观点来看，系统惯性小就是系统的高频传递性能好。系统响应的冲量是由于系统存在振荡回路引起的，如果振荡回路的阻尼较小，将引起输出信号的严重失真。一个系统的平顶下降 Δ 的大小，在频域中反映了该系统的低通能力，Δ 越小，低通能力越强。所以，动态特性也可通过频域测量结果来描述。

3. 频域测量和时域测量的应用

频域测量和时域测量是测量信号和系统性能的两种方法，是从两个不同的角度去观测同一个被测对象，其结果应该是一致的。

为了解决不同问题，需要掌握信号的不同特征。例如，评定电机振动强度，需用振动幅度的方均根值作判据，若在时域测量中获得振动幅度的采样值，能很快求得方均根值；而欲寻找振源时，则需掌握振动信号的频率成分，这就要采用频域测量。从时域测量观点来看，

时域波形直观，对复杂信号的认识十分快速方便。从频域测量观点来看，频谱能细致表现信号的结构，且测量准确度高。

另一方面，在频域和时域测量技术中，激励信号不同，检测响应的仪器结构原理也大不一样，两者各有特点而又各有不足的地方。例如，外差式扫频频谱分析仪不能反映被测信号的相位，对于一个含有基波和二次谐波的信号，仅能测量出它的基波和二次谐波的振幅，对于各自的相位关系则一无所知。然而，在电子示波器显示的合成时域波形图上，却能一目了然地看出二次谐波相对基波相位移动而产生的波形变化。

虽然如此，频谱分析仪却能精确测量各谐波振幅，从而计算出非线性失真度；而示波器要进行准确定量的测量是比较困难的，对非线性失真低于10%以下信号的测量就更困难了。

从理论上讲，时域函数的傅里叶变换就是频域函数，而频域函数的傅里叶逆变换也就是时域函数。频域分析和时域分析是能互译的。

随着计算机技术和高速数据采集技术的发展，通过高速采集获得信号与系统响应的离散时间函数，然后利用计算机的高速运算功能，通过离散傅里叶变换，直接将时域测量结果转换为频域结果，可同时快速地获得时域和频域两种特性，这是现代电子测量技术的一个重要方法。

1.3.5 直接测量、间接测量和组合测量

被测信号的物理表现形式很多，可分为电量与非电量两大类，而作为电子测量基本对象的电参量中，又可分为许多不同类型的量，在本章前面部分已做了介绍。在众多被测参量之中，有的量可以用相应的仪器直接测量出来，而有的量则要用间接的方法才能测量出来。被测参量类型不同，采用的测量方法也不同。从方法论的角度来分类，电子测量可分为直接测量、间接测量和组合测量三种类型。

1. 直接测量

直接测量是指用已标定的仪器，直接地测量出某一待测未知量的量值的方法，如用电压表直接测量电压等。直接测量并不意味着必须用直读式仪器进行测量，许多比较式仪器（如电桥、电位差计等），是将未知量与同类标准的量在仪器中进行比较，从而获得未知量的数值。这种测量虽然不能直接从仪器度盘上读得被测量的值，但因进行测量的对象就是被测量本身，所以仍属于直接测量。

直接测量法是通过测量后从仪器直接获得被测量的数值的方法。直接测量的优点是测量过程简单快速，它是一般测量中普遍采用的一种方式。

2. 间接测量

某未知量 y，当不能对它进行直接测量时，可以通过对与其有确切函数关系的其他变量 x（或 n 个变量 x_1，x_2，$\cdots$，x_n）进行直接测量，然后再通过函数

$$y = f(x) \text{ 或 } y = f(x_1, x_2, \cdots, x_n) \tag{1-6}$$

计算得出，这种测量称为间接测量。

例如，测导线的电阻率 ρ，它与相关参数的函数关系为 $\rho = \dfrac{\pi d^2 R}{4l}$，通过直接测量导线长度 l、导线直径 d、导线电阻 R，即可计算得到 ρ。虽然测量中间量 l、d 和 R 均采用了直读式仪器进行直接测量，但对待测量 ρ 来说，是通过间接测量获得的，故为间接测量。

间接测量比直接测量复杂费时，一般在直接测量很不方便、误差较大或缺乏直接测量的仪器等情况下才采用。尽管如此，间接测量在工程测量中是很有用的。例如，在遥测中的被测对象，如运载火箭的轨道参数或具有放射性物质的参数等，人们不可能或不适于对它们直接进行测量，只能在远离被测对象的地方进行间接测量。

3. 组合测量

组合测量是在一系列直接测量的基础上，通过对多次直接测量的组合，从获取的联立方程组求解而获得测量结果的一种测量方法。

例如，设某一系统特性为

$$y = \sum_{i=0}^{n} a_i x^i = a_0 + a_1 x + a_2 x^2 + \cdots + a_n x^n \tag{1-7}$$

欲测量系统的参数 a_i，可在系统输入端加入不同的标准输入值 x_0，x_1，x_2，$\cdots$，x_m，系统则有相应的输出响应值 y_0，y_1，y_2，$\cdots$，y_m。这样获得 $m+1$ 个方程组，则有

$$
\begin{aligned}
y_0 - (a_0 + a_1 x_0 + a_2 x_0^2 + \cdots + a_n x_0^n) &= 0 \\
y_1 - (a_0 + a_1 x_1 + a_2 x_1^2 + \cdots + a_n x_1^n) &= 0 \\
&\vdots \\
y_m - (a_0 + a_1 x_m + a_2 x_m^2 + \cdots + a_n x_m^n) &= 0
\end{aligned}
\tag{1-8}
$$

只要方程式的数量 m 大于待求量的个数 n，就可以求出各待求量 a_i 的数值，这种方法叫作组合测量或联立测量。例如，某一热敏电阻的电阻值 R_t 与温度 t 间的关系公式为

$$R_t = R_{20} + \alpha(t - 20) + \beta(t - 20)^2 \tag{1-9}$$

式中，α、β 分别为电阻的温度系数；R_{20} 为电阻在20℃时的阻值；t 为测量时的温度。

当 R_{20}、α、β 都为未知时，为了测出电阻的 α、β 与 R_{20} 值，采用改变测量温度的办法，可在三种温度 t_1、t_2 及 t_3 下，分别测得对应的电阻值 R_{t1}、R_{t2} 及 R_{t3}，然后代入上述公式，得到一组联立方程，解此方程组后，便可求得 α、β 和 R_{20}。

根据所采用的测量方法不同，测量误差的数据处理方法也有所不同，可以分为直接测量的数据处理、间接测量的数据处理和组合测量的数据处理。有关内容将在第2章的测量数据处理中讲述。

1.3.6 模拟量测量和数字量测量

1. 模拟量和数字量

电子测量中的被测量，就其表现形式来看，可以划分为模拟量和数字量两种。模拟量的表现形式是"连续的"，数字量的表现形式是"不连续的"（离散的）。因此，在电子测量中所遇到的电信号，也就有模拟信号和数字信号的区别。模拟信号指时间上和幅值上均是连续变化的信号，自然界常见的物理信号大多是模拟信号。数字信号则是时间上离散而且幅值上也离散（已被量化）的信号，它可以用一串脉冲或状态（0或1）序列来表示。

模拟量和数字量之间可以相互转换，即模拟量（模拟信号）转换成数字量（数字信号），称为模－数转换（A－D转换）；或者数字量（数字信号）转换成模拟量（模拟信号），称为数－模转换（D－A转换）。A－D转换主要包括采样、量化、编码等过程；反之，D－A转换主要包括解码、滤波等过程。

2. 模拟量的测量技术

模拟量的测量分为模拟式测量技术和数字式测量技术两大类。

（1）模拟式测量技术　电子测量中的被测量绝大多数为模拟量。模拟量的模拟式测量技术采用模拟变换技术，把输入的一种模拟量变换成另一种模拟量，或者直接采用模拟比较技术，即将一个待测模拟量和一个已知模拟量进行比较，来获得测量结果。测量结果也是从模拟显示器上读得，即根据指针在刻度盘上所指示的位置，或者电子射线在显示屏上的偏转距离来读出。指针或电子射线的偏转量，本身也是连续变化的模拟量。由此可见，在模拟测量过程中，采集、变换、传输、处理、输出的各种量均是模拟量或模拟信号。

（2）数字式测量技术　数字式或数字化测量技术是基于数字技术完成对模拟量的测量。它利用数字电路的各种逻辑功能，如数字计数、存储、比较、运算、逻辑判别、时序控制等，实现数字化测量。数字式测量仪器中传输、变换、控制、处理及输出的信号均为数字信号。因为绝大多数的输入被测量为模拟量，所以实现数字测量的一个先决条件，是将被测模拟量转换成数字量。

数字式测量仪器主要包括信号调理电路、A－D转换器、数字控制逻辑电路和数字显示器等，其基本框图如图1-16所示。信号调理电路把被测量变换成为一个幅值适当的量；A－D转换器将调理后的模拟量转换成数字量，并将数字结果送往数字显示器进行显示；数字控制逻辑电路完成整机工作过程的控制。

图 1-16　数字式测量仪器的基本框图

3. 数字量的测量技术

（1）数字量测量的基本概念　数字量测量技术又称数据域测量技术，它是一门研究对数字系统进行高效故障寻迹的科学。和传统的模拟量测量技术一样，数字量测量技术仍然是从研究被测系统的激励－响应关系出发，测量被测系统的功能。所不同的是，在数字测量技术中，被测量的对象是数字逻辑电路或工作于数字状态下的数字系统，其激励信号不是正弦信号之类的模拟信号，而是二进制码的数字信号。

数据域测量的目标有两个：一是确定系统中是否存在故障，称为合格/失效测量，或称故障诊断；二是确定故障的位置，称为故障定位。

（2）数字系统测量的基本方法　对数字系统进行测量的基本方法是，在输入端加激励信号，观察由此产生的输出响应，并与预期的正确结果进行比较，一致则表示系统正常；不一致则表示系统有故障。一般有穷举测量法、结构测量法、功能测量法和随机测量法。

穷举测量法是对输入的全部组合进行测量。如果对所有的输入信号，输出的逻辑关系都是正确的，则判断数字电路是正常的，否则就是错误的。穷举测量法的优点是能检测出所有故障，缺点是测量时间和测量次数随输入端数 n 的增加呈指数增加，需加 2^n 组不同的输入才能对系统进行完全测量。显然，当 n 较大时，穷举测量法是行不通的。

解决的办法是从系统的逻辑结构出发，考虑可能发生哪些故障，然后针对这些特定故障生成测量码，并通过故障模型计算每个测量码的故障覆盖，直到所考虑的故障都被覆盖为止，这就是结构测量法。结构测量法针对故障，是最常用的方法。

功能测量法不检测数字电路内每条信号线的故障，只验证被测电路的功能，因而较易实现。目前，大规模集成电路、超大规模集成电路的测量大都采用功能测量法，对微处理器、存储器等的测量也可采用功能测量法。

随机测量法采用随机测量矢量产生电路，随机地产生可能的组合数据流，将此数据流加到被测电路中，然后对输出进行比较，根据比较结果，可知被测电路是否正常。随机测量法不能完全覆盖故障，只能用于要求不高的场合。

数据域测量的主要设备有逻辑笔和逻辑夹、逻辑分析仪、特征分析仪、激励仪器、微机及数字系统故障诊断仪、在线仿真仪、数据图形产生器、微型计算机开发系统等。

20

1.4 本书的结构及内容

1.4.1 本书的体系结构

电子测量包含的内容十分广泛，本书从电子测量的基本对象——信号和系统的属性出发，即从有源量和无源量出发，把电子测量的内容分成信号测量和系统测量两大部分，构成图 1-17 所示的体系结构。

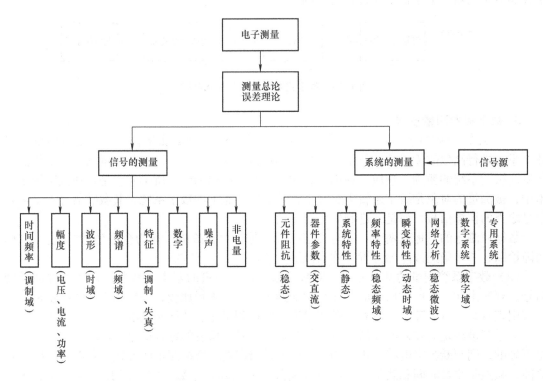

图 1-17 电子测量的体系结构

在信号的测量中，仅讨论常见的信号参量的测量，主要包含信号时频（周期与时间、频率与波长）、信号幅值（电压、电流和功率）、信号波形（时域）、信号频谱（频域）等参量的测量。此外，还有信号特征参数、数字逻辑信号、噪声信号和非电量信号等的测量，鉴于篇幅，这部分内容本书不做讨论。

在系统的测量中，系统的特性参数为常见的无源量，所以系统测量必须用信号源。系统测量主要包括元件阻抗参数（电阻、电感、电容、损耗、品质因数等）、器件（半导体分立器件）参数、集成电路（模拟集成运算放大器和数字集成逻辑）参数和功能的测量，系统静态特性曲线及其参数的测量，电路频率特性（稳态）测量、瞬变特性（动态）测量，网络参数（稳态）测量和数字系统（数字域）测量等。为了缩小篇幅，对系统测量的内容大幅度地精简为一章，只做简要介绍。

1.4.2 信号的基本概念和信号测量的内容

本书以信号测量为主要内容，本节首先对信号测量进行概述。

1. 信号的基本概念

（1）信号是信息的某种物理表现形式，是信息的载体　信息描述了被测对象的状态及其变化方式，它不等同于物质，也不具备能量。为了便于信息的获取、存储、传输、处理和利用，信息必须用某种物理方式的信号来负载。信号蕴含着信息的内容，信号即是信息的一种物理体现，例如用电、光、声信号的幅度、频率、相位、波形进行调制与编码来表示信息。具有能量的信号可作为信息的载体，进行信息的远地快速传输。

（2）信号的变化特性　携带信息的信号具有变化特性，它可用时间特性和频率特性来表征。

1）时间特性。信息的千变万化也决定了信号具有不断变化的特性，它是某些变量的函数。信号的函数特性首先表现为它的时间特性。时间特性集中地反映在信号随时间变化的波形上，包括信号出现时间的先后、持续时间的长短、重复周期的大小、随时间变化速率的快慢等。

2）频率特性。有一类信号具有周期性变化的特性，即具有重复性变化的频率特性。一个复杂信号可以分解成许多不同频率的正弦分量，即具有一定的频率成分。将各个正弦分量的幅度和相位分别按频率高低依次排列就成为频谱。频谱集中反映了信号的频率特性。

2. 信号的分类

被测信号的类型不同，采用的测量原理和方法均有很大差异，了解信号的特点，是制定测量方案的依据。电子测量中，被测信号按属性和来源分类如图1-18所示。

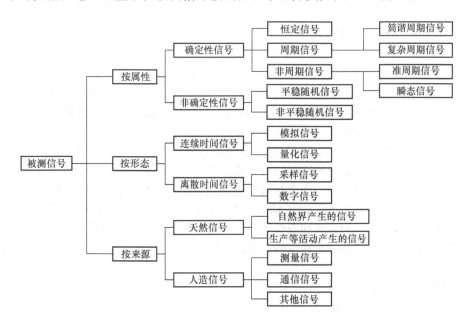

图 1-18　被测信号的分类

（1）按属性分类

1）确定性信号和非确定性信号。确定性信号是在相同试验条件下，能够重复实现的信号。非确定性信号是在相同试验条件下，不能够重复实现的信号，又称为随机信号。

2）周期性信号与非周期性信号。根据确定性信号随时间变化的特点，可分为静态（不随时间变化）信号、稳态（周期性）信号和动态（非周期性瞬变）信号。

（2）按形态分类　信号按照自变量 t 的取值是否连续，可以分为连续时间信号和离散时间信号两大类。每大类再根据函数值取值是否连续（整量化），又可分成两类。因此，总共可分成四种类型，分别称为模拟信号、量化信号、采样信号和数字信号，见表1-2。

表1-2　信号按形态的分类

自变量 t	函数值 $f(t)$	信号分类
连续时间信号	连续	模拟信号
	离散	量化信号
离散时间信号	连续	采样信号
	离散	数字信号

1）模拟信号：时间和幅值的取值均是连续的信号称为模拟信号，自然界绝大多数的信号为模拟信号。

2）数字信号：将离散时间信号的信号幅值加以量化，并用二进制或十六进制的数码来表示，这种幅值量化后的离散时间信号称为数字信号。

（3）按来源分类　在自然界中，存在天然的和人造的物理对象。信号也如此，信号按来源划分，可分为天然的（来自客观世界的）信号和人造的（根据人的主观意愿）信号两类。

1）天然信号：是指来自客观世界的信号，是天然产生的，不是按人的意图制造出来的。例如宇宙变迁、天体运动、地球旋转、地质灾害、地震、雷击闪电、大气压力、环境温度等自然界运动与变化产生的信息，都可以由各种能量的形式，如电能、势能、辐射能、磁能、化学能和机械能等，自然地形成和产生信号。此外，这些客观世界的信号很多也来自工业、农业、科学研究和国防建设等活动中，例如机器运转、桥梁振动、火箭发射等，都可以产生各种反映系统工作状态的信号。

2）人造信号：是指人们为着某一目的，有意制造和产生的信号。例如，为了测量电子系统的性能，人们设计和制造了各种类型的信号源，产生测量用的正弦信号、脉冲信号、函数波形信号、数字信号、噪声信号等；为了有效地进行信息传递，在人们交往中使用了语音信号，在通信中人们利用了各种调制与编码的信号；为了提高通信可靠性而对原始信号进行频谱扩展，由此形成的扩频信号；为了增加安全性而不断改变载波频率，由此形成的跳频信号；为了实现雷达测距而产生各种复杂的雷达信号；在超声探测、激光测距等领域，均需要产生各种超声波、激光等声光信号。

3. 信号测量的内容

信号特性的基本参数有频率（Frequency）、幅度（Amplitude）、相位（Phase）、波形（Waveform）和频谱（Spectrum），它们构成了信号测量的基本内容。

1）信号的频率。周期性信号的重复频率是一个重要的参数。频率测量是一个基本测量。在绝大多数情况下，了解信号的频率是很必要的，通过区分信号的频率，可将一个电信号与另一个电信号分离，也可以区分不同的电路与系统。不论是设计电路，还是测试电路中的信号，首先需要关注的是信号的频率范围。

测量信号频率的首选设备是频率计，特别是数字式频率计。但是，频率计比较难以检测到微弱的射频信号，频谱分析仪可检测电路中微弱的射频信号，即使电路中有多个相近的射频信号，它也能清楚地分辨与显示出来。此外，示波器也可测量信号的频率，但示波器很难测量微弱射频信号的频率。

2）信号的幅度。信号带有能量，幅度表示信号的大小与强弱。在许多情况下，必须关注信号的幅度。信号的幅度值包括信号的电压、电流和功率值，通常，它们可用各种电压表、电流表和功率表来测量。此外，示波器与频谱分析仪都可以用来检测信号的幅度。对于微弱的射频信号来说，最好用频谱分析仪进行观测，可测微伏级的电压。

3）信号的波形。信号是时间的变量，可用函数 $f(t)$ 来描述。被研究的信号幅值随时间变化的函数图形称为信号的波形。信号波形的测试称为时域测试。示波器是时域测试的最典型仪器。信号波形测量是最常用的基本测量，从信号波形分析中，可以得知信号随时间的变化特性，可直接观测出信号的幅度、频率、周期、相位等多种参数。对脉冲波形的测量和分析，可得到脉冲宽度、上升沿、下降沿、振荡等参数。

4）信号的频谱。在许多情况下，需要观察信号的频谱、谐波等。一个复杂的信号，可看成是一系列不同频率和幅值的正弦分量的叠加，从信号的频谱可了解组成信号的多种频率分量的分布情况。

频域测量有其独特的优势。时域测量难于观测混合信号，如果信号存在干扰，在时域上无法区分有用信号和无用信号，而在频域上则可以准确地分辨出微小的有用信号。

信号测量的内容十分广泛，除了上述几个基本参数测量外，还包括各领域中的特殊信号测量，如雷达信号、地震信号、噪声信号、通信中的调制信号等，鉴于篇幅，特殊信号的测量本书不做讨论。

本 章 小 结

科学的进步和生产的发展，与测量理论、技术、手段的进步和发展相互依赖、相互促进。测量技术水平表征了一个历史时期、一个国家的科学技术水平。"没有测量，就没有科学"，也没有现代文明。

电子测量是指利用电子科学技术手段对信号与系统进行的测量，它是测量学和电子学的结晶，它处于信息源头，是电子信息科学技术十分重要且发展迅速的一个分支。

广义地说，测量是研究信息获取的科学，它包括信息的感知和识别。感知的实质是信息载体的转换，把被测对象的有关信息，变换成用某种物理量形式表现的信号。识别是通过对感知出的信号的分析比较，使测量主体获得了对被测对象的定性和定量的认识。

狭义地说，测量是为了确定被测对象的量值而进行的比较。比较可采用直接或间接的方法进行。直接比较是用一个比较装置把被测量与同类标准量进行比较，如果实行直接比较的装置处于两者无差异的平衡状态，则可从标准量得到被测量值的大小。间接比较首先是把被测量经过一系列变换，最终变成为一个测量主体的可用量，然后再把标准量也经过一系列完全相同的变换，获得同样的可用量。如果两者显示出的可用量相等，则标准量之值即为被测量之值。

各种电参数的变换、比较、处理和显示技术是电子测量的基本技术。

本章根据电子测量的基本对象——信号与系统的特点，系统地阐述了电子测量的基本方法。为了测量信号和系统，可分别采用有源测量和无源测量方法；根据信号随时间变化的特点，相应地有静态、稳态和动态测量；当需要了解被测对象的时域或频域特性时，可采用时域、频域测量；为了实现对各种类型物理量的测量，可采用直接测量、间接测量和组合测量方法。对模拟量和数字量的测量，分别有数字式测量技术和数据域测量技术。各种测量方法适用于各种不同的被测对象或不同的测量要求，它们各有其应用范围和技术特点。本书的体系结构和各章节内容的安排，考虑被测对象的基本特征，分为信号的测量和系统的测量两大部分。信号的测量是信号的频率、幅度、波形和频谱等基本特征参量的测量；系统的测量是元器件、电路与系统性能参数的测量。

思考与练习

1-1　简述测量的重要性。

1-2　试述测量的定义。什么是量值？"一组操作"的含义是什么？

1-3　测量的组成要素是什么？它们在测量中有何作用？

1-4　为什么说电子测量技术是测量技术发展中的一个重要标志？

1-5　试述电子测量的主要特点。

1-6　为什么说能把电子测量归结为对电信号和电系统的测量？其主要内容有哪些？

1-7　测量的量值比较方法有哪些？间接比较法和直接比较法各有何特点？

1-8　间接比较测量的含义是什么？它的基本结构是什么？采用的基本技术方法是什么？试举例说明。

1-9　直接比较测量的含义是什么？直接比较基本结构有哪些？请举例说明。

1-10　试说明变换技术在测量中的作用，电子测量中通常使用哪些变换技术？

1-11　试说明比较技术在测量中的作用，比较有哪些类型？电子测量中常用哪些比较技术？

1-12　怎样划分被测对象的有源和无源？试举例说明。

1-13　什么是主动式测量系统与被动式测量系统？

1-14　什么叫直接测量、间接测量和组合测量？请举例说明。

1-15　什么是频域测量？它的基本内容和测量方法是什么？

1-16　什么是时域测量？它的基本内容和测量方法是什么？

1-17　试比较频域和时域测量的特点。

1-18　简述静态、稳态和动态测量的基本概念。它们各自采用什么方法和仪器？为什么要重视动态测量？

1-19　什么是静态、稳态和动态信号和系统？请举例说明。

1-20　数字式（数字化）测量技术和数据域测量技术的测量对象是什么？它们的基本内容和测量方法是什么？

第2章

测量误差及测量数据处理

测量误差自始至终存在于一切测量过程之中，有测量必存在误差，这是人们普遍认可的误差公理。测量误差虽然是不可避免的，但是可以控制的。如果误差未受控制，对误差大小不了解，或者误差超过了容许的限度，那么，该项测量工作及其测量结果将失去意义，不但没有利用价值，甚至带来危害。因此，无论在理论上还是在实践中，研究测量误差都有现实的意义。

测量误差理论与测量数据处理方法是测量技术的基础。本章的内容包括测量误差的来源和分类，系统误差、随机误差和粗大误差等三大类测量误差的性质、特点，以及分析和处理方法。读者可通过本部分的学习，正确认识误差性质，分析误差产生的原因，寻求减少产生误差的途径，合理选择测量方案、测量方法和测量仪器，以达到预期的测量结果。

2.1　测量误差概述

2.1.1　测量误差的基本概念

1. 测量误差的定义

人们在进行测量时，常借助各式各样的仪器设备、按一定的方法、在一定的环境条件下，通过测量人员的操作，得出被测量的量值。由于在测量过程中各种因素的影响，如测量器具的不准确、测量对象的不稳定、测量方法的不完善、测量环境的不理想、测量人员素质和经验的局限等，使所得测量结果与被测对象的真实量值（真值）不一致，存在一定的差值，这个差值就是测量误差。

2. 测量误差的来源

从第1章1.1.1节中关于测量基本要素的讨论中不难看出，测量误差主要来自以下五个方面：

1）仪器误差。仪器误差是由于测量仪器及其附件的设计、制造、检定等环节不完善，以及仪器使用过程中的老化、磨损、疲劳等因素而使仪器带来的误差。例如，仪器仪表的零点漂移、刻度的不准确和非线性等都属于仪器误差。

2）影响误差。影响误差是指由于各种环境因素（如温度、湿度、振动、电源电压、电磁场等）与测量要求的条件不一致而引起的误差。影响误差常用影响量来表征。所谓影响量，是指除了被测量的量以外，凡是对测量结果有影响的量。

3）理论误差和方法误差。由于测量原理带来的（如数字化测量的量化误差），或者由于测量计算公式的近似，致使测量结果出现的误差称为理论误差。由于测量方法的不合理（如用低输入阻抗的电压表去测量高阻抗电路上的电压）而造成的误差称为方法误差。

4）人身误差。人身误差是由于测量人员感官的分辨能力、反应速度、视觉疲劳、固有习惯或缺乏责任心等原因，而在测量过程中由于使用操作不当、现象判断出错或数据读取疏失等引起的误差。

5）测量对象变化误差。测量过程中由于测量对象本身的变化而使得测量值不准确，如引起动态误差等。

2.1.2 测量误差的表示方法

在测量领域，某给定特定量（确定的、特殊的、规定的量）的测量误差，根据其表示方法不同，可分为绝对误差、相对误差和引用误差等。

1. 绝对误差

（1）绝对误差的定义　绝对误差 Δx 定义为，由测量所获得结果减去被测量的真值。即

$$\Delta x = x - A_0 \tag{2-1}$$

式中，x 为测量所获得的结果，即由测量所得到的赋予被测量的值，如测得值、示值、标准量具的标称值、标准信号源的标定值、计算近似值等测量结果；A_0 为真值（如理论真值、约定真值）。

（2）真值 A_0　真值是与给定的特定量定义一致的值。对于测量而言，人们把一个量本身所具有的真实大小认为是被测量的真值。在一定的时间和空间条件下，某被测量的真值是客观存在的确定数值。真值虽然是客观存在的，但在实际工作中要通过测量来获得被测量的真值是极其困难的。因为只有"当某量被完善地确定并能排除所有测量上的缺陷时，通过测量所得到的量值"才是量的真值。绝对完善的测量是不可能的，一般说来，真值不可能确切获知，它是一个理想的概念。

1）理论真值：理论真值往往在定义和公式表达中给出，如平面三角形内角和为 180°，四边形内角和是 360°等，理论真值仅在个别情况下获知，对于实际中的大多数场合，是不可能靠科学定义和理论公式来获得真值的。

2）约定真值 A：严格地说，真值是不能确切获知的。然而，从实用的角度，在某些情况下，人们约定俗成，把某些相对意义上来说接近于真值的值用于替代真值，作为约定真值，因此是可知的。

约定真值 A（相对真值）是指对于给定目的具有适当不确定度的、赋予特定量的值，该值是约定采用的。在实际测量中，采用计量学约定真值。尽管约定真值的"真"是相对的，本身存在一定的不确定度，然而正是因为承认了约定真值的可知性，才使得其在计量学中实际应用成为可能。此时，约定真值与真值之差对特定的目的来说，可忽略不计。

通常用下列量值作为约定真值：

① 被测量的实际值。例如，某砝码名义上标注为 1kg，经检定后所标定的实际值为 1.002kg。这时可把 1.002kg 当作约定真值。

② 计量标准器所复现的量值。高一级标准器具允许误差为低一级标准器或普通计量仪器（被测对象）允许误差的 1/10～1/3 时，高一级标准器具所复现的量值可作为约定真值。

③ 已修正过的多次测量的算术平均值。误差理论指出，在通过修正后已排除系统误差的前提下，当测量次数足够多时，测量结果的算术平均值很接近于真值，因而可将它视为被测量的真值，即可作为约定真值。

与绝对误差的绝对值大小相等但符号相反的量值，称为修正值，用 C 表示，$C = -\Delta x = A - x$。测量仪器的修正值可以通过上一级标准的校准给出。由于修正值也含有误差，故测得的值在修正之后，仍然不是真值。在日常测量中，利用某仪器的修正值 C 和该已测仪器的示值 x，可求得被测量的实际值（即约定真值）A 为

$$A = x + C \tag{2-2}$$

【例 2-1】　标称值为 10g 的二等标准砝码，经检定其实际值为 10.003g，该砝码的标称

值的绝对误差为多少?

解：$\Delta x = x - A = 10\text{g} - 10.003\text{g} = -0.003\text{g} = -3\text{mg}$

量具（砝码、标准电池、标准电阻等）的标称值，也就是其示值 x。约定真值 A 就是砝码实际值 10.003g。Δx 也表示 10g 砝码示值误差为 -3mg。

【例 2-2】　用 2.5 级电压表测量某电压值为 1.60V，用另一只 0.2 级精密电压表测得电压值为 1.593V，求该电压值的绝对误差。

解：$\Delta x = x - A = 1.60\text{V} - 1.593\text{V} = +0.007\text{V}$

x 为 2.5 级电压表所指示的数值 1.60V；实际电压只有 1.593V（在 0.2 级标准表上读得为约定真值 A），故 Δx 为 $+0.007\text{V}$。

（3）绝对误差的特点

1）绝对误差有单位，其单位与测得结果相同。

2）绝对误差有大小（值）和符号（$\pm$），分别表示测量结果偏离真值的程度和方向。

3）绝对误差不是对某一被测量所讲，而是对该量的某一给出值而言的。例如，砝码的误差为 $+0.002\text{g}$（错误）；10g 砝码的误差（或示值误差）为 $+0.002\text{g}$（正确）。

2. 相对误差

对于同种量，如果给出量值相同，用绝对误差就足以评定其准确度的高低。例如，两个测量示值均为 10V 的电压，其示值误差一个是 $+0.01\text{V}$，另一个是 $+0.02\text{V}$，显然，前者绝对误差小，准确度高；后者绝对误差大，准确度低。然而，对于不同给出量值，用绝对误差难以比较它们准确度的高低。例如，有两个电压，其示值误差都是 $+0.01\text{V}$，如果它们的测量示值分别为 5V 和 50V，则尽管误差相同，但对 5V 电压而言，该绝对误差占给出值的 $+0.02\%$，对 50V 电压而言，仅占了 $+0.002\%$。很明显后者的准确度高。因此，为了评价测量的准确度，反映其测量品质的优劣，有必要引入误差率即相对误差的概念。

（1）相对误差的定义　相对误差 γ 定义为，绝对误差与被测量的真值（或约定真值）之比。即

$$\gamma = \frac{\Delta x}{A_0} = \frac{\Delta x}{A} \tag{2-3}$$

式中，A_0（或 A）不为零，且 Δx 与 A_0（或 A）的单位相同，故相对误差 γ 无量纲。

示值相对误差定义为，绝对误差与被测量的示值之比。即

$$\gamma_{\text{x}} = \frac{\Delta x}{x} \tag{2-4}$$

相对误差一般用百分数（%）表示，也可表示为数量级 $a \times 10^{-n}$ 的形式。

【例 2-3】　有一测量范围为 $0 \sim 20\text{V}$ 的电压表，在示值为 10V 处，其实际值为 10.20V，求该电压表示值 10V 处的相对误差。

解：相对误差为

$$\gamma = \frac{10.00\text{V} - 10.20\text{V}}{10.20\text{V}} \times 100\% \approx \frac{10.00\text{V} - 10.20\text{V}}{10\text{V}} \times 100\% = -2\% \quad (\text{或} -2 \times 10^{-2})$$

（2）相对误差的特点

1）相对误差表示的是给出值所含有的误差率；绝对误差表示的是给出值减去真值所得的量值。

2）相对误差只有大小和正负号，而无计量单位（无量纲量）；而绝对误差不仅有大小、正负号，还有计量单位。

3. 引用误差

实际工作中不难发现，在仪表的一个量程的分度线内，当绝对误差保持不变时，相对误

差将随着被测量的量值减小而增大，即各个分度线上的相对误差是不一致的。为了便于划分这类仪表的准确度等级，取某一被测量的量值为特定值。这个特定值一般称为引用值，由此引出引用误差的概念。

（1）引用误差的定义　引用误差（γ_N）是计量仪器的绝对误差与其特定值（x_N）之比，即

$$\gamma_N = \frac{\Delta x}{x_N} \tag{2-5}$$

特定值 x_N，也称为引用值，它可以是测量仪器的量程（量程为测量范围的上限值与下限值之差）或标称范围的最高值（或上限值）。

通常引用值取为满量程，即 $x_N = x_m = x_{max} - x_{min}$。这样，引用误差又叫满度相对误差 $\gamma_m = \frac{\Delta x}{x_m}$，由于仪表测量范围内，各点测量的绝对误差 Δx 可能是不相同的，取绝对误差的绝对值最大者 $|\Delta x|_{max} = \Delta x_m$，则得最大引用满度相对误差，简称引用误差

$$\gamma_m = \frac{|\Delta x_{max}|}{x_{max} - x_{min}} = \frac{\Delta x_m}{x_m} \tag{2-6}$$

引用误差 γ_N 一般用百分数（%）表示，也可以用 $a \times 10^{-n}$ 表示。

（2）引用误差的特点

1）引用相对误差是一种简化计算和方便使用的相对误差。

2）对于某一确定的仪器仪表，它的最大引用相对误差也是确定的，即在该量程内的所有测量点的绝对误差 Δx_i 满足 $|\Delta x_i| \leq \Delta x_m = \gamma_m |x_{max} - x_{min}|$，这就为计算和划分仪器的准确度等级提供了方便。

4. 引用误差的应用

引用误差在实际测量中具有重要意义，其主要用途如下：

（1）标定仪表的准确度等级　我国电工仪表的准确度等级就是按满度相对误差 γ_m 的值进行划分的，γ_m 是仪表在工作条件下不应超过的最大引用相对误差，它反映了该仪表的综合误差大小。我国电工仪表准确度等级共分七级：0.1、0.2、0.5、1.0、1.5、2.5 及 5.0，见表 2-1。例如，若仪表为 S 级，则其最大引用误差为 $S\%$，即最大引用误差区间为 $[-S\%, +S\%]$，简写为 $\pm S\%$。

表 2-1　电工仪表准确度等级

等级	0.1	0.2	0.5	1.0	1.5	2.5	5.0
$\pm S\%$	0.1%	0.2%	0.5%	1.0%	1.5%	2.5%	5.0%

【例 2-4】　某电流表的量程为 100mA，在量程内用待定表和标准表测量几个电流表的读数，见表 2-2。试根据表中测量数据大致标定该仪表的准确度等级。

表 2-2　例 2-4 的电流表读数

项　目	数　据					
待定表读数 x/mA	0.1	20.0	40.0	60.0	80.0	100.0
标准表读数 A/mA	0.0	20.3	39.5	61.2	78.0	99.0
绝对误差 Δx/mA	0.1	-0.3	0.5	-1.2	2.0	1.0

解：由 $\Delta x = x - A$ 计算出各点的 Δx_i，见表 2-2。因为 $\Delta x_m = 80mA - 78mA = 2mA$ 且 $x_m = 100mA$，由式（2-6）求得该表的最大满度相对误差为

$$\gamma_{\mathrm{m}} = \frac{\Delta x_{\mathrm{m}}}{x_{\mathrm{m}}} \times 100\% = \frac{2}{100} \times 100\% = 2\%$$

所以该表大致可定为 2.5 级表。当然，在实际中，标定一个仪表的准确度等级是需要通过大量的测量数据并经过一定的计算和分析后才能完成的。

（2）检定仪表是否合格

【例 2-5】　检定一个 1.5 级 100mA 的电流表，发现在 50mA 处的误差最大，为 1.4mA，其他刻度处误差均小于 1.4mA，问这块电流表是否合格？

解：由式（2-6）求得该表的最大满度相对误差为

$$\gamma_{\mathrm{m}} = \frac{\Delta I_{\mathrm{m}}}{I_{\mathrm{m}}} \times 100\% = \frac{1.4}{100} \times 100\% = 1.4\% < 1.5\%$$

所以这块表是合格的。实际中，要判断该电流表是否合格，应在整个量程内取足够的点进行检定。

（3）合理地选择多量程仪表的量程　由式（2-6）可知，满度相对误差实际上给出了仪表各量程内绝对误差的最大值

$$\Delta x_{\mathrm{m}} = \gamma_{\mathrm{m}} x_{\mathrm{m}} \tag{2-7}$$

若某仪表的等级是 S 级，那么测量的最大绝对误差通常取

$$\Delta x_{\mathrm{m}} = x_{\mathrm{m}} S\% \tag{2-8}$$

一般来讲，测量仪器在同一量程不同示值处的绝对误差实际上未必处处相等，但对使用者来讲，在没有修正值可以利用的情况下，只能按最坏的情况来处理，即认为仪器在同一量程各处的绝对误差是个常数且等于 Δx_{m}。这种处理叫作误差的整量化。

由式（2-4）和式（2-8）可知，测量的最大示值相对误差

$$\gamma_{x\max} = \frac{\Delta x_{\mathrm{m}}}{x} = \frac{x_{\mathrm{m}}}{x} S\% \tag{2-9}$$

由式（2-8）可知，当一个仪表的等级 S 确定后，测量中的最大绝对误差与所选仪表量程的上限 x_{m} 成正比。在测量中，量程的选择总是要满足 $x \leqslant x_{\mathrm{m}}$，但所选仪表量程的满刻度值不应比测量值 x 大太多。在式（2-9）中，因 $x \leqslant x_{\mathrm{m}}$，可见当仪表 S 选定后，x 越接近 x_{m} 时，测量中相对误差的最大值越小，测量越准确。因此，在用多量程仪表测量时，应合理地选择量程，一般情况下应尽量使被测量的示值在仪表满刻度的 2/3 以上（$x > (2/3) x_{\mathrm{m}}$）。

【例 2-6】　某 1.0 级电流表，测量范围为 0 ~ 100mA，求测量值分别为 $x_1 = 100\mathrm{mA}$、$x_2 = 80\mathrm{mA}$、$x_3 = 20\mathrm{mA}$ 时的绝对误差和示值相对误差。

解：由式（2-8）得最大绝对误差为

$$\Delta x_{\mathrm{m}} = x_{\mathrm{m}} S\% = （100 - 0）（ \pm 1.0\%） \mathrm{mA} = \pm 1\mathrm{mA}$$

前面说过，绝对误差是不随测量值改变而变化的，$\Delta x = \Delta x_{\mathrm{m}} = \pm 1\mathrm{mA}$。而测得值分别为 100mA、80mA、20mA 时的示值相对误差是各不相同的，分别为

$$\gamma_{x1} = \frac{\Delta x_{\mathrm{m}}}{x_1} \times 100\% = \frac{\pm 1}{100} \times 100\% = \pm 1\%$$

$$\gamma_{x2} = \frac{\Delta x_{\mathrm{m}}}{x_2} \times 100\% = \frac{\pm 1}{80} \times 100\% = \pm 1.25\%$$

$$\gamma_{x3} = \frac{\Delta x_{\mathrm{m}}}{x_3} \times 100\% = \frac{\pm 1}{20} \times 100\% = \pm 5\%$$

可见，在同一量程内，测得值越小，示值相对误差越大。由此可知，测量结果的准确度通常低于所用仪表的准确度 $S\%$。只有在示值与满度值相同时，二者才相等。

（4）合理选择仪表的准确度等级　在选用仪表时，不要单纯追求仪表的级别，而是要

根据被测量的大小，兼顾仪表的级别和测量上限，合理地选择仪表。

【例2-7】 欲测量一个10V左右的电压，现有两块电压表，其中一块量程为100V、1.0级；另一块量程为15V、2.5级，问选用哪一块表好？

解：用1.0级量程为100V的电压表测量10V电压时，最大相对误差为

$$\gamma_1 = \frac{\Delta x_{m1}}{x} S_1\% = \frac{100}{10} \times 1.0\% = 10\%$$

用2.5级量程为15V的电压表测量10V电压时，最大相对误差为

$$\gamma_2 = \frac{\Delta x_{m2}}{x} S_2\% = \frac{15}{10} \times 2.5\% = 3.75\%$$

计算表明，测量10V电压，后者的误差小于前者，所以应选用2.5级量程为15V的电压表。本例说明，如果选择合适的量程，即使使用较低等级的仪表进行测量，也可以取得比高等级仪表高的准确度。

2.1.3 测量误差的分类

根据测量误差的性质，测量误差可分为系统误差、随机误差、粗大误差三类。

1. 系统误差

在同一测量条件（指同样测量环境、人员、技术和仪器）下，多次重复测量同一量时（等精度测量），测量误差的绝对值和符号都保持不变，或在测量条件改变时按一定规律变化的误差，称为系统误差，简称系差。前者为恒值系差，后者为变值系差。例如，零位误差属于恒值系差，测量值随温度的变化而产生的误差属于变值系差。

系统误差是由固定不变的或按确定规律变化的因素造成的，这些因素主要有：①测量仪器方面：设计原理的缺陷，零件制造偏差和安装不当，电路和元器件性能不稳定，刻度偏差及零点漂移等；②环境方面：实际测量环境条件（温度、湿度、大气压、电磁场和电源电压等）与仪器要求的条件不一致，测量过程中温度、湿度等按一定规律变化等；③测量方法：采用近似的测量方法或近似的计算公式等；④测量人员方面：由于测量人员的个人特点，在刻度上估计读数时，习惯偏于某一方向；动态测量时，记录快速变化信号有滞后的倾向等。

在我国新制定的国家计量技术规范 JJF 1001—2011《通用计量术语及定义》中，参照并采用了1993年几个国际权威组织提出的规范，系统误差 ε 的定义是：在重复性条件下，对同一被测量进行无限多次测量所得结果 x_1，x_2，$\cdots$，x_n（$n \to \infty$）的平均值 $\bar{x}_\infty$（数学期望）与被测量的真值 A_0 之差。即

$$\varepsilon = \bar{x}_\infty - A_0 \tag{2-10}$$

式中

$$\bar{x}_\infty = \frac{x_1 + x_2 + \cdots + x_n}{n} = \frac{1}{n} \sum_{i=1}^{n} x_i (n \to \infty) \tag{2-11}$$

式（2-10）表明，在去掉随机因素（即随机误差）的影响后，即按式（2-11）进行平均之后，平均值 $\bar{x}_\infty$ 偏离真值 A_0 的大小就是系统误差。也就是说，系统误差表明了一个测量结果偏离真值或实际值的程度，系统误差越小，测量就越正确。所以，系统误差经常用来表征测量正确度的高低。

需要说明的是，由于上述技术规范定义中的测量是在重复性条件下进行的，即测量条件不改变，故这里的 ε 是定值系统误差。此外，重复测量实际上只能进行有限次（无限多次测量一般做不到），测量的真值也只能用约定真值代替，所以式（2-10）表达的是一个理想的定义，实际中的系统误差也只是一个近似的估计值。

2. 随机误差

在同一测量条件下，多次重复测量同一量值时（等精度测量），每次测量误差的绝对值和符号都以不可预知的方式变化的误差，称为随机误差，也称为偶然误差，简称随差。

随机误差主要由对测量值影响微小但却互不相关的大量因素共同造成。这些因素主要是：①测量器具方面：仪器电路、元器件产生的噪声，零部件配合的不稳定，摩擦，接触不良等；②环境方面：温度的微小波动、湿度和气压的微量变化、光照强度变化、电源电压的无规则波动、电磁干扰、振动等；③测量人员方面：感官和操作的无规律的微小变化而造成读数呈现随机性的变化等。

在我国新制定的国家计量技术规范 JJF 1001—2011《通用计量术语及定义》中，随机误差 δ_i 的定义是：随机误差 δ_i 是测量结果 x_i 与在重复性条件下对同一被测量进行无限多次测量所得结果的平均值 $\bar{x}_\infty$（数学期望）之差。即

$$\delta_i = x_i - \bar{x}_\infty \tag{2-12}$$

随机误差是测量值与数学期望之差，它表明了测量结果的分散性，经常用来表征测量精密度的高低。随差越小，精密度越高。

因为在实际中测量次数有限，不可能进行无限多次测量，因此，实用中的随机误差只是一个近似的估计值。

3. 粗大误差

在一定的测量条件下，测量值明显偏离实际值所形成的误差，称为粗大误差，简称粗差，又称疏失误差。产生粗差的原因有：①测量操作疏忽和失误：如测错、读错、记错以及实验条件未达到预定的要求而匆忙实验等；②测量方法不当或错误：如用普通万用表电压档直接测高内阻电源的开路电压，用普通万用表交流电压档测量高频交流信号的幅值等；③测量环境条件的突然变化：如电源电压突然增高或降低，雷电干扰、机械冲击等引起测量仪器示值的剧烈变化等，这类变化虽然也带有随机性，同时带有奇异性，属于小概率事件，但由于它造成的示值明显偏离实际值，因此将其列入粗大误差范畴。

测量中发现了粗大误差，含有粗大误差的测量值称为坏值或异常值。由于坏值不能反映被测量的真实情况，因此数据处理时应将其剔除。在剔除粗大误差后，要估计的误差就只有系统误差和随机误差两类。在任何一次测量中，系统误差和随机误差一般都是同时存在的，而且两者之间并不存在绝对的界限。系差和随差之间在一定条件下是可以相互转化的，对某一具体误差，在 A 场合下为系差，而在 B 场合下可能为随差，反之亦然。例如，尺子的刻度误差，对于批量制造的尺子来说是随机误差，但将其中一把尺子作为标准去测量某长度时，则尺子的刻度误差就会产生测量结果的系统误差。当人们对误差来源及其变化规律认识不足或受测试条件所限时，有可能把以往认识不到的某项系统误差归为随机误差；反之，也可能把随机误差当成系统误差。因为不同类型的误差需采取不同的处理方法，所以掌握误差的性质和特点很重要。

2.1.4　测量误差对测量结果的影响

1. 正确度、精密度和准确度

由测量误差的性质讨论可知，系统误差是一种确定性误差，表明了一个测量结果偏离实际的程度。在误差理论中，一般用正确度来表示系统误差的大小。系统误差越小，则正确度越高，即测量值与实际值符合的程度越高。

随机误差具有单峰性和对称性，在多次测量时，它的测量值虽呈现分散而不确定，但总是分布在平均值附近。测量值的分散程度表明了测量的精密程度，也表明了测量的重现性，因此可用精密度来表示随机误差的影响。精密度越高，表示随机误差越小。

准确度用来反映系统误差和随机误差的综合影响。准确度越高，表示正确度和精密度都高，意味着系统误差和随机误差都小。准确度表明了在同一条件下用同一方法对同一被测量进行多次测量时各测量值的复现程度。数值越集中，复现度则越高。

正确度、精密度与准确度的概念也可用图 2-1 所示的射击（打靶）误差示意图来说明。子弹着靶点有三种情况：图 2-1a 为系统误差小，随机误差大，即正确度高，精密度低；图 2-1b 为系统误差大，随机误差小，即正确度低，精密度高；图 2-1c 为系统误差和随机误差都小，即准确度高。

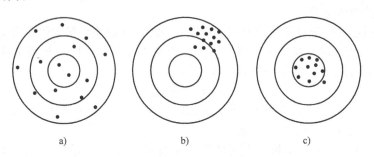

图 2-1　射击误差示意图

a）精密度低　b）正确度低　c）准确度高

2. 各类误差对测量结果的综合影响

系统误差、随机误差和粗大误差三者同时存在的情况下，其分布情况可用图 2-2 所示的数轴图来表示。图中，A_0 表示真值，小黑点表示各次测量值 x_i，$\bar{x}$ 表示 x_i 的平均值，δ_i 表示随机误差，ε 表示系统误差，x_k 表示粗大误差产生的坏值，它远离平均值（也远离真值 A_0）。

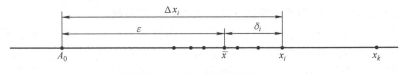

图 2-2　三种误差同时存在

在处理测量数据时，首先必须剔除坏值，因为坏值将严重影响平均值（测量结果）。这样要考虑的误差就只有系统误差和随机误差。这时，将式（2-10）和式（2-12）等号两边相加，得

$$\varepsilon + \delta_i = (\bar{x}_\infty - A_0) + (x_i - \bar{x}_\infty) = x_i - A_0 = \Delta x_i$$

各次测量值的绝对误差等于系统误差和随机误差的代数和。

如果系统误差和随机误差都较小，测量值就会接近于真值 A_0，测量的准确度越高。在 JJF 1001—2011《通用计量术语及定义》中，测量准确度定义为"测量结果与被测量的真值的一致程度"。准确度高，表示正确度和精密度均高，意味着系统误差和随机误差都小。由于真值难以获得，故准确度是一个定性概念。

2.2　系统误差的分析和处理

2.2.1　系统误差的特征

从系统误差的起因和来源可知，系统误差具有如下特征：

1）确定性。系统误差是一个确定的（非随机性质的）函数，它是固定不变的，或服从确定的函数规律变化的，其变化规律有线性变化、周期变化和复杂规律变化等几种。

2）重现性。在测量条件完全相同时，重复测量时系统误差可以重复出现。

3）不具抵偿性。在多次重复测量同一量值时，各次测量出现的系统误差不具有抵偿性。

4）可修正性。由于系统误差的确定性和重现性，就决定了它的可修正性。

实际测量中，系统误差和随机误差同时存在，测量误差为 $\Delta x_i = \varepsilon + \delta_i$。在多次重复测量时，当测量次数 n 足够大时，并考虑到系统误差不变的情况下，Δx_i 的算术平均值为

$$\frac{1}{n} \sum_{i=1}^{n} \Delta x_i = \frac{1}{n} \left(n\varepsilon + \sum_{i=1}^{n} \delta_i \right) = \varepsilon \tag{2-13}$$

式（2-13）表明，由于随机误差的抵偿性，当 n 足够大时，δ_i 的算术平均值趋于 0，而系统误差不具有抵偿性。由此可见，当 ε 和 δ_i 同时存在，并在重复测量次数 n 足够大时，各次测量绝对误差的算术平均值就等于系统误差 ε。即

$$\varepsilon = \frac{1}{n} \sum_{i=1}^{n} \Delta x_i = \frac{1}{n} \sum_{i=1}^{n} (x_i - A_0) = \frac{1}{n} \left(\sum_{i=1}^{n} x_i - nA_0 \right) = \frac{1}{n} \sum_{i=1}^{n} x_i - A_0 = \bar{x} - A_0 \tag{2-14}$$

由于系统误差反映了测量结果（$\bar{x}$）与真值（A_0）之间存在的固有误差，有时又不容易被发现，所以更要重视研究系统误差。

2.2.2　系统误差的发现方法

1. 不变的系统误差

可用校准的方法来检查恒定系统误差是否存在，即用标准仪器或标准装置来发现并确定恒定系统误差的数值。还可用实验比对法来判断是否存在不变的系统误差，即改变产生系统误差的条件进行不同的测量。例如，用两台仪器对同一量分别进行多次测量，然后分别计算平均值，若两个平均值相差较大，则仪器可能存在系统误差。特别是，如果再用更高一级精确度等级的测量仪表进行同样的测试，通过平均值对比便能确定低一级仪器的系统误差。

2. 变化的系统误差

（1）残差观察法　残差定义为测量值与 n 次测量值的算术平均值之差，$v_i = x_i - \bar{x}$。因为真值通常不可得，所以在计算时以算术平均值来代替真值，以残差 v 来代替真误差。

残差观察法是将所测得的数据及其残差 v_i 按测得的先后次序列表或作图，观察各数据的残差值的大小和符号的变化情况，从而判断是否存在变值系统误差及其变化规律。但此方法只适用于系统误差比随机误差大的情况。残差观察法如图 2-3 所示，图中示出了几种不同类型的系统误差。

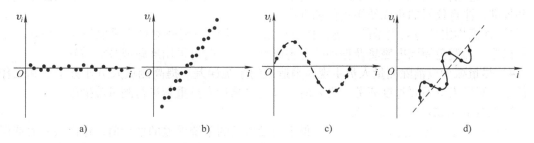

图 2-3　残差观察法

a）无明显系统误差　b）存在线性变化误差　c）存在周期性误差　d）同时存在线性及周期性误差

（2）残差核算法　当系统误差与随机误差大小相近，甚至比随机误差小时，如图2-3a所示，就不能通过观察来发现系统误差，此时就要通过一些判断准则对残差进行核算来发现系统误差。这些判断准则的实质是检验误差的分布是否偏离正态分布，偏离了则可能存在系统误差。常用的判据有马利科夫判据和阿贝 – 赫梅特判据。

1）马利科夫判据。马利科夫判据是判别有无累进性系统误差的常用方法。把 n 个等精度测量值所对应的残差按测量先后顺序排列，把残差分成两部分求和，再求其差值 D。测量次数 n 有可能是偶数，也有可能是奇数。

当 n 为偶数时
$$D = \sum_{i=1}^{n/2} v_i - \sum_{i=n/2+1}^{n} v_i \tag{2-15}$$

当 n 为奇数时
$$D = \sum_{i=1}^{(n+1)/2} v_i - \sum_{i=(n+1)/2}^{n} v_i$$

若测量中含有累进性系差，则前后两部分残差和明显不同，D 值应明显异于零。所以马利科夫判据为：若 D 近似等于零，则上述测量数据中不含累进性系差；若 D 明显地不等于零（与 v_i 值相当或更大），则说明上述测量数据中存在累进性系差。

2）阿贝 – 赫梅特判据。通常用阿贝 – 赫梅特判据来检验周期性系统误差的存在。判断的基本思路是，如果存在周期性系差，相邻两个残差的符号应基本相同；否则，相邻两个残差的符号应是随机的。其方法是首先把测量数据按测量顺序排列好，求出对应的残差，依次两两相乘，然后求其和的绝对值，再与此列数据求出的标准偏差相比较

$$\left| \sum_{i=1}^{n-1} v_i v_{i+1} \right| > \sqrt{n-1} s^2 \tag{2-16}$$

若式（2-16）成立，则可认为测量中存在周期性系统误差。进行判断时应注意的是，应在排除累进性系统误差后，只有周期性系统误差是测量的主要误差来源时，该判据才有效。标准偏差 s 的计算将在本章后面讨论。

对于存在变值系统误差的测量数据，原则上应舍弃不用。但若剩余误差的最大值明显小于测量允许的误差范围或仪器规定的系统误差范围，则其测量数据可以考虑使用。若连续测量，则需密切注意误差变化情况。

2.2.3　系统误差的削弱或消除方法

1. 从产生系统误差根源上采取措施

测量仪器、测量方法或原理、测量环境以及测量人员等都可能造成系统误差。测量前，应尽量发现并消除产生系统误差的来源，或设法防止测量受这些误差来源的影响，这是消除或减弱系统误差最根本的方法。

1）在测量中，测量原理和测量方法应当正确。

2）所选用仪器仪表的准确度、应用范围等必须满足使用要求，必须对测量仪器定期检定和校准，注意仪器的正确使用条件和方法。

3）注意周围环境对测量的影响，特别是温度的影响，精密测量要采取恒温、散热、空调等措施。为避免周围电磁场及振动的有害影响，必要时可采用屏蔽或减振措施。

4）尽量减少或消除测量人员主观原因造成的系统误差。提高测量人员业务水平和工作责任心，测量人员不要过度疲劳，必要时采取变更测量人员重新进行测量等措施。

2. 用修正方法减少系统误差

修正方法是预先通过检定、校准，得出测量器具的系统误差的估计值，作出误差表或误差曲线，然后取与误差数值大小相等、方向相反的值作为修正值，将实际测量结果加上相应的修正值，即可得到已修正的测量结果。如米尺的实际尺寸不等于标称尺寸，若按照标称尺

寸使用，就要产生系统误差。因此，应按经过检定得到的尺寸校准值（即将标称尺寸加上修正值）使用，方可减少系统误差。值得注意的是，修正不可能理想、完善，修正值本身也有误差，因此系统误差不可能完全消除。

3. 采用一些专门的测量方法

（1）替代法　替代法又称置换法，图 2-4 所示是替代法的测量原理。它在测量条件不变的情况下，用一已知的标准量 s 去替代未知的被测量，通过调整可变的标准量而保持替代前后仪器的示值不变，于是标准量的值等于被测量，则 $x = s$。由于替代前后整个测量系统及仪器的示值均未改变，因此测量中仪器的系统误差对测量结果不产生影响，测量准确度主要取决于标准已知量的准确度及仪器指示的灵敏度。

（2）交换法　通过交换被测量和标准量的位置，从前后两次换位测量结果的处理中，削弱或消除系统误差。利用此方法可以检查仪器系统本身的某些误差，它特别适用于平衡对称结构的测量装置，通过交换法可检查其对称性是否良好。

交换法的测量原理如图 2-5 所示。测量步骤如下：

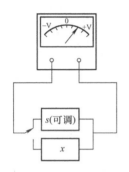
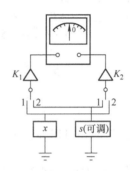

图 2-4　替代法的测量原理　　　　图 2-5　交换法的测量原理——参数测量

1）当开关置于"1"位置时，调节标准量 s 为 s_1，使指示为零，则有 $K_1 x = K_2 s_1$。

2）当开关置于"2"位置时，调节标准量 s 为 s_2，使指示为零，则有 $K_2 x = K_1 s_2$。

3）上面两式相乘、开方有

$$x = \sqrt{s_1 s_2} \approx \frac{1}{2}(s_1 + s_2) \tag{2-17}$$

式（2-17）表明，交换法消除了前置变换电路的变换系数 K_1、K_2 误差对测量结果的影响。

（3）零示法　将被测量与已知标准量相比较，当二者的效应互相抵消时，指零仪器示值为 0，达到平衡，这时已知量的数值就是被测量的数值。电位差计是采用零示法的典型例子。

图 2-6 所示是电位差计的电路原理图。E_x 是被测电源，E_B 是稳定的标准电源，R_B 是标准电阻，A 是平衡指示器（常用检流计）。调节 R_1 和 R_2 的电阻分压值，使 $I_A = 0$，则被测量

$$U_x = U_B = \frac{R_2}{R_B} E_B \tag{2-18}$$

零示法的优点是：

1）在测量过程中只需判断电流计 A 有无电流，不需要读数。因此只要求它具有足够的灵敏度，而对它的准确度没有太高的要求。

2）在测量回路中没有电流，导线上无压降，因此误差很小。

3）零示法的测量准确度主要取决于标准量 E_B 及 R_B。

（4）微差法　将被测量 x 与标准量 B 比较时，只要求二者接近，而不必完全抵消，其微差值 δ 可由小量程仪表 V 测出，如图 2-7 所示。设 $x > B$，其微差量 $\delta = x - B$，或被测量 $x = \delta + B$。

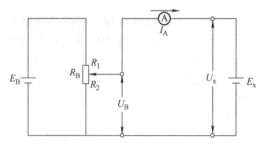

图 2-6　电位差计的电路原理图

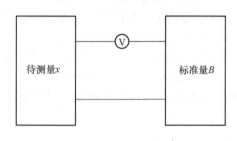

图 2-7　微差法原理框图

x 的绝对误差 $\Delta x = \Delta B + \Delta \delta$

相对误差 $\dfrac{\Delta x}{x} = \dfrac{\Delta B}{x} + \dfrac{\Delta \delta}{x} = \dfrac{\Delta B}{B + \delta} + \dfrac{\delta}{B + \delta}\dfrac{\Delta \delta}{\delta}$

因为 $B + \delta \approx B$，并令 $\gamma_{\delta} = \dfrac{\Delta \delta}{\delta}$，得

$$\gamma_{x} = \frac{\Delta x}{x} \approx \frac{\Delta B}{B} + \gamma_{\delta}\frac{\delta}{B} \qquad (2\text{-}19)$$

式中，$\dfrac{\Delta B}{B}$ 为已知标准量的相对误差，很小；γ_{δ} 为测微差值所用仪表 V 的示值相对误差；$\dfrac{\delta}{B}$ 为微差与标准量之比，称为相对微差。由于 $\delta << B$，故相对微差 $\dfrac{\delta}{B}$ 很小。由式（2-19）可见，把 $\dfrac{\delta}{B}$ 与仪表的误差 γ_{δ} 相乘，将使 γ_{δ} 对测量误差 γ_{x} 的影响大大减弱。测量误差 γ_{x} 主要由标准量的相对误差 $\dfrac{\Delta B}{B}$ 决定。

由于标准量不需与被测量完全抵消，在测量过程中标准量不必仔细地调节，所以微差法比零示法更容易实现，而且仪表可以直接读数，比较直观。

【例 2-8】　用微差法测量 24V 直流稳压电源输出电压 U_0，其电路原理图如图 2-8 所示。图中，电压表 V 用于测量 U_0 与 E_B 之间的微差电压。E_B 为标准直流电压源，调节其输出 $E_B = 24\text{V}$，准确度为 $\pm 0.1\%$。由于 U_0 接近 E_B，因此选用量程为 0.1V、准确度等级为 $S = 2.5$ 的电压表 V。若用电压表测出微差电压 $U_{\delta} = 0.05\text{V}$，则测量值 $U_0 = (24 + 0.05)\text{V} = 24.05\text{V}$，由式（2-9）得出，电压表示值相对误差

$$\gamma_{\delta} = \pm S\% \times \frac{x_{m}}{x} = \pm 2.5\% \times \frac{0.1}{0.05} = 5\%$$

图 2-8　用微差法测量直流稳压电源输出电压的电路原理图

由式（2-19）求得测量值的相对误差

$$\gamma_x = \frac{\Delta U_0}{U_0} \approx \frac{\Delta E}{E_B} + \gamma_\delta \frac{U_\delta}{E_B} = \pm \left(0.1\% + 5\% \times \frac{0.05\text{V}}{24\text{V}} \right) = \pm 0.11\%$$

可见，其误差主要取决于标准量 E_B 的准确度，而测量仪表所引起的误差很小（只有 $\pm 0.01\%$ ）。

（5）对称测量法　对称测量法是减小线性系统误差的有效方法。当被测量随时间的变化线性增加时，若选定整个测量时间范围内的某时刻为中点，则以对称于此点的各对系统误差的算术平均值作为测量值，即可减小线性系统误差。

（6）半周期法　对周期性误差，以相隔半个周期进行一次测量，取二次读数的平均值，即可有效地减小周期性系统误差。因为相差半周期的误差，理论上大小相等，符号相反，所以这种方法在理论上能消除周期性误差。

以上这些方法在实际执行时，由于多种原因通常不可能完全消除系统误差，而只能将系统误差减小到对测量结果影响最小以至可以忽略不计的程度。

2.3　随机误差的分析与处理

2.3.1　随机误差的统计特性

1. 随机误差的性质和特点

在测量中，测量误差往往由众多对测量影响微小而又互不相关的因素共同影响而产生，这些因素往往是无法避免和控制的，如外界条件（温度、湿度、气压、电源电压等）的微小波动、半导体内的量子噪声、电阻的热噪声、空间电磁场干扰、大地轻微振动、仪器零部件配合的不稳定性、测试人员感觉器官的各种无规律变化等。这些因素的数量非常多，每个因素所引起的误差又非常微小，这些微小的误差分量合在一起构成了测量的随机误差。

大量实验证明，随机误差服从以下统计特性：

1）对称性：绝对值相等的正误差与负误差出现的概率相同。

2）单峰性：绝对值小的误差比绝对值大的误差出现的概率大。

3）有界性：绝对值很大的误差出现的概率接近于零，即误差的绝对值不会超过一定界限。

4）抵偿性：当测量次数 $n \to \infty$ 时，全部误差的代数和趋于零。

2. 随机误差的分布形式

随机误差是随机出现的，经过大量的测量之后，随机误差的分布服从概率统计规律，因此，对随机误差的分析以概率统计理论为基础。根据概率统计理论，随机误差可以利用随机变量进行描述，其取值状况服从一定的分布函数，各取值点概率可用一定的概率密度函数进行描述。

概率论中的中心极限定理说明，只要构成随机变量总和的各独立随机变量数目足够多，而且其中每个随机变量对于总和只起微小的作用，则可认为随机变量服从正态分布，受随机误差影响的测量数据也大多接近于正态分布。如果影响随机误差的因素较少或某项因素起明显作用，即不满足中心极限定理时，随机误差可能呈现非正态分布，如均匀分布、三角分布、t 分布、梯形分布及反正弦分布等。

（1）测量误差的正态分布　正态分布即高斯概率分布，由于自然界非常多的随机现象都可用高斯概率密度的随机变量来表征，所以正态分布是极为重要的一种分布函数。正态分布具有两大特点：一是正和负误差出现的概率相等，即概率分布曲线左右对称；二是大误差

出现的概率小，小误差出现的概率大，概率分布曲线呈现"钟"形。随机误差（变量 δ）的正态分布函数式为

$$y = \varphi(\delta) = \frac{1}{\sigma\sqrt{2\pi}} e^{-\frac{\delta^2}{2\sigma^2}} \tag{2-20}$$

式中，σ 是随机变量的标准偏差（常数）；δ 是随机误差，等于测量值 x 与期望值 $M(x)$ 的偏差，$\delta = [x - M(x)]$，期望值 $M(x)$ 是无穷多次 x 测量值的平均值。若把 $\delta = [x - M(x)]$ 代入式（2-20），则可得出测量值 x 的概率分布函数式如下：

$$y = \varphi(x) = \frac{1}{\sigma\sqrt{2\pi}} e^{-\frac{[x - M(x)]^2}{2\sigma^2}} \tag{2-21}$$

式（2-20）和式（2-21）的函数分布曲线如图 2-9 所示，图 2-9b 是图 2-9a 中曲线向右平移 $M(x)$ 后的结果。

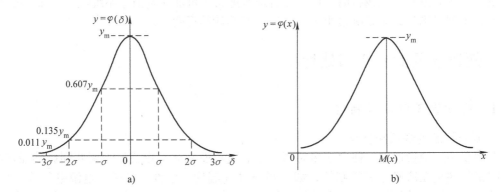

图 2-9 随机误差的正态分布曲线

a）随机误差的概率密度曲线 b）测量值的概率密度曲线

概率密度曲线下的面积是概率值。由于随机变量的所有量值出现概率的总和必然等于1，因此分布曲线下的总面积等于1。即

$$P\{-\infty \leqslant x \leqslant \infty\} = \int_{-\infty}^{\infty} \varphi(x) \mathrm{d}x = 1 \tag{2-22}$$

可以证明，正态分布的均值 $\bar{x}$ 和方差 $D(X)$ 分别为

$$\bar{x} = \int_{-\infty}^{\infty} x\varphi(x) \mathrm{d}x = \int_{-\infty}^{\infty} x \frac{1}{\sigma\sqrt{2\pi}} e^{-\frac{[x-M(x)]^2}{2\sigma^2}} \mathrm{d}x = M(x) \tag{2-23}$$

$$D(X) = \int_{-\infty}^{\infty} [x - M(x)]^2 \varphi(x) \mathrm{d}x = \int_{-\infty}^{\infty} [x - M(x)]^2 \frac{1}{\sigma\sqrt{2\pi}} e^{-\frac{[x-M(x)]^2}{2\sigma^2}} \mathrm{d}x = \sigma^2(x)$$

$$\tag{2-24}$$

图 2-9 分布曲线的形状与标准偏差 σ 有关，因为概率密度曲线下的总面积是不变的，等于1，所以，在 σ 大时，曲线矮而胖；在 σ 小时，曲线高而瘦。前者表明误差的离散度大，测量的精密度较低；后者表明误差小而集中，测量的精密度较高。

在图 2-9a 和 b 中函数 y 的取值是，当 $\delta = 0$ 或 $x = M(x)$ 时，y 为最大值 $y_\mathrm{m} = \frac{1}{\sigma\sqrt{2\pi}}$。容易证明，当 $\delta = \pm\sigma$，$\pm2\sigma$，$\pm3\sigma$ 时，函数 y 值分别等于 $0.607y_\mathrm{m}$，$0.135y_\mathrm{m}$，$0.011y_\mathrm{m}$。

在误差处理中，通常只关心以其期望为中心左右对称的区间 $[M(x) - a, M(x) + a]$ 内的取值概率，所以有

$$P\{M(x) - a \leqslant x \leqslant M(x) + a\} = \int_{M(x)-a}^{M(x)+a} \varphi(x) \mathrm{d}x = 2\int_{M(x)}^{M(x)+a} \varphi(x) \mathrm{d}x \tag{2-25}$$

对于期望为 0 的随机变量，式（2-25）变为

$$P\{-a \leqslant x \leqslant a\} = \int_{-a}^{a} \varphi(x)\,\mathrm{d}x = 2\int_{0}^{a} \varphi(x)\,\mathrm{d}x \tag{2-26}$$

（2）测量误差的非正态分布　如果影响随机误差的因素较少或某项因素起明显作用，即不满足中心极限定理时，不满足正态分布，随机误差呈现非正态分布。常见的非正态分布有均匀分布、三角分布、反正弦分布等，其中，均匀分布的应用仅次于正态分布。为节省篇幅，本书不再详细讨论非正态分布了，仅把这三种分布的概率密度函数、数学期望、标准偏差和适用条件列于表 2-3 中。可以看出，这三种分布都是有界的。

表 2-3　几种常见非正态分布

分布类型	均匀分布	三角分布	反正弦分布
概率密度函数	$\varphi(x) = \begin{cases} \dfrac{1}{b-a} & a \leqslant x \leqslant b \\ 0 & x < a, x > b \end{cases}$	$\varphi(x) = \begin{cases} \dfrac{a+x}{a^2} & -a \leqslant x \leqslant 0 \\ \dfrac{a-x}{a^2} & 0 \leqslant x \leqslant a \end{cases}$	$\varphi(x) = \begin{cases} \dfrac{1}{\pi} \dfrac{1}{\sqrt{a^2 - x^2}} & |x| \leqslant a \\ 0 & |x| > a \end{cases}$
概率密度曲线			
数学期望	$\dfrac{a+b}{2}$（若 $a = -b$，则为 0）	0	0
标准偏差	$\dfrac{b-a}{2\sqrt{3}}$（若 $a = -b$，则为 $\dfrac{b}{\sqrt{3}}$）	$\dfrac{a}{\sqrt{6}}$	$\dfrac{a}{\sqrt{2}}$
适用条件及应用举例	仪器中的度盘回差、调谐不准确及仪器最小分辨力引起的误差等；在测量数据处理中，"四舍五入"的截尾误差；当只能估计误差在某一范围 $\pm a$ 内，而不知其分布时，一般可假定该误差在 $\pm a$ 内均匀分布	两个具有上限和下限分别相同的均匀分布的随机误差之和，其分布服从三角分布。例如在各种利用比较法的测量中，进行两次相同条件下的测量，若每次测量的误差是均匀分布，那么两次测量的最后结果服从三角分布	若被测量 x 与一个量 θ 成正弦关系，即 $x = a\sin\theta$，而 θ 本身又是在 $0 \sim 2\pi$ 之间是均匀分布的，那么 x 服从反正弦分布。例如圆形度盘偏心而致的刻度误差以及与具有随机相位的正弦信号有关的误差等

3. 随机误差的数字特征

随机误差及其影响下的测量数据都服从一定的统计分布规律，并可以利用概率论和数理统计的方法研究其分布规律。在实际应用中，准确地确定概率密度函数是很困难的，但是由于随机误差本身具有的特性，通常只需要某些数字特征即可说明该误差的基本状况。在大多数场合，这样的处理能够满足工程的需求。

随机误差常用的数字特征包括数学期望（均值）、方差和标准偏差，它们分别表明了随机误差分布的某种特征信息。下面分别进行讨论。

（1）数学期望

1）离散变量的数学期望。设测量值 X 为一个函数随机变量，其 m 个可能出现的离散的取值是 x_1，x_2，$\cdots$，x_m，这些量值出现的概率分别为 p_1，p_2，$\cdots$，p_m，如果重复测量次数 n

非常大（理论上 $n \to \infty$），则可望 x_1 值出现 n_1（$=np_1$）次，x_2 值出现 n_2（$=np_2$）次，x_m 出现 n_m（$=np_m$）次。于是，测量值 X 的数学期望 $M(x)$（或用 $\overline{x}_\infty$ 表示）为

$$M(x) = \frac{1}{n}[np_1x_1 + np_2x_2 + \cdots + np_mx_m] = \sum_{i=1}^{m} x_ip_i \qquad \text{当 } n \to \infty \text{ 时} \qquad (2\text{-}27)$$

由概率论的伯努利定理可知：事件发生的频度 n_i/n 依概率收敛于事件发生的概率 p_i，即当测量次数 $n \to \infty$ 时，可以用事件发生的频度代替事件发生的概率。这时，被测量 X 的数学期望为

$$M(x) = \sum_{i=1}^{m} x_ip_i = \sum_{i=1}^{m} x_i \frac{n_i}{n} \qquad \text{当 } n \to \infty \text{ 时} \qquad (2\text{-}28)$$

若不考虑测量值相同的情况，即当对一个被测量 X 进行 n 次等精度测量，而获得 n 个测试数据 x_i（$i=1, 2, \cdots, n$）时，x_i 可相同，取得 x_i 的次数都计为 1，代入式（2-28）则可得被测量 X 的数学期望为

$$M(x) = \sum_{i=1}^{n} x_i \frac{1}{n} = \frac{1}{n} \sum_{i=1}^{n} x_i \qquad \text{当 } n \to \infty \text{ 时} \qquad (2\text{-}29)$$

可见，被测量 X 的数学期望就是当测量次数 $n \to \infty$ 时，各次测量值的算术平均值 $\overline{x}_\infty$。

2）连续变量的数学期望。若测量值 X 为一个连续变量，即它的取值在区间内是连续的，这时由于可能的取值是无穷多个，对应于某个取值的概率趋近于零，因此需要用到概率密度的概念。该测量值 X 落在区间 $(x, x+\Delta x)$ 内的概率为 $p(x < X < x+\Delta x)$，当 Δx 趋近于零时，若 $p(x < X < x+\Delta x)$ 与 Δx 之比的极限存在，就把它称为测量值 X 在 x 点的概率密度，记为 $\varphi(x)$，即

$$\varphi(x) = \lim_{\Delta x \to 0} \frac{p(x < X < x+\Delta x)}{\Delta x}$$

则测量值 X 的数学期望为

$$M(x) = \sum_{i} x_i\varphi(x_i)\Delta x = \int_{-\infty}^{\infty} x\varphi(x)\,\mathrm{d}x \qquad \text{当 } \Delta x \to 0 \text{ 时} \qquad (2\text{-}30)$$

比较数学期望的计算式（2-27）和式（2-30）可见，测量值由离散值变为连续值时，只不过将多项求和变成积分，并将每种取值的概率 p_i 换成 $\varphi(x)\mathrm{d}x$，计算方法没有改变。

数学期望简称期望，它体现了随机变量的分布总是围绕着一定的中心。在随机误差的研究中，测量结果总是围绕着真值分布的，因此作为随机变量的测量结果，其期望就是被测量真值。在统计学中，期望与均值是同一个概念。而在误差理论中，由于随机误差的抵偿性，对无穷多次重复测量的结果取平均值即可得到其期望值，也就是真值。当然，实际应用中无限多次测量是做不到的，因此测量结果的期望也只能是估计值。

3）数学期望的性质。数学期望的性质见表2-4。

表2-4　数学期望的性质

序号	表　达　式	说　　明
1	$M(c) = c$	常数 c 的数学期望等于常数
2	$M(x+c) = M(x)+c$	随机变量与常数之和的数学期望，等于随机变量的数学期望与该常数之和
3	$M(cx) = cM(x)$	常数与随机变量之乘积的数学期望，等于该常数与随机变量数学期望之乘积

（续）

序号	表　达　式	说　明
4	$M(x+y) = M(x) + M(y)$ $M(x_1 + x_2 + \cdots + x_n) = M(x_1) + M(x_2) + \cdots$ $+ M(x_n)$	两个（或有限多个）随机变量之和的数学期望，等于它的数学期望之和，而与随机变量之间独立与否无关
5	$M(xy) = M(x)M(y)$ $M(x_1 x_2 \cdots x_n) = M(x_1)$ $M(x_2) \cdots M(x_n)$	两个（或有限多个）独立随机变量之积的数学期望，等于它们数学期望之积（注意各个随机变量之间应不相关）

（2）方差和标准偏差

1）离散变量的方差。测量值的数学期望只反映了测量值平均的情况。但在实际测量中，还需要知道测量数据的离散程度，反映测量值的离散程度通常用测量值的方差 $\sigma^2(x)$ 来表示。

若离散值可能的取值数目为 m 种，当测量次数 $n \to \infty$ 时，第 i 种取值的概率为 p_i。这时，测量值的方差定义 $D(x)$ 为

$$D(x) = \sigma^2(x) = \sum_{i=1}^{m} \left[x_i - M(x) \right]^2 p_i \tag{2-31}$$

若每个测量值只得到一次，或者对每次测量结果单独统计，认为 n 次测量得到 n 个测量值，而不考虑这些测量值中有无相同的情况，当测量次数 $n \to \infty$ 时，用测量值出现的频率 $1/n$ 代替概率 p_i，则可得测量值的方差

$$D(x) = \sigma^2(x) = \frac{1}{n} \sum_{i=1}^{n} \left[x_i - M(x) \right]^2 \quad \text{当 } n \to \infty \text{ 时} \tag{2-32}$$

由式（2-31）及式（2-32）可见，测量值的方差是用来描述测量值的离散程度的。在两式中，不用 $[x_i - M(x)]$ 来进行平均，而取它的二次方值来平均，这是因为取二次方后再进行平均才不会使正负方向的误差相互抵消，以致不能判断离散的程度。同时采用二次方后再平均的方法，能使个别较大的误差经过二次方后在和式中占的比例更大，这就使方差对较大的误差反应比较灵敏。

2）连续变量的方差。若测量值 X 为连续的，其方差定义为

$$D(x) = \sigma^2(x) = \int_{-\infty}^{+\infty} \left[x - M(x) \right]^2 \varphi(x) \mathrm{d}x \tag{2-33}$$

3）标准偏差。由于实际测量中，误差 δ 都是带有单位的量，方差是相应单位的二次方，使用不甚方便，为了与随机误差的单位一致，引入了标准偏差的概念。方差的算术二次方根（即正二次方根）$\sigma(x)$ 叫作标准偏差，$\sigma(x) = \sqrt{D(x)} = \sqrt{M[x - M(x)]^2}$（又叫方均根差）。$\sigma(x)$ 越小，测量值越集中，因此它用来描述测量值与其数学期望 $M(x)$ 的分散程度，即随机误差的大小。

值得注意的是，由于随机误差本身是随机变量，所以不能用任意一次测量的随机误差 δ_i 来描述测量结果的离散性，而只能以统计的方法，用 $\sigma^2(x)$ 或 $\sigma(x)$ 及它们的估计值来描述。在相同条件下对被测量进行无穷多次测量，可由式（2-29）和式（2-32）求得被测量的数学期望和标准偏差 $M(x)$ 及 $\sigma(x)$，通常把它们称为被测量总体的数学期望和标准偏差。

在用到标准偏差时还应该注意，被测量总体的标准偏差也代表了测量列中单次测量的标准偏差。事实上，某一测量的测量系统和测量条件确定后，它的标准偏差就客观上确定了，所以反映单次测量值的误差分散性的标准偏差和总体的误差的标准偏差是一致的，但是却不能根据这一次测量值求出它来。这里所谓的单次是指标准偏差是根据非常多（理论上是无

穷多）个单次测量值求得的，或者说根据某个单次测量相同条件下的非常多个测量数据求得的。它用来描述大量单次测量值的离散性，而不是说只进行过一次测量就可以求得标准偏差。

4）方差运算的性质。方差运算的性质见表2-5。

表2-5 方差运算的性质

序号	表达式	说　明
1	$D(x) = M(x^2) - M^2(x)$	随机变量的方差等于该随机变量二次方的数学期望与该随机变量数学期望的二次方之差
2	$D(c) = 0$	常数的方差为零
3	$D(x + c) = D(x)$	随机变量与常数之和的方差，等于随机变量的方差
4	$D(cx) = c^2 D(x)$	随机变量与常数之乘积的方差，等于随机变量方差与该常数的二次方之乘积
5	$D(x + y) = D(x) + D(y)$ $D(x_1 + x_2 + \cdots + x_n) = D(x_1) + D(x_2) + \cdots + D(x_n)$	独立随机变量之和的方差等于它们各自的方差之和
6	$D(x + y) = D(x) + D(y) + 2\text{Cov}(x,y)$ $D(x_1 + x_2 + \cdots + x_n) = D(x_1) + D(x_2) + \cdots$ $+ D(x_n) + 2\sum_{i=1}^{n-1}\sum_{j=i+1}^{n}\text{Cov}(x,y)$	两个或有限多个任意随机变量之和的方差，等于它们各自的方差以及它们的协方差2倍之和
7	$D(xy) = D(x)D(y) + D(x)M^2(y) + D(y)M^2(x)$	两个独立随机变量乘积的方差为方差的乘积加上每个量的方差与另一个量的期望的二次方之积

2.3.2　有限次测量的数学期望和标准偏差的估计值

1. 有限次测量的数学期望的估计值——算术平均值

前面所讨论的被测量的数字特征都是在无穷多次测量的条件下求得的，但是在实际测量中只能进行有限次测量。本节讨论如何根据有限次测量结果估计被测量的数学期望和标准偏差。

实际进行等精度测量时，测量次数 n 为有限次，各次测量值为 x_i（$i = 1, 2, \cdots, n$），规定使用算术平均值 $\bar{x}$ 为数学期望的估计值，并作为最后的测量结果。即

$$\bar{x} = \frac{1}{n}\sum_{i=1}^{n} x_i \tag{2-34}$$

可以证明，算术平均值是数学期望的一致估计值和无偏估计值，即算术平均值具有一致性和无偏性。

所谓估计的一致性就是从概率意义上说，如果给的样本容量（即这里的测量值个数 n）较小，即 n 为有限值时，每个估计值 $\bar{x}$ 都可能或多或少地随机波动而偏离被估计值，$\bar{x}$ 也是一个随机变量，但 $\bar{x}$ 总是围绕 $M(x)$ 摆动，随着测量次数的增加，$\bar{x}$ 更趋近于被估计值 $M(x)$。但只要 n 无限增大，$\bar{x}$ 就一定等于被估计值 $M(x)$，具有一致性。所谓估计的无偏性，就是说每个估计值都可能或轻或重地存在不够准确的情况，但无穷多个估计值的平均值即数学期望恰好等于被估计值。若估计值 $\bar{x}$ 的数学期望等于 $M(x)$，则称 $\bar{x}$ 为 $M(x)$ 的无偏估计值，这种估计叫无偏估计。不难看出，n 次测量值的算术平均值 $\bar{x}$ 作为 $M(x)$ 的估计值是符合这两个原则的。由式（2-34）可得，当 $n \to \infty$ 时

$$\bar{x} = \frac{1}{n}\sum_{k=1}^{n}x_k = M(x) \tag{2-35}$$

即 x 的算术平均值在 $n\to\infty$ 时确实等于被估计的数值 $M(x)$，所以符合估计的一致性和无偏性原则。

2. 算术平均值 $\bar{x}$ 的分布及标准偏差

$\bar{x}$ 的摆动幅度比单个测量值 x_i 的摆动幅度小。若被测量的总体中，各测量值由于随机误差的影响分布在 $M(x)$ 附近，分散程度用 $\sigma(x)$ 来描述。由于平均值含有随机误差，那么对 n 次测量值求算术平均值后，$\bar{x}$ 必然分布在 $M(x)$ 附近，但是由于在求解平均的过程中，随机误差在很大程度上会相互抵消，所以 $\bar{x}$ 的分布就相对集中了，即 $\sigma(\bar{x})$ 比 $\sigma(x)$ 变小了。

无论被测量总体是什么形状，随着 n 的增加，$\bar{x}$ 的分布形状都越来越趋近于正态分布。也就是说，当被测量总体原来就是正态分布时，平均值的分布是一个分散程度更小的正态分布；若被测量总体不是正态分布，那么随着样本量 n 的加大，样本平均值 $\bar{x}$ 的分布逐渐变形而趋近于一个正态分布。图 2-10 表示了被测量总体和平均值的分布曲线。可以看出，测量值 x 和测量平均值 $\bar{x}$ 都以正态分布的形式分布于真值（数学期望）附近，由于 $\sigma(x) > \sigma(\bar{x})$ 前者曲线平坦，离散程度大，精密度低；后者曲线尖锐，离散程度小，精密度高。

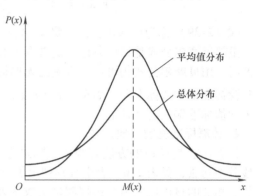

图 2-10　总体和平均值的分布曲线

下面计算 n 次等精度测量 x_i $(i=1, 2, \cdots, n)$ 的算术平均值 $\bar{x}$ 的方差 $\sigma^2(\bar{x})$。因为是等精度测量，并假定 n 次测量是独立的，所以这一系列测量就具有相同的数学期望和方差。根据概率论中"几个相互独立的随机变量之和的方差等于各个随机变量方差之和"的性质，进行下面推导：

$$\sigma^2(\bar{x}) = \sigma^2\left(\frac{1}{n}\sum_{i=1}^{n}x_i\right) = \frac{1}{n^2}\sigma^2\left(\sum_{i=1}^{n}x_i\right) = \frac{1}{n^2}\left[\sigma^2(x_1) + \sigma^2(x_2) + \cdots + \sigma^2(x_n)\right]$$

$$= \frac{1}{n^2}n\sigma^2(X) = \frac{1}{n}\sigma^2(X)$$

则

$$\sigma(\bar{x}) = \frac{\sigma(X)}{\sqrt{n}} \tag{2-36}$$

式（2-36）说明，n 次测量值的算术平均值的方差为总体或单次测量值的方差的 $1/n$，或者说算术平均值的标准偏差为总体或单次测量值的标准偏差的 $1/\sqrt{n}$。这是由于随机误差的抵偿性，在计算 $\bar{x}$ 的求和过程中，正负误差可以相互抵消；测量次数越多，抵消程度越大，平均值离散程度越小，这也是采用统计平均的方法减弱随机误差的理论依据。所以，用算术平均值作为测量结果，减少了随机误差。

3. 有限次测量数据的标准偏差的估计值——贝塞尔公式

由于在有限次测量条件下，利用算术平均值代替了数学期望（真值），因此可用残差代替绝对误差。残差的定义是

$$v_i = x_i - \bar{x} \tag{2-37}$$

这样就无法根据方差（$n\to\infty$）的定义［见式（2-32）］确定测量结果的方差，只能根据有

限次测量数据来估计测量值的标准偏差。根据残差的定义和方差的性质，有

$$\sigma^2(v) = \sigma^2(x_i - \bar{x}) = \sigma^2(x_i) - \sigma^2(\bar{x}) = \sigma^2(x) - \frac{1}{n}\sigma^2(x) = \frac{n-1}{n}\sigma^2(x)$$

根据方差的定义以及残差的数学期望为 0（因为很显然残差的代数和为 0），有

$$\sigma^2(x) = \frac{n}{n-1}\sigma^2(v) = \frac{n}{n-1}\frac{1}{n}\sum_{i=1}^{n}\left[v_i - M(v_i)\right]^2$$

$$= \frac{1}{n-1}\sum_{i=1}^{n}v_i^2 = \frac{1}{n-1}\sum_{i=1}^{n}(x_i - \bar{x})^2 \tag{2-38}$$

则

$$\hat{\sigma}(x) = s(x) = \sqrt{\frac{1}{n-1}\sum_{i=1}^{n}(x_i - \bar{x})^2} \tag{2-39}$$

式（2-39）称为贝塞尔公式。贝塞尔公式是确定单次测量标准偏差估计值最主要的方法。虽然贝塞尔公式是根据方差的定义得出的，仍需满足 $n\to\infty$ 的条件，但可以证明 n 为有限值时，用贝塞尔公式仍可得到方差的无偏估计 $\hat{\sigma}^2(x)$。n 为有限值时，其标准偏差通常称为实验标准偏差或标准差，用符号 $\hat{\sigma}(x)$ 或 $s(x)$ 表示。同理，也可用 $s(\bar{x}) = s(x)/\sqrt{n}$ 作为测量平均值标准偏差的估计值。

4. 计算标准差的其他方法

计算标准差 $s(x)$ 的方法有很多，除最常用的贝塞尔公式外，还有极差法、最大残差法和残差平均法，见表 2-6。表中分别列出了三种方法的 $s(x)$ 的计算公式。计算公式中所用的系数、相应的自由度之值可根据测量次数从表中查出。

表 2-6 其他三种标准差 $s(x)$ 的计算方法

极差法	$s(x)$计算公式	$s(x) = \frac{1}{d_n}(\max\limits_{n}x_i - \min\limits_{n}x_i)$ 极差:最大值与最小值之差									
	测量次数 n	2	3	4	5	6	7	8	9	10	15	20
	极差法系数 d_n	1.13	1.64	2.06	2.33	2.53	2.70	2.85	2.97	3.08	3.47	3.73
	自由度 v	0.9	1.8	2.7	3.6	4.5	5.3	6.0	6.8	7.5	10.5	13.1
最大残差法	$s(x)$计算公式	$s(x) = C_n \cdot \max\limits_{n}|x_i - \bar{x}| = C_n \cdot \max\limits_{n}|v_i|$ 最大残差:绝对值最大的残差									
	测量次数 n	2	3	4	5	6	7	8	9	10	15	20
	最大残差系数 C_n	1.77	1.02	0.83	0.74	0.68	0.64	0.61	0.59	0.57	0.51	0.48
	自由度 v	0.8	1.8	2.7	3.6	4.4	5.0	5.6	6.2	6.8	9.3	11.5
残差平均法	$s(x)$计算公式	$s(x) = \frac{1.253}{\sqrt{n(n-1)}}\sqrt{\frac{\pi}{2}}\sum|v_i|$ 残差平均法:由俄罗斯天文学家彼得斯提出,又称彼得斯法									
	测量次数 n	2	3	4	5	6	7	8	9	10	15	20
	自由度 v	0.9	1.8	2.7	3.6	4.5	5.4	6.2	7.1	8.0	12.4	16.7

除此之外，还有其他一些经常用的方法，诸如最大方差法、联合方差法和最小二乘法等。一般推荐，当测量次数 $n \geq 6$ 时，采用贝塞尔公式计算；当 $2 \leq n \leq 5$ 时，采用极差法确定。

2.3.3　测量结果的置信度

1. 置信度的概念

由于随机误差的影响，实际测量值偏离数学期望 $M(x)$（真值）的多少和方向是随机的，但它是有界的，并且多次测量的数据会按一定形状分布在 $M(x)$ 的两侧，其分散程度可由标准差 $\sigma(x)$ 来表征。现在的问题是，如果通过某次测量获得一个测量值 x_i，理论上它或多或少地要偏离 $M(x)$（真值），而准确地、无误差地等于 $M(x)$ 的可能性极小（几乎为零），那么，所获得的测量结果可信吗？因此，一个完整的测量结果，不仅要知道其量值的大小，还希望知道该测量结果的可信赖的程度。为此，需要引入一个表征测量结果的可信赖程度的参数——置信度。

置信度是用置信区间和置信概率来定义的一个参数。按照置信区间的中心点的区别，置信度定义的表述方式有两种，其意义如下：

1) 测量数据（结果）x_i 处在以数学期望 $M(x)$（真值）为中心的一个置信区间内的置信概率有多大。

2) 以测量数据（结果）为中心点的一个置信区间内出现数学期望 $M(x)$ 的置信概率有多大。

这里所说的置信区间是一个给定的数据区间，通常用标准差 $\sigma(x)$ 的 k 倍来表示，即 $[x-k\sigma(x), x+k\sigma(x)]$，$k$ 称之为置信因子。这里所说的置信概率就是在置信区间下的概率，它可由在置信区间内通过对概率密度函数的积分求得，即图 2-11 中的阴影线部分的面积。

$$P[M(x)-k\sigma(x), M(x)+k\sigma(x)] = \int_{M(x)-k\sigma(x)}^{M(x)+k\sigma(x)} \varphi(x)\,\mathrm{d}x \qquad (2\text{-}40)$$

上述两种定义的区别在于以 x 或以 $M(x)$ 作为置信区间的中心点，两者实际上是完全等价的，即对于同一个被测量，在置信区间相等时，两种意义上的置信概率是相等的。这一点可用图 2-11 加以说明。图中（以正态分布曲线为例）x_1、x_2、x_3 为三个测量数据，x_1、x_2 在给定区间 $[M(x)-k\sigma(x), M(x)+k\sigma(x)]$ 内，x_3 不在区间内。相应有区间 $[x_1-k\sigma(x), x_1+k\sigma(x)]$ 和 $[x_2-k\sigma(x), x_2+k\sigma(x)]$ 内包含了 x 的数学期望 $M(x)$，而区间 $[x_3-k\sigma(x), x_3+k\sigma(x)]$ 不包含 $M(x)$。这表明若 x_i 出现在区间 $[M(x)-k\sigma(x), M(x)+k\sigma(x)]$ 内，则区间 $[x_i-k\sigma(x), x_i+k\sigma(x)]$ 内一定包含 $M(x)$。

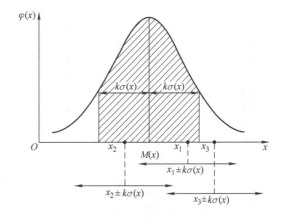

图 2-11　置信区间和置信概率

置信度的几何意义可以用图 2-11 来说明，在同一分布下，置信区间越宽，置信概率（由概率曲线、置信区间和横轴围成的图形面积）也越大。在不同的分布下，当置信区间给定时，标准差越小，相应置信概率越大，反映出测量数据的可信度也越高；在置信概率给定时，标准差越小，置信区间越窄，测量数据的可靠度也就越高。

2. 置信度的确定

置信度的确定分两类：一类是根据给定或设定置信概率计算出置信区间；一类是根据给

定的置信区间求出相应的置信概率。根据置信度的概念，解决上述问题的关键是置信因子 k 的确定，而置信因子是和测量数据（或随机误差）的概率分布紧密相关的。也就是说，置信因子的确定必须以测量数据（或随机误差）的概率分布已知为前提。

（1）正态分布置信度　正态分布下置信因子与置信概率的关系。测量数据 X 服从正态分布，则其概率密度函数为

$$\varphi(x) = \frac{1}{\sigma(x)\sqrt{2\pi}} e^{-\frac{[x-M(x)]^2}{2\sigma^2(x)}} \tag{2-41}$$

要求出 x 在关于 $M(x)$ 为对称区间 $[M(x)-k\sigma(x), M(x)+k\sigma(x)]$ 的置信概率 P，根据式（2-40）和式（2-41），有

$$P[M(x)-k\sigma(x), M(x)+k\sigma(x)] = \int_{M(x)-k\sigma(x)}^{M(x)+k\sigma(x)} \frac{1}{\sigma(x)\sqrt{2\pi}} e^{-\frac{[x-M(x)]^2}{2\sigma^2(x)}} dx \tag{2-42}$$

为计算方便，不妨作积分变换，为此假设

$$Z = \frac{x-M(x)}{\sigma(x)} \tag{2-43}$$

于是有 $dZ = dx/\sigma(x)$。积分上下限分别为 k 和 $-k$，将上述关系代入式（2-42）可得

$$P[-k \leqslant Z \leqslant k] = \int_{-k}^{k} \frac{1}{\sqrt{2\pi}} e^{-\frac{Z^2}{2}} dZ = \frac{2}{\sqrt{2\pi}} \int_{0}^{k} e^{-\frac{Z^2}{2}} dZ = \Phi(k) \tag{2-44}$$

式中，Z 为拉普拉斯函数，计算比较复杂。在实际应用中，有前人做好的专用表格（见表2-7）供查用。

表 2-7　$\Phi(k) = \dfrac{2}{\sqrt{2\pi}}\displaystyle\int_{0}^{k} e^{-\frac{Z^2}{2}} dZ$ 数值表

k	$\Phi(k)$	k	$\Phi(k)$	k	$\Phi(k)$
0.0	0.000	1.1	0.72867	2.3	0.97855
0.1	0.0796	1.2	0.769687	2.4	0.98361
0.2	0.15852	1.3	0.80640	2.5	0.98758
0.3	0.23582	1.4	0.83849	2.58	0.99012
0.4	0.31084	1.5	0.86639	2.6	0.99068
0.5	0.38292	1.6	0.89040	2.7	0.99307
0.6	0.45149	1.7	0.91087	2.8	0.99489
0.6745	0.50000	1.8	0.92814	2.9	0.99627
0.7	0.51607	1.9	0.94257	3.0	0.99730
0.7979	0.57507	1.96	0.95000	3.5	0.99953
0.8	0.57629	2.0	0.95450	4.0	0.99993
0.9	0.63188	2.1	0.96427	4.5	0.999993
1.0	0.68269	2.2	0.97219	5.0	0.9999994

【例2-9】　已知某被测量 x 服从正态分布，$\sigma(x)=0.2$，$M(x)=50$，求在 $P=99\%$ 情况下的置信区间 a。

解：已知 $P[|x-M(x)| < ks(x)] = P[|Z| < k] = 99\%$，查表得 $k=2.58$，则置信区间 a 为 $[50-2.58\times0.2, 50+2.58\times0.2] = [49.48, 50.52]$

【例2-10】　已知测量值 x 服从正态分布，分别求出测量值在真值附近 $M(x)\pm\sigma(x)$、$M(x)\pm2\sigma(x)$、$M(x)\pm3\sigma(x)$ 区间的置信概率。

解：对应于置信区间的系数 k 分别为 $k=1$，$k=2$，$k=3$。

查表得：$k=1$ 时，$P[|Z| < 1] = 0.68269$，$k=2$ 时，$P[|Z| < 2] = 0.95450$，$k=3$ 时，

$P[|Z|<3]=0.99730$。

上述结果的物理解释是：在正态分布情况下，测量数据的期望值 $M(x)$ 处在区间 $[x_i-\sigma(x)，x_i+\sigma(x)]$、$[x_i-2\sigma(x)，x_i+2\sigma(x)]$、$[x_i-3\sigma(x)，x_i+3\sigma(x)]$ 的概率分别为 68.3%、95.5%、99.73%。也可以说，测量列的随机误差 δ 落在 $[-\sigma，+\sigma]$ 中的概率为 68.3%，落在 $[-2\sigma，+2\sigma]$ 中的概率为 95.5%，而落在 $[-3\sigma，+3\sigma]$ 中的概率为 99.7%。由此不难看出，随机误差的绝对值 $|\delta|=|x-M(x)|$ 大于 2σ 的概率只有 0.045，大于 3σ 的概率只有 0.0027，几乎为零。所以，可近似认为随机误差的绝对值大于 3σ 属于不可能发生的随机事件。正因为如此，人们常以标准差的 3 倍（3σ）作为正态分布下测量数据的极限误差，并以此为标准来判断随机误差中是否含有粗大误差。

（2）有限次测量的置信度和 t 分布　前面分析的正态分布的置信问题是在 $n\rightarrow\infty$ 时的样本下进行的。但在实际测量中，测量次数是有限的，特别是当测量次数为十几次，甚至只有几次时，测量结果已不符合正态分布，若仍用正态分布的 2σ 和 3σ 作误差限，就不太合适了。另一方面，在正态分布的置信问题讨论中，是以测量值作为测量结果来讨论的，而在实际测量中是以算术平均值作为被测量的最佳估计值的，而且以均方差的估计值 $s(x)$ 代替 $\sigma(x)$，$s(\bar{x})$ 代替 $\sigma(\bar{x})$。这样在讨论置信问题时，要以 $\bar{x}\pm ks(\bar{x})$ 作为置信区间，相应的置信概率为

$$P_c[M(x)-ks(\bar{x})<\bar{x}<M(x)+ks(\bar{x})]=\int_{M(x)-ks(\bar{x})}^{M(x)+ks(\bar{x})}\frac{1}{\sqrt{2\pi}s(\bar{x})}e^{-\frac{[\bar{x}-M(x)]^2}{2s^2(\bar{x})}}dx \quad (2-45)$$

对式（2-45）进行积分变换，设 $t=\dfrac{\bar{x}-M(x)}{s(\bar{x})}$，它与式（2-43）的 $Z=\dfrac{x-M(x)}{\sigma(x)}$ 有根本的区别。由于 $\sigma(x)$ 是常量，所以随机变量 Z 仍然服从正态分布。而 $s(\bar{x})$ 本身是一个随机变量，它的二次方 $s^2(\bar{x})$ 属于 χ^2 的分布，因此随机变量 t 不再服从正态分布，而属于"学生"氏（Student）分布，习惯上也称 t 分布。下面将应用 t 分布讨论有限次测量的置信问题。t 分布的概率密度函数为

$$p(t)=\frac{\Gamma\left(\dfrac{v+1}{2}\right)}{\sqrt{v\pi}\,\Gamma\left(\dfrac{v}{2}\right)}\left(1+\frac{t^2}{v}\right)^{-\frac{v+1}{2}} \quad (2-46)$$

式中，Γ 为伽马函数；$v=n-1$ 为自由度；n 为测量次数。

t 分布如图 2-12 所示，其图形类似于正态分布。但 t 分布与 σ 无关，与测量次数有关。当 $n>20$ 以后，t 分布与正态分布就很接近了。数学上可证明，当 $n\rightarrow\infty$ 时，t 分布与正态分布完全相同，即正态分布是 $n\rightarrow\infty$ 时 t 分布的一个特例。t 分布用来解决小子样置信问题。

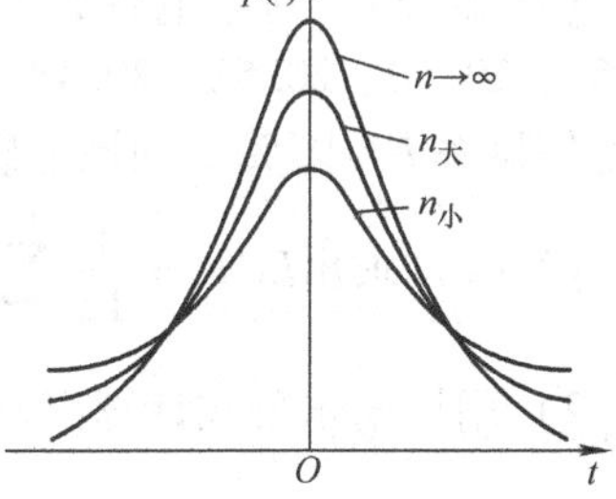

根据 t 分布的概率密度函数 $p(t)$ [见式（2-46）]，可用积分的方法求出 $M(x)$ 在 $\bar{x}$ 的附近对称区间 $[\bar{x}-k_t s(\bar{x})，\bar{x}+k_t s(\bar{x})]$ 内的置信概率，即

图 2-12　t 分布

$$P\{|\bar{x}-M(x)|<k_t s(\bar{x})\}=P\{|t|<k_t\}=\int_{-k_t}^{k_t}p(t)dt=2\int_0^{k_t}p(t)dt \quad (2-47)$$

为区别起见，这里标准偏差的系数用 k_t 表示，称为 t 分布因子或置信因子。由于 t 分布的积分计算很复杂，因此也有现成的表格利用。给定置信概率 P 和测量次数 n，则自由度 $v=n-1$，从表 2-8 中可查得对应置信因子 k_t。

表 2-8　t 分布的 k_t 值表

k_t　P　$v=n-1$	0.5	0.6	0.7	0.8	0.9	0.95	0.98	0.99	0.999
1	1.000	1.376	1.963	3.078	6.314	12.706	31.821	63.657	636.619
2	0.816	1.061	1.386	1.886	2.920	4.303	6.965	9.925	31.598
3	0.765	0.978	1.250	1.638	2.353	3.182	4.541	5.841	12.924
4	0.741	0.941	1.190	1.553	2.132	2.776	3.747	4.604	8.610
5	0.727	0.920	1.156	1.476	2.015	2.571	3.365	4.032	6.859
6	0.718	0.906	1.134	1.440	1.943	2.447	3.143	3.707	5.959
7	0.711	0.896	1.119	1.415	1.895	2.365	2.998	3.499	5.405
8	0.706	0.889	1.108	1.397	1.860	2.306	2.896	3.355	5.041
9	0.703	0.883	1.100	1.383	1.833	2.262	2.821	3.250	4.781
10	0.700	0.879	1.093	1.372	1.812	2.228	2.764	3.169	4.587
15	0.691	0.866	1.074	1.341	1.753	2.131	2.602	2.947	4.073
20	0.687	0.860	1.064	1.325	1.725	2.086	2.528	2.845	3.850
25	0.684	0.856	1.058	1.316	1.708	2.060	2.485	2.787	3.725
30	0.683	0.854	1.055	1.310	1.697	2.042	2.457	2.750	3.646
40	0.681	0.851	1.050	1.303	1.684	2.021	2.423	2.701	3.551
60	0.679	0.848	1.046	1.296	1.671	2.000	2.390	2.660	3.460
120	0.677	0.845	1.041	1.289	1.658	1.980	2.358	2.617	3.373
∞	0.674	0.842	1.036	1.282	1.645	1.960	2.326	2.576	3.291

【例 2-11】　若测量次数 $n=10$，求置信区间在 $\bar{x}+3s(\bar{x})$ 时的置信概率。

解：$n=10$ 即 $v=n-1=9$，又 $k_t=3$，则查表得

$$P\{|\bar{x}-E(x)|<3s(\bar{x})\}=0.986$$

注意：查表时，若不能直接查得结果，可取相邻两数进行线性插值。

【例 2-12】　对某电感 L 进行了 12 次等精度测量，测得的数值（单位：mH）为 20.46、20.52、20.50、20.52、20.48、20.47、20.50、20.49、20.47、20.49、20.51、20.51，若要求置信概率 $P=95\%$，问该电感真值应该在什么区间内？

解：1）求出 $\bar{L}$。$\bar{L}=\dfrac{1}{12}\sum\limits_{i=1}^{12}L_i=20.493\text{mH}$。

2）用贝塞尔公式计算出 $s(L)=0.020\text{mH}$。$s(\bar{L})=\dfrac{0.020}{\sqrt{11}}\text{mH}=0.006\text{mH}$

3）查 t 分布表，由 $v=n-1=11$ 及 $P=0.95$，查得 $k_t=2.20$。

4）估计电感 L 的置信区间。置信区间 $[\bar{L}-k_t s(\bar{L})，\bar{L}+k_t s(\bar{L})]$，而 $k_t s(\bar{L})=2.20\times0.006\text{mH}=0.013\text{mH}$。

所以电感的置信区间为 [20.48，20.51] mH，对应的置信概率为 $P_c=0.95$。

通过本例可以进一步深入理解置信概率和置信区间的意义。从电感的总体中取得的这 12 个数据成为一个子样，得出一组 $\bar{L}$ 及 $s(\bar{L})$ 所对应的置信区间。如果另取一组子样，可以得到不同的 $\bar{L}$ 及 $s(\bar{L})$，对应不同的置信区间。这里所得的 [20.48，20.51] mH 只是各种可能的置信区间中的一个。如果能用更高级的仪器或用某种方法测得该电感更精确的值，则并不

能肯定这个区间一定包含真值，但在同样的测量条件下，求出足够多的置信区间，就可以确定这些区间中有 95% 的区间包含真值，这就是置信概率的意义。

（3）非正态分布的置信因子　由于常见的非正态分布（见表 2-3）都是有界的，设其极限为 ±a，鉴于在实际测量中一般不会遇到非常大的误差，所以这种有限分布的假设是合理的。按照标准偏差的基本定义可以求得各种分布的标准偏差 σ，再求得置信因子（又称包含因子）k

$$k = \frac{a}{\sigma} \tag{2-48}$$

几种非正态分布的置信因子见表 2-9。

表 2-9　几种非正态分布的置信因子 $k(P=1)$

分布类型	反正弦	均匀	三角	两点	梯形（$\beta=0.7$）
置信因子 k	$\sqrt{2}$	$\sqrt{3}$	$\sqrt{6}$	1	2

2.4　粗大误差的判断与处理

2.4.1　粗大误差的特性

粗大误差是指偶尔出现的与预期值偏离很大的误差。在无系统误差的情况下，测量中大误差出现的概率是很小的。在正态分布情况下，误差绝对值超过 $2.57\sigma(x)$ 的概率仅为 1%，误差绝对值超过 $3\sigma(x)$ 的概率仅为 0.27%。对于误差绝对值较大的测量数据，就值得怀疑，可以列为可疑数据。可疑数据对测量值的平均值和实验标准偏差都有较大影响，因而造成测量结果的不正确。必须分析可疑数据是否是粗大误差，若是粗大误差，则应剔除。

粗大误差的特点如下：

1）偶然性和不可预见性，这一点与随机误差相同。

2）小概率事件，无抵偿性。粗大误差出现的概率非常小，在有限次测量的条件下无法实现正负抵偿。

3）奇异性，与预期的偏差很大，不像随机误差那样具有有界性。

2.4.2　粗大误差的判断

1. 定性判断

定性判断就是对测量条件、测量设备、测量步骤进行分析，看是否有差错或有引起粗大误差的因素，也可将测量数据同其他人员或别的方法或由不同仪器所得结果进行核对，以发现粗大误差，并分析产生的原因。这种判断属于定性判断，无严格的原则，应慎重采用。

2. 定量判断

对测量过程和可疑数据进行分析，在定性判断不能确定产生原因的情况下，就应该以统计学原理建立起来的粗差判断准则为依据，来判别可疑数据是否是粗大误差。这里所谓的定量是相对于定性而言的，是建立在一定的分布规律和置信概率基础上的，并不是绝对的。常用的方法如下：

1）莱特检验法。假设在一列等精度测量结果 x_i 中，v_i 为各测量值对应残差，s 为标准偏差的估计值，若 $|v_i| > 3s$，则该误差为粗大误差，所对应的测量值 x_i 为异常数据，应剔除不用。

莱特检验法简单，使用方便。它是以随机误差符合正态分布和测量次数充分大为前提的，当测量次数小于 10 时，容易产生误判，原则上不能用。

2）格拉布斯检验法。假设在一列等精度测量结果 x_i（$i = 1$，2，$\cdots$，n）中，$x_{\min}$、$x_{\max}$ 分别为最小测量值和最大测量值，s 为标准偏差的估计值，最大残差 $|v_{\max}| = \max(\bar{x} - x_{\min}$，$x_{\max} - \bar{x})$，若 $|v_{\max}| > Gs$，则判断对应测量值为粗大误差，应予剔除。其中，G 值按重复测量次数 n 及置信概率 P_c 确定（一般 $P_c = 95\%$ 和 $P_c = 99\%$），见表 2-10。

表 2-10 格拉布斯准则中的 G 数值

$1 - P_c$	n								
	3	4	5	6	7	8	9	10	11
5%	1.15	1.46	1.67	1.82	1.94	2.03	2.11	2.18	2.23
1%	1.16	1.49	1.75	1.94	2.10	2.22	2.32	2.41	2.48

$1 - P_c$	n								
	12	13	14	15	16	17	18	19	20
5%	2.29	2.33	2.37	2.41	2.44	2.47	2.50	2.53	2.56
1%	2.55	2.61	2.66	2.70	2.74	2.78	2.82	2.85	2.88

除上述两种检验法外，还有肖维勒准则、狄克逊准则、罗曼诺夫斯基准则等，这里不再介绍，读者可参阅有关资料。

所有的检验法都是人为主观拟定的，至今尚未有统一的规定。这些检验法又都是以正态分布为前提的，当偏离正态分布时，检验可靠性将受影响。特别是测量次数少时更不可靠。

2.4.3 粗大误差的防止和剔除

1. 防止粗大误差的方法

对粗大误差，除了设法从测量数据中发现和鉴别而加以剔除外，更重要的是要加强测量者的工作责任心，要以严格的科学态度对待测量工作。此外，还要保证测量条件的稳定，避免在外界条件激烈变化时进行测量。其次，可以在等精度条件下增加测量次数，或采用不等精度测量和互相之间进行校核的方法。例如，对某一被测量，可由两位测量人员进行测量，或者用两种不同仪器，或采用两种不同方法进行测量。总之，要对测量过程和测量数据进行分析，尽量找出产生异常数据的原因。

2. 剔除粗大误差的方法

剔除粗大误差的基本思路是，对一组等精度的测量结果，计算出平均值和标准差，给定一置信概率，确定相应的置信区间，凡超过置信区间的误差就认为是粗大误差，并予以剔除。粗大误差的剔除是一个反复的过程，遵循的基本原则是逐个剔除，若有多个可疑数据同时超过检验所定置信区间，剔除一个最大的粗差后，应重新计算平均值 $\bar{x}$ 和标准差 s，再进行检验，再判别，再剔除，反复进行，直到粗差全部剔除为止。在一组测量数据中，可疑数据应很少。反之，说明系统工作不正常。因此，剔除异常数据需慎重对待。

3. 剔除粗大误差的步骤

1）计算平均值 $\bar{x}$。

2）计算 n 个测量值的残差 $v_i = x_i - \bar{x}$。

3）用贝塞尔公式计算 $s(x)$。

4）用莱特准则 $|v_{i\max}| > 3s$ 或格拉布斯检验法判断粗大误差。

5）若有粗大误差，则剔除后再重复 1）~4）步，直到逐个剔除完为止。

2.5　测量数据处理

测量某个参数值时，除了获得测量值以外，需要通过仪器仪表的准确度等级估算测量结果的误差范围，或通过不确定度评定计算出误差范围。有时要通过多次测量计算被测量的最佳估计值及其误差范围。

2.5.1　等精度测量的数据处理

在直接测量中，可分为单次测量和多次测量。单次测量是对一个被测量进行一次测量的过程，这是必须进行的测量；多次测量是对一个被测量进行不止一次的测量。多次重复测量，可以观察测量结果的一致性，可以反映测量结果的准确性。一般情况下，要求高的精密测量都应进行多次测量。

多次重复测量又分为等精度测量和不等精度测量。等精度测量是指在保持测量条件不变的情况下进行的多次测量。等精度测量的每一次测量结果的精度（可靠性程度）都是相等的。不等精度测量是指在测量条件有所改变的情况下的多次测量，其测量结果的精度（可靠性程度）是不相等的。

下面按照前面讨论的误差理论对各种误差进行分析处理，并以实例说明等精度测量的测量结果的数据处理方法与步骤。

1. 等精度直接重复测量列的数据处理步骤

当对某一量进行等精度测量时，测量值中可能含有系统误差、随机误差和粗大误差，为了给出正确合理的结果，应按下述基本步骤对等精度直接测量的测量结果数据进行处理。

1）利用修正值等方法，对测量值中的系统误差进行修正。通过修正来减弱不变系统误差影响，将修正后的各数据 x_i（$i = 1, 2, \cdots, n$）依次列成一个表格。

2）求出算术平均值 $\bar{x} = \dfrac{1}{n} \sum\limits_{i=1}^{n} x_i$。

3）计算出残差 $v_i = x_i - \bar{x}$，并验证 $\sum\limits_{i=1}^{n} v_i = 0$。

4）按贝塞尔公式计算标准偏差的估计值 $s = \sqrt{\dfrac{1}{n-1} \sum\limits_{i=1}^{n} v_i^2}$。

5）按莱特准则 $|v_i| > 3s$，或格拉布斯准则 $|v_{\max}| > Gs$ 检查和剔除粗大误差；若有粗大误差，应逐一剔除后，重新计算 $\bar{x}$ 和 s，再判别，直到无粗大误差。

6）再根据计算数据判断有无系统误差。如有系统误差，应查明原因，再修正或消除系统误差后重新测量。

7）计算算术平均值的标准偏差 $\overline{s_x} = \dfrac{s}{\sqrt{n}}$。

8）写出最后结果的表达式，即 $A = \bar{x} \pm k\,\overline{s_x}$（单位）。

2. 等精度直接重复测量列测量结果的数据处理实例

【例 2-13】　对某电压进行了 16 次等精度测量，测量数据 x_i 中已计入修正值，列于表 2-11 中。要求给出包括误差在内的测量结果表达式。

表 2-11　例 2-14 所用数据

序号	测量值 x_i/V	残差 v_i/V	残差 v_i'/V	序号	测量值 x_i/V	残差 v_i/V	残差 v_i'/V
1	205.30	0.00	+0.09	9	205.71	+0.41	+0.50
2	204.94	-0.36	-0.27	10	204.70	-0.60	-0.51
3	205.63	+0.33	+0.42	11	204.86	-0.44	-0.35
4	205.24	-0.06	+0.03	12	205.35	+0.05	+0.14
5	206.65	+1.35	—	13	205.21	-0.09	0.00
6	204.97	-0.33	-0.24	14	205.19	-0.11	-0.02
7	205.36	+0.06	+0.15	15	205.21	-0.09	0.00
8	205.16	-0.14	-0.05	16	205.32	+0.02	+0.11

解：1）求出算术平均值 $\bar{x} = \dfrac{1}{16}\sum\limits_{i=1}^{16} x_i = 205.30$。

2）计算 $v_i = x_i - \bar{x}$ 列于表中，并验证 $\sum\limits_{i=1}^{n} v_i = 0$。

3）计算标准偏差 $s = \sqrt{\dfrac{1}{16-1}\sum\limits_{i=1}^{16} v_i^2} = 0.44$。

4）按莱特准则判断有无 $|v_i| > 3s = 1.32$，检查表中第 5 个数据 $v_5 = 1.35 > 3s$，应将对应 $x_5 = 206.65$ 视为粗大误差，加以剔除。现剩下 15 个数据。

5）重新计算剩余 15 个数据的平均值 $\bar{x}' = 205.21$ 及重新计算 $v_i' = x_i - \bar{x}'$，列于表中，并验证 $\sum\limits_{i=1}^{n} v_i' = 0$。

6）重新计算标准偏差 $s' = \sqrt{\dfrac{1}{15-1}\sum\limits_{i=1}^{15} v_i'^2} = 0.27$。

7）按莱特准则再判断有无 $|v_i'| > 3s = 0.81$，现各 $|v_i'|$ 均小于 $3s$，则认为剩余 15 个数据中不再含有粗大误差。

8）用格拉布斯检验法：取置信概率 $P_c = 0.99$，以 $n = 16$ 查表 2-10，得 $G = 2.74$，$Gs = 2.74 \times 0.44 = 1.21 < |v_5|$，故同样可判断 x_5 是粗大误差，应予以剔除。

剔除 x_5 后，剩余 15 个数据计算同上，再取置信概率 $P_c = 0.99$，以 $n = 15$ 查表 2-10，得 $G = 2.70$，$Gs = 2.70 \times 0.27 = 0.73$，现各 $|v_i'|$ 均小于 Gs，则认为剩余 15 个数据都为正常数据。

9）对 v_i' 作图，判断有无变值系统误差，残差图如图 2-13 所示。从图中可见无明显累进性或周期性系统误差。

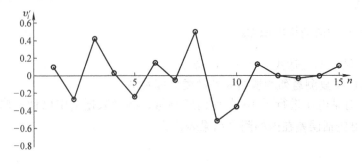

图 2-13　残差图

10）计算算术平均值的标准偏差 $\overline{s_x} = s' / \sqrt{15} = 0.27 / \sqrt{15} \approx 0.07$。

11）写出测量结果表达式 $x = \overline{x}' \pm 3\,\overline{s_x} = (205.2 \pm 0.2)\mathrm{V}$（取置信因子 $k = 3$）。

2.5.2　测量误差的合成

在第 1 章 1.3.5 节中指出，由于被测对象的特点，不能进行直接测量，或者直接测量难以保证测量精度时，需要采用间接测量。间接测量是通过直接测量与被测的量之间有一定函数关系的其他的量，按照已知的函数关系式计算出被测的量。因此间接测量的量是直接测量所得到的各个测量值的函数，而间接测量误差则是各个直接测得值误差的函数，故称这种误差为函数误差。此外，一套系统由若干个部件构成，系统的总误差与每个部件的误差相关，即为函数误差。研究函数误差，实质上就是研究总误差与各分误差之间的关系，即研究误差的传递问题，它们之间具有确定关系的误差传递公式。在实际测量中，一个被测量的误差可能来源于很多方面。不管某项误差是由一个系统的若干因素产生的或是由于间接测量产生的，只要某项误差与若干分项有关，这项误差就叫总误差，各分项的误差叫分项误差或部分误差。总误差和分误差之间存在传递关系。

在测量工作中，常常需要从以下两个方面研究总误差与分项误差的关系：一方面，如何根据各分项误差来确定总误差，即误差的合成问题；另一方面，在技术上对某量的总误差限定一定范围以后，如何确定各分项误差的数值，即误差的分配问题。正确地解决这两个问题，可制定出最佳的测量方案，把测量总误差降低到最小。本节仅讨论误差的合成问题。

1. 误差合成的一般公式——误差传递公式

在间接测量中，测量结果 y 是 m 个独立变量 x_1，x_2，$\cdots$，x_m 的多元函数，其表达式为 $y = f(x_1, x_2, \cdots, x_m)$，式中，$x_1$，$x_2$，$\cdots$，$x_m$ 为各个直接测量值；y 为间接测量值。

设函数 y 的实际值为 y_0，即 $y_0 = f(x_{0_1}, x_{0_2}, \cdots, x_{0_m})$，式中，$x_{0_1}$，$x_{0_2}$，$\cdots$，$x_{0_m}$ 分别为各独立变量的实际值。

设独立变量 x_i 的绝对误差 $\Delta x_i = x_i - x_{0_i}(i = 1, 2, \cdots, m)$，则函数总误差 Δy 可以表示为 $\Delta y = y - y_0$，若函数 y 在 y_0 的邻域内连续可导，则函数 y 在 y_0 的邻域内可展开为泰勒级数，并略去高阶误差项，则有

$$y = y_0 + \frac{\partial f}{\partial x_i}\Delta x_1 + \frac{\partial f}{\partial x_2}\Delta x_2 + \cdots + \frac{\partial f}{\partial x_m}\Delta x_m \tag{2-49}$$

所以函数的绝对误差为

$$\Delta y = \frac{\partial f}{\partial x_1}\Delta x_1 + \frac{\partial f}{\partial x_2}\Delta x_2 + \cdots + \frac{\partial f}{\partial x_m}\Delta x_m = \sum_{i=1}^{m} \frac{\partial f}{\partial x_i}\Delta x_i = \sum_{i=1}^{m} C_{\Delta_i}\Delta x_i \tag{2-50}$$

式中，C_{Δ_i} 为变量 x_i 对函数 y 的绝对误差传递系数，等于 y 对 x_i 的一阶偏导数，$C_{\Delta_i} = \frac{\partial f}{\partial x_i}$。

根据相对误差的定义，函数 y 的相对误差为

$$\gamma_y = \frac{\Delta y}{y} = \frac{1}{y} \sum_{i=1}^{m} \frac{\partial f}{\partial x_i}\Delta x_i = \sum_{i=1}^{m} \frac{1}{y} \frac{\partial f}{\partial x_i}\Delta x_i$$

$$= \sum_{i=1}^{m} \frac{\partial \ln f}{\partial x_i}\Delta x_i = \sum_{i=1}^{m} x_i \frac{\partial \ln f}{\partial x_i} \frac{\Delta x_i}{x_i} = \sum_{i=1}^{m} C_{\gamma_i}\gamma_{x_i} \tag{2-51}$$

式中，$\ln f$ 为函数 y 的自然对数；γ_{x_i} 为变量 x_i 的相对误差，$\gamma_{x_i} = \Delta x_i / x_i$；$C_{\gamma_i}$ 为变量 x_i 对函数 y 的相对误差传递系数，C_{γ_i} 等于函数 y 的对数对 x_i 的一阶偏导数乘以 x_i，$C_{\gamma_i} = x_i \frac{\partial \ln f}{\partial x_i}$。

式（2-50）和式（2-51）是误差合成的一般公式，表明函数总误差 Δy 和 γ_y 等于各独

立变量所产生的误差分量的代数和。只要误差传递系数 C_{Δ_i} 和 C_{γ_i} 已知，就可由分项误差 Δx_i 和 γ_{x_i} 方便地求出函数总误差。

2. 常用函数的合成误差

常用的和、差、积、商、幂函数的合成误差的表达式见表 2-12，其要点说明如下。

表 2-12　常用函数的合成误差的表达式

	函数形式	绝对误差合成	相对误差合成
函数一般式	$y = f(x_1, x_2)$	$\Delta y = \dfrac{\partial y}{\partial x_1}\Delta x_1 + \dfrac{\partial y}{\partial x_2}\Delta x_2$ $= C_{\Delta 1}\Delta x_1 \pm C_{\Delta 2}\Delta x_2$	$\gamma_y = \dfrac{\Delta y}{y} = \dfrac{x_1}{y}\dfrac{\partial y}{\partial x_1}\gamma_{x_1} + \dfrac{x_2}{y}\dfrac{\partial y}{\partial x_2}\gamma_{x_2}$ $= C_{\gamma_1}\Delta x_1 \pm C_{\gamma_2}\Delta x_2$
和差函数	$y = x_1 \pm x_2$ $y = ax_1 \pm bx_2$	$\Delta y = \Delta x_1 \pm \Delta x_2$ $\Delta y = a\Delta x_1 \pm b\Delta x_2$	$\gamma_y = \dfrac{x_1}{x_1 \pm x_2}\gamma_{x_1} + \dfrac{x_2}{x_1 \pm x_2}\gamma_{x_2}$ $\gamma_y = \dfrac{ax_1}{ax_1 \pm bx_2}\gamma_{x_1} + \dfrac{bx_2}{ax_1 \pm bx_2}\gamma_{x_2}$
积函数	$y = x_1 x_2$	$\Delta y = x_2\Delta x_1 + x_1\Delta x_2$	$\gamma_y = \gamma_{x_1} + \gamma_{x_2}$
商函数	$y = \dfrac{x_1}{x_2}$	$\Delta y = \dfrac{1}{x_2}\Delta x_1 + \left(-\dfrac{x_1}{x_2^2}\right)\Delta x_2$	$\gamma_y = \gamma_{x_1} - \gamma_{x_2}$
幂函数	$y = k\, x_1^m x_2^n$	$\Delta y = k\, x_1^{m-1} x_2^{n-1}(mx_2\Delta x_1 + nx_1\Delta x_2)$	$\gamma_y = m\gamma_{x_1} + n\gamma_{x_2}$

用两个直接测量值的和（或差）来求第三个测量值时，其总的绝对误差等于各分项绝对误差相加（或相减）。因此，对于和差的函数关系，可根据合成误差的这一特点，直接采用绝对误差合成最简便。

用两个直接测量值的乘积（或商）来求第三个测量值时，其总的相对误差等于两个分项相对误差相加（或相减）。因此，对于积、商、幂的函数关系，可根据合成误差的特点，直接采用相对误差合成最简便。

当分项相对误差的符号不能确定，即 Δx_1 和 Δx_2、γ_{x_1} 和 γ_{x_2} 分别都带有 ± 号时，从最大误差的考虑出发，合成总误差 Δy 和 γ_y 需取各分项的 Δx 或 γ_x 的绝对值相加。即

$$\Delta y = \pm(|\Delta x_1| + |\Delta x_2|),\ \gamma_y = \pm(|\gamma_{x_1}| + |\gamma_{x_2}|)$$

【例 2-14】 用间接法测量某电阻 R 上消耗的功率，若电阻、电压和电流的测量相对误差分别为 γ_R、γ_U 和 γ_I，问所求功率的相对误差为多少？

解： 方法一，用公式 $P = IU$ 进行计算。

由式（2-50）得功率的绝对误差为

$$\Delta P = \frac{\partial P}{\partial I}\Delta I + \frac{\partial P}{\partial U}\Delta U = U\Delta I + I\Delta U$$

则功率的相对误差为 $\gamma_P = \dfrac{\Delta P}{P} = \dfrac{U\Delta I}{UI} + \dfrac{I\Delta U}{UI} = \gamma_I + \gamma_U$

方法二，用公式 $P = U^2/R$ 进行计算。

由式（2-50）得功率的绝对误差为

$$\Delta P = \frac{\partial P}{\partial I}\Delta U + \frac{\partial P}{\partial R}\Delta R = \frac{2U\Delta U}{R} - \frac{U^2\Delta R}{R^2}$$

则功率的相对误差为

$$\gamma_P = \frac{\Delta P}{P} = \frac{2U\Delta U/R}{U^2/R} - \frac{U^2\Delta R/R^2}{U^2/R} = \frac{2\Delta U}{U} - \frac{\Delta R}{R} = 2\gamma_U - \gamma_R$$

方法三，用公式 $P = I^2 R$ 进行计算。

由式（2-50）得功率的绝对误差为

$$\Delta P = \frac{\partial P}{\partial I}\Delta I + \frac{\partial P}{\partial R}\Delta R = 2IR\Delta I + I^2\Delta R$$

则功率的相对误差为

$$\gamma_P = \frac{\Delta P}{P} = \frac{2IR\Delta I}{P} + \frac{I^2\Delta R}{I^2 R} = \frac{2\Delta I}{I} + \frac{\Delta R}{R} = 2\gamma_I + \gamma_R$$

从上例可以说明，间接法测量中，采用不同的函数关系，其合成误差的传递公式是不同的。

2.5.3　测量结果的处理与表达——有效数字

测量结果的数据处理和结果表达是测量过程的最后环节，因此，有效位数的确定和数据修约对测量数据的正确处理和测量结果的准确表达有很重要的意义，从事测量工作的人都应掌握其方法。

1. 有效数字的概念

（1）正确数及近似数

1）正确数。不带测量误差的数均为正确数。如教室里有 45 人中的"45"、平面三角形内角和为 180°中的"180"、$c = 2\pi R$ 中的"2"、1h = 3600s 中的"3600"等均为正确数。从各例中可以看出，正确数为确实存在的数。理论定义中、假设中的数可作为正确数对待。

2）近似数。接近但不等于某一数的数，称为该数的近似数。例如圆周率 π = 3.14159265358⋯的近似数为 3.14；又如自然对数的底 e = 2.71828182845⋯的近似数为 2.72。在自然科学中，一些数的位数很长，甚至有些数是无限长的无理数，但运算时只能取有限位，所以实际工作中人们经常遇到近似数。由于测量误差的存在，测量的结果也是被测量的一个近似数。

（2）有效数字及有效位数

1）有效数字。含有误差的任何近似数，如果其修约误差绝对值小于或等于末位单位的一半，那么从这个近似数左方起的第一个非零的数字，称为第一位有效数字。从第一位有效数字起，到最末一位数字止的所有数字（不论是零或非零的数字），都是有效数字。

末位单位，是指任何一个数字的最末一位数字所对应的量值单位。例如，1.327mm 最末一位数字"7"的单位为 1 μm，即 0.001mm。

从上述定义可看出，有效数字是和数据的准确度密切相关的近似数。它所隐含的极限（绝对）误差不超过有效数字末位的半个单位。例如：

3.142	4 位有效数字	极限误差≤0.0005
8.700	4 位有效数字	极限误差≤0.0005
8.7×10^3	2 位有效数字	极限误差≤0.05×10^3
0.0807	3 位有效数字	极限误差≤0.00005

对于测量数据的绝对值比较大（或比较小），而有效数字又比较少的测量数据，应采用科学计数法，即 $a \times 10^n$，a 的位数由有效数字的位数所决定。

舍入处理后的近似数，中间的 0 和末尾的 0 都是有效数字，不能随意添加或减少。多写则夸大了测量准确度，少写则夸大了误差。但开头的零不是有效数字，因为它们仅与选取的测量单位有关。

2）有效位数。从左边第一个非零数字算起所有有效数字的个数，即为有效数字的位数，简称有效位数。

例如，0.0025——2 位有效数字；1.001000——7 位有效数字；2.8×10^7——2 位有效数字。对以 $a \times 10^n$ 形式表示的数值，其有效数字的位数由 a 中有效位数来决定。

从以上看出，"0"这个数字在有效数字中起很大作用，处于第一个非零的有效数字之后的所有的"0"都是有效数字。例如：

（不是有效数字）（有效数字）

因此，在有效数字位数中"0"不能随意取舍，否则会改变有效数字的位数，影响其数据准确度。例如，指针式精密电压表分度值为0.001V，可估读到0.0001V，因此，当测量实际值为0.10500V的电压时，只能估读为0.1050V，不能估读为0.105V或0.10500V。直接读数的数字式仪表的最末位读数即为有效位数的末位。

由于测量结果含有测量误差，测量结果的位数应保留适宜，不能太多，也不能太少，太多易使人认为测量准确度很高，太少则会损失测量准确度。

2. 数值修约

（1）修约间隔　数值修约首先要确定修约保留的位数。修约保留位数由修约间隔确定。修约间隔一经确定，修约值即为其数值的整数倍。例如，指定修约间隔为0.01，修约值即应在0.01的整数倍中选取，相当于修约到小数点后第二位（"0"数字起定位作用）；指定修约间隔为100，修约值即应在100的整数倍中选取，相当于将数值修约到"百"数位。修约间隔中"0"只起定位作用。对数据进行修约时，要特别注意修约间隔表达形式。例如，①修约到小数点后第几位；②保留几位有效数字。

（2）数值修约规则　数值修约规则如下：

1）拟舍弃的数字的最左一位数字小于5时，则舍去，即保留的各位数字不变。

2）拟舍弃的数字的最左一位数字大于5时，或是5且其后跟有并非全部为0的数字时，则进1，即保留的末位数字加1。

3）拟舍弃的数字的最左一位数字是5而其后无数字或皆为0时，若保留的末位数字为奇数（1，3，5，7，9），则进1；若为偶数（0，2，4，6，8），则舍去。

这一规则即"4舍6入，遇5偶数"法则。

【例2-15】　将下列数修约到小数点后第3位（修约间隔为0.001或保留4位有效数字）：

3.1415001→3.142　　　　　　3.1414999→3.141

3.1415→3.142　　　　　　　3.1425→3.142

3.141329→3.141　　　　　　3.1405000001→3.141

【例2-16】　将12689、0.00945001，按以下不同的修约间隔进行修约：

修约间隔为100（保留3位有效数字）：$12689→1.27×10^4$。

修约间隔为0.0001：$0.00945001→0.0095$（或$9.5×10^{-3}$）。

（3）修约注意事项

1）不得连续进行修约。拟修约的数字应在确定修约位数后一次修约获得结果，不得多次连续修约。例如修约15.4546，修约间隔为1时，结果为15；不正确的做法是15.4546→15.455→15.46→15.5→16。

2）负数修约。先将它的绝对值按规定方法进行修约，然后在修约值前面加上负号，即负号不影响修约。

（4）修约误差　数值修约带来的误差服从均匀分布的随机误差（修约误差），又称舍入误差。修约误差为修约间隔的一半（修约位末位单位的0.5倍）。例如，修约结果为37.20，修约误差为0.005。

3. 近似运算

近似运算又称近似数字运算，如对测量结果近似数做加、减、乘、除、开方、乘方、三角函数运算等。做近似运算时，为了简化运算，可按照近似运算规则，适当减少有效位数多的近似数的位数，再进行运算。最终运算的结果应保留正确的有效位数。以下介绍近似运算的加、减、乘、除运算规则。

（1）近似数的加减运算　规则：近似数的加减，以小数点后位数最少的为准，其余各数均修约成比该数多保留一位，计算结果的小数位数与小数位数最少的那个近似数相同。例如：

$$28.1 + 14.54 + 3.0007$$
$$\approx 28.1 + 14.54 + 3.00$$
$$\approx 45.64$$
$$\approx 45.6$$

（2）近似数的乘除运算　规则：近似数的乘除，以有效数字最少的为准，其余各数修约成比该数多一个有效数字；计算结果的有效数字位数，与有效数字位数最少的那个数相同，而与小数点位置无关。例如：

$$2.3847 \times 0.76 \div 41678$$
$$\approx 2.38 \times 0.76 \div 4.17 \times 10^4$$
$$= 4.33764988 \times 10^{-5}$$
$$\approx 4.3 \times 10^{-5}$$

在计算机技术广泛应用的今天，做近似运算的过程中，数字可多取几位或全保留进行全数运算，不一定严格按近似计算规则来进行。但最终计算结果的有效位数应严格取舍（即保留正确的有效位数）。

本 章 小 结

本章包括测量误差及测量数据处理两部分内容。

1. 测量误差

测量误差定义为测量结果与真值之差。误差的表示方法有绝对误差、相对误差、示值相对误差、满度（引用）相对误差。误差的种类分为三类：系统误差、随机误差、粗大误差。

2. 系统误差

系统误差 ε 定义为"在重复条件下，对同一被测量无限多次测量所得的结果的平均值 $\overline{x_\infty}$ 与被测量的真值 A_0 之差"，即 $\varepsilon = \overline{x_\infty} - A_0$。系统误差不具有抵偿性，要通过测量找出规律予以修正。削弱系统误差的典型技术有零示法、替代法、交换法及微差法。

3. 随机误差

随机误差 δ 定义为"测量结果 x_i 与在重复性条件下，对同一被测量进行无限多次测量所得结果的平均值 $\overline{x_\infty}$ 之差"，即 $\delta_i = x_i - \overline{x_\infty}$。随机误差具有正态分布（包括 t 分布）特性，其特征参量为数学期望（无穷多次测量值的平均值）和方差（无穷多次测量值与数学期望之差二次方的平均值）。

进行有限次重复性测量时，随机误差的几个特征量如下：①算术平均值 $\overline{x} = \dfrac{1}{n} \sum\limits_{i=1}^{n} x_i$；②残差 $v_i = x_i - \overline{x}$；③测量数据的标准偏差——贝塞尔公式 $s(x) = \sqrt{\dfrac{1}{n-1} \sum\limits_{i=1}^{n} v_i^2}$；④算术平

均值的标准差 $s(\overline{x}) = \dfrac{s(x)}{\sqrt{n}}$。

置信度是表征测量结果可靠程度的一个参数，它用置信区间和置信概率来共同说明。根据概率分布和置信概率确定包含因子 k，得到测量结果的置信区间 $[\overline{x} - ks(\overline{x}), \ \overline{x} + ks(\overline{x})]$。正态分布或 $n > 20$ 时，$k = 2 \sim 3$；$n < 20$ 时，查 t 分布表得 k 值；均匀分布时，$k = \sqrt{3}$。

测量结果表征为 $\overline{x} \pm ks(\overline{x})$。

4. 粗大误差

粗大误差是由于测量人员的偶然出错和外界条件的改变、干扰和偶然失效等造成的，应采取各种措施，防止产生粗大误差。对测量中的可疑数据可采用莱特检验法 $|v_i| > 3s(x)$ 或格拉布斯检验法 $|v_i| > Gs(x)$ 进行判断，若是粗大误差，应剔除不用。

5. 测量数据处理

1）等精度测量的处理。

2）测量误差的合成：误差传递公式 $\Delta y = \displaystyle\sum_{j=1}^{m} \dfrac{\partial f}{\partial x_j}\Delta x_j$ 或 $\gamma_y = \displaystyle\sum_{j=1}^{m} \dfrac{\partial \ln f}{\partial x_j}$。

3）有效数字的处理：①有效数字是指在测量数据中，从最左边 1 位非零数字起到含有误差的那位存疑为止的所有各位数字；②数据修约规则：四舍五入，等于五取偶数；③最末 1 位有效数字（存疑数）应与测量精度是同一量级的。

思考与练习

2-1 名词解释：测量误差、真值、约定真值、测量结果、示值、标称值、修正值。

2-2 测量误差有哪些表示方法？测量误差有哪些来源？

2-3 简述系统误差、随机误差的含义，以及它们与测量的正确度、精密度、准确度的关系。

2-4 什么是标准差、平均值标准差、标准差的估计值？

2-5 简述粗大误差的特点，以及粗大误差的检验方法。

2-6 设某待测量的真值为 10.00，用不同的方法和仪器得到下列三组测量数据，试用精密度、正确度和准确度说明三组测量结果的特点：

（1）10.19，10.18，10.22，10.19，10.17，10.20，10.19，10.16，10.19，10.21

（2）9.59，9.71，10.68，10.42，10.33，9.60，9.70，10.21，9.39，10.38

（3）10.05，10.04，9.98，9.99，10.00，10.02，10.01，9.99，9.97，9.99

2-7 用图 2-14 中 a、b 两种电路测电阻 R_x，若电压表的内阻为 R_V，电流表的内阻为 R_A，求测量值受电表影响产生的绝对误差和相对误差，并讨论所得结果。

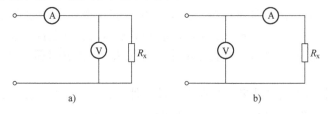

a)   b)

图 2-14 题 2-7 图

2-8 用一内阻为 R_I 的万用表测量图 2-15 所示电路 A、B 两点间电压，设 $E = 12\text{V}$，$R_1 = 5\text{k}\Omega$，$R_2 = 20\text{k}\Omega$，

求：（1）如果 E、R_1、R_2 都是标准的，不接万用表时，A、B 两点间的电压实际值 U_A 为多大？

（2）如果万用表内阻 $R_I = 20\text{k}\Omega$，则电压 U_A 的示值相对误差和实际相对误差各为多大？

（3）如果万用表内阻 $R_I = 1\text{M}\Omega$，则电压 U_A 的示值相对误差和实际相对误差各为多大？

2-9 在示波器屏幕上观测两个同频率正弦波的相位差 φ，如图 2-16 所示。观测得出相位差 φ 等于

(1.2 ± 0.1) cm，周期 T 等于 (8.1 ± 0.1) cm。（1）计算出相位差的角度；（2）确定该角度的误差。

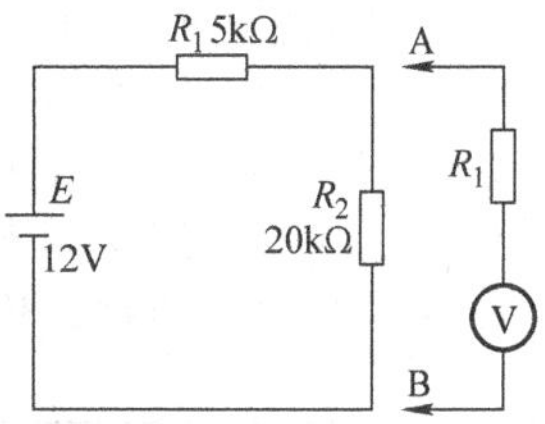

2-10　某电压表的刻度为 $0 \sim 10V$，在 5V 处的校准值为 4.95V，求其绝对误差、修正值、实际相对误差及示值相对误差。若认为此处的绝对误差最大，问该电压表应定为几级？

2-11　使用 0.2 级 100mA 的电流表与 2.5 级 100mA 的电流表串联起来测量电流。前者示值为 80mA，后者为 77.8mA。

（1）如果把前者作为标准表校验后者，问被校表的绝对误差是多少？应当引入的修正值是多少？测得值的实际相对误差为多少？

（2）如果认为上述结果是最大误差，则被校表的准确度等级应定为几级？

2-12　用一个量程为 150V、等级为 1.0（即满度相对误差为 1%）的电压表测量电压，读数是 123V，试计算其示值相对误差。若电压读数是 33V，其示值相对误差又是多少？比较这两个测量误差，会得出什么结论？

2-13　检定一只精度为 2.5 级、量程为 3mA 的电流表的满度相对误差。现有下列几只标准电流表，问选用哪只最适合？为什么？

（1）0.5 级、10mA 量程；　　　　　　（2）0.2 级、10mA 量程；
（3）0.2 级、15mA 量程；　　　　　　（4）0.1 级、100mA 量程。

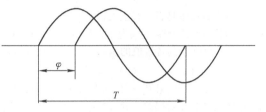

图 2-15　题 2-8 图

图 2-16　题 2-9 图

2-14　检定某一信号源的功率输出，信号源度盘读数为 $90\mu W$，其允许误差为 $\pm 30\%$，检定时用标准功率计去测量信号源的输出功率，正好为 $75\mu W$。问此信号源是否合格？

2-15　某万用表电桥测电感的部分技术指标如下：

$5\mu H \sim 1.1mH$ 档：2%（读数值）$\pm 5\mu H$；

$10 \sim 110mH$ 档：$\pm 2\%$（读数值）$\pm 0.4\%$（满度值）。

试求被测电感示值分别为（1）$10\mu H$，（2）$800\mu H$，（3）20mH，（4）100mH 时，该仪器测量电感的读数误差和满度误差。并以所得绝对误差为例，讨论读数误差部分和满度误差部分对总测量误差的影响。

2-16　采用微差法测量未知电压 U_x，设标准电压的相对误差不大于 5/10000，电压表的相对误差不大于 1%，相对微差为 1/50，求测量的相对误差。

2-17　采用微差法测量一个 10V 电源，使用标准是标称相对误差为 $\pm 0.1\%$ 的 9V 稳压电源。若要求测量误差 $\Delta U_0 / U_0 < \pm 0.5\%$，电压表量程为 3V，问选用几级电表？

2-18　对某信号源的输出频率 f_x 进行了 12 次等精度测量，结果（单位：kHz）为

110.105，110.090，110.090，110.070，110.060，110.055
110.050，110.040，110.030，110.035，110.030，110.020
试用残差观察法判别是否存在变值系差。

2-19　对某信号源的输出频率 f_x 进行了 10 次等精度测量，结果（单位：kHz）为

1000.75，1000.82，1000.79，1000.85，1000.84，1000.73，1000.91，1000.76，1000.82，1000.86

（1）求平均值 $\bar{f}_x$ 及 $s(f_x)$；

（2）以上数据中是否含有粗大误差数据？若有，请剔除之。

2-20　设题 2-19 中不存在系统误差，在要求置信概率为 99% 的情况下，估计输出的真值应在什么范围内？

2-21　某电压测量值服从正态分布，对该电压进行 10 次测量得被测电压的平均值 $\bar{U} = 10.00V$，实验标准偏差 $s(U) = 0.2V$。

（1）求对应 90%、95%、99% 置信概率时平均值 $\bar{U}$ 的置信区间；

（2）求平均值的置信区间为 $\bar{U} \pm 1.5\sigma (\bar{U})$、$\bar{U} \pm 2.5\sigma (\bar{U})$、$\bar{U} \pm 3.5\sigma (\bar{U})$ 时的置信概率为多少？

2-22　某测量值服从矩形分布，其 50 次测量值的平均值为 $\bar{x}$，平均值的实验标准偏差为 $s(\bar{x})$，问

（1）讨论平均值的置信概率和置信区间时，应在什么分布形状上取置信因子 k？

（2）当取常用的 k 为 1、2 和 3 时，对应的置信概率约为多少？

（3）对应常用的置信概率为 90%、95% 和 99% 时，应取 k 分别约为多少？

2-23 设对某参数进行测量，测量数据为 1464.3、1461.7、1462.9、1463.4、1464.6、1462.7，试求置信概率为 95% 情况下，该参量的置信区间。

2-24 对某电阻进行了 10 次测量，测得数据见表 2-13。

表 2-13 题 2-24 表

次数	1	2	3	4	5	6	7	8	9	10
$R/k\Omega$	46.98	46.97	46.96	46.96	46.81	46.95	46.92	46.94	46.93	46.91

问以上数据中是否含有粗大误差数据？若有粗大误差数据，请剔除之。设以上数据不存在系统误差，在要求置信概率为 99% 的情况下，估计该被测电阻的真值应在什么范围内？

2-25 已知下列各量值的函数式，求出 y 的合成误差的传递公式。

（1）$y = x_1(x_2 + x_3)$；（2）$y = x_1^2/x_2$；（3）$y = x_1 x_2/x_3$；（4）$y = x_1^l \, x_2^m \sqrt[n]{x_3}$。

2-26 设两个电阻 $R_1 = 150 \times (1 \pm 0.5\%)\Omega$，$R_2 = 62 \times (1 \pm 0.4\%)\Omega$，试求两电阻分别在串联和并联时的总电阻值及其相对误差，并分析串、并联时各电阻的误差对总电阻的相对误差的影响。

2-27 电阻 R 上的电流 I 产生的热量 $Q = 0.24I^2Rt$，式中 t 为通过电流的持续时间。已知测量 I 与 R 的相对误差为 1%，测定 t 的相对误差为 5%，求 Q 的相对误差。

2-28 对某测量结果取有效数字：

（1）3345.14150，取 7 位为_____；取 6 位为_____；取 4 位为_____；

（2）195.10501，取 5 位为_____；取 2 位为_____；

（3）28.1250，取 2 位为_____。

2-29 用有效数字规则计算下列各式：

（1）1.0313×3.2；（2）1.0313×3.20；（3）10.3×3.7；（4）4.9216×1.50；（5）$47.26 + 5.3639$；（6）$35.8 - 0.385$。

第3章

信号的时间与频率的测量

3.1 概述

时间与频率是信号的两个重要的参量，它不仅与自然科学及工程技术密切相关，更与人们的日常生活密不可分。人类对时间与周期的认识历史久远，起源于古人类对日月星辰的观察和年月日时间的感悟。时间与历法是天文学中最早发展起来的分支，在其发展历程中，又与自然科学中的数学、物理学、测量学以及航海等的发展有着密切联系。时间与频率的有关理论及实践问题，更受到人们的广泛关注，乃至哲学、经济学、社会学、历史学等学科也都有涉及和论述。时间与频率的研究既古老又充满了活力，20 世纪 60 年代之后，特别是随着现代科学技术的发展，对时间与频率，无论是理论研究，还是技术开发与实际应用，其深度和广度都是前所未有的。众多科学家与工程技术人员投身于该领域的研究，有几次诺贝尔物理学奖项都与时间和频率的研究有关。在现代的航空、航天、航海、天文、气象、环保、勘探、测控、电力、通信等领域，也广泛应用了时间与频率的研究成果。因此，在广泛的应用领域，特别是高新科技领域内，对时间与频率的测量提出了越来越高的要求。

3.1.1 时间和频率的基本概念

1. 时间

时间是客观存在的一种重要的基本物理量。随着时间的推移和变化，任何事物都是处在不断运动、发展和变化中，由此产生的信息和信号也往往随时间而变化。客观世界中的各种物理量常常与时间有着密切的依赖关系，并被描述为时间的函数。

时间的一般概念包括时刻和时间间隔两个含义。时刻，是指在连续流逝的时间中的某一瞬间，在时间轴上时刻是不存在长度的一个点。时间间隔，是指在连续流逝的时间中两个时刻之间的距离，在时间尺度上用两个特定时刻点的距离来描述。时刻表征某事件发生的那一瞬间，时间间隔表征某事件持续了多久。

2. 周期和频率

客观世界的各种运动中，周期运动是一种极其普遍、极其典型的运动。自然界中的周期现象，无论是在宏观世界中地球自转的昼夜更替、地球公转的年复一年、四季的变化和植物的成长等，还是在微观世界中的电磁振荡、原子能级跃迁的辐射波、元素衰变期，以及人类生产和生活中的钟表摆动、车轮与电机的转动等，都表现出了周期性。在电子技术中，周期现象和周期信号是一个重要的研究对象。

所谓周期现象，是指经过一段相等的时间间隔又出现相同状态的现象，在数学上可用一个周期函数 $X(t)$ 来表示。周期性信号 $X(t)$ 满足下列关系：

$$X(t) = X(t+T) = X(t+nT) \tag{3-1}$$

式中，T 为信号的周期（正实数），它是出现相同现象的最小时间间隔；n 为相同的现象重复出现的次数（正整数）。

频率定义为相同的现象在单位时间内重复的次数，即

$$f = \frac{n}{T_s} \tag{3-2}$$

周期是相同的现象每一次重复所需的时间，即

$$T = \frac{T_s}{n} \tag{3-3}$$

式（3-2）和式（3-3）中，f 为频率，单位用 Hz 表示；T 为周期，单位用 s 表示；n 为相同的现象出现的次数（正整数）；T_s 为单位时间，用 s 表示。

周期和频率是描述周期现象及其属性的不同侧面的两个参数。周期和频率互为倒数关系，只要测出其中一个，便可取倒数而求得另一个，即

$$f = \frac{1}{T} \ \text{或} \ T = \frac{1}{f} \tag{3-4}$$

周期运动的周期累计得到时间，作为时间的基本单位的秒，是以按规律重复出现的次数为基准确定的。因为时间和频率是周期运动及其属性的不同侧面的描述和表征，是密切相关和不可分离的两个量，所以标准时间和标准频率可溯源于同一标准源，有了频率标准也就有了时间标准。在法定计量单位中，时间是一个基本量，频率是时间的导出量。

3. 时间与距离

波（如电磁波、光波、声波、水波等）的运动是一种周期现象。在振动通过介质传播而形成的波动过程中，一个周期所对应的传播距离称为波长。波长是描述这类周期现象的一个参量。若振动频率为 f（周期为 T）的波的传播速度为 v，则波长 λ 的定义为

$$\lambda = vT = \frac{v}{f} \tag{3-5}$$

式（3-5）表明，波长与周期成正比、与频率成反比。例如，电磁波在真空中的传播速度 $c \approx 3 \times 10^8 \, \text{m/s}$，中频段 $f = 300 \text{kHz} \sim 3 \text{MHz}$，对应的中频段的波长 $\lambda = 1 \times 10^3 \sim 1 \times 10^2 \, \text{m}$。

若电磁波在空中传播从始点到终点所经历的时间为 t，则两点之间的距离 d 为

$$d = ct \tag{3-6}$$

由于电磁波传播的速度 c 恒定，故电磁波传播距离 d 与传播时间 t 成正比，即由测量时间可以确定距离。这就是雷达、导航、卫星和 GPS 定位等通过测时来实现测距的原理。

3.1.2 时间和频率测量的特点

与其他各种物理量比较，时间与频率测量具有下述特点。

1. 时间和频率具有动态性

时间和频率具有动态性，它不像长度、质量、温度等物理量那样，可由人体感官直接感知，并能把它固定下来和停留住。时间是个转瞬即逝的量，信号的某个周期一旦过去就不复返。所以在时间和频率测量技术中，人们必须依靠标准信号源的频率和周期的稳定性，期望后一个周期是前一周期准确的复现，即依靠周期运动的动态稳定性获得的固定的标准时间单位。标准时频信号的稳定度指标特别重要。

2. 时间和频率能进行快速准确地远地传递

时间和频率测量的另一个特点是时间和频率信号可通过电磁波进行快速、远地传递。空间上极大地扩大了时间和频率的比对和测量范围。人们利用接收标准视频信号的电磁波，量值传递可一步到位，改变了传统的量值分级传递方法，并极大地提高了全球范围内时间频率的同步水平。目前常用的传递途径有中波和短波广播、GPS 卫星导航系统等。

3. 时间和频率测量的范围极宽，测量的精度最高

时间是一个无始无终的量，大到无限，小到无穷，时间和频率的数值测量范围非常广，这在其他物理量中也是比较少见的。更重要的是，由于人类的不断努力，特别是采用了原子秒定义的量子基准，目前对时间和频率测量的最小相对误差已达 10^{-15} 甚至更小，这是目前人类测量准确度最高的物理量。

由于时间和频率测量精度远远高于其他物理量的测量精度，人们可将其他物理量转换为时间或频率进行测量，使其测量精度得以提高。例如，把电压、长度等转换成时间、频率来测量，可以大大提高它们的测量精度。

3.2 频率测量的原理与方法综述

3.2.1 频率测量的原理与方法分类

频率测量方法按测量原理可分为间接比较法和直接比较法两大类，如图 3-1 所示。

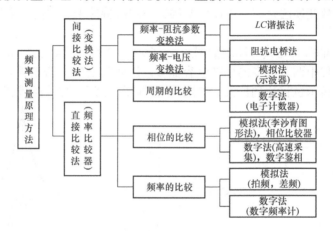

图 3-1 频率测量的原理与方法的分类

1. 间接比较法

间接比较法是利用变换电路的某种函数关系，把被测频率变换成其他中间量，通过对中间量的测量来间接获得被测频率，如图 3-2 所示。间接法的一般数学模型为

$$f_x = \varphi(a, \ b, \ c, \ \cdots) \tag{3-7}$$

式（3-7）表示，被测频率 f_x 是其他的已知参数 a、b、c 的函数。

例如，谐振法的数学模型为 $f_x = \dfrac{1}{2\pi\sqrt{LC}}$，频率-电压变换法的数学模型为 $f_x = kU$。建立了数学模型后，再通过标定，即测量一系列已知的标准频率，根据数学模型，相应地对 C 或 U 进行标定，就可从 C 或 U 的刻度值直接读出频率值。

2. 直接比较法

直接比较法是利用频率比较器，把被测频率 f_x 与标准频率 f_s 直接进行比较来测量频率，如图 3-3 所示，直接比较法的数学模型为

$$f_x = nf_s \left(\text{比例比较为} \frac{f_x}{f_s} = n, \text{ 或差值比较为} f_x - nf_s = 0 \right) \tag{3-8}$$

式（3-8）中，n 为某个确定的常数。利用直接比较法测量频率，其准确度主要取决于标准频率 f_s 的准确度。比较测量的基本部件是频率比较器，其工作原理有三种：①相位比较；②频率比较；③周期比较。

图 3-3　直接比较法测量原理

常见的比较电路有门电路、触发器、鉴相器、混频器等，传统通用的频率比较仪器有外差式频率计、示波器、电子计数器等，这类仪器误差在 $10^{-4} \sim 10^{-8}$ 量级；另外一类频率比较仪器专门用于高精度标准频率计量，进行标准信号频率的比对，如频差倍增器、相位比较器、频率差拍器、频稳测试仪、相位噪声测试仪、接收标频仪等，其频率分辨力可达 $10^{-12} \sim 10^{-14}$ 量级。

3.2.2　间接比较法

1. 频率 – 阻抗参数（$F-C$）变换法

频率 – 阻抗参数变换法是利用电路的某种频率响应特性来实现的，常见的有谐振法和电桥法。

（1）谐振法　谐振法测频的原理如图 3-4a 所示，被测信号经互感 M 与 LC 串联谐振回路松耦合，测量过程中调节可变的标准电容器 C，使回路发生串联谐振。谐振时回路电流 i 达到最大，电流表指示也将达到最大，如图 3-4b 所示。谐振时，被测频率用下式计算：

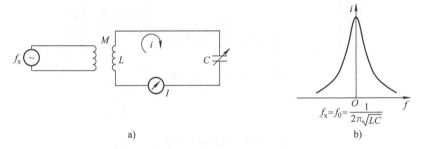

a)

b)

图 3-4　谐振法测频的原理

a) 测量电路原理图　b) 回路电流的谐振特性

$$f_x = f_0 = \frac{1}{2\pi \sqrt{LC}} \tag{3-9}$$

（2）电桥法　凡是平衡条件与频率有关的任何电桥，原则上都可以作为测频电桥。考虑到电桥的频率特性尽可能尖锐，通常都采用图 3-5a 所示的文氏电桥。这种电桥的平衡条件为

$$\left(R_1 + \frac{1}{j\omega_x C_1} \right) R_4 = \left(\frac{1}{\frac{1}{R_2} + j\omega_x C_2} \right) R_3 \tag{3-10}$$

令等式两端的实部和虚部分别相等，则被测角频率为

$$\omega_x = \frac{1}{\sqrt{R_1 R_2 C_1 C_2}} \quad \text{或} \quad f_x = \frac{1}{2\pi \sqrt{R_1 R_2 C_1 C_2}} \tag{3-11}$$

如果取 $R_1 = R_2 = R$，$C_1 = C_2 = C$，则可得 $f_x = \frac{1}{2\pi RC}$，借助 R（或 C）的调节，可使电桥对被测频率达到平衡（电桥输出指示器的电流 i 指示最小，如图 3-5b 所示），故可变电阻 R

（或可变电容 C）上即可按频率进行刻度。

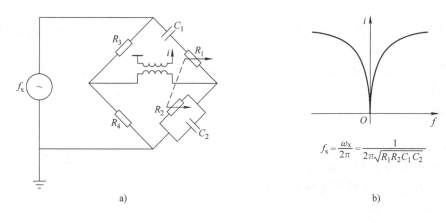

$$f_x = \frac{\omega_x}{2\pi} = \frac{1}{2\pi\sqrt{R_1 R_2 C_1 C_2}}$$

图 3-5　文氏电桥
a）电桥的电路　b）电桥的谐振特性

2. 频率－电压（$F-U$）变换法

频率－电压变换法是先把频率变换为电压，然后以频率标度的电压表指示被测频率，图 3-6a 所示为原理框图。首先把正弦波信号 $u_x(t)$ 变换为频率与之相等的尖脉冲 $u_A(t)$，然后加至单稳多谐振荡器，产生频率为 f_x、宽度为 τ、幅度为 U_m 的矩形脉冲列 $u_B(t)$，如图 3-6b 所示。经推导得知

$$U_0 = \overline{u_B} = \frac{1}{T_x}\int_0^{T_x} u_B(t)\,\mathrm{d}t = \frac{U_m \tau}{T_x} = U_m \tau f_x \tag{3-12}$$

可见，当 U_m、τ 一定时，U_0 正比于 f_x。所以 $u_B(t)$ 经积分电路求得平均值 U_0，再由直流电压表指示 U_0，电压表按频率标度，即构成频率－电压变换型的直读式频率计。

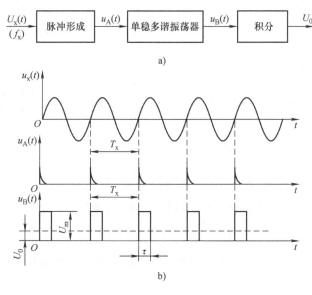

图 3-6　频率－电压变换法测量原理
a）测量原理框图　b）工作波形图

3.2.3 直接比较法

直接比较法，分别有周期、相位和频率三个参数的直接比较法。本节仅讨论其中一个差频法的频率比较的实例。

将 f_x 和 f_s 分别加到混频器的两个输入端（见图3-7），输出包含谐波 mf_s、nf_x 和组合频率 $nf_x \pm mf_s$（n，m 为 0，1，…）。利用低通滤波器可以得到希望的差频 $nf_x - mf_s$，若调节 f_s，使 $nf_x - mf_s = 0$，当组合频率相差为 0 时，称为"零差频"。零差频由电表指示或耳机判别，即可求出被测频率 $f_x = \dfrac{m}{n} f_s$。

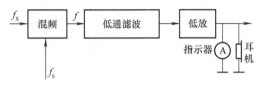

图3-7　差频法测频原理图

1）当 $m = n = 1$ 时，零差频为基波差频，即 $1 \times f_x - 1 \times f_s = 0$。在调节 f_s 使差频（$f_x - f_s$）趋近于 0 的过程中，开始从耳机或扬声器中听不到声音，一旦进入音频范围（20kHz），可以听到在耳机或扬声器中发出声音。当进入20Hz 范围便又听不到声音了，但还存在差频，即还没有调节到零差频，通常称为"哑区"。即差频由 20kHz→20Hz→"零差频"的过程中，音量由强→弱→无（哑区），音调由尖→低→无（哑区）。若用电表来指示，判断出"哑区"差频 ΔF 可缩小到零点几赫兹，如图3-8 所示。

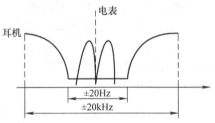

图3-8　耳机和电表测量哑区示意图

2）当 $m \neq n \neq 1$ 时，由于 f_x 范围大，难找到频带宽且精度高的标准频率 f_s，使 $f_x = f_s$。实际测量中，为扩展 f_x 的测量范围，可利用谐波差频的零差点，即

$$nf_x - mf_s = 0 \quad f_x = \frac{m}{n} f_s \tag{3-13}$$

在调节 f_s 的过程中，可以出现多个零差点，即 m、n 可有多种组合出现零差点，而难确定是哪种组合产生的。解决办法是，先要知道 f_x 的大概数值，采用 $\begin{pmatrix} n = 1 \\ m \neq 1 \end{pmatrix}$ 或 $\begin{pmatrix} n \neq 1 \\ m = 1 \end{pmatrix}$ 的办法进行粗测。

例如，$f_x = 0.245\text{MHz}$，$f_s = 2.0850\text{MHz}$，有

$$\frac{f_x}{f_s} = \frac{0.245}{2.0850} \approx \frac{1}{8.5} = \frac{m}{n} \tag{3-14}$$

谐波次数应取整数，故取 $n = 8.5 \times 2 = 17$，则 $m = 1 \times 2 = 2$，于是

$$f_x = \frac{2}{17} \times f_s = 0.2453\text{MHz} \tag{3-15}$$

测量误差主要由于哑区 ΔF 的存在，零差指示器 A 或人耳辨别不出，可能会引起几十赫兹误差，即

$$f_x = \frac{m}{n} f_s \pm \Delta F \tag{3-16}$$

3.3　时间（频率）的数字化测量及电子计数器组成原理

3.3.1　时间和频率的数字化测量原理

时间和频率的数字化测量的基本原理是将时间或频率实行 A – D 转换，然后对转换后的数字量（以脉冲个数表示）进行数字计数，最终把数字结果直接显示出来。

1. 时间（频率）A – D 转换原理

对时间（频率）进行量化的基本方法是，把待测量时间 T_x（或频率 F_x）与作为量化单位的标准时间 T_0（或标准频率 F_0）进行比较，取其整量化的数字 N，即

$$\frac{T_x}{T_0} = \left[\frac{T_x}{T_0}\right] = N \quad \text{或} \quad T_x = NT_0 \tag{3-17}$$

$$\frac{F_x}{F_0} = \left[\frac{F_x}{F_0}\right] = N \quad \text{或} \quad F_x = NF_0 \tag{3-18}$$

式中，T_x 为待测量的时间；T_0 为量化单位时间；F_x 为待测频率；F_0 为量化单位频率；[ ] 表示对括符内的数值取整数的量化操作；N 为取整的数字量。

2. 时间（或频率）的比较电路——主门

用一个门电路（常称为主门）就可以进行时间（或频率）的量化比较，实现时间（或频率）– 数字的转换，其原理如图 3-9 所示。

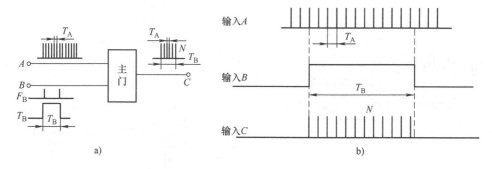

图 3-9　用电路实现时间（频率）的量化比较原理
a）主门电路　b）波形

图 3-9a 中用数字逻辑与门作为主门，主门有两个输入端 A、B 和一个输出端 C。若周期为 T_A（频率 $F_A = \frac{1}{T_A}$）的信号整形成的一串窄脉冲信号，加在主门的 A 端。周期为 T_B（频率为 $F_B = \frac{1}{T_B}$）的脉冲，形成一个脉冲宽为 T_B 的门控脉冲信号，加在主门的 B 端。这样，B 输入端在 T_B 时间内为高电平，开启主门，让加于 A 输入端的脉冲通过，则 C 端输出的脉冲个数 N 为一个整量化的数字量（见图 3-9b）

$$N = \left[\frac{T_B}{T_A}\right] = \left[\frac{F_A}{F_B}\right] = [F_A \cdot T_B] \tag{3-19}$$

或

$$T_B = N\frac{1}{F_A} = NT_A \tag{3-20}$$

67

$$F_A = N \frac{1}{T_B} = NF_B \tag{3-21}$$

式（3-19）中的方括号表示对括号内的数值取整数，为了获得有效地整量化结果，通常要求 $T_B > T_A$ 或 $F_B < F_A$，而整量化之后的数字 N 中含有 1 个量化单位的误差。由此可见，在时间－数字转换时，时间量化单位 T_0 的信号应加于 A 端，令 $T_A = T_0$，被测量的时间 T_x 的信号应加于 B 端，令 $T_B = T_x$，便可以实现 $T_x = NT_0$ 的转换〔即由式（3-20）得式（3-17）〕。反之，在频率－数字转换时，被测转换频率 F_x 的信号应加于 A 端，令 $F_A = F_x$，频率量化单位 F_0 的信号则应加于 B 端，令 $F_B = F_0$，便可实现 $F_x = NF_0$ 的转换〔即由式（3-21）得到式（3-18）〕。

3.3.2 电子计数器的组成原理

1. 电子计数器的原理框图

时间和频率的数字化测量的原理框图如图 3-10 所示。图中，以时间（频率）的比较电路—主门为中心，配置相应功能的周边电路构成，包括如下四个基本功能电路：

1）输入通道电路：通常包括 A、B 两个通道，它们均由放大和整形电路构成。

2）计数、存储与显示电路：包括多级十进制计数器、寄存器、译码器和数字显示器等。

3）时基电路：包括晶体振荡器、分频器、倍频器及时基（时标和频标）选择电路。

4）控制逻辑电路：包括门控脉冲形成双稳态电路和显示寄存、计数复零等逻辑电路。

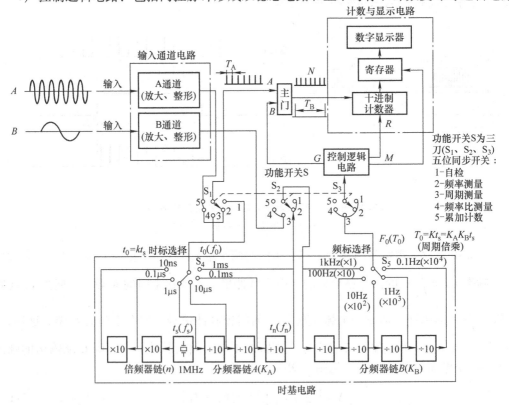

图 3-10 通用计数器的整机组成框图

2. 输入通道电路

由前面讨论可知，为了实现量化比较功能，对加于主门 A、B 两个输入端的信号 F_A、

F_B 有如下要求：

1）F_A 应整形成频率相同的窄脉冲串，F_B 应整形成为脉冲宽度等于 T_B 的单个矩形脉冲波。

2）F_A 必须大于 F_B，即 $T_A < T_B$。并且，为了获得较大的 N 值，以减少 ±1 误差的影响，希望 $F_A \gg F_B$（或 $T_A \ll T_B$）。

由于主门用数字逻辑的与门构成，它的 A、B 输入端对输入信号的波形和电平均有一定的要求，因此被测信号一般不能直接加到主门，通常是需要放大和整形，变换成波形和电平符合主门的数字逻辑电路要求的脉冲信号后，才能加于主门 A、B 的输入端。为此，在主门前面设置 A、B 两个输入通道，它们主要由宽带放大器和电压比较器或施密特触发器等脉冲形成单元电路构成。A 通道形成频率为 F_A（周期 T_A）的窄脉冲直接加于主门 A 输入端，而 B 通道输出周期为 T_B（频率为 F_B）的脉冲去触发一个门控双稳态触发器，形成脉冲宽度为 T_B 的门控脉冲，加到主门的 B 输入端，并且 $F_A > F_B$，如图 3-11 所示。

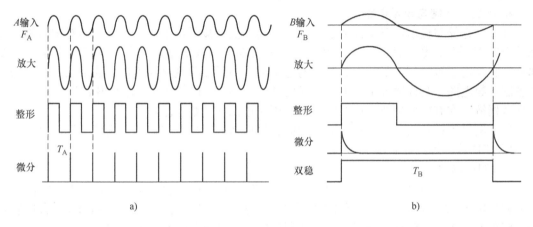

图 3-11　输入信号的放大与整形
a）A 输入信号　b）B 输入信号

3. 时基电路

时间或频率的量化单位是进行比较的标准，作为时间或频率的基准源应当是一个高稳定度（要求达到 $10^{-6} \sim 10^{-10}$ 量级）的信号源，通常采用石英晶体振荡器。为了便于与不同输入值比较，要求产生若干档级的量化单位的标准时间与标准频率值，例如 t_0 在 $1\mathrm{ns} \sim 1\mathrm{ms}$ 范围内，以及 F_0 在 $0.1\mathrm{Hz} \sim 1\mathrm{kHz}$ 范围内。下面介绍时基的产生和选择的原理。

时基电路原理框图如图 3-12 所示，它由晶体振荡器、两个分频器链 K_A 和 K_B、一个倍频器链 n 组成。晶体振荡器输出的标准频率 f_s（或 $t_s = \dfrac{1}{f_s}$）经 K_A 次分频或者 n 次倍频，得到单位时间标准信号（简称时标信号）t_0（或 $f_0 = \dfrac{1}{t_0}$）。即

$$t_0 = \frac{K_A}{n} t_s = k_t t_s \quad (\text{或 } f_0 = \frac{f_s}{k_t}) \qquad (3\text{-}22)$$

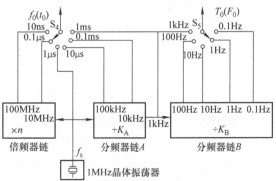

图 3-12　时基电路原理框图

式中，k_t 为时标变换系数，$k_t = \dfrac{K_A}{n}$；K_A 为分频器链 A 的分频系数（分为 1、10、10^2、10^3 四档）；n 为倍频链的倍频系数（分为 ×1、×10、×10^2 三档）。k_t 值划分为 $10^{-2} \sim 10^3$ 六档，由式（3-22）可见，$t_s = 1\mu s$，把时标 t_0 划分为 10ns、$0.1\mu s$、$1\mu s$、$10\mu s$、$0.1ms$、$1ms$ 共六档，由时标选择开关 S_4 选择。

f_s 经 K_A 和 K_B 次分频，得到单位频率标准信号（简称频标信号）F_0（或 $T_0 = \dfrac{1}{F_0}$）。即

$$T_0 = K_A K_B t_s = K_F t_s \quad (\text{或 } F_0 = \frac{f_s}{K_F}) \qquad (3\text{-}23)$$

式（3-23）中，$K_F = K_A K_B$ 为频标变换系数，其中 K_A 取为固定值 10^3，K_B 为分频器链 B 的分频系数（划分为 1、10、10^2、10^3、10^4 五档），则 K_F 取值范围为 $10^3 \sim 10^7$，由频标选择开关 S_5 选择，把频标 F_0 划分为 1kHz、100Hz、10Hz、1Hz、0.1Hz 共五档（相应的闸门时间 T_0 划分为 1ms、10ms、0.1s、1s、10s 五档）。

4. 计数、存储与显示电路

计数、存储与显示电路由计数电路、寄存器和数字显示器组成，计数电路对主门输出的脉冲个数 N 进行计数，计数结果再用数字显示出来。计数电路是数字仪器的一个重要组成部分，它决定了测频的上限频率和测时的分辨力。为了便于观测和读数，数字仪器通常采用十进制计数电路，其计数容量为 $10^6 \sim 10^{11}$，即它由 6～11 位十进制计数电路组成一个十进制计数器链。在有微处理器的仪器中，也采用二进制的计数电路。

每次测量的计数值，送入寄存器中存储，最后送数码显示器显示出测量结果。显示器通常采用 LED 数码管或液晶显示器。

5. 控制逻辑电路

电子计数器在控制逻辑电路的控制下，按照"复零—测量—显示"的时序进行工作，其流程如图 3-13a 所示。控制电路的作用是，产生各种控制信号（见图 3-13b），去控制各种电路单元的工作，使整机按以下的工作程序完成自动测量（以测频为例）。

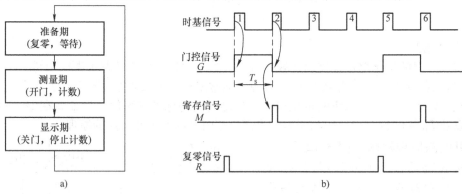

图 3-13　电子计数器的工作流程及控制信号时间波形
a）工作流程　b）时间波形

1）准备期。在开始进行一次测量之前应当发出复零信号 R，使各计数电路和控制逻辑电路回到原始状态（计数值和门控触发器清零，主门关闭）。

2）测量期。通过频标信号选择开关，从时基电路选取 1Hz 的频标信号作为开门控制信号。门控触发器双稳态在 1Hz 频标信号的触发下产生 1s 宽度的脉冲 G，使主门准确地开启 1s，在这 1s 内，输入信号通过主门到计数电路计数。

3）显示期。在一次测量完毕后，关闭主门，控制电路发送寄存信号 M，存储计数结果并送到显示电路去显示。显示时间结束后，再做下一次测量的准备工作。

上述测量过程可单次进行，也可自动循环进行。

3.3.3　电子计数器的分类及主要技术指标

电子计数器也称数字式频率计，它具有测量精度高、速度快、自动化程度高、操作简单、直接数字显示等特点，特别是与微处理器结合，实现了程控化和智能化。

1. 分类

电子计数器按照功能可划分为通用计数器、频率计数器、时间计数器和特种计数器等几类：

1）通用计数器：是具有多种测量功能、多种用途的电子计数器，它可测量信号的频率、周期、频率比、时间间隔以及累加计数等。

2）频率计数器：是指专门用来测量高频和微波频率的计数器，其功能限于测频和计数，其测频范围往往很宽。

3）时间计数器：是以时间测量为基础的计数器，其测时分辨力和准确度都很高，可达纳秒或皮秒的量级。

4）特种计数器：是具有特种功能的计数器，包括可逆计数器、预置计数器、序列计数器和差值计数器等。

2. 主要技术指标

电子计数器是当前应用最广泛的时间与频率的测量仪器，其主要技术指标如下：

1）测量范围及分辨力：测量范围即在一定测量精度和测量时间要求下能测量的频率或时间范围。频率测量下限或测量时间的上限，主要取决于测量的时间（甚低频信号的测量需花很长的测量时间）；测量频率的上限或测量时间的下限即时间分辨力，主要取决于计数电路的最高计数频率。当前通用计数器的测频范围为 1mHz～3GHz 或更高。

2）精度：计数器的测量精度取决于 ±1 误差、标准信号频率的精度、脉冲形成的触发误差等因素。与精度相关的还有计数器的显示位数。通常，电子计数器的显示位数为 6～9 位，时基日稳定度为 1×10^{-6} ～ 1×10^{-9}。

3）输入特性：对输入阻抗的要求是，在低中频测量领域一般是检测电压信号的频率，因此输入阻抗应足够高。输入阻抗包括输入电阻和输入电容两部分，通常高阻输入为 1MΩ/25pF。在高频测量领域，则要求输入阻抗与信号源相匹配，通常采用 50Ω 的低阻输入。

4）灵敏度：仪器能够进行测量所需要的最小信号幅度，通常以有效值或峰峰值表示。计数器的灵敏度一般为峰峰值 100mV。通常计数器的输入端具备对过大输入信号的限幅保护功能，因此一般容许高达上千伏的输入信号电压。

5）触发：在利用计数器测量信号的时间间隔时，需要选择一定的起始时刻点和结束时刻点，因此测量时需要定义输入信号的起始触发和结束触发条件，如设置相应的触发电平和触发极性等。

3.4　通用计数器的测试功能

3.4.1　通用计数器的基本功能

一般来说，在通用计数器 A、B 输入通道加不同的信号，即在主门的两个输入端（计数输入端 A 和门控输入端 B）加不同信号时，便组合成八种功能，见表 3-1，最常用的功能有频率测量、周期测量、频率比测量、时间间隔测量四种。此外，还有自检、累加计数、计时、外控时间间隔测量等功能。

图 3-10 表示了电子计数器的五种基本功能（自检、测频、测周、频率比、累加计数），以及每种功能下各部分的连接关系。功能选择开关 S 为三刀（S_1、S_2、S_3）五位的同步开关，当 S 置于位置"1"时，为自检；S 置于位置"2"时，为频率测量；S 置于位置"3"时，为周期测量；S 置于位置"4"时，为频率比测量；S 置于位置"5"时，为累加计数。下面将介绍各个功能电路的组成原理。

表 3-1 通用计数器的八种基本功能

序号	测试功能	计数信号（A 端）	门控信号（B 端）	计数结果 N
1	自检	内时标（t_0）	内频标（F_0）	$N = 1/(F_0 t_0)$
2	频率测量	外待测（f_x）	内频标（F_0）	$N = f_x/F_0$
3	周期测量	内时标（t_0）	外待测（T_x）	$N = T_x/t_0$
4	频率比测量	外待测（f_A）	外待测（f_B）	$N = f_A/f_B$
5	累加计数测量	外待测（N_x）	本地或远控开门	$N = N_x$
6	计时	内时标（t_0）	本地或远控开门	$N t_0$
7	时间间隔测量	内时标（t_0）	外待测（ΔT_x）	$N = \Delta T_x/t_0$
8	外控时间间隔测量	外输入（t_A）	外待测（ΔT_x）	$N = \Delta T_x/t_A$

3.4.2 自检

自检是在频标信号（频率较低的时基信号）提供的闸门时间内，对时标信号（频率较高的时基信号）进行计数的一种检测功能，它用于自我检查通用计数器的整机逻辑功能是否正常。当图 3-10 的功能开关 S 置于位置"1"（自检）时，整机框图可简化成图 3-14 所示的"自检"原理框图。由于"自检"的频标信号（F_0）和时标信号（t_0）均由同一晶体振荡频率 f_s 经过 K 次分频或 n 次倍频而得，即 $F_0 = f_s/K$ 和 $t_0 = 1/(n f_s)$，因此其计数值 N 为

$$N = \left[\frac{1}{t_0 F_0} \right] = nK \tag{3-24}$$

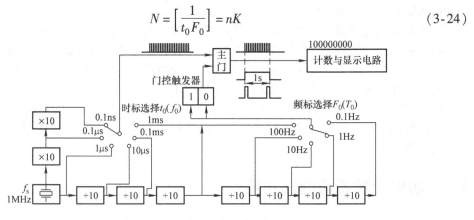

图 3-14 "自检"原理框图

数字显示器应显示出 nK 值。由于 n 和 K 值均是已知的，因此显示数字也是预知的。例如，$F_0 = 1\text{Hz}$（$K = 10^6$），$t_0 = 10\text{ns}$（$n = 100$），那么显示的数字应该是 $N = 100000000$。又因

F_0 和 t_0 均来自同一晶振源 f_s，故式（3-24）理论上不存在 ±1 个字的量化误差。如果每次测量均稳定地显示 100000000，说明仪器工作是正常的。

3.4.3　频率测量

当图 3-10 的功能开关 S 置于位置 "2" 时，则得频率测量的原理框图，如图 3-15 所示。此时，被测信号 f_x 送入 A 通道，形成被计数的脉冲；选择适当的频标信号 F_0 形成宽度为 T_0 的开门脉冲（频率量化的单位）。若计数器计数值为 N 时，则被测频率 f_x 为

$$f_x = NF_0 = \frac{N}{T_0} \tag{3-25}$$

测频使用的频标信号 F_0 通常有 1kHz、100kHz、10Hz、1Hz、0.1Hz 五种，相应的闸门时间 T_0 为 1ms、10ms、0.1s、1s、10s 五档。

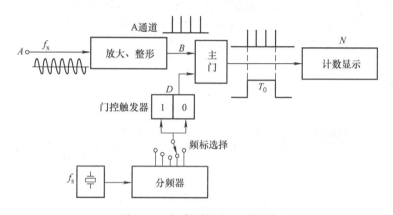

图 3-15　频率测量的原理框图

3.4.4　周期测量

当图 3-10 的功能开关 S 置于位置 "3" 时，则得周期测量的原理框图如图 3-16 所示。周期是频率的倒数，因此把周期测量与频率测量的信号输入通道交换（见图 3-15 和图 3-16），即周期为 T_x 的被测信号送入 B 通道作为开门信号，时标信号 t_0（时间量化单位）经 A 通道整形作为计数信号。若计数结果为 N，则被测周期 T_x 为

$$T_x = Nt_0 \tag{3-26}$$

式（3-26）表示的是单个周期测量，若测量多个周期，可以提高测量精度。在多周期测量中，B 通道和门控双稳态之间插入了 n 级 10 分频器，把被测信号周期扩展 10^n 倍，因而测量的开门时间也扩展 10^n 倍。分频器的插入方法如图 3-10 所示，即将图中的 B 通道和门控电路之间插入分频器链 B。

多周期测量的结果实际上是 K_B 个（10^n 个）被测周期的平均值，即

$$T_x = \frac{Nt_0}{K_B} = \frac{Nt_0}{10^n} \tag{3-27}$$

式中，K_B 为周期倍乘率，$K_B = 10^n$，即分频器链 B（n 级十分频器）的分频系数，通常 K_B 有 ×1、×10、×10^2、×10^3、×10^4 五种取值，由周期倍乘率（即频标）选择开关 S_5 决定。

3.4.5　频率比的测量

频率比是指加于 A、B 两通道的信号源的频率比值（f_A / f_B）。当图 3-10 的功能开关 S 置

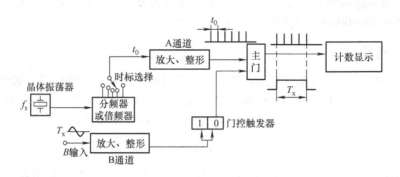

图 3-16　周期测量的原理框图

于位置"4"时，则选择为频率比的测量功能，其原理框图如图 3-17 所示。为了正确地测出其频率比值，应使 $f_A > f_B$，即两个被测频率中的较高者加于 A 通道，较低者加于 B 通道。计数值 N 直接表示了两个被测频率的比值 f_A/f_B，即

$$\frac{f_A}{f_B} = N \tag{3-28}$$

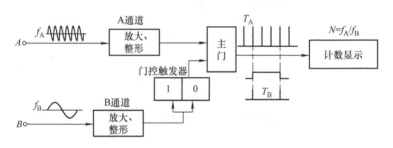

图 3-17　频率比的测量原理框图

与多周期测量一样，为了提高频率比的测量精度，也可扩展被测信号 B 的周期个数。如果周期倍乘放在"$\times 10^n$"档上，则计数结果 N 为

$$N = 10^n \times \frac{f_A}{f_B} \quad \text{或} \quad \frac{f_A}{f_B} = \frac{N}{10^n} \tag{3-29}$$

应用频率比测量的功能，可以方便地测量电路的分频或者倍频系数。

3.4.6　时间间隔的测量

时间间隔是指定的两个时刻点之间的间隔，表征时间间隔的起始时刻和停止时刻的两个信号，分别从起始和停止两个通道输入。许多通用计数器的主机中只有 A、B 两个输入通道。为了测量时间间隔，增加了一个 C 通道，起始时刻的信号和停止时刻的信号分别从 B 和 C 两个通道输入，或者另外配上一个专门的时间间隔测量插件。时间插件有两个通道，启动和停止信号分别从两个通道输入。

1. 时间间隔测量原理

为了保证时间间隔的测量精度，B 和 C 两个通道的特性必须一致。门控触发器工作于 R–S 触发方式，起始通道的输出作用于 S 端，使触发器置"1"态，主门开启；停止通道的输出作用于 R 端，使触发器置"0"态，主门关闭，如图 3-18 所示。起始信号和停止信号之间的时间间隔 ΔT_x，形成了开门时间。在这段时间内对输入 A 通道的时标信号 t_0 进行计

数。其计数结果为 N，则

$$\Delta T_x = N t_0 \tag{3-30}$$

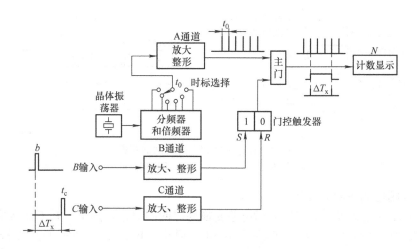

图 3-18　时间间隔测量原理框图

2. 触发极性和触发电平的选择

为了灵活设定时间的起点和终点，B 和 C 两个通道内分别备有极性选择和电平调节。通过触发极性和触发电平的选择，可以选择两个输入信号的上升沿或者下降沿上的某电平点，作为时间间隔的起点和终点，因而可测量两输入信号任意两点之间的时间间隔，如图 3-19 所示。图 3-19a 表示 B 和 C 两通道分别加上信号 u_B、u_C 后，如果 B 和 C 两通道的触发电平均选为各自输入信号幅度的 50%，且两通道的触发极性均选为正，就可测得 u_B 和 u_C 的上升沿（50% 电平点）之间的时间间隔。图 3-19b 表示 B 通道选取正触发极性和 C 通道选取负触发极性时，测得 u_B 的上升沿（50% 电平点）与 u_C 的下降沿（50% 电平点）之间的时间间隔。

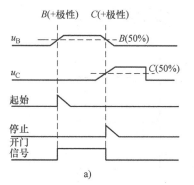 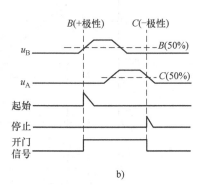

图 3-19　两信号时间间隔测量

a）两个信号的上升沿之间的时间间隔测量　b）一信号上升沿与另一信号下降沿之间的时间间隔测量

3. 测量脉冲宽度和上升时间

如果需要测量一个输入信号的任意两点之间的时间间隔，则应在该信号的两点上分别输出一个起始信号和停止信号。为此，可以把被测信号同时送入 B 和 C 通道，分别选取不同的触发极性或触发电平时，B 通道就能选择起始信号点的位置，而 C 通道可选择停止信号点的位置。图 3-20a 和 b 所示为测量到的脉冲宽度和上升时间的工作波形。

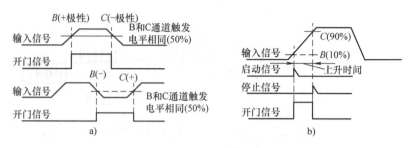

图 3-20　脉冲宽度和上升时间的测量

a) 脉冲宽度测量　b) 脉冲上升时间测量

4. 在数字相位测量中的应用

数字相位计原理是将两个信号的相位差变换为时间间隔进行测量，其工作波形如图3-21所示。被测信号 $u_1(t)$ 和 $u_2(t)$ 分别送入 B 和 C 通道，B 和 C 两通道的触发极性均选为 "+"，触发电平均选为 "0V"，设 $u_1(t)$ 超前于 $u_2(t)$，则 $u_1(t)$ 和 $u_2(t)$ 分别产生脉冲信号 $p_1(t)$ 和 $p_2(t)$，用作门控电路的开启信号和关闭信号，使门控电路产生门控信号 $p_3(t)$。$p_3(t)$ 的脉宽 t_φ 与信号 $u_1(t)$ 和 $u_2(t)$ 的相位差 $\Delta\varphi$ 相对应，$p_3(t)$ 在脉宽 t_φ 期间开启闸门，时标信号 t_0 经由闸门至计数电路得到对应的相位差值的计数值为 N。同时，为了求相位差 $\Delta\varphi$，还需要对 T_x 进行一次周期测量，设其计数值为 M。显然，下列关系式成立：

$$t_\varphi = Nt_0 \tag{3-31}$$

$$T_x = Mt_0 \tag{3-32}$$

$$\frac{t_\varphi}{T_x} = \frac{\Delta\varphi}{360°} \tag{3-33}$$

式中，t_φ 为两个信号相位差 $\Delta\varphi$ 对应的开门时间；T_x 为被测信号的周期；t_0 为时标信号周期。

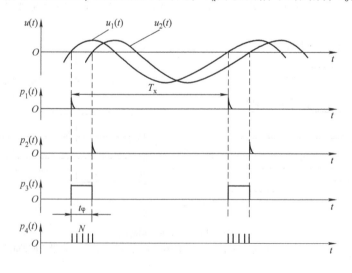

图 3-21　瞬时值数字相位计工作波形

把式（3-31）和式（3-32）代入式（3-33）得

$$\Delta\varphi = \frac{t_\varphi}{T_x} \times 360° = \frac{N}{M} \times 360° \tag{3-34}$$

3.4.7 外控时间间隔的测量

外控时间间隔的测量，与上述时间间隔测量功能相同，不同的仅是 A 输入不是内时标信号，而是外接 A 信号，若计数器在时间 ΔT_x 内的计数值为 N，则

$$\Delta T_x = Nt_A \tag{3-35}$$

式中，t_A 为 A 信号的周期。由于 A 信号是外接的，因而时间量化单位不受仪器内时标 t_0 的限制。

上述功能可用来测量相位，若 A 信号的频率为 B、C 信号频率的 360 倍或 360×10^n 倍，用 B、C 信号的相位差去控制开门，那么计数值 N 则为 B、C 两信号间的相位差，其读数直接以度数显示，而不需换算。例如，在数字相位测量中，如果采用外时钟 f_A 代替内时钟 f_0，且令 $f_A = Mf_x = 360f_x$（可用锁相技术实现），按式（3-35）测相位不需要测量 T_x，因为式中 $t_A = T_x/360$ 即为相位的 1°，则根据 N 可以直读出相位差的值（以度为单位）。

3.4.8 累加计数

累加计数是在主门开启的时间内累计 A 信号经整形后的脉冲个数，可用本地的手动开关或远地的程序控制命令控制门控双稳态来打开或关闭主门。

3.4.9 计时

如果计时器对内部的标准时钟信号，即秒信号（或者毫秒、微秒信号）进行计数，主门用本控或者远控启用，则显示的累计数值即为总共所经历的时间。此时，计时器的功用类同于电子秒表，它计时精确，可用于工业生产的定时控制。

3.5 时间和频率的测量误差

3.5.1 测量误差的来源

时间和频率的数字化测量误差有三种主要来源：①量化误差；②时标（或频标）误差；③触发误差。

1. 量化误差

量化误差是在将模拟量转换为数字量的量化过程中产生的误差，是数字化仪器所固有的和不可能消除的原理性误差。对于电子计数器而言，量化误差将产生 ± 1 个字的误差。其原因有两个：①开门时间 T_B 不正好是计数信号周期 T_A 的整数倍，取整量数字后最大有 1 个量化单位的误差；②开门脉冲与计数脉冲在时间上的不确定性，即两者的相位随机性，使量化误差带有不确定的 $\pm$ 符号。

在式（3-19）中，方括号中的比值通常不为整数，即含有整数部分和小数部分

$$\frac{F_A}{F_B} = \frac{T_B}{T_A} = nk \tag{3-36}$$

式中，n 为比值的整数部分；k 为比值的小数部分。对它们进行整量化操作后的数字 N 为

$$N = \left[\frac{F_A}{F_B}\right] = \left[\frac{T_B}{T_A}\right] = [nk] = n \text{ 或 } n+1 \tag{3-37}$$

由于开门信号和计数信号的相位随机性，整量化后得到的数字 N 有 n 和 $n+1$ 两种可能

取值，而且两者出现的概率也不一定相同。例如，电子计数器测周期，设计数时钟周期 $t_0 = T_A = 1\text{ms}$，被测周期即实际值 $T_x = T_B = 4.01\text{ms}$，量化后可能得到的计数值 N 为 4 或 5，即测量结果为 4ms 或 5ms。对测量值为 5ms 的结果而言，则产生 $+0.99\text{ms}$ 的误差。同样，设被测周期的实际值 $T_x = 4.99\text{ms}$，可能得到的计数值 N 仍为 4 或 5，即测量结果为 4ms 或 5ms，对于测量值为 4ms 的结果而言，则产生了 -0.99ms 的误差。

上述情况可进一步用图 3-22 所示来说明。图中表示出了 $T_{x1} = 4.010\text{ms}$（见图 3-22a）、$T_{x2} = 4.50\text{ms}$（见图 3-22b）和 $T_{x3} = 4.99\text{ms}$（见图 3-22c）三种情况。一般说来，在闸门的开始和结束时，产生零头时间 Δt_1 和 Δt_2，从图可得

$$T_x = Nt_0 - \Delta t_1 + \Delta t_2 = \left(N - \frac{\Delta t_1 - \Delta t_2}{t_0}\right)t_0 = (N - \Delta N)t_0 \qquad (3\text{-}38)$$

式中，$\Delta N = \dfrac{\Delta t_1 - \Delta t_2}{t_0}$。

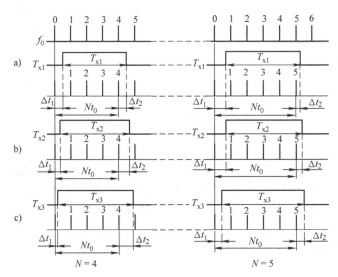

图 3-22　产生 ±1 误差的原理

a）$T_{x1} = 4.010\text{ms}$　b）$T_{x2} = 4.500\text{ms}$　c）$T_{x3} = 4.990\text{ms}$

计数器的计数值为 N，因而把 $T_N = Nt_0$ 作为测量结果，即测量结果中没有计入两个时间"零头" Δt_1 和 Δt_2，而造成计数误差 ΔN。由于 Δt_1 和 Δt_2 在 $0 \sim t_0$ 之间任意取值，即 Δt_1、Δt_2 均小于 t_0，且 $|\Delta t_1 - \Delta t_2| < t_0$，故 $|\Delta N| < 1$。

为了观察 Δt_1 和 Δt_2 影响而使 ΔN 产生 ±1 误差的情况，在图 3-22 中分别给出了 T_{x1}、T_{x2} 和 T_{x3} 的实际值为 4.010ms、4.500ms 和 4.990ms 时三种情况，由于闸门时间 T_x 与计数时钟 t_0 的相位随机性，对于每一个 T_x 而言，图 3-22 中的左右两幅图分别画出了两种相位关系下，对每一个 T_x 而言均有计数值 $N = 4$ 或 $N = 5$ 的两种可能的测量结果。对于每种结果，Δt_1、Δt_2 的影响如图 3-22 所示，而 $\Delta t = \Delta t_1 - \Delta t_2$ 及 $\Delta N = \dfrac{\Delta t}{t_0}$ 的取值见表 3-2。

表 3-2　±1 误差的影响

T_x 的实际值 /ms	计数值 N	测量值 Nt_0/ms	Δt_1/ms	Δt_2/ms	绝对误差/ms（$\Delta t = \Delta t_1 - \Delta t_2$）	$\Delta N = \Delta t/t_0$	出现概率
4.010	4	4	0.443	0.453	−0.01	−0.01	大
	5	5	0.995	0.005	+0.99	+0.99	小

（续）

T_x 的实际值 /ms	计数值 N	测量值 Nt_0/ms	Δt_1/ms	Δt_2/ms	绝对误差/ms（ $\Delta t = \Delta t_1 - \Delta t_2$ ）	$\Delta N = \Delta t/t_0$	出现概率
4.500	4	4	0.287	0.787	−0.50	−0.50	中
	5	5	0.805	0.305	+0.50	+0.50	中
4.990	4	4	0.005	0.995	−0.99	−0.99	小
	5	5	0.766	0.756	+0.01	+0.01	大

Δt_1 和 Δt_2 影响的最坏情况，发生在 $T_{x1} = 4.010\text{ms}$ 和 $N = 5$ 时（见图 3-22a）以及 $T_{x3} = 4.990\text{ms}$ 和 $N = 4$ 时（见图 3-22c）两种极端情况。前者， $\Delta t_1 = 0.995\text{ms}$ ， $\Delta t_2 = 0.005\text{ms}$ ， $\Delta N = +0.99 \approx +1$ ；后者， $\Delta t_1 = 0.005\text{ms}$ ， $\Delta t_2 = 0.995\text{ms}$ ， $\Delta N = -0.99 \approx -1$ 。两种极端情况出现的概率比其他情况小。

量化误差的特点是，无论计数器的计数值 N 为多少，由于未考虑 Δt_1 和 Δt_2 的影响，造成的计数误差 ΔN 总是在 ±1 的范围内，所以这种计数误差又称为 ±1 误差；此外，由于这种误差是把一个连续的被测信号周期 T_x 与标准时钟 t_0 之比值量化成为某整数 N ，而无法表达比值中所包含的小数部分，因此这种误差又称为量化误差；又因为量化误差是在计数的结果中产生的，故又称为计数误差。

量化误差 $\Delta N = \pm 1$ 是绝对误差的表现形式，其相对误差为

$$\gamma_N = \Delta N/N = \pm 1/N \tag{3-39}$$

2. 时基误差

时基作为比较的标准信号，本身的误差将直接引起测量误差。标准频率和标准时间信号从仪器内部的晶体振荡器分频或倍频而来，因此标准频率和标准时间的精度取决于晶体振荡器频率的稳定度和准确度，以及分频电路、倍频电路和闸门开关速度及其稳定性等因素。

在所有这些因素中，分频、闸门开关等均采用数字电路，其引入的时间误差通常是可预见的，并且影响相对较小。以测频方式下闸门开关控制为例，由于闸门电路本身响应速度的影响，闸门的开和关两个动作均引入了一定的滞后。因为对于 TTL 数字集成电路，这个滞后时间大约为纳秒（ns）级甚至更小，显然这远小于通常毫秒（ms）级甚至更长的闸门时间，所以数字电路引起的响应时间误差通常可以忽略。因此，晶体振荡器的频率稳定度和准确度就成了电子计数器中的标准频率和标准时间误差的主要来源。测量频率时，晶体振荡器信号用来产生门控信号（即频标信号），标准频率误差称为频标误差；测量周期时，晶体振荡器信号用来产生时标信号，标准时间误差称为时标误差，它们统称为时基误差。

在计数器的技术指标中，通常给出机内时基信号发生器的频率误差 $\Delta f_s/f_s$ ，时基周期 T_0 或 t_0 的相对误差与其大小相等、方向相反，即

$$\frac{\Delta T_0}{T_0} = -\frac{\Delta f_s}{f_s} \text{或} \frac{\Delta t_0}{t_0} = -\frac{\Delta f_s}{f_s} \tag{3-40}$$

实际上， ΔT_0 、 Δt_0 和 Δf_s 均在某个正负范围内变化，式（3-40）中负号只不过是表示其变化方向相反而已。这个误差在计数器预热一定时间后基本恒定，与被测对象和测试操作无关。

由于电子计数器中对晶体振荡器都采取了恒温等稳频措施，稳定度很高，因此，与量化误差和触发误差相比，通常标准频率误差要小得多（小一个数量级以上），可不考虑其影响。

3. 触发误差

（1）触发误差的来源　触发误差又称为转换误差。在 3.3.2 节中已指出，在通用计数

器的测量中，被测信号的"转换"是必需的。测量频率时，需对被测信号进行放大、整形，转换为计数脉冲；测量时间或周期时，也需对被测信号放大、整形，转换为门控脉冲。这种转换工作通常是由输入通道中的电压比较器或施密特触发器完成的。由于输入信号上叠加的干扰和噪声的影响，以及利用比较器或施密特电路进行触发转换时电路本身比较电平或触发电平的抖动，使得整形后的脉冲周期不等于被测信号的周期，导致闸门时间不对，甚至使触发整形电路产生误触发，导致计数脉冲个数不对，因此而产生的转换误差称为触发误差。

在3.3.2节中介绍时间（频率）的数字化测量原理时，把整形电路的比较电平或触发电平简化为一个电平（在图3-11中为一条直线），这只是为了分析简便。但实际上信号中总会叠加一些噪声干扰、毛刺尖峰，或存在寄生调制、振荡等不规范波形。这时若触发电平为一个电平，则可能造成误触发而使计数结果错误。以信号叠加波动噪声为例，它使信号中的波动每穿过一次触发电平都引起一次触发。若用这时产生的波形作为被计数脉冲，则会错误地增加计数值。因此，触发整形电路通常都采用施密特电路，施密特电路具有高、低两个触发电平，使触发具有回差特性，即形成了一个触发窗。这样，由噪声引起的较小的波形波动就不会引起误触发。

图3-23说明触发窗可在一定程度上避免误触发。其中，图3-23a表示加至施密特电路的信号不存在干扰信号和噪声，它在信号的同一相位点上触发，施密特电路输出规则的矩形波，其周期准确等于被测周期。图3-24b表示信号中叠加的较小的噪声干扰未引起误触发。这时，由于叠加了波动的噪声，波形虽然多次穿过触发窗的高位电平 E_H，但在第一次触发翻转之后，波形在未到达低位电平 E_L 之前就不会引起触发器翻转。因此，触发整形后所得波形的周期个数与被测信号周期个数相同，如果对它进行频率测量，不会发生计数错误。应当指出，这时施密特电路在信号的一个周期内，虽然只输出一个脉冲，但触发点的信号相位发生了摆动，使被测信号周期转换门控脉冲信号后，其宽度发生了变化，而不再准确地等于被测量的周期，如果进行周期测量，则会发生触发误差。

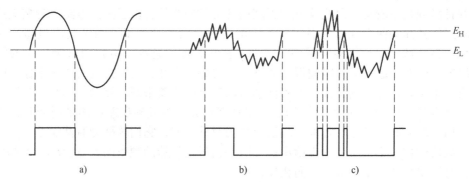

图3-23　噪声干扰引起触发误差的原理

a）无触发误差　b）有触发误差，但无误触发　c）有误触发

如果信号中所包含的噪声干扰过大，则可能引起误触发，如图3-23c所示。图中，虽然只观察了一个信号周期，但它包含的较大噪声波动使信号电平多次在高、低触发电平 E_H 和 E_L 之间摆动，引起触发整形电路多次翻转，从而产生宽度不等的多个脉冲输出，整形后的波形若作为被计数波形或闸门信号，即无论是测频还是测周，都会发生计数错误。这种情况应当采取抗干扰措施来尽力避免。

一般来说，触发误差对测量频率的影响很小，测频时只要不产生误触发，一般不考虑触发误差的影响。因为在测频方式下，被测信号作为计数脉冲使用，每一个被测信号的周期

T_x 远小于闸门控制信号的周期（$T_x \ll T_0$），其周期起伏 ΔT_x 当然更小，而且一次计数的 N 值很大，即测频时连续测了多个（N 个）周期，周期起伏的影响也可相互抵消，所以对总体的计数结果的影响很小（可远小于量化误差）。通常在测频方式下完全可忽略触发误差。

在测周方式下则不然，此时的被测信号作为闸门控制信号。闸门的开启时间等于被测信号的周期，它通常远大于计数用标准时间信号的周期（$T_x \gg t_0$）。这样，被测信号周期的起伏 ΔT_x 相对标准信号周期 t_0 来说就不能忽略了。在测周方式下，被测信号转换过程中引起的测量误差称为触发误差或转换误差，通常是必须考虑的。

（2）触发误差的估算　下面来定量分析一下周期测量时的触发误差。设被测信号是正弦信号，在无干扰的情况下，当该信号第一次上升至电压 U_B 时（A_1 点）产生闸门起始脉冲，第二次上升至电压 U_B 时（A_2 点）则产生闸门停止脉冲，如图 3-24 所示。

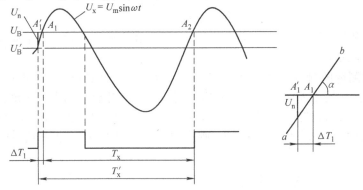

图 3-24　触发误差的估算

显然，被测信号无干扰时闸门的起始和停止时刻分别是 A_1 和 A_2，它们之间的时间间隔准确地等于被测信号周期 T_x。但是由于被测信号上叠加了干扰，因此正弦波形上存在随机的起伏。如果在信号电压尚未达到 U_B 时出现了一个尖峰干扰 U_n，叠加在被测信号上使其电压达到 U_B，同样会引起起始触发，那么闸门的起始时刻就从 A_1 提前至 A_1' 了，这就会使闸门开启时间出现误差 ΔT_1。同理可以想象，负向干扰则可能使起始时刻推迟。

起始时刻提前量为

$$\Delta T_1 = \frac{U_n}{\tan\alpha} \tag{3-41}$$

式中，U_n 为干扰或噪声幅度；$\tan\alpha$ 为波形斜率。

设信号波形在 A_1 点的切线为 ab（见图 3-24 右图），则 A_1 处波形的斜率为

$$\tan\alpha = \left.\frac{\mathrm{d}U_x}{\mathrm{d}t}\right|_{U_x=U_B} = \omega_x U_m \cos\omega_x t_B = \frac{2\pi}{T_x} U_m \sqrt{1 - \sin^2\omega_x t_B}$$

$$= \frac{2\pi U_m}{T_x} \sqrt{1 - \left(\frac{U_B}{U_m}\right)^2} \tag{3-42}$$

式中，U_m 为信号幅值。

将式（3-42）代入式（3-41）即可得起始时刻的误差量 ΔT_1。为使 ΔT_1 尽量小应尽量增大 $\tan\alpha$，即增大 U_m，减小 U_B。因此，通常选择 $U_B = 0$，即采用过零触发，则

$$\Delta T_1 = \frac{T_x}{2\pi} \frac{U_n}{U_m} \tag{3-43}$$

同理，可得闸门停止时刻具有相似的触发误差，即

$$\Delta T_2 = \frac{T_x}{2\pi} \frac{U_n}{U_m} \tag{3-44}$$

由于干扰或噪声都是随机的，因此 ΔT_1 和 ΔT_2 都属于随机误差，可按独立不确定度分量进行合成，即

$$\frac{\Delta T_n}{T_x} = \frac{\sqrt{(\Delta T_1)^2 + (\Delta T_2)^2}}{T_x} = \pm \frac{1}{\sqrt{2}\pi} \frac{U_n}{U_m} \tag{3-45}$$

式中，$\dfrac{U_n}{U_m}$ 为信噪比的倒数，也就是说，被测信号的信噪比越大，触发误差越小。由于触发误差的影响，使周期测量时闸门开启时间 T_G 为

$$T_G = T_x \pm (\Delta T_1 + \Delta T_2) = T_x \pm \Delta T$$

计数值中也包含了闸门开启时间的误差，即

$$N = \frac{T_G}{t_0} = \frac{T_x}{t_0} \pm \frac{\Delta T}{t_0} \tag{3-46}$$

要减小触发误差的影响，测量过程中应尽可能提高信噪比，触发电平应选择在信号变化最陡峭处（过零触发）。

（3）多周期测量的触发误差　为了减小测周方式下的触发误差，可采用多周期测量。其基本思路是降低触发误差引起的闸门开启时间偏差在总开启时间中的比重。

如图 3-25 所示，若被测信号第一个上升过零点产生闸门的起始信号，而停止信号则由第 $M+1$ 个过零点产生。以 $M = 10^n$ 为例，闸门的开启时间为 10^n 个被测信号的周期。

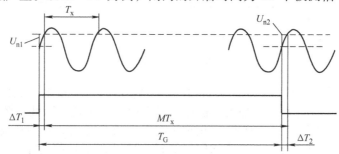

图 3-25　多周期测量减少触发误差

由图 3-25 可知，闸门的总开启时间为

$$T_G = MT_x \pm (\Delta T_1 + \Delta T_2) = 10^n T_x \pm (\Delta T_1 + \Delta T_2) \tag{3-47}$$

式中，ΔT_1 和 ΔT_2 分别是闸门起始和停止时刻的偏差。

这时，计数器的计数值是在 T_G 时间内对标准信号的计数结果，即

$$N_{10} = \frac{T_G}{t_0} = \frac{10^n T_x \pm \Delta T}{t_0} = 10^n \frac{T_x}{t_0} \pm \frac{\Delta T}{t_0} \tag{3-48}$$

换算到一个被测信号周期计数值需除以 10^n，即

$$N = \frac{N_{10}}{10^n} = \frac{T_x}{t_0} \pm \frac{\Delta T}{10^n t_0} \tag{3-49}$$

将式（3-49）与式（3-46）比较可见，触发误差使闸门开启时间存在时间偏差 ΔT，经过 10^n 个周期的测量，该项误差减小到原值的 $1/10^n$。采用多周期测量降低了触发误差，但加长了测量时间。

3.5.2　测量误差的分析

1. 测频误差表达式

测量频率时，取闸门开启时间为 T_0，在此时间内计数的脉冲个数为 N，则频率为

$$f_x = \frac{N}{T_0} \tag{3-50}$$

这是商函数形式，由表 2-12 常用函数的合成误差公式可知，其合成总误差为

$$\gamma_f = \frac{\Delta f_x}{f_x} = \frac{\Delta N}{N} - \frac{\Delta T_0}{T_0} = \gamma_N - \gamma_{T_0} \tag{3-51}$$

式（3-51）表明，测频误差由两项构成：

1）量化误差 $\gamma_N = \Delta N/N$。ΔN 由 "± 1" 误差决定，即 $\Delta N = \pm 1$，故

$$\gamma_N = \frac{\pm 1}{N} = \pm \frac{1}{T_0 f_x} \tag{3-52}$$

2）闸门时间的误差 $\gamma_{T_0} = \Delta T_0/T_0$。由石英晶体振荡器的频率准确度决定，若振荡器频率为 f_s（周期为 t_s），分频系数为 K，则闸门时间 T_0 及其误差 ΔT_0 为

$$T_0 = Kt_s = \frac{K}{f_s} \quad \Delta T_0 = -K\frac{\Delta f_s}{f_s^2} \tag{3-53}$$

$$所以 \; \gamma_{T_0} = \frac{\Delta T_0}{T_0} = -\frac{\Delta f_s}{f_s} \tag{3-54}$$

将式（3-52）和式（3-54）代入式（3-51）并取绝对值相加，则测频的总误差

$$\gamma_f = \pm \left(\frac{1}{T_0 f_x} + \left| \frac{\Delta f_s}{f_s} \right| \right) \tag{3-55}$$

当标准频率误差 $\Delta f_s/f_s$ 的数值远小于量化误差时，测频误差只考虑量化误差，则有

$$\gamma_f \approx \pm \frac{1}{T_0 f_x} = \pm \frac{1}{N} \tag{3-56}$$

2. 测周误差表达式

测量周期时，被测周期等于在该时间内计数的脉冲个数 N 乘以时间标准 t_0，即

$$T_x = Nt_0 \tag{3-57}$$

这是一种积函数，根据表 2-12 合成误差公式可知，总误差为

$$\gamma_T = \frac{\Delta T}{T_x} = \frac{\Delta N}{N} + \frac{\Delta t_0}{t_0} = \gamma_N + \gamma_{t_0} \tag{3-58}$$

式（3-58）表明，测周误差由两项构成：

1）量化误差：

$$\gamma_N = \frac{\Delta N}{N} = \pm 1/(T_x f_0) \tag{3-59}$$

2）时标误差 γ_{t_0}，时标 $t_0 = kt_s = k/f_s$（k 是时标转换系数），则

$$\gamma_{t0} = \frac{\Delta t_0}{t_0} = -\frac{\Delta f_s}{f_s} \tag{3-60}$$

将式（3-59）和式（3-60）代入式（3-58），并用绝对值表示，周期测量总误差为

$$\gamma_T = \pm \left(\frac{1}{T_x f_0} + \left| \frac{\Delta f_s}{f_s} \right| \right) \tag{3-61}$$

同理，当 $|\gamma_{t_0}| \ll |\gamma_N|$ 时，$|\gamma_{t_0}|$ 可以不予考虑。这时

$$\gamma_T \approx \pm \frac{1}{T_x f_0} = \pm \frac{1}{N} \tag{3-62}$$

上面讨论周期测量误差时，没有考虑触发误差。事实上，触发误差直接引起了 $\frac{\Delta T_x}{T_x}$ 的误差，前面已对此项误差做了分析，其计算公式见式（3-45）。故考虑触发误差之后，根据式

（3-61）可得周期测量的总误差为

$$\gamma_{\mathrm{T}} = \frac{\Delta T_{\mathrm{x}}}{T_{\mathrm{x}}} = \pm \left(\frac{1}{T_{\mathrm{x}} f_0} + \left| \frac{\Delta f_{\mathrm{s}}}{f_{\mathrm{s}}} \right| + \frac{1}{\sqrt{2}\pi} \frac{U_{\mathrm{n}}}{U_{\mathrm{m}}} \right) \tag{3-63}$$

3. 测频和测周的误差特性曲线

从上面的讨论可知，计数器测量频率、周期的主要误差有两项，即量化误差和标准频率误差，分别由式（3-55）和式（3-61）来表示。根据这两个公式，可给出计数器测频和测周的固有误差特性曲线，如图 3-26 所示。

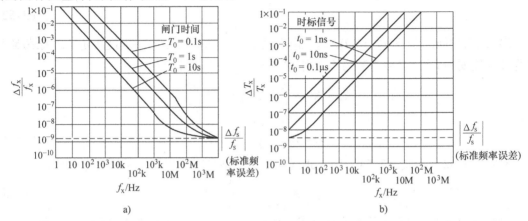

图 3-26　计数器的固有误差特性曲线
a）测频误差曲线　b）测周误差曲线

1）±1 误差的影响。由图 3-26a 可知，在测频方式下，若 f_{x} 一定，闸门时间 T_0 越长，计数值 N 越大，量化误差越小。或者，T_0 一定，f_{x} 越高，计数值 N 越大，量化误差越小。由图 3-26b 可知，在测周方式下，若 T_{x} 一定，计数时钟脉冲频率 f_0 越高，N 越大，量化误差影响越小。或者，f_0 一定，T_{x} 越大，N 越大，量化误差的影响越小。

2）量化误差通常大于标准频率误差，因此常常忽略标准频率误差的影响。当计数值 N 很大，量化误差减小到与标准频率的误差相当时，标准频率误差对测量结果的影响不可忽略，再增大 N，总的测量误差不再下降，此时的误差由标频误差 $\Delta f_{\mathrm{s}}/f_{\mathrm{s}}$ 决定，它是计数器测量准确度的极限。

4. 中界频率的确定

电子计数器的量化误差是主要的测量误差。在测频方式下，如果闸门开启时间一定，则被测信号频率越高，量化误差越小。在测周方式下，如果计数时钟脉冲频率一定，则被测信号频率越低，量化误差越小。对于某一被测频率来说，可采用测频方式，也可采用测周方式，那么从获得较小的量化误差来考虑，哪种更合适呢？

下面对两者的 ±1 误差进行比较。设有某一台计数器，采用闸门开启时间 T_0 的测频方式和采用计数时钟脉冲频率为 f_0（周期为 t_0）的测周方式，由前面的分析可知，测频的量化误差为式（3-56），测周的量化误差为式（3-62），根据这两式绘出不同 F_0 的测频和不同 t_0 的测周的量化误差的曲线，如图 3-27 所示。

由图 3-27 可见，当被测信号频率很高时，测频具有较小的量化误差，而测周具有较大的量化误差。如果降低被测信号频率，则测频的量化误差上升，测周的量化误差下降。两者量化误差相等时的被测信号频率称为中界频率 f_{m}。

图 3-27 中，测频和测周两条量化误差曲线的交点，为 $f_{\mathrm{x}} = f_{\mathrm{m}}$ 的中界频率点，两种测量方式的量化误差相等，于是

84

$$\frac{1}{T_0 f_m} = \frac{1}{T_m f_0} \qquad (3\text{-}64)$$

式中，f_m 为中界频率；T_0 为测频的闸门时间；f_0 为测周的时钟频率。

$$f_m = \sqrt{\frac{f_0}{T_0}} = \sqrt{F_0 f_0} \qquad (3\text{-}65)$$

式中，F_0 为频标，即闸门时间 T_0 的倒数。

当 $f_x > f_m$ 时，宜测频；当 $f_x < f_m$ 时，宜测周。

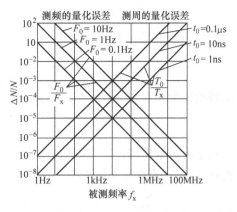

图 3-27　测频量化误差与测周的量化误差曲线

3.6　等精度电子计数器

3.6.1　多周期同步测量原理

由于量化误差的影响，通用计数器无论测频或是测周，在整个测量范围内的测量精度是不相等的。基于多周期同步测量原理的计数器能够实现等精度测量。

在周期测量时，为了减小量化误差和触发误差的影响，可以采用多周期同步测量。在频率测量时，采用多周期同步测量是通过测量输入信号的多个（整数个）周期值后，再进行倒数运算而求得输入信号的频率，故又称为倒数计数器。

图 3-28a 所示为等精度计数器的原理框图，它主要由同步电路、闸门 A、闸门 B、计数器 A、计数器 B、运算电路和显示电路等组成。

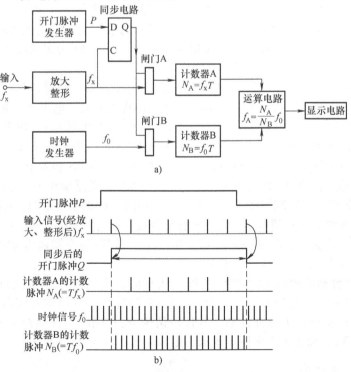

图 3-28　多周期同步计数器的原理及波形

a）原理框图　b）工作波形

图 3-28b 所示为工作波形，f_x 为输入信号频率，f_0 为时钟脉冲的频率。工作原理如下：在 D 触发器构成的同步电路中，开门脉冲 P 经输入信号 f_x 同步后，产生同步的开门脉冲 Q，

使闸门 A、B 与 f_x 同步地开门和关门，A、B 两个计数器在同一闸门时间 T 内分别对 f_x 和 f_0 进行计数，计数器 A 的计数值 $N_A = f_x T$，计数器 B 的计数值 $N_B = f_0 T$，由于

$$\frac{N_A}{f_x} = \frac{N_B}{f_0} = T$$

因此被测频率 f_x 为

$$f_x = \frac{N_A}{N_B} f_0 \qquad (3\text{-}66)$$

同步电路的作用是使开门信号与被测信号同步并且准确地等于被测信号周期的整数倍。因此计数值 N_A 不存在 ±1 误差。虽然计数值 N_B 存在 ±1 误差，其相对误差

$$\gamma_N = \pm \frac{1}{N_B} = \pm \frac{1}{T f_0} \qquad (3\text{-}67)$$

在时钟频率 f_0 很高的情况下，$N_B \gg 1$，其 ±1 误差的影响很小。

从式（3-67）可以看出，等精度计数器的测量精度主要取决于闸门时间 T 和时钟频率 f_0，且和被测频率 f_x 无关。因此等精度计数器在整个测频范围内的测量误差维持不变，即为等精度的频率测量，克服了一般计数器在测量时的低频范围内测量精度低的缺点。等精度电子计数器基于多周期测量，频率测量要求有倒数计算功能，早期电子计数器内部都不含微处理器，难以实现所需的倒数运算，目前智能化的电子计数器完全能满足所需的运算，故电子计数器现在多采用等精度的原理方案。

3.6.2 等精度电子计数器的测量功能

等精度计数器具有频率、周期、频率比、时间间隔、脉宽、占空比、相位等测量功能。由于这些测量功能是在设置的固定闸门内进行多周期的平均测量，能大大减少误差的影响，提高了测量精度，并在整个测量范围内保持相等精度。图 3-29 为多功能等精度计数器的逻辑原理图，表 3-3 为各种功能的工作时序波形图。

图 3-29 中 A、B 两个输入通道对输入信号进行调理，每个通道包括输入衰减器、放大器、比较器和微分电路，实现对输入被测信号进行衰减或放大、电平比较和触发整形，把信号波形变成矩形脉冲，再微分成尖脉冲（每个周期产生一个尖脉冲），作为事件计数脉冲。

图 3-29 中的 RS 触发器用于时间间隔测量和相位测量，其 S 端受 A 通道输出的尖脉冲触发，在测量时间间隔时，起始时间脉冲从 A 通道输入，使 RS 触发器置"1"态，停止时间脉冲从 B 通道输入，使 RS 触发器复"0"态，则 RS 触发器输出 Q 端得到的脉宽为时间间隔 Δt_x 的输出脉冲，其原理与图 3-18 和图 3-19 相同。在相位测量时，相位超前的信号过零点形成的起始脉冲从 A 通道输入，使 RS 触发器置"1"态，相位滞后的信号过零点形成的终止脉冲从 B 通道输入，使 RS 触发器复"0"态，则 RS 触发器输出脉宽与相位差 $\Delta \varphi$ 成比例地输出脉冲，其原理与图 3-21 相同。

1）等精度计数器的测频和测周的实现方法相同，当图 3-29 中功能选择开关 S 置于"1"或"2"的位置时，与门 G_1 和 G_6 开通，在同步闸门 G_0 开门的时间内，计数器 A 对 A 输入通道的信号 f_A 形成的尖脉冲计数，其计数值为 N_A；同时，计数器 B 对时钟信号 f_0 计数，其计数值为 N_B，如表 3-3 中图 a 所示，则

被测信号的频率值为　　　　　　　$f_A = \dfrac{N_A}{N_B} f_0$ 　　　　　　　　　(3-68)

被测信号的周期值为　　　　　　　$T_A = \dfrac{N_B}{N_A} t_0$ 　　　　　　　　　(3-69)

式中，f_0 或 t_0 为时钟的频率或周期。

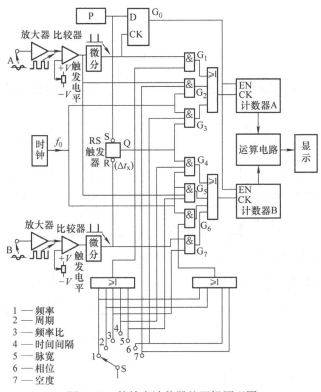

图 3-29　等精度计数器的逻辑原理图

2）测量两个信号的频率比值时，图 3-29 中的功能选择开关置于"3"的位置，控制与门 G_1 和 G_7 开通，在同步闸门 G_0 开门的时间内，计数器 A 对 A 输入通道的信号 f_A 的尖脉冲计数，其计数值为 N_A；同时，计数器 B 对输入通道 B 的信号 f_B 的尖脉冲计数，其计数值为 N_B，如表 3-3 中图 b 所示，则两个信号频率比 f_A/f_B 为

$$\frac{f_A}{f_B} = \frac{N_A}{N_B} \tag{3-70}$$

3）在测量多次重复出现的时间间隔（或脉冲空度）时，功能选择开关 S 置于"4"（或"5"）的位置，门控与门 G_1 和 G_4（或 G_5）开通，在同步闸门 G_0 开启的时间内，重复事件的次数由计数器 A 计得，其计数值为 N_A；同时，在 A 与 B 通道输入两信号之间的时间间隔 Δt_{AB} 内（或 A 通道脉冲宽度 τ_A 内）通过的时钟 f_0 的个数，由 B 计数器计得，其计数值为 N_B，如表 3-3 中图 c（或图 d）所示，则时间间隔 Δt_{AB} 和 A 通道脉冲宽度 τ_A 分别为

$$\Delta t_{AB} = \frac{N_B}{N_A} t_0 \tag{3-71}$$

$$\tau_A = \frac{N_B}{N_A} t_0 \tag{3-72}$$

式中，Δt_{AB} 为 A、B 两通道信号的时间间隔；τ_A 为 A 通道输入脉冲的脉宽。

4）在测量多次重复出现的相位差（或脉冲空度）时，图 3-29 中功能选择开关 S 置于"6"（或"7"）的位置，门控与门 G_3（或 G_2）和 G_6 开通，在同步闸门 G_0 开启的时间内，RS 触发器形成相位差开门脉冲（或 A 通道输出的正脉宽或负脉宽）所决定的开门时间通过的时钟 f_0 的个数，由计数器 A 计得，其值为 N_A；同时，在同步闸门时间内通过的时钟 f_0 的个数，由计数器 B 计得，其值为 N_B，如表 3-3 中图 e（或图 f）所示，则 A 与 B 两通道输入信号之间的相位差 $\Delta\varphi_{AB}$ 为

$$\Delta \varphi_{AB} = \frac{N_A}{N_B} \times 360° \qquad (3-73)$$

脉冲空度 h_A 为

$$h_A = \frac{N_A}{N_B - N_A} \qquad (3-74)$$

式中，$\Delta \varphi_{AB}$ 为 A、B 两通道输入信号之间的相位差；h_A 为 A 通道输入的正脉宽或负脉宽决定的脉冲空度。

表 3-3　等精度计数器的七种基本测量功能的工作波形图

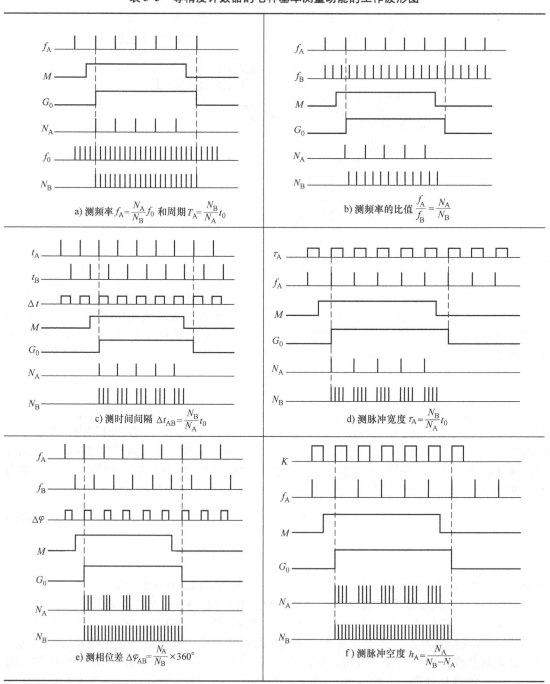

a) 测频率 $f_A = \frac{N_A}{N_B} f_0$ 和周期 $T_A = \frac{N_B}{N_A} t_0$

b) 测频率的比值 $\frac{f_A}{f_B} = \frac{N_A}{N_B}$

c) 测时间间隔 $\Delta t_{AB} = \frac{N_B}{N_A} t_0$

d) 测脉冲宽度 $\tau_A = \frac{N_B}{N_A} t_0$

e) 测相位差 $\Delta \varphi_{AB} = \frac{N_A}{N_B} \times 360°$

f) 测脉冲空度 $h_A = \frac{N_A}{N_B - N_A}$

3.7　高分辨力的时间测量技术

时间间隔测量技术对国民经济与国防建设意义重大。精确的时间间隔测量技术，尤其是分辨力达皮秒（$1\text{ps}=10^{-12}\text{s}$）量级的时间测量技术在原子物理、天文实验、激光测距、雷达定位、卫星导航、航空航天、遥测遥控等方面，或在 IC 的抖动时间、角度调制解调和数字示波器等领域都有着广泛的应用。此外，它在军工技术上也不可或缺，因此，世界各国都在大力研究这一技术。量化误差是限制通用计数器测量分辨力的主要因素，减少 ±1 误差的影响，是提高测时和测频分辨力的基本措施。几十年来，时间间隔测量技术经不断改进发展，提出了时间间隔扩展法、插值法、延迟线法等，可以说是种类繁多。按实现技术，时间间隔测量方法大致可以分为模拟与数字两大类。传统 TDC（Time - to - Digital Converter）采用模拟方法，先对时间间隔进行模拟处理，再进行模-数转换，如时间间隔扩展法（TI Stretching）和时间-电压（Time - to - Voltage）变换法。数字方法可以实现从时间到数字的直接变换，如游标法（Vernier Method）、抽头延迟线法（Tapped Delay Line Method）。传统模拟方法使用的模拟处理电路很难在芯片内集成，并且模拟方法需要比较长的转换时间，对环境温度十分敏感，容易受外界扰动影响。随着半导体数字电路技术的发展，现在数字方法越来越流行。特别是在芯片内集成的 TDC，不论是以 FPGA 还是以 ASIC 实现，一般都采用数字方法。目前，国外一些先进国家利用在超大规模集成电路领域的优势，大力发展精确测量时间间隔的技术，用 IC 方式实现了 TDC 的集成电路芯片，其计时的分辨力已达皮秒的量级，是目前最有发展前途的一种高分辨力的时间间隔测量技术。

本节主要介绍模拟内插法、时间/电压变换法和数字逻辑的时延法。

3.7.1　模拟内插法

模拟内插法原理是在频率或时间测量中采用内插技术，即在测量电路内插入一种模拟内插电路，把图 3-22 中小于 t_0 量化单位的时间零头 Δt_1 和 Δt_2 加以放大，再对放大后的时间进行数字化测量，从而有效地减小 ±1 误差，如图 3-30 所示。图中，被测量的时间间隔 T_x 与计数测量出的 T_N 的区别在于，少计了 Δt_1 而多计了 Δt_2，故 T_x 为

$$T_\text{x} = T_\text{N} + \Delta t_1 - \Delta t_2 \tag{3-75}$$

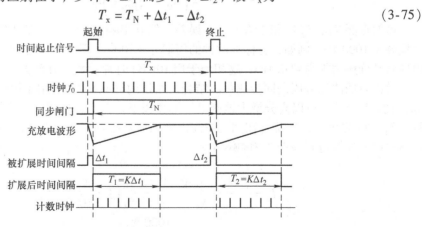

图 3-30　内插测量的信号的时间关系

内插法要对三段时间量进行测量，即要分别测出 T_N、T_1、T_2（T_1 和 T_2 分别是 Δt_1 和 Δt_2 放大后的时间量）。由于时间 T_N 是时钟脉冲的整数（N_0）倍，即

$$T_\text{N} = N_0\, t_0 \tag{3-76}$$

T_N 测量不存在量化误差，因此，用内插法减小 ±1 误差的关键是实现 Δt_1 和 Δt_2 的时间扩展，它是用时间扩展器来实现的。

图 3-31 所示是 Δt_1 时间扩展器原理示意图。

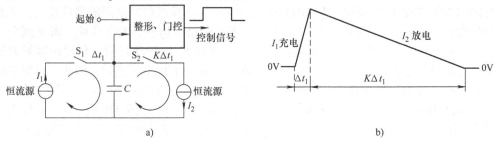

图 3-31　内插时间扩展器原理示意图

a) 电路原理图　b) 时间波形

图 3-31 中，在 Δt_1 期间，S_1 闭合，S_2 断开，恒流源 I_1 从起始的零电平开始对电容 C 充电。Δt_1 结束，S_1 断开，S_2 接通，恒流源 I_2（$I_2 = I_1/K$）对电容 C 放电，直至回到起始零电平位置，然后保持此电平。由充放电电荷相等的原理可得

$$\frac{I_1 \Delta t_1}{C} = \frac{I_2 T_1}{C}, \quad I_1 \Delta t_1 = \frac{I_1}{K} T_1, \quad T_1 = K \Delta t_1 = 1000 \Delta t_1 \quad (\text{取 } K = 1000)$$

若在 T_1 时间内计得 N_1 个时钟脉冲，则 $T_1 = N_1 t_0$，因此

$$\Delta t_1 = \frac{N_1 t_0}{1000} \tag{3-77}$$

类似地，Δt_2 时间扩展器将实际零头时间 Δt_2 扩展 1000 倍，可得 $T_2 = 1000 \Delta t_2$，同时 T_2 对时钟计数得 $T_2 = N_2 t_0$，即

$$\Delta t_2 = \frac{N_2 t_0}{1000} \tag{3-78}$$

将式（3-76）和式（3-78）代入式（3-75），得

$$T_x = \left(N_0 + \frac{N_1 - N_2}{1000} \right) t_0 \tag{3-79}$$

虽然在测 T_1、T_2 时依然存在 ±1 误差，但其影响减小为原来的 1/1000，使测量的分辨力提高了 1000 倍。例如，若标准时钟的周期 $t_0 = 100\text{ns}$，则不加内插的测时分辨力为 100ns，内插后其分辨力提高到 0.1ns，这相当于用 10GHz 时钟计数的分辨力。

模拟内插法和多周期同步测量法结合，通过内插减小多周期同步法中的计数值 N_B（即 N_0）的 ±1 误差，可以高分辨力地测量周期和频率，在这种情况下，多周期同步法除了测量 T_N、T_1、T_2 之外，还要确定在闸门时间内被测信号有多少个周期 N_A（即 N_x）。这样，就可以通过如下计算得到周期 T_x 和频率 f_x：

$$T_x = \frac{\left(N_B + \dfrac{N_1 - N_2}{1000} \right) t_0}{N_A} = \frac{N_B}{N_A} \left(1 + \frac{N_1 - N_2}{1000\, N_B} \right) t_0 \tag{3-80}$$

$$f_x = \frac{1000\, N_A}{1000\, N_B + N_1 - N_2} f_0 \tag{3-81}$$

式（3-81）与式（3-66）比较可见，由于测量了 Δt_1 和 Δt_2，该 ±1 误差减小为原来的 1/1000，即测量分辨力提高了 1000 倍。

3.7.2　时间 – 电压变换法

模拟内插法的时间扩展倍率 k 越大，测时分辨力越高。因为 $k = I_1/I_2$，增大 k，则 I_1/I_2 要大。例如，$k = 1000$，若 $I_1 = 10\text{mA}$，则 $I_2 = 10\mu\text{A}$，k 值越大，I_1 与 I_2 相差越大，内插扩时的稳定性、线性度及精度均越难保证，且内插时间也越长。目前，通常采用时间 – 电压变换和电压测量的办法来解决上述问题，其原理及波形如图 3-32 所示。测量过程如下：

1）采样期。在 Δt 时期，开关 S_1 闭合，S_2 断开，恒流源 I 对电容 C 快速充电，其充电电压

$$u_C = U_P = \frac{I}{C}\Delta t \tag{3-82}$$

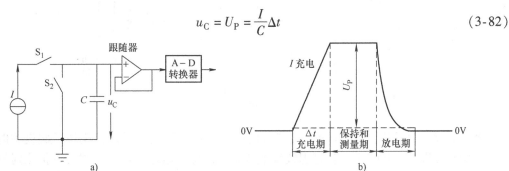

图 3-32　时间 – 电压变换电路原理图及波形
a）电路原理图　b）时间波形

由时间 – 电压变换的公式（3-82）可知，充电电压 U_P 与时间 Δt 成正比。

2）测量期。采样期 Δt 时间结束，S_1 断开，I 停止充电，电容 C 上的电压 u_C 保持 U_P 值，此时 A – D 转换器对 U_P 进行快速测量。

3）恢复期。测量结束后，S_2 闭合，C 快速放电，直到 $u_C = 0$，准备下一次测量。

图 3-31 和图 3-32 方案相比，后者用 A – D 过程代替了放电过程，极大地减少了转换时间和非线性。当选用高速、高分辨力的 A – D 转换器（例如选用 14 位/40MHz 的 ADC）时，理论上分辨力可扩展 10000 倍以上，其测量时间为几十纳秒。此外，从式（3-82）可见，此方案的测量结果与 I 和 C 有关，为保证测量精度，必须引入自动校准技术。

3.7.3　时延法

时延法是一种使用时间延迟技术进行时间测量的方法。由于时延法用的延迟线被分成了多个串联的延时单元，各个延时单元按抽头方式输出，故又称为抽头延迟线法。时延法的电路原理图如图 3-33a 所示，由延迟线 $L_1 \sim L_N$ 和 D 触发器 $DF_1 \sim DF_N$ 组成。每个延时单元的延迟时间为 τ，D 触发器去锁存每个延时单元输出端的状态。被测时间间隔的起始信号 start 加到延迟线的输入端，停止信号 stop 加到每个 D 触发器的锁存端 CK，即用 stop 信号的上升沿时刻去锁存（采集）start 信号在延迟线中传输的状态。

工作时序如图 3-33b 所示，阶跃式的 start 信号的前沿从延迟线第一个延迟单元 L_1 输入，然后在延迟线 $L_1 \sim L_N$ 上传输。假设延迟线总共有 10 级，每级延迟单元的延时 τ 为 1ns，start 逐级传输的延时波形如图 3-33b 所示。假设被测时间间隔为 5.4ns，则在 start 信号出现后的 5.4ns 时刻，即 start 前沿在延迟线 $L_1 \sim L_{10}$ 上经历了 5 个延迟单元后，stop 的上升沿出现了。此上升沿作用到每个 D 触发器的 CK 端，使 D 触发器 $DF_1 \sim DF_{10}$ 同时对延迟线的各级输出状态进行锁存，于是得到 D 触发器的 $Q_1 \sim Q_{10}$ 输出状态为 1111100000，此状态再经十进制编码器输出数字"5"的 BCD 码 0101，得到时间间隔 $T_x = 5\tau = 5\text{ns}$，时间分辨力 τ 为 1ns。

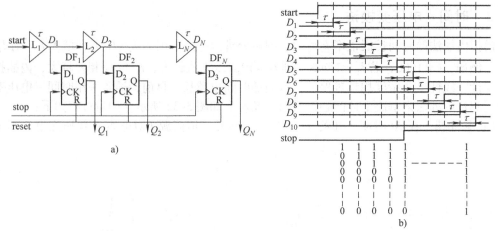

图 3-33 时延插值结构

a）电路原理图 b）工作时序

若用时延法替代图 3-31 所示的模拟内插法，并把它做成一个插值模块，假设主时钟周期 $t_0 = 10\text{ns}$（即 $f_0 = 100\text{MHz}$），延迟线级数 $N = 10$，每级延时 $\tau = 1\text{ns}$，则可以把主时钟周期按 $t_0/10$ 的时间分辨力进行插值；若延迟线级数 $N = 100$，$\tau = 0.1\text{ns}$，则可以把主时钟周期按 $t_0/100$ 的时间分辨力进行插值。延迟线的级数越多，且每级延时越小，它插值的分辨力越高。这不仅对延迟线提出了要求，而且对 D 触发器的响应速度也提出了要求。目前，采用 FPGA 实现时延法的分辨力已达到 100ps 量级，而采用 ASIC 实现时延法的分辨力可达 20ps 量级。时延法具有很好的发展和应用前景。

本 章 小 结

时间与频率是最基本的一个参量。从测量原理上分类，时间频率测量分为间接比较法和直接比较法两大类；从测量技术上分类，可分为模拟测量技术和数字化测量技术两类。时间和频率的测量技术经历了一个从模拟到数字的发展过程，从早期的谐振法、电桥法、差频法等到现在的计数法，测量的精度和范围都有巨大的提高。电子计数器是时间频率测量应用最为广泛的数字化仪器，也是最重要的电子测量仪器之一。

本章介绍了采用电子计数器测量频率、频率比、周期、时间间隔及仪器自校等几种工作模式的原理，并着重讨论了测频和测周这两种基本测量方法的误差。这一部分是本章的基本内容，其要点归纳如下：

1）现代测频和测周主要使用计数器，其原理都是建立在数字计数基础上的。测频是在一个标准时间（即时基时间）内，计数有多少个信号通过；测周是在被测信号的周期内计数有多少个时标信号通过。读者应掌握这两种计数测量的基本功能。计数器扩展的其他功能，实际上也是这两种基本方式的变形或灵活应用。

2）计数器测频和测周的测量误差分析是一个重点。构成总的测量误差中，作为比较基准的频标和时标信号，它的误差是总测量误差的一部分。更要重视的是量化误差即 ±1 误差，它往往大于频标或时标误差一至数个数量级，通常是测量的主要误差。此外，在测周中还应考虑转换误差。

对传统测频和测周，虽然 ±1 误差是不可避免的，但是它也是可以减少的。减小计数误差的思路十分明确：只要加大计数值 N 就能使量化误差 ±1/N 减小。根据这个思路，就可

找到很多减小 ±1 误差的具体方法。例如，在一定条件下，在测频时加大开门时间（降低频标频率），在测周时减小时标周期及对被测信号进行周期倍乘，都是减小 ±1 误差的方法。此外，在测高频信号时尽量用测频法，而在测低频信号时尽量用测周法，也都可以增加 N 的数值。

随着电子计数器的智能化，仪器内部引入了数据处理功能，解决了倒数运算等数据处理功能。目前电子计数器大多采用多周期同步测量技术，实现了等精度的电子计数器。

从原理上说，数字化测量是一种量化过程，计数值取整数之后，出现误差小于 1 的"零头"就不可避免。为了减少这部分的影响，"零头"在测量中就不能忽略不计。本章介绍了内插法、时延法等改进措施。这些方法并不是说就没有 ±1 误差了，而是减小了它的影响。例如，内插法把"零头"扩展了 1000 倍，对"零头"计数的 ±1 误差相比于不用扩展的方法减为 1/1000。

思考与练习

3-1　试述时间和频率的基本概念及其测量特点。

3-2　测量频率的方法按测量原理分为哪几类？

3-3　说明通用计数器测量频率、周期、时间间隔和自检的工作原理。

3-4　简述计数器测频的误差来源及减小误差的方法。为什么测频时一般不考虑触发误差的影响？

3-5　简述计数器测周的误差来源及减小误差的方法。为什么测周时要考虑触发误差？

3-6　分析计数器测量时间间隔的误差来源及减小误差的方法。

3-7　分析计数器测频率比的误差来源及减小误差的方法。测频率比是否需要考虑触发误差？

3-8　用一个计数器测量 f_x 近于 100kHz 信号的频率，试分别计算当选用闸门时间为（1）1s、（2）0.1s、（3）10ms 时，由 ±1 误差产生的测频相对误差。

3-9　某计数器内部晶体振荡器频率 f_{s1} = 1MHz，用它产生测频闸门和测周时标。若由于需要，采用稳定度更高的标准频率源代替机内晶体振荡器，外部源的频率 f_{s2} = 4MHz。为了得到正确的测量结果，对采用外部频率源时计数器测频和测周时的显示值应如何换算？

3-10　某计数器中标准频率源的误差 | $\Delta f_s/f_s$ | = 1×10^{-9}，利用该计数器将一个频率为 10MHz 的晶体振荡器校准到误差不大于 10^{-7}，计数器的闸门时间应如何选择？用该计数器能否将晶体振荡器误差校准到误差不大于 10^{-9}，为什么？

3-11　有一个显示器为 6 位的计数器，闸门时间 T 有 10s、1s、0.1s、10ms 和 1ms 共五种。

（1）现测量一频率为 219348.25Hz 的信号，分别讨论测频时对应各闸门时间显示器显示出什么数字？并说明选择哪个闸门时间最好？

（2）对于 7318.256kHz 及 25.86293MHz 的信号，直接判断测频闸门时间取多少最好？这时显示什么？

3-12　欲用计数器测量一个 f_x = 1000Hz 左右信号的频率，可采用测频（选闸门时间为 1s）和测周（选时标为 0.1μs）两种方法。比较两种方法哪种更优。

3-13　欲测量一个标称频率为 5MHz 的石英晶体振荡器，要求测量准确度优于 $\pm 1 \times 10^{-7}$。在下列三种方案中哪一种能满足要求，为什么？

（1）选用一个 7 位通用计数器（时基误差不劣于 $\pm 1 \times 10^{-7}$），闸门时间置于 1s；

（2）选用一个 7 位通用计数器（时基误差不劣于 $\pm 1 \times 10^{-8}$），闸门时间置于 1s；

（3）选用一个 7 位通用计数器（时基误差不劣于 $\pm 1 \times 10^{-8}$），闸门时间置于 10s。

3-14　有一个周期约为 2378.512ms 的低频信号，用一台 6 位显示的计数器进行测量，该计数器的周期倍乘 $m = 10^n$ 有 1、10 和 10^2 三种可供选用，时标 $t_0 = n$（μs），n 值有 0.1μs、1μs、10μs 和 10^2 μs 四种可供选用。分别讨论在以下各种要求下，应当如何选择周期倍乘 m 和时标 t_0 之值？

（1）保证测量中显示不发生溢出错误；

（2）要求显示不溢出且测周量化误差最小；

（3）要求显示不溢出且测周量化误差最小和测量时间最短；

（4）要求显示不溢出且测周量化误差最小和触发误差最小。

3-15 当被测信号确定后，分别讨论电子计数器测频和测周模式，其显示结果上的小数点位置与什么因素有关？

3-16 在用具有多个周期倍乘和时标的计数器测周时，在下列情况下显示器中自动定位（或称自动定标）的小数点位置是否变化？如果变化，如何变化？

（1）固定时标不变，周期倍乘增大 10 倍；

（2）固定周期倍乘不变，时标值增大 10 倍；

（3）周期倍乘和时标值均增大 10 倍；

（4）周期倍乘减为 1/10，时标值增大 10 倍；

（5）周期倍乘增大 10 倍，时标值减为 1/100。

3-17 总结用传统型计数器测频和测周中减小测量误差的主要方法，特别是减小计数误差的思路。

3-18 证明在信噪比 U_m/U_n 大于 100（或者说高于 40dB）时，若计数器未采用周期倍乘，触发（转换）误差的影响小于 0.3%。

3-19 某计数器有 7 位显示，时基和时标的误差优于 10^{-8}。已知其闸门时间为 1ms ~ 10s，时标为 0.1μs ~ 1ms，周期倍乘为 1 ~ 10^4（均按 10 的整数幂变化）。现测一个 $f_x \approx 10$kHz、信噪比 $U_m/U_n = 100$ 的信号，问：

（1）估算用测频和测周方法得到频率或周期误差的最小值。

（2）有人采用测周方法，将周期倍乘置于 1，时标置于 100μs，估算这时的测量误差。

3-20 利用计数器测频，已知内部晶体振荡器频率 $f_s = 1$MHz，$\Delta f_s/f_s = \pm (1 \times 10^{-7})$，被测频率 $f_x = 100$kHz，试问：

（1）若要求测频误差达到 $\pm 1 \times 10^{-6}$ 的量级，则闸门时间应选择多大？

（2）若被测频率 $f_x = 1$kHz，上述要求能否满足？

（3）若不能满足要求，应怎样调整测量方案？

3-21 某信号频率为 10kHz，信噪比 $U_m/U_n = 40$dB，已知计数器标准频率误差 $\Delta f_s/f_s = \pm (1 \times 10^{-8})$，请分别计算出下述三种测量方案的测量误差。利用哪种方案的测量误差最小？

（1）测频，闸门时间为 1s。

（2）测周，时标为 0.1μs，周期倍乘 $m = 1$。

（3）测周，时标为 1μs，周期倍乘 $m = 1000$。

3-22 某电子计数器，测频闸门时间为 1s，测周期时，时标频率为 1MHz，求中界频率。

3-23 某通用计数器最大闸门时间 $T = 10$s，最小时标 $t_0 = 0.1$μs，最大周期倍乘 $m = 10^4$。为尽量减小量化误差对测量结果的影响，问当被测信号的频率小于多少赫兹时，宜将测频改为测周进行测量。

3-24 用多周期法测量频率为 50Hz 的某被测信号的周期时，计数值为 200000。

（1）若采用同一周期倍乘和同一时标去测量另一未知信号，已知计数值为 15000，求未知信号的周期。

（2）若内部时标信号频率为 1MHz，问上述测量采用的周期倍乘率是多少？

3-25 某计数器频标和时标源自同一晶体，闸门时间有 1ms、10ms、0.1s、1s 和 10s 五种，时标有 1μs、10μs、0.1ms 和 1ms 四种。现想通过自检了解电子计数器的功能是否正常。若不考虑信号传递时差等影响（通常其影响不大于一个字），当闸门 T_0 和时标 t_0 在表 3-4 所列不同组合中时，自检显示的数字 N 是多少？

表 3-4 题 3-25 表

显示值 N　闸门 T_0　时标 t_0	1ms	10ms	0.1s	1s	10s
1μs					
10μs					
0.1ms					
1ms					

3-26　在多周期同步测量的等精度计数器中，对被测信号计数没有量化误差。那么，为什么在测量结果中仍包括量化误差？在这种计数器中闸门时间 T 和时标信号 t_0 对测量精度有何影响？设闸门时间 $T = 0.5s$，时标 $t_0 = 0.1\mu s$，问测量误差为多少？

3-27　提高时间测量分辨力的方法有哪些？简述每种方法的特点。

3-28　理论上计数器中内插法的时间扩展倍乘率可无限地增大，±1 误差的影响就可无限减小，请问在实际中这样做行吗？它会受到什么限制？

第4章

信号幅度的测量

4.1 概述

4.1.1 信号幅度测量的意义和特点

1. 信号幅度测量的意义

信号的幅度是表征信号强弱的一个参数。在电气科学技术领域中，人们有"强电"和"弱电"的称谓。所谓"强电"系统，是泛指以产生、传输和利用电能为目的的电力系统，所处理的电信号是高电压、大电流和大功率的强电信号；所谓"弱电"系统，是指以传输和处理信息为宗旨的电子信息系统，所处理的电信号通常是幅度相对比较小的弱电信号。

在电信号的参数中，电压、电流、功率是表征电信号幅度（强弱）的三个基本参数，这三个参量常用于各种电路与系统的工作状态和特性的分析和测量中。电路和系统的各种参数，例如频率特性、调制特性、增益与衰减特性、灵敏度、线性工作范围、失真度等，都是通过对各种电信号幅度的测量，并根据幅度大小及相互关系的计算来表征的。一个系统的输入或输出的信号幅度，常常在衡量系统性能的时候成为关键因素。例如，通信和雷达发射机的输出功率决定了该设备的作用距离及其覆盖的地域大小。而接收机能接收微弱的输入信号幅度的能力，表征了它接收远地电台的能力。发射机的输出功率，以及接收机的灵敏度，都是通过对信号幅度的测量来确定的。

电压、电流、功率这三个参数的相互关系由公式 $P = UI$（对正弦稳态电路，$P = UI\cos\varphi$）来表示。一般来说，测定其中的两个参数，即可推算出第三个参量。在实际测量中，最常见的是电压测量，而电流和功率又往往通过变换技术，转换成电压进行间接测量。本书为精减篇幅，不讨论电流和功率的测量，对这两部分有兴趣的读者请参阅参考文献 [1]。

2. 信号幅度测量的特点

信号有静态、动态（瞬态）和稳态的区分，其频率、幅度和波形又各不相同，使信号幅度测量具有如下特点：

1）幅度范围宽。由于被测对象不同，信号幅度范围极宽，例如电压、电流和功率的量值，低至纳级（10^{-9}）或皮级（10^{-12}）、高至兆级（10^6）。

2）频率范围广。被测信号的频率范围相当宽，包括直流（零频）和交流频率从微赫兹（10^{-6}Hz）至太赫兹（10^{12}Hz）或更高。

3）波形的多样化。被测波形有直流、交流正弦波及各种周期性非正弦波，如方波、矩形波、三角波、锯齿波、调制波，以及非周期性瞬态波形、随机信号波形等。

由于幅度、频率和波形的不同，使信号幅度测量的原理、方法和仪器均有很大的差别。在直流和低频的场合，用电流和电压的概念可方便地表征信号幅度的大小，但是在高频和微波频段，由于工作波长可以与被测装置尺寸相比拟，电压和电流可能随着在传输线中的位置的变化而改变，使电流和电压缺乏唯一性，因此不再适用于微波信号幅度的测量和表征。但由于信号传输功率有确定的数值，在射频和微波频段，功率参量可以直接表征高频和微波信号的传输特性，因此对信号幅度的测量是直接对功率进行的测量。

此外，信号波形不同，也可能对幅度测量带来很大影响。例如，用按正弦电压刻度的交流电压表测量各种非正弦信号波形的电压时，如不考虑波形因素的影响，会带来很大的误差。又如，适用于测周期性交流信号的电压表，不能用来测量非周期性的瞬变信号的电压幅度。对于动态信号幅度的测量，需要采用高速采集和快速存储能力的仪器与系统。

4.1.2 电压测量的方法和分类

对电信号来说，电压量是表征信号幅度大小的一个重要参数；对电路或系统来说，电压是指电路或系统中两点间的电位差，或者以系统接地点为参考点的某点电位值。电压量广泛存在于科学研究与生产生活中，电压测量是许多电测量与非电测量的基础，是电子测量的重要内容。

1. 电压信号的分类

电路或系统中的信号，无论是由激励信号源产生的，还是由电路或系统的响应产生的，都可分为表示直流响应的直流电压（静态量）、表示暂态（或称为瞬态）响应的瞬变电压（动态量）和表示稳态响应的（正弦）交流电压（稳态量）。它们都是确定性信号。此外，电路或系统中还存在随机信号，如噪声信号等。本章主要介绍确定性信号的测量。电压测量按测量对象随时间变化的特点和分类见表4-1。

表 4-1 电压测量按测量对象随时间变化的特点和分类

电压测量对象			特点	实例	测量方法	典型测量仪器举例	说 明
确定性信号	直流电压		恒定直流或缓变信号	电路的静态工作点、温度、压力传感器输出	静态测量	数字电压表	主要关心静态指标，如线性、漂移、精度
	交流电压（周期性）	正弦	非失真正弦波为单一频率信号	正弦振荡电压、交流阻抗测量、动态电路的正弦稳态响应（频响）	正弦稳态测量	交流电压表	作为电压测量，瞬时值没有太大意义，主要关心幅值和有效值
		非正弦	理论上可进行傅里叶分解（正弦的基波和若干谐波分量）	方波、三角波、失真的正弦波等	多频正弦稳态测量	失真度仪	幅值、有效值、失真度测量，需要考虑波形因数、波峰因数
	瞬变电压（非周期性）		冲击性、持续时间短，稍纵即逝	振动、冲击、爆炸、单脉冲、电路的暂态（瞬态）响应	瞬态（动态）测量	数字存储示波器、动态信号分析仪	瞬时值测量
随机信号	随机电压		非规则信号，随时间的变化是随机的，但服从统计规律，可分为平稳和非平稳随机过程	高斯噪声等	统计测量	噪声测量仪器	统计测量方法，主要关心均值、方差及有效值、谱分布

2. 电压测量技术的分类

电压测量技术可以分为模拟式测量技术和数字式测量技术两大类。

（1）模拟式测量技术　电压信号本质上是连续的模拟信号，电压的模拟式测量技术是直接用模拟电路系统完成测量，即电压测量过程中所需的各种信号调理、变换、传输、处理和显示，都用模拟电路实现。

传统模拟直流电压测量技术通常采用磁电式直流电流表（动圈式 μA 表，俗称"表头"）串联适当的电阻，通过表头指针偏转指示被测直流电压。为减小普通直流电压表输入电阻的影响，电压表输入端可采用场效应晶体管（FET）源极跟随器和直流放大器的结构，既能提高输入阻抗又能提高灵敏度，由此构成直流电子电压表。

对交流电压的测量，往往先进行交流－直流变换（或称为检波、整流），变换成对应的直流电压（峰值、平均值或有效值）后，再进行直流测量。

（2）数字式测量技术　数字式测量技术是通过模拟－数字（A–D）转换器，将模拟电压转换成数字编码，实现信号的电压高精度的数字化测量和数字显示。例如，以 A–D 转换器为核心构成的直流数字电压表（DVM），其分辨力可达 8 位数字显示，精确度可达 10^{-6} ～ 10^{-8}。

对于交流信号的电压测量，是通过交流－直流变换后，再进行直流电压的测量，从而构成交流数字电压表。另外，还可以通过高速 A–D 转换器直接对交流电压进行采样，并通过对采样数据的处理和计算，比如由有效值 $U \approx \sqrt{\dfrac{1}{N}\sum_{k=1}^{N} u^2(k)}$ 公式，计算出交流电压的有效值；而对采样数据进行平均和求最大值，可以得到平均值和峰值。

3. 电压测量原理的分类

按测量原理可分为直接比较法和间接比较法。

（1）直接比较法　采用模拟式测量技术的直接比较法典型例子如图 4-1 所示。当回路电流为零时（通过高灵敏度检流计 G 检测），被测电压 U_x 与标准电池电压 U_s 相等（与电池内阻 R_0 无关）。这是一种类似天平称重原理的测量方法，传统的电位差计正是应用该原理而设计的。

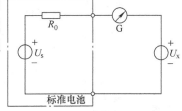

图 4-1　电压测量的直接比较法电路原理图

在数字测量技术中，有一类直接比较式的 A–D 转换器，采用电压比较器对被测电压 U_x 与基准电压 U_s 直接进行比较，根据比较结果来自动调节基准电压，最终达到 $U_x = U_s$，再从已知的加码值得到被测的 U_x 值。

（2）间接比较法　在电压测量中，间接比较测量法得到广泛应用。将电压量变换为易于测量和指示测量结果的某种中间量，有时还需要进行多次转换，通过最后的中间量实现电压的测量。例如，模拟电压表将电压量转换为驱动表头的电流，通过表头的指针偏转角指示测量结果就是一种间接比较法。

在数字测量技术中，有一类间接比较式的 A–D 转换器，如各种积分式的 A–D 转换器。这类 A–D 转换器将模拟电压转换为数字量时，采用积分器将模拟输入电压转换为时间、频率、脉冲宽度等的中间量，即所谓的 $V-T$ 式、$V-F$ 式、脉冲调宽式 A–D 转换器，再通过对时间或频率的数字测量来测量电压。

4. 电压的时域测量和频域测量

在电压测量中，还广泛采用时域和频域测量方法。

（1）时域测量方法　利用模拟或数字示波器可直观显示出被测电压－时间波形，并读出相应的电压等参量，通过示波器，特别是数字示波器，既可定性观测波形，又可定量测量

（当然，精度有限），既可测量直流与交流电压，又可测量瞬变电压，非常方便。实际上，示波器是一种广义电压表。但示波器是一个宽带仪器，噪声电平高、灵敏度低，不适合测量微弱的射频信号电压。

（2）频域测量方法　对射频信号，特别是通信等领域中的微弱射频信号，或者电路中存在有多个射频信号（如混频电路）时，其电压幅度只能用频谱分析仪来检测。频谱分析仪是具有高灵敏度、高选择性的窄带仪器，能有效地测出各个频率信号的电压幅值。

4.2　交流电压的模拟式测量

4.2.1　交流电压的特征参量

峰值、平均值和有效值是表征交流电压的三个基本特征参量。对于不同波形的交流电压，即使它们的幅度值（或峰值）相等，其有效值和平均值也可能不同，为此，需要讨论它们之间的关系，引入不同波形的峰值、有效值和平均值三者之间的变换系数，即波峰因数和波形因数，它们是表征交流电压的另外两个派生的参量。

本节将介绍峰值、平均值和有效值三个特征参量的定义，以及它们之间的关系。

1. 峰值

交流电压的峰值是指以零电平为参考的最大电压幅值，即等于电压波形的正峰值，用 U_p 表示，以直流分量为参考的最大电压幅值则称为振幅，通常用 U_m 表示，如图 4-2 所示。图中，含有直流电压成分 U_o 的交流电压瞬时值 $u(t) = U_o + U_m\sin\omega t$，其中，$\omega = 2\pi/T$，$T$ 为 $u(t)$ 的周期。U_p 为峰值，U_m 为振幅，U_o 为直流分量，并有 $U_p = U_o + U_m$，且当不存在直流电平即 $U_o = 0$ 时，振幅 U_m 与峰值 U_p 相等（$U_m = U_p$）。由于研究交流电压本身的强度时通常不考虑其中含有的直流电压 U_o（令 $U_o = 0$），因此通常也就把交流电压的振幅值称为峰值，即 U_m 常用 U_p 来表示。

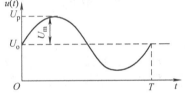

图 4-2　交流电压的峰值

2. 平均值

（1）数学平均值　交流电压 $u(t)$ 的平均值（简称均值），用 $\overline{U}$ 表示，数学上的平均值定义为

$$\overline{U} = \frac{1}{T}\int_0^T u(t)\,\mathrm{d}t \tag{4-1}$$

式中，T 为 $u(t)$ 的周期。

根据这一定义，平均值 $\overline{U}$ 实际上为交流电压 $u(t)$ 的直流分量 U_o，如图 4-2 所示，其物理意义是：$\overline{U}$ 为交流电压波形 $u(t)$ 在一个周期内与时间轴所围成的面积。当交流电压 $u(t) > U_o$ 部分与 $u(t) < U_o$ 部分所围面积相等时，平均值 $\overline{U} = U_o$（也即直流分量为 U_o）。

（2）测量平均值——绝对值平均　测量中定义的交流电压平均值，是经过全波（或半波）整流后的波形（一般若无特指，均为全波整流），即取绝对值后的平均值。在数学上可表示为

$$\overline{U_\sim} = \frac{1}{T}\int_0^T |u(t) - U_o|\,\mathrm{d}t \tag{4-2}$$

式中，U_o 为 $u(t)$ 中含有的直流分量。

对于不含直流分量 $U_o = 0$ 的正弦波交流电压 $u(t) = U_p\sin\omega t$，若 $\omega = 2\pi/T$，则其全波整流平均值为

$$\overline{U_\sim} = \frac{2}{\pi}U_p = 0.637U_m \qquad (4-3)$$

数学上的平均值仅反映了交流电压中的直流分量，而不能反映交流电压的大小，按式（4-2）和式（4-3）定义的测量平均值则反映了交流电压幅值 U_m 的大小。

3. 有效值

在电工理论中，交流电压的有效值（用 U 来表示）的定义是：交流电压 $u(t)$ 在一个周期 T 内，通过某纯电阻负载 R 所产生的热量，与一个直流电压 U 在同一负载上产生的热量相等时，则该直流电压 U 的数值就表示了交流电压 $u(t)$ 的有效值。直流电压 U 在 T 内电阻 R 上产生的热量 $Q_- = I^2RT = \dfrac{U^2}{R}T$；交流电压 $u(t)$ 在 T 内电阻 R 上产生的热量 $Q_\sim = \int_0^T \dfrac{u^2(t)}{R}\mathrm{d}t$；由 $Q_- = Q_\sim$ 即可推导出交流电压有效值的表达式如下：

$$U = \sqrt{\frac{1}{T}\int_0^T u^2(t)\,\mathrm{d}t} \qquad (4-4)$$

式（4-4）在数学上即为方均根值。有效值反映了交流电压的功率，是表征交流电压的重要参量。对于不含直流分量的正弦交流电压 $u(t) = U_p\sin\omega t$，若 $\omega = 2\pi/T$，则其有效值为

$$U_\sim = \frac{1}{\sqrt{2}}U_p = 0.707U_p \qquad (4-5)$$

4. 波峰因数和波形因数

（1）波峰因数 K_p　波峰因数定义为峰值与有效值的比值，用 K_p 表示

$$K_p = \frac{U_p}{U} = \frac{\text{峰值}}{\text{有效值}} \qquad (4-6)$$

对于不含直流分量的正弦交流电压 $u(t) = U_p\sin\omega t$，若 $\omega = 2\pi/T$，则由式（4-6），其波峰因数 $K_{p\sim}$（下标 $\sim$ 表示正弦波）为

$$K_{p\sim} = \frac{U_p}{U_p/\sqrt{2}} = \sqrt{2} \approx 1.41 \qquad (4-7)$$

（2）波形因数 K_F　波形因数定义为有效值与平均值的比值，用 K_F 表示

$$K_F = \frac{U}{\overline{U}} = \frac{\text{有效值}}{\text{平均值}} \qquad (4-8)$$

对于不含直流分量的正弦交流电压 $u(t) = U_p\sin\omega t$，若 $\omega = 2\pi/T$，则利用式（4-3）和式（4-5），其波形因数 $K_{F\sim}$（下标 $\sim$ 表示正弦波）为

$$K_{F\sim} = \frac{(1/\sqrt{2})U_p}{(2/\pi)U_p} = \frac{\pi}{2\sqrt{2}} \approx 1.11 \qquad (4-9)$$

显然，不同波形的交流信号有不同的波峰因数和波形因数。表4-2列出了常见波形的有效值和平均值，以及波峰因数和波形因数（设峰值均为 U_p）。

表4-2　常见波形的平均值和有效值以及波峰因数和波形因数（表中 U_p 为峰值）

波形名称	波　形	有效值 U	平均值 $\overline{U}$	波峰因数 K_p	波形因数 K_F
正弦波		$\dfrac{U_p}{\sqrt{2}}$	$\dfrac{2U_p}{\pi}$	1.414	1.11

（续）

波形名称	波　　形	有效值 U	平均值 $\overline{U}$	波峰因数 K_p	波形因数 K_F
全波整流		$\dfrac{U_p}{\sqrt{2}}$	$\dfrac{2U_p}{\pi}$	1.414	1.11
半波整流		$\dfrac{U_p}{2}$	$\dfrac{U_p}{\pi}$	2	1.57
三角波		$\dfrac{U_p}{\sqrt{3}}$	$\dfrac{U_p}{2}$	1.732	1.15
锯齿波		$\dfrac{U_p}{\sqrt{3}}$	$\dfrac{U_p}{2}$	1.732	1.15
方波		U_p	U_p	1	1
脉冲波		$\sqrt{\dfrac{\tau}{T}}U_p$	$\dfrac{\tau}{T}U_p$	$\sqrt{\dfrac{T}{\tau}}$	$\sqrt{\dfrac{T}{\tau}}$
白噪声		$\dfrac{U_p}{3}$	$\dfrac{U_p}{3.75}$	3	1.25

4.2.2　交流－直流（AC－DC）转换器的原理

对于交流电压测量，首先可将交流电压的特征量——峰值、平均值、有效值转换成直流电压，然后再转换为驱动动圈式微安表的直流电流，通过指针偏转指示测量电压，或者通过A－D转换器实现数字化电压测量。将交流电压变换为相应峰值、平均值、有效值的直流电压的过程称为交流－直流（AC－DC）转换，也称为检波或整流。为提高测量灵敏度，在AC－DC转换之后，还需要进行直流信号的放大，最后送显示仪表，由此构成交流电压表。

从实际应用来说，交流电压测量主要是对有效值进行测量，因此，有效值检波是最直接的方法。但是，有效值检波实现起来较为复杂，工作频率也不能太高（一般最高为几兆赫兹），应用上受到一定限制。对于规则的周期性交流电压信号，峰值或均值的检波电路较简单，因此，可以通过均值或峰值检波，然后将电压表读数通过波形因数或波峰因数进行换算，即可得到有效值，这是交流电压表采取的简便而实用的方法。

本节先介绍峰值、均值、有效值检波原理，它们是构成交流电压表的核心。

1. 峰值检波原理

图 4-3 所示为二极管峰值检波电路原理图及波形。其中，图 4-3a 为原理图，图 4-3b 表示输入电压 $u(t)$ 为正弦波时的峰值检波波形。

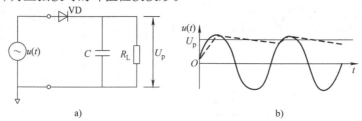

a) b)

图 4-3 峰值检波原理

a) 原理图 b) 波形图

峰值检波的基本原理是电容通过二极管正向快速充电达到输入电压的峰值，而二极管反向截止时"保持"该峰值。图 4-3 的检波电路中要求

$$(R_s + r_d) C \leqslant T_{min}, R_L C \geqslant T_{max} \tag{4-10}$$

式中，R_s 和 r_d 分别为等效信号源 $u(t)$ 的内阻和二极管正向导通电阻；C 为充电电容（并联式检波电路中，C 还起到隔直流的作用）；R_L 为等效负载电阻；T_{min} 和 T_{max} 为 $u(t)$ 的最小和最大周期。

满足式（4-10）即可满足电容器 C 上的快速充电和慢速放电的需要。从图 4-3c 所示的波形可以看出，峰值检波电路的输出实际上存在较小的波动，其平均值略小于实际峰值，其误差量（负误差）取决于满足式（4-10）的程度。

2. 平均值检波原理

平均值检波电路可由整流电路实现，图 4-4a 和图 4-4b 所示分别为二极管桥式全波整流电路和半波整流电路。

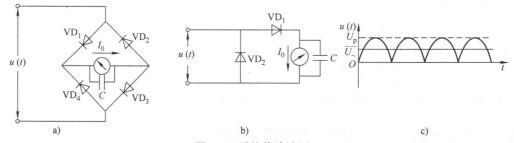

a) b) c)

图 4-4 平均值检波原理

a) 全波整流电路 b) 半波整流电路 c) 全波平均值 $\overline{U_\sim} = 0.64 U_P$

整流电路输出的直流电流 I_0 与被测交流电压 $u(t)$ 的平均值成正比，而与 $u(t)$ 的波形无关。以图 4-4a 所示的全波整流电路为例，I_0 的平均值为

$$I_0 = \frac{1}{T} \int_0^T \frac{|u(t)|}{2 r_d + r_m} dt = \frac{\overline{U}}{2 r_d + r_m} \tag{4-11}$$

式中，T 为 $u(t)$ 的周期；r_d 和 r_m 分别为检波二极管的正向导通电阻和电流表内阻，对特定电路和所选用的电流表可视为常数，并反映检波器的灵敏度。

式（4-11）反映出 I_0 与 $u(t)$ 的全波（或半波）平均值 $\overline{U}$ 成正比。图 4-4 中并联在电流表两端的电容 C 用于滤除整流后的交流成分，避免指针摆动。

3. 有效值检波原理

（1）函数运算式检波 根据交流电压的有效值表达式［参见式（4-4）］进行交流电压

$u(t)$ 的方均根值运算,实现有效值检波,其方法如下:

1) 利用二极管二次方律伏安特性进行有效值检波。首先需进行交流电压 $u(t)$ 的二次方运算。可利用小信号时二极管正向伏安特性曲线近似为二次方关系,完成二次方运算,经滤波平均,由电表指示。其开方运算在表头刻度上完成。但这种方式的电压表精度低且动态范围小。实际应用中,可采用分段折线来逼近二次方律的伏安特性曲线。

2) 利用模拟运算的集成电路检波。随着模拟集成运算电路的发展,使得可以直接使用根据有效值的定义式〔见式(4-4)〕进行模拟运算的集成电路实现有效值变换,其原理框图如图 4-5 所示。

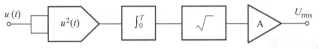

图 4-5　计算式有效值变换原理框图

图 4-5 表示有效值计算是通过多级运算器级联实现的,首先是由模拟乘法器实现交流电压 $u(t)$ 的二次方运算,再是积分和开方运算,最后通过运算放大器的比例运算,得到有效值 U_{rms} 输出。目前,可直接使用单片集成的有效值/直流(TRMS/DC)变换电路芯片(如 AD736、AD637 等)实现有效值运算,非常简便。

完成图 4-5 所示的运算,不仅可用模拟电路来实现模拟式运算,而且也可以用嵌入式处理器(或 DSP)来实现数字运算,为此先必须对被测电压 $u(t)$ 进行 A – D 转换。

(2) 热电变换式检波　根据能量等效原理,可利用热电偶实现交 – 直流变换式有效值的检波。关于热电偶有效值检波原理将在下节讨论。

4.2.3　模拟式交流电压表

检波器是实现交流电压测量的核心部件,同时,为了测量小信号电压,放大器也是电压表中不可缺少的部件,因此,模拟电压表由两个基本部件——检波器和放大器组成。其组成方案有两种类型:一种是先检波后放大,称为检波 – 放大式;另一种是先放大后检波,称为放大 – 检波式。峰值电压表通常采用的是检波 – 放大式,均值电压表通常采用的是放大 – 检波式。

1. 检波 – 放大式电压表

图 4-6a 所示为检波 – 放大式电压表的组成框图。在检波 – 放大式电压表中,由于检波器处于测量通道最前端,故采用输入阻抗高的峰值检波器。检波器决定了电压表的频率范围、输入阻抗和分辨力。采用超高频二极管作峰值检波,其频率范围可从直流到几百兆赫。放大器采用高增益和低漂移的直流放大器或斩波稳零式直流放大器,如图 4-6b 所示。这种电压表常称为"高频电压表"或"超高频电压表"。

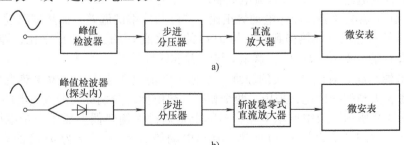

图 4-6　检波 – 放大式电压表的组成

a) 组成框图　b) 提高灵敏度的措施

2. 放大－检波式电压表

为避免检波－放大式电压表中检波器的灵敏度限制，可采用先对被测电压放大后再检波的方式，即构成放大－检波式电压表，组成框图如图4-7所示。此时检波器常采用均值检波器，放大器为宽带交流放大器，它的带宽决定了电压表的频率范围，一般上限为10MHz。这种电压表具有毫伏级的灵敏度，通常称为"宽频毫伏表"或"视频毫伏表"。

图4-7　放大－检波式电压表组成框图

3. 热电式有效值电压表

（1）热电偶有效值检波原理　热电效应指出：两种不同导体的两端相互连接在一起，组成一个闭合回路，当两节点处温度不同时，回路中将产生电动势，从而形成电流，这一现象称为热电效应，所产生的电动势称为热电动势。其原理如图4-8所示。

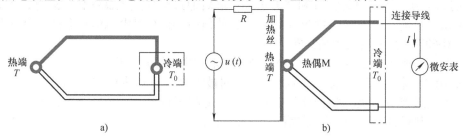

图4-8　热电变换

a）热电效应　b）热电偶有效值检波原理

图4-8a中，假设两种导体的相互连接端的温度分别为 T 和 T_0，称为热端和冷端，若 $T \neq T_0$，则热端和冷端之间将存在热电动势，而热电动势的大小与温差 $\Delta T = T - T_0$ 成正比。据此，将两种不同金属进行特别封装并标定后，称为一对热电偶（简称热偶）。若冷端温度为恒定的参考温度，则通过热电动势就可得到热端（被测温度点）的温度。热电偶传感器的温度测量范围很宽。

热电偶实现有效值检波的原理如图4-8b所示，被测交流电压 $u(t)$ 对加热丝加热，热偶M的热端感应加热丝的温度，维持冷端温度 T_0 不变，并通过连接导线连接直流微安表。若在 $u(t)$ 的作用下，热端温度 T 不断升高（热端与冷端温差增大），从而产生热电动势，使热偶回路中产生直流电流 I，并由该直流电流驱动微安表头。

电流 I 正比于热电动势，而热电动势正比于热端与冷端的温差，而热端温度又是通过交流电压 $u(t)$ 直接对加热丝加热得到的，与 $u(t)$ 的有效值 U 的二次方成正比，即表头电流 I 正比于有效值 U 的二次方，$I \propto U^2$，这里 I 与 U 并非线性关系。

（2）热电偶组成有效值电压表的原理　实际有效值电压表，为了解决热电偶检波特性的非线性，使表头刻度线性化，采用了两个相同的热电偶，分别称为测量热电偶和平衡热电偶，原理如图4-9所示。图中所示电路，实际上是通过平衡热偶形成了一个电压负反馈系统。测量热偶由被测交流电压 $u(t)$ 加热，其热电动势 $E_x \propto U^2$（U 为 $u(t)$ 的有效值），令 $E_x = k_1 U^2$；而平衡热偶由输出直流电压加热，其热电动势 $E_f \propto U_o^2$（U_o 为差分放大器的输出直流电压），令 $E_f = k_2 U_o^2$。假如两对热偶具有相同特性，即 $k_1 = k_2 = k$，则差分放大器输入电压 $U_i = E_x - E_f = k(U^2 - U_o^2)$，若差分放大器增益足够大，则有 $U_i = 0$（负反馈放大器的同相端与反相端等电位），于是有 $U_o = U$，即输出电压等于 $u(t)$ 的有效值，从而实现了有效值电压表的线性化刻度。有效值电压表的读数为被测电压的有效值。

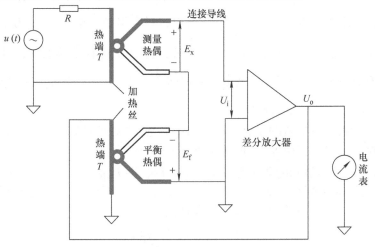

图 4-9　具有线性刻度的有效值电压表原理

热电偶有效值电压表的缺点是，仪器关键部件的热电偶易损坏，受外界环境温度的影响较大，结构复杂，价格较贵。

4. 外差式选频电平表

由于宽频电压表交流放大器的带宽较宽，噪声电平大，限制了小信号电压的测量能力，外差式选频电平表大大提高了测量灵敏度，其组成框图如图 4-10 所示，其工作原理与外差式接收机相同。图 4-10 中所示的选频电平表采用了二级混频的方案。首先，频率为 f_x 的被测信号通过输入电路（衰减或放大）后，与第一本振输出 f_1 混频，得到固定的第一中频 f_{z1}（由带通滤波器选出），f_{z1} 再与第二本振输出 f_2 混频，得到固定的第二中频 f_{z2}（经窄带滤波器选出），再经过后面的高增益中频放大器和检波器，驱动表头并以 dB 指示被测信号。选频电平表经过两级变频，被测信号在窄带中频上获得很高的增益，而对噪声的抑制特性好，是具有很好的频率选择性的窄带调谐系统，灵敏度可达 – 120dB（相当于 $0.775\mu V$），也常称为"高频微伏表"，如 DW – 1 型"高频微伏表"，频率范围为 100kHz ~ 300MHz，最小量程为 $15\mu V$。广泛应用在放大器谐波失真、滤波器衰耗特性及通信系统传输特性测量中。

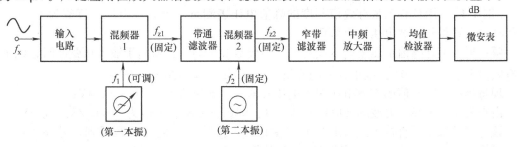

图 4-10　选频电平表的组成框图

4.2.4　交流电压表的响应特性及误差分析

1. 峰值电压表的刻度特性和波形响应误差

在交流电压的基本参量中，人们最关心的是有效值，采用模拟电压表测量交流电压时，也往往希望读取到有效值。因此，模拟电压表的表头刻度按照纯正弦波（无失真正弦波）

的有效值刻度。

峰值电压表是响应被测电压的峰值的，但是，表头刻度值不是按峰值刻度的，而是按纯正弦有效值刻度的读数，即 $\alpha = U_\sim = \dfrac{U_{p\sim}}{\sqrt{2}}$。所以，只有当被测电压 $u(t)$ 为正弦波时，表头的读数 α 才为该正弦波的有效值；对于非正弦波，读数 α 没有直接意义，既不等于其峰值 U_p 也不等于其有效值 $U\left(\text{而是非正弦波电压峰值的} \dfrac{1}{\sqrt{2}} \text{倍}\right)$。因此用峰值电压表测量非正弦波，为得到有效值，应对读数 α 进行换算。

（1）峰值表读数与有效值的换算　换算的依据是："对于峰值电压表，测量（任意波形电压的）读数相等，则峰值相等"。换算步骤如下：

1）由读数 α 计算出被测的非正弦波电压的峰值，即 $U_{p任意} = U_{p\sim} = \sqrt{2}\alpha$。

2）根据 $U_{p任意}$ 和该波形的波峰因数（用 $K_{p任意}$ 表示，对常见波形的 K_p 值，可由表 4-2 查表得到），可计算出任意波形电压的有效值 $U_{任意}$：

$$U_{任意} = \frac{U_{p任意}}{K_{p任意}} = \frac{\sqrt{2}\alpha}{K_{p任意}}$$

上面的步骤过程可用下式描述：

$$U_{任意} = \frac{U_{p任意}}{K_{p任意}} = \frac{U_{p\sim}}{K_{p任意}} = \frac{K_{p\sim} U_\sim}{K_{p任意}} = S_p \alpha \tag{4-12}$$

$$S_p = \frac{K_{p\sim}}{K_{p任意}} = \frac{\sqrt{2}}{K_{p任意}}$$

式（4-12）表明，对任意波形，欲从峰值电压表读数 α 得到有效值，需将 α 乘以因子 S_p。若式中的任意波为正弦波，则 $S_p = 1$，读数 α 即为正弦波的有效值。

（2）峰值表读数未经换算的波形误差　由式（4-12），若将读数 α 直接作为有效值，产生的误差为

$$\gamma = \frac{\alpha - \dfrac{\sqrt{2}\alpha}{K_p}}{\dfrac{\sqrt{2}\alpha}{K_p}} = \frac{K_p - \sqrt{2}}{\sqrt{2}} = \frac{K_p}{\sqrt{2}} - 1 \tag{4-13}$$

式（4-13）称为峰值电压表的波形误差，它反映了读数值与实际有效值之间的差异。

【例 4-1】　用具有正弦有效值刻度的峰值电压表测量一个方波电压，读数为 1.0V，问如何从该读数得到方波电压的有效值？

解：根据上述峰值电压表的刻度特性，由读数 $\alpha = 1.0V$，相当于输入正弦波时，该正弦波有效值 $U_\sim = \alpha = 1.0V$；该正弦波的峰值 $U_{p\sim} = \sqrt{2} U_\sim = \sqrt{2}\alpha = 1.4V$；

现将具有相同峰值的方波电压引入电压表输入，即峰值 $U_p = U_{p\sim} = 1.4V$；

由查表 4-2 可知，方波的波峰因数 $K_p = 1$，则该方波的有效值为 $U = U_p/K_p = 1.4V$。

该计算结果也可直接由式（4-12）简单地代入读数 α 和波峰因数得到。另外，若读数不经过换算，而直接认为（"当作"）是有效值，由此产生的波形误差为

$$\gamma = \frac{1 - 1.4}{1.4} \times 100\% \approx -29\%$$

可见，若将峰值电压表的读数直接视为有效值，其波形误差是相当大的，可见波形换算是很必要的。

2. 平均值电压表的刻度特性和波形响应误差

平均值电压表响应的是被测电压的平均值（全波整流平均值），但表头刻度不是按平均

值刻度的,而是按正弦有效值刻度的,所以,只有当被测电压 $u(t)$ 为正弦波时,读数 α 才为该正弦波的有效值(注意:不是该正弦波的平均值 $\overline{U}$)。当被测电压为非正弦波时,读数 α 没有直接意义,既不等于其平均值 $\overline{U}$ 也不等于其有效值(是非正弦波电压均值的 0.9 倍)。因此,对于非正弦波,应由读数 α 换算出平均值和有效值。

(1)平均值表读数与有效值的换算 换算依据如下原则:"对于平均值电压表,测量(任意波形电压的)读数相等,则平均值相等";换算步骤如下:

1)从读数 α 换算出被测非正弦波电压的平均值,即

$$\overline{U}_{任意} = \overline{U_{\sim}} = \frac{U_{\sim}}{K_{F\sim}} = \frac{U_{\sim}}{\pi/2 \quad \sqrt{2}} = \frac{\alpha}{1.11} = 0.9\alpha$$

2)根据 $\overline{U}_{任意}$ 和该波形的波形因数(用 $K_{F任意}$ 表示,对常见波形,可通过查表 4-2 得到),可计算出有效值为

$$U_{任意} = K_{F任意}\overline{U}_{任意} = K_{F任意} \times 0.9\alpha \tag{4-14}$$

实际上,上面的步骤过程可用下式描述:

$$U_{任意} = K_{F任意}\overline{U}_{任意} = K_{F任意}\overline{U_{\sim}} = K_{F任意}\frac{U_{\sim}}{K_{F\sim}} = S_F\alpha \tag{4-15}$$

$$S_F = \frac{K_{F任意}}{K_{F\sim}} = \frac{K_{F任意}}{1.11} = 0.9 \, K_{F任意}$$

式(4-15)表明,对任意波形,欲从平均值电压表读数 α 得到有效值,需将 α 乘以因子 S_F。若式中的任意波为正弦波,则 $S_F = 1$,读数 α 即为正弦波的有效值。

(2)平均值表读数未经换算的波形误差 由式(4-15),若将读数 α 直接作为有效值,产生的误差为

$$\gamma = \frac{\alpha - K_F \times 0.9\alpha}{K_F \times 0.9\alpha} = \frac{1 - K_F \times 0.9}{K_F \times 0.9} = \frac{1.11}{K_F} - 1 \tag{4-16}$$

式(4-16)称为平均值电压表的波形误差。

【例 4-2】 用具有正弦有效值刻度的平均值电压表测量一个方波电压,读数为 1.0V,问该方波电压的有效值为多少?

解:根据上述平均值电压表的刻度特性,由读数 $\alpha = 1.0$V,相当于输入正弦波时,该正弦波有效值 $U_{\sim} = \alpha = 1.0$V,其平均值为 $\overline{U_{\sim}} = 0.9\alpha = 0.9$V;

将具有同样平均值的方波电压引入电压表输入,即方波平均值 $\overline{U} = \overline{U_{\sim}} = 0.9$V;

由表 4-2 可知,方波的波形因数 $K_F = 1$,则该方波的有效值为 $U = K_F\overline{U} = 0.9$V。

也可简单地直接代入读数 α 和波形因数到式(4-15)得到有效值结果。另外,若读数不经过换算,而直接认为("当作")是有效值,由此产生的波形误差为

$$\gamma = \frac{1 - 0.9}{0.9} \times 100\% \approx 11\%$$

该波形误差是相当大的,但比峰值表的波形误差小,当然,这并不是平均值电压表本身的测量误差。

3. 有效值电压表的刻度特性和幅频响应误差

有效值电压表理论上不存在波形误差,即使对于非纯正弦波(失真的正弦波),读数值也为基波和各次谐波有效值的总和,即读数 $\alpha = kU = k \left(\sqrt{U_1^2 + U_2^2 + \cdots} \right)$,式中,$U_1$,$U_2$,…分别为基波和各次谐波有效值。即读数为真实有效值,与波形无关,所以也称为真有效值电压表。但是,实际有效值电压表将可能存在下面两个因素所引起的波形误差:首先,所有电子电路都存在有效的线性工作范围,对于波峰因数较大的交流电压波形,由于电路饱和使电压

表可能出现"削波"（可用"满度波峰因数"来描述电压表所能承受的输入信号最大允许波峰因数）；另一个因素是，所有电子电路都存在有效的工作带宽，因而，高于电压表有效带宽的波形分量将被抑制。这两种情况都将限制波形的有效成分，使这部分波形分量得不到有效响应，使读数值小于实际有效值。

【例 4-3】 设某有效值电压表带宽为 10MHz，用该电压表测量图 4-11 所示的重复频率为 1MHz 的方波电压，计算由电压表带宽引起的测量误差。

解：由"信号与系统"知识，对图 4-11 所示的方波进行傅里叶级数分解，可表示为

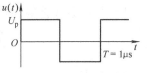

图 4-11　方波电压波形

$$u(t) = \frac{4}{\pi} U_\mathrm{p} \left(\sin\omega t + \frac{1}{3}\sin 3\omega t + \frac{1}{5}\sin 5\omega t + \cdots \right)$$

式中，ω 为基波角频率，$\omega = \frac{2\pi}{T} = 2\pi f_0$。可见，该方波电压由基波和各奇数谐波组成，而且，其高次谐波分量呈逐渐减小趋势。由"电路分析"知识，其有效值为

$$U = \frac{4}{\sqrt{2}\pi} U_\mathrm{p} \sqrt{1 + \left(\frac{1}{3}\right)^2 + \left(\frac{1}{5}\right)^2 + \cdots} = U_\mathrm{p}$$

该方波的基波频率 $f_0 = \frac{1}{T} = \frac{1}{1\mu s} = 1\mathrm{MHz}$，而测量所用有效值电压表带宽为 10MHz，由于电压表带宽有限，只有基波和 3～9 次奇数谐波才能通过，此时读数（有效值）为

$$U' = \frac{4}{\sqrt{2}\pi} U_\mathrm{p} \sqrt{1 + \left(\frac{1}{3}\right)^2 + \left(\frac{1}{5}\right)^2 + \left(\frac{1}{7}\right)^2 + \left(\frac{1}{9}\right)^2} \approx 0.98 U_\mathrm{p}$$

读数误差为

$$\gamma = \frac{\Delta U}{U} \times 100\% = \frac{U' - U}{U} \times 100\% \approx -2\%$$

4.2.5　交流电压的模拟式测量小结

采用模拟式交流电压表测量时，需根据被测信号的频率、灵敏度、应用场合等选用合适的仪器。模拟式交流电压表有很多种类型，其组成、性能、特点和用途各不相同。

虽然有效值电压表是真正测量电压有效值的电压表，对任意波形的电压均指示其有效值，不需换算，但需注意削波和带宽限制，它可能损失一部分被测信号的有效值，带来负的测量误差。另外，一般有效值表较为复杂，价格较贵，带宽有限，因而，通常进行交流电压测量时，还是选用峰值电压表或平均值电压表进行测量，通过换算得到有效值，简单而实用。这一方法也在噪声测量中得到应用。

峰值电压表通常作为检波 - 放大式电压表，其特点是峰值响应、频率范围较宽（达1000MHz），但灵敏度低（毫伏级）。如果测量非正弦形的交流电压，由峰值电压表得到的读数需根据波峰因数进行换算，才能得到被测电压的有效值。

平均值电压表通常作为放大 - 检波式电压表，其特点是平均值响应、灵敏度较高但频率范围较小（一般小于 10MHz），主要用于低频和视频场合。由平均值电压表得到的读数需根据波形因数进行换算，才能得到有效值。

选频电平表的信号通道内包括多级混频和窄带中频放大，其增益、选择性和灵敏度可以做得很高，能够测量高频的微弱信号。

4.3　电压的数字化测量

4.3.1　电压 – 数字转换的原理和分类

电压数字化测量的基本原理是对被测电压进行模 – 数（A – D）转换，其结果用数字直接显示出来。电压数字化测量的核心是电压 – 数字转换。

1. A – D 转换的基本原理

（1）A – D 转换过程　电压通常是模拟量，连续变化的模拟信号转换成数字信号，通常包含以下过程：

1）取样：将模拟信号按一定的时间间隔抽样，变成离散的模拟信号，即时间上离散而幅值上连续的信号。通过取样，首先对模拟信号实现时间分割。

2）量化：将取样出的幅值（连续量）进行整量化处理，即用一个标准的量化单位去与取样值进行比较，看大体上能分割出多少个量化单位。整量化后的取样值即是原模拟量转换来的数字量。量化实现了模拟信号的数值分割。

3）编码：为了便于数据的传输、处理和存储，数字量还常常需要进行适当的编码，即用适当的数字信号及其组合码来表示数字量。常用的数码有二进制编码、BCD 编码等。

（2）直流电压数字化的基本原理

1）量化。对直流电压进行量化的基本原理是，把被转换的电压 U_x 与作为量化单位的标准电压 U_0 进行比较，取其整量化的数字 N，即

$$N = \left[\frac{U_x}{U_0}\right] \tag{4-17}$$

式中，U_x 为被转换的直流电压；U_0 为量化单位电压；[ ]表示取整操作；N 为取整数的数字量。

2）编码。电压 – 数字转换常常是把直流电压 U_x 与某一基准电压 U_r 进行比较，其结果可编码成二进制数（2 的降幂级数），即

$$\frac{U_x}{U_r} = \frac{D_1}{2} + \frac{D_2}{2^2} + \cdots + \frac{D_n}{2^n} + \frac{D_{n+1}}{2^{n+1}} + \cdots$$

式中，$D_1 \sim D_{n+1}$ 为二进制数码（0 或 1）。

如果只限 n 位数字的转换，是以 $U_r/2^n$ 作为整量化的单位，则上式改写为

$$U_x = \frac{U_r}{2^n}(D_1 2^{n-1} + D_2 2^{n-2} + \cdots + D_n + D_{n+1} 2^{-1} + \cdots) \tag{4-18}$$

n 位字长的 A – D 转换的结果（数字量 N）中，只取整数、不取小数，即忽略式（4-18）中 D_{n+1}，D_{n+2}，…等小数项，则近似有

$$U_x \approx \frac{U_r}{2^n}(D_1 2^{n-1} + D_2 2^{n-2} + \cdots + D_n) = U_0 N \tag{4-19}$$

式中，U_0 为直流电压的量化单位，且 $U_0 = U_r/2^n$；N 为取整后的 n 位数字量，且 $N = \sum_{i=1}^{n} D_i 2^{n-i}$，其中 D_i 取 0 或 1。

U_x 与 NU_0 之差称为量化误差，它小于量化单位值 U_0，即

$$\left|U_x - \left(N\frac{U_r}{2^n}\right)\right| \leq \frac{U_r}{2^n}$$

2. A-D转换器的分类

（1）按工作原理分类　A-D转换器（ADC）按其基本工作原理可分为间接比较式和直接比较式两大类，见表4-3。

表4-3　A-D转换器的分类

积分式 （间接式）	$V-T$转换式	斜坡式、双斜式、三斜式、四斜式、多斜式
	$V-F$转换式	电荷平衡式、复零式、交替积分式
比较式 （直接式）	反馈比较式（闭环式）	逐次比较式、计数比较式、跟踪比较式、余数循环式
	无反馈比较式（开环式）	并联比较式、串联比较式、串并联比较式

1）积分式A-D转换器是一种间接式转换器，其工作原理是，先用积分器把输入模拟电压转换成某中间量（如时间或频率），然后再把中间量（仍是模拟量）转换成数字量。根据中间量的不同，积分式电压-数字转换器又可分为$V-T$（电压-时间）式和$V-F$（电压-频率）式两种。

①$V-T$转换式的工作原理是利用积分器产生与输入模拟电压V成比例的时间T，并用T作为开门时间，对标准的时钟脉冲进行计数，从而完成模-数转换。属于这种类型的有斜坡式、双斜式，以及双斜式的各种变形（三斜式、四斜式、多斜式）等。

②$V-F$转换式的工作原理是利用积分器产生与输入模拟电压V成比例的脉冲频率F，并且在给定的时间T_0内对此脉冲进行计数，从而实现模-数转换。属于这种类型的有电荷平衡式、复零式、交替积分式等。

2）比较式A-D转换器是采用输入模拟电压与基准电压进行比较的办法，把模拟电压直接转换为数字量，故比较式是一种直接转换式。在比较式中，按其工作原理又可分为反馈比较式（闭环式）和无反馈比较式（开环式）两种。

①反馈比较式A-D转换器是一个闭环负反馈比较系统，其内部有一个D-A（数-模）转换器。输入模拟电压与D-A转换器的输出进行比较，比较的结果再反馈回去，调整D-A转换器的输出，使之等于输入模拟电压，从而实现电压-数字转换。属于这类的有计数比较式、跟踪比较式、逐次比较式和余数循环式等。

②无反馈比较式A-D转换器是一个开环无反馈比较系统，它按分辨力的要求划分出若干比较阈值电平，与输入模拟电压进行比较，以实现电压-数字转换。属于这类的有并联比较式、串联比较式和串并联比较式等。

从其工作原理来看，比较式A-D转换器类似于天平，而积分式电压-数字转换器类似于弹簧秤。

在高精度数字电压表中常采用复合式A-D转换器，它把比较式和积分式结合起来，取长补短。属于这类的有$V-F$比较式和$V-T$比较式等。

（2）按转换速度分类　电压-数字转换器可分为低速型（转换时间大于1ms）、中速型（转换时间在$1\mu s \sim 1ms$以内）和高速型（转换时间小于$1\mu s$）三种。

低速型电压-数字转换器主要采用积分式；中速型电压-数字转换器主要采用比较式中的逐次比较式；高速型电压-数字转换器大多采用比较式中的并联比较式和串并联比较式。

（3）按响应特性分类　按响应特性分，电压-数字转换器可分为平均值响应和瞬时响应两种。一般说来，积分式电压-数字转换器为平均值响应特性，比较式电压-数字转换器为瞬时值响应特性。

数字电压表主要采用各类低、中速型电压-数字转换器，数字示波器主要采用高速型电压-数字转换器。本章将介绍几种常见的低、中速的电压-数字转换器。

4.3.2 A－D 转换器的原理

A－D 转换器是数字电压表的核心，它决定了数字电压表的主要性能指标。不同 A－D 转换器具有不同的工作原理和不同的特性，对于高档数字电压表，有时还采用几种 A－D 转换器原理相结合的办法进行特别设计。本节将介绍最具代表性的逐次比较式和双积分式 ADC 的工作原理。

1. 逐次逼近比较式 ADC

逐次逼近比较式 ADC 的基本原理是将被测电压 U_x 和一可变的基准电压进行逐次比较，最终逼近被测电压，即采用的是一种"对分搜索"的策略、逐步缩小 U_x 未知范围的办法。下面说明搜索和逼近过程。

首先，假设基准电压为 $U_r = 8V$，为便于对分搜索，将 U_r 按二进制规则划分成一系列的不同的标准值。即 U_r 用下式表示：

$$U_r = \frac{1}{2}U_r + \frac{1}{4}U_r + \frac{1}{8}U_r + \frac{1}{16}U_r + \cdots + \frac{1}{2^n}U_r + \cdots$$
$$= 4V + 2V + 1V + 0.5V + 0.25V + 0.125V + \cdots$$
$$= 8V$$

上式表示，若把 U_r 不断细分（每次取上一次的一半）到足够小的量，便可无限逼近，当只取有限项时，则项数决定了其逼近的程度。例如上式中只取前 4 项，即进行 4 位逼近，则

$$U_r = 4V + 2V + 1V + 0.5V = 7.5V$$

其逼近的最大误差为 7.5V － 8V ＝ － 0.5V，绝对误差相当于最后一项的值。

现假设有一被测电压 $U_x = 6.7V$，若用上面表示 U_r 的前 4 项 $U_{r1} = \frac{1}{2}U_r = 4V$、$U_{r2} = \frac{1}{4}U_s = 2V$、$U_{r3} = \frac{1}{8}U_r = 1V$、$U_{r4} = \frac{1}{16}U_r = 0.5V$ 来"凑试"，其中第一项 U_{r1} 为最高有效位（MSB），第四项 U_{r4} 为最低有效位（LSB），要逼近 U_x，则对分搜索的步骤如下：

1）令 $U_r = U_{r1} = 4V$，与 U_x 比较，由于 4V ＜ 6.7V，则保留 U_{r1}，并记为数字"1"。

2）令 $U_r = U_{r1} + U_{r2}$，此时 4V ＋ 2V ＝ 6V ＜ 6.7V，则保留 U_{r2}，记为数字"1"。

3）令 $U_r = U_{r1} + U_{r2} + U_{r3}$，此时 4V ＋ 2V ＋ 1V ＝ 7V ＞ 6.7V，则应去掉 U_{r3}，记为数字"0"。

4）令 $U_r = U_{r1} + U_{r2} + U_{r4}$，此时 4V ＋ 2V ＋ 0.5V ＝ 6.5V ＜ 6.7V，则保留 U_{r4}，记为数字"1"。

从上面的逐次逼近过程可知，从大到小逐次取出 U_r 的各分项值，按照"大者去，小者留"的原则，直至得到最后逼近结果，其数字表示为"1101"。比较过程如图 4-12 所示。

根据上面的逼近过程，逼近结果与 U_x 的误差为 6.5V － 6.7V ＝ － 0.2V，显然，当 $U_x ＝ (6.5 \sim 7.0) V$ 时，采用上面 U_r 的 4 个分项逼近的结果相同，均为 6.5V，其最大误差为 $\Delta U_x = 0.5V$，相当于 U_r 最后一个分项值（即最低有效位 LSB）。这种逼近误差是由于采用有限位数的数字量来表示一个模拟量而造成的，它是所有数字仪器都有的一种误差，称为"量化误差"。显然，

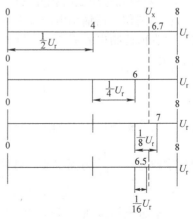

图 4-12 4 位逐次比较过程
（$U_x = 6.7V$，$U_r = 8V$）

上述逼近过程中的 U_r 分项数越多，则逼近结果越接近 U_x，即量化误差越小。

上述逐次逼近比较式的 A – D 转换过程，类似于天平称重的过程。U_r 的各分项相当于提供的有限个数的"电子砝码"，而 U_x 是被称量的电压量。逐步地添加或移去电子砝码的过程完全类同于称重中的加减砝码的过程，而称重结果的精度取决于所用的最小砝码。

图 4-13 所示为逐次逼近比较式 ADC 原理框图。图中逐次逼近移位寄存器（Successive Approximation Register，SAR）为在时钟 CLK 作用下，每次进行一次移位，其输入为比较器的输出（0 或 1），而其输出（数字量）将送到 D – A 转换器，D – A 转换结果再与 U_x 比较。D – A 转换器的位数 n 与 SAR 的位数相同，也就是 A – D 转换器

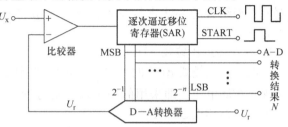

图 4-13　逐次逼近比较式 ADC 原理框图

的位数，SAR 的最后输出即是 A – D 转换结果，用数字量 N 表示，并有

$$U_x = \frac{U_r}{2^n} N = eN, \; e = \frac{U_r}{2^n} \tag{4-20}$$

式中，e 为定值，称为 A – D 转换器的刻度系数，单位为"V/字"，即表示 A – D 转换结果的每个"字"（N 的单位数字，1LSB）代表的电压量。

如上面 $U_x = 6.7\text{V}$，$U_r = 8\text{V}$，当用 U_r 的 4 个分项逼近时（相当于 4 位 A – D 转换器），A – D 转换的结果为 $N = (1101)_2 = 13$，即 $U_x = \frac{8\text{V}}{2^4} \times (1101)_2 = 6.5\text{V}$。

单片集成化的逐次比较式 ADC，分辨力一般有 8 ~ 16 位，转换速率有几十千赫至几兆赫。

2. 双积分式 ADC

双积分式 ADC 原理是通过两次积分过程，即通过"对被测电压的定时积分和对参考电压的定值积分"的采集和比较过程，得到被测电压值。图 4-14 所示为双积分式 ADC 的原理框图和积分波形，它包括积分器、过零比较器、计数器及逻辑控制电路。其工作过程如下：

1) 复零阶段（$t_0 \sim t_1$）。在 T_0 时间内，开关 S_2 接通，积分电容 C 短接，使积分器输出电压 u_o 为零（$u_o = 0$）。

2) 对被测电压定时积分（$t_1 \sim t_2$）。在 t_1 时刻，开关 S_2 断开，S_1 接通被测电压 U_x。若 U_x 为正，则积分器输出电压 u_o 从零开始线性地负向增长，经过规定的时间 T_1，即到达 t_2 时刻，由逻辑控制电路控制 S_1 与 U_x 断开，结束本次积分，此时，积分器输出 u_o 达到最大 U_{om}，有

$$U_{om} = -\frac{1}{RC} \int_{t_1}^{t_2} U_x \mathrm{d}t = -\frac{T_1}{RC} \overline{U_x} = K \overline{U_x} \tag{4-21}$$

式中，$\overline{U_x}$ 为被测电压 U_x 在积分时间 T_1 内的平均值，$\overline{U_x} = \frac{1}{T_1} \int_0^{T_1} U_x \mathrm{d}t$，积分时间 T_1 为定值，积分增益 $K = -\frac{T_1}{RC}$ 为固定值。可见，U_{om} 与 U_x 的平均值 $\overline{U_x}$ 成正比，其倍率为 K。

3) 对参考电压反向定值积分（$t_2 \sim t_3$）。在 t_2 时刻，S_2 仍断开，开关 S_1 与被测电压断开，与参考电压接通。若被测电压为正，则开关 S_1 接通负的参考电压 $-U_r$，则积分器进行 $-U_r$ 的反向积分，其输出电压 u_o 从 U_{om} 开始线性地正向增长，设 t_3 时刻到达零点，过零比较器翻转，经历的反向积分时间为 T_2，则有

$$0 = U_{om} - \frac{1}{RC}\int_{t_2}^{t_3}(-U_r)\mathrm{d}t = U_{om} + \frac{T_2}{RC}U_r \qquad (4\text{-}22)$$

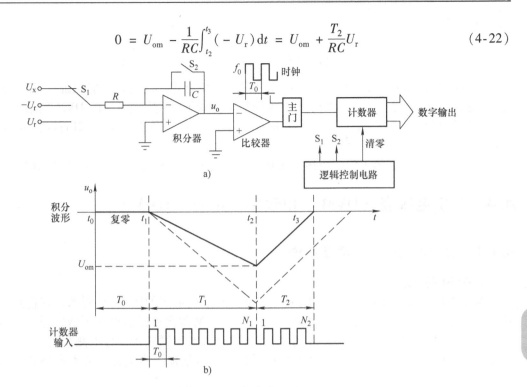

图 4-14　双积分式 ADC

a) 原理框图　　b) 积分波形

将式（4-21）代入式（4-22），可得

$$\overline{U_x} = \frac{T_2}{T_1}U_r \qquad (4\text{-}23)$$

由于 T_1、T_2 是通过对同一时钟信号计数得到，设计数值分别为 N_1、N_2，即 $T_1 = N_1 T_0$，$T_2 = N_2 T_0$，于是式（4-23）可写成

$$\overline{U_x} = \frac{N_2}{N_1}U_r = eN_2, \qquad e = \frac{U_r}{N_1} \qquad (4\text{-}24)$$

$$或\quad N_2 = \frac{N_1}{U_r}\overline{U_x} = \frac{1}{e}\overline{U_x} \qquad (4\text{-}25)$$

式中，e 为刻度系数（V/字）；N_2 是计数器在参考电压反向积分时对时钟信号的计数值，数字量 N_2 即为被测电压 $\overline{U_x}$ 的 A - D 转换结果。

双积分 ADC 能测量双极性电压，内部的极性检测电路根据被测电压 U_x 的极性，确定所需的反向积分时参考电压的极性（与被测电压极性相反）。

双积分式 ADC 基于 V - T 变换的比较测量原理，它具有如下特点：

1）积分器的 R、C 元件及时钟频率对 A - D 转换结果不会产生影响，因而对元件参数的精度和稳定性要求不高。

2）参考电压 U_r 的精度和稳定性直接影响 A - D 转换结果，故需采用精密基准电压源。例如，一个 16bit 的 A - D 转换器，其分辨率 $1\mathrm{LSB} = 1/2^{16} = 1/65536 \approx 15 \times 10^{-6}$，那么，要求基准电压源的稳定性（主要为温度漂移）优于 15×10^{-6}（即百万分之十五），即 $15 \times 10^{-4}\%$。

3）具有较好的抗干扰能力，因为积分器响应的是输入电压的平均值［见式（4-21）］。假设被测直流电压 U_x 上叠加有干扰信号 u_{sm}，即输入电压为 $U_x + u_{sm}$，则 T_1 阶段结束时积分

器的输出为

$$U_{om} = -\frac{1}{RC}\int_{t_1}^{t_2}(U_x + u_{sm})\mathrm{d}t = -\frac{T_1}{RC}\overline{U_x} - \frac{T_1}{RC}\overline{u_{sm}} \qquad (4-26)$$

式（4-26）说明，干扰信号的影响也是以平均值方式作用的，若能保证在 T_1 积分时间内，干扰信号的平均值为零，则可大大减少甚至消除干扰信号的影响。DVM 的最大干扰来自于电网的 50Hz 工频电压（周期为 20ms），因此，一般选择 T_1 时间为 20ms 的整数倍，以抑制工频电压干扰。

双积分式 ADC 获得了广泛应用，市场上已有许多单片集成 ADC 芯片可供选用。

4.4 数字电压表（DVM）和数字多用表（DMM）

4.4.1 数字电压表的组成及结构

1. DVM 的组成

数字电压表（Digital Voltage Meter，DVM）的组成框图如图 4-15 所示，它包括模拟和数字两部分，其核心部件是 A - D 转换器。A - D 转换器实现模拟电压到数字量的转换，使电压测量结果可直接用数字显示。为适应不同的量程及不同输入信号的测量需要，A - D 转换器的输入前端一般都有输入电路进行信号调理，包括输入衰减器、放大电路或输入变换电路。

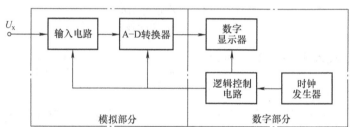

图 4-15 DVM 的组成框图

直流 DVM 主要测量的是直流或慢速变化的电压，通常采用低速的积分式 A - D 转换器。

2. DVM 的结构

图 4-16 所示为双积分式 DVM 的整机结构，为了抑制共模干扰，DVM 在整机的结构工艺上采取了双层屏蔽和高度隔离的措施。其做法如下：

1）DVM 的整机结构分为内层和外层两大部分。内层主要是模拟电路，包括衰减器、放大器、积分式 A - D 转换器（积分器、比较器）以及内层逻辑等；外层是数字电路，包括计数器、显示器及外层逻辑电路等；内外层的分界线是内屏蔽盒，内屏蔽盒与外屏蔽盒（机壳）之间是高度绝缘的。

DVM 的模拟电路部分浮置在内屏蔽盒内（即与内屏蔽盒之间是高度绝缘的），数字电路在内屏蔽盒外，它与内屏蔽盒也是高度绝缘的，数字电路的地线一般是与机壳连接在一起的。

模拟（内层）电路与数字（外层）电路之间是通过脉冲变压器或光电耦合器传递信号的，即它们之间只有磁或光的耦合，而无电气通路，以确保模拟地与外壳之间的高度绝缘。

2）由于模拟电路与数字电路为两个分离的地线，故应有两套独立的电源系统。

由于机壳接地，电源变压器一次绕组经过电网也接地，又由于模拟部分的电源与电源变压器的二次绕组相接，这样机壳与模拟部分的漏阻抗 Z_0 主要取决于电源变压器一次、二次

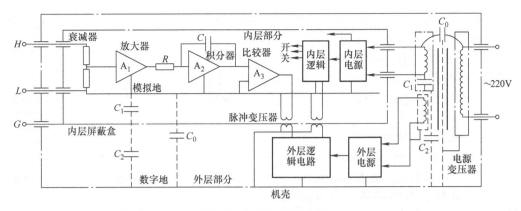

图 4-16 DVM 的整机结构

绕组之间的寄生电容和绝缘电阻。为了提高交流共模抑制比，应当尽量减少这个寄生电容，为此电源变压器采用了特殊的超级屏蔽工艺，对一次、二次绕组分别屏蔽（一次绕组的屏蔽连接机壳，二次绕组的屏蔽连到内屏蔽盒），因而使模拟地与数字地之间的直接电容性耦合大大减弱了（C_0 可以减少到 1pF 以下），如图 4-16 所示。此外，变压器层间的隔离使用高绝缘材料聚四氟乙烯薄膜，变压器一次、二次绕组用硅橡胶灌注。这些措施可使变压器绕组间绝缘电阻提高到 $10^{12}\Omega$ 以上，从而保证了模拟地与机壳间的高度绝缘，使 DVM 的共模抑制比大大提高（可到 140dB 以上）。

4.4.2 数字多用表的组成及结构

1. DMM 的组成

数字多用表（Digital Multimeter，DMM）是具有测量直流电压、直流电流、交流电压、交流电流及电阻等多种功能的数字测量仪器。

数字多用表以测量直流电压的直流数字电压表（DVM）为基础，并通过交流 – 直流电压（AC – DC）变换器、电流 – 直流电压（$I - V$）变换器、阻抗 – 直流电压（$Z - V$）变换器，把交流电压、电流和电阻转换成直流电压，实现多种参数的测量。DMM 的组成框图如图 4-17 所示。

（1）AC – DC 变换 交流电压的测量主要是对表征交流电压的参数（包括有效值、峰值、平均

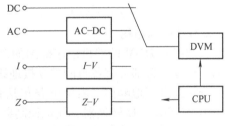

图 4-17 DMM 的组成框图

值等）进行测量，在前面 4.2.2 节已经介绍了有效值、峰值、平均值的检波原理和方法（即 AC – DC 变换），这里不再讨论。

（2）$I - V$ 变换 基于欧姆定律即可实现电流 – 电压（$I - V$）变换，将被测电流通过一个已知的取样电阻，通过测量取样电阻两端的电压，即可得到被测电流。为了实现不同量程的电流测量，可以选择不同的取样电阻，如图 4-18 所示。图中，假如变换后采用的电压量程为 200mV，则通过量程开关选择取样电阻值分别为 $1k\Omega$、100Ω、10Ω、1Ω、0.1Ω，便可测量 $200\mu A$、2mA、20mA、200mA、2A 的满量程电流，这样，在电流各量程档都具有相同的电压输出。

图 4-18 所示的变换电路是将取样电阻串联到被测电路中，取样电阻上的电压输出将接到 DVM 的输入放大器，该电路适合于测量较大电流的情况。为测量小电流，可采用运算放大器构成的 $I - V$ 变换电路，将取样电阻接入 DVM 运算放大器的反馈回路中。

（3）$Z-V$变换　同样地，基于欧姆定律即可实现阻抗－电压（$Z-V$）变换。对于纯电阻，可用一个恒流源流过被测电阻，通过测量被测电阻两端的电压，即可得到被测电阻阻值。而对于电感、电容参数的测量，则需要采用交流参考电压，并将实部和虚部分离后分别测量。

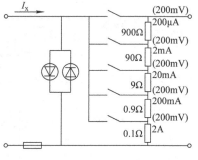

图 4-18　电流－电压（$I-V$）变换

图 4-19 所示为实现电阻－电压（$R-V$）变换的测量原理。其中，图 4-19a 直接通过恒流源 I_r 流过被测电阻 R_x，并对 R_x 两端的电压放大后送入 A－D 转换器。为了实现不同量程电阻的测量，要求恒流源可调。图4-19b 中，将被测电阻作为一个负反馈放大器的反馈电阻，使恒流源输出 I_r 流过一个已知的精密电阻，从而得到参考电压 U_r。从图中可得，放大器输出

$$U_o = -\frac{R_x}{R_1}U_r \text{ 或 } R_x = -\frac{U_o}{U_r}R_1 \tag{4-27}$$

如果将 U_o 作为 A－D 转换器的输入，并将 U_r 直接作为 A－D 转换器的参考电压，即可实现比例测量。

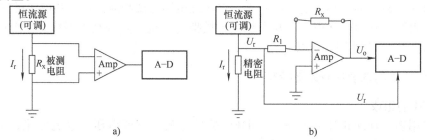

a)　　　　　　　　　　　　　　　b)

图 4-19　电阻－电压（$R-V$）变换的测量原理

a）基于 $R-V$ 变换的简单测量原理　b）通过 $R-V$ 变换的比例测量原理

2. DMM 的结构

某智能式 DMM 的整机组成框图如图 4-20 所示。它由内层模拟电路和外层数字电路两大部分构成。每部分有各自的独立接地线和电源系统，内层电路被保护，外层电路未保护，两部分彼此良好地隔离。内层电路包括输入/输出开关、DC 缓冲（放大）器、A－D 转换器、AC 转换器、Ω 转换器、模拟控制器等单元；外层电路由数字控制器、IEEE－488 接口，以及键盘与显示电路等单元构成。

该 DMM 采用微型计算机控制的总线结构，内层和外层是两个独立的微型计算机系统，分别叫模拟控制器和数字控制器。内层采用 MCS－51 单片机作模拟控制器，外层采用 ARM 嵌入式微处理器作数字控制器。就仪器的整体工作来说，ARM CPU 为主计算机，是接地系统；MCS－51 单片机为从计算机，是浮地系统。ARM CPU 执行仪器的监控主程序，管理键盘、显示器、IEEE－488 接口和内层的串行通信口等部件，执行运算程序，完成相应的数据处理功能。

该 DMM 的工作过程是：ARM CPU 将键盘（本控）或 IEEE－488 接口（远控）输入的命令或数据存放在 RAM 中，并经异步串行通信口送往内层控制器。MCS－51 单片机根据送来的功能、量程等信息，控制内层的输入/输出开关和各个测量电路（DC 缓冲器、AC 转换器和 Ω 转换器）的量程开关，因而确定了内层电路所完成的功能和选用的量程。DMM 能直接测量直流电压（DC）、交流电压（AC）、交直流电流（AC＋DC）、电阻（二线式和四线式）和电导（电阻的倒数）。

116

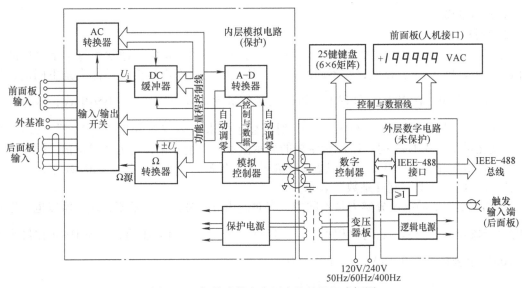

图 4-20　智能式数字多用表的整机组成框图

在直流电压测量时，被测直流电压 U_i 经输入/输出开关板的切换，通过 DC 缓冲（放大）器进入 A – D 转换器。MCS – 51 单片机控制 DC 缓冲（放大）器的校零和 A – D 转换器的操作，A – D 转换器输出的数字量，再经异步串行口送到外层，存入 RAM 中。如有运算处理，则经 ARM CPU 运算后再送显示器或 IEEE – 488 接口输出；如无运算处理，则直接将数字显示或送至接口。

在进行交流电压或电阻测量时，先经 AC 或 Ω 转换器变成直流电压后，再送入 DC 缓冲（放大）器。余下工作过程与直流方式相同。

量程可手动或自动选择。当测量功能和量程选定后，仪器可根据最佳测量精度的要求由程序自动选取读数速率和滤波时间，同时，也可由手控选择其他的数值。多种数学程序能对测量数据进行较复杂的处理（例如计算峰峰值、百分比偏差、上升时间等）。配置选件后，除了能进行电压和电阻的基本测量外，还能进行电压比、dB 值和温度等多种测量。触发方式有内触发、外触发、手控触发和程控触发（通过 IEEE – 488 接口）等。

4.4.3　数字电压表和数字多用表的主要性能指标

1. 显示位数

DVM 数字显示的显示位数反映了测量结果的有效数字位数，显示位数的多少决定于 DVM 的分辨力，这是由于其最低位与当前量程的分辨力有关。DVM 的显示位分为完整显示位和非完整显示位。一般的显示位均能够完整地显示 0 ~ 9 的数字，而在最高位上，由于划分量程的需要可以采用只能显示 0 和 1 的非完整显示位，俗称半位。例如 4 位显示即是指 DVM 具有 4 位完整显示位，其最大显示数字为 9999，而 $4\frac{1}{2}$ 位（四位半）指 DVM 具有 4 位完整显示位和 1 位非完整显示位，其最大显示数字为 19999。

2. 量程

DVM 的量程按输入被测电压范围划分，分为基本量程和扩展量程。DVM 的基本量程由 A – D 转换器的输入电压范围确定。在基本量程上，输入电路不需对被测电压进行放大或衰减便可直接进行 A – D 转换。DVM 在基本量程基础上，再通过输入电路对输入电压按 10 倍放大或衰减，扩展出其他量程。例如，基本量程为 5V 的 DVM，可扩展出 50mV、500mV、5V、50V、500V 五档量程；基本量程为 2V 的 DVM，则可扩展出 200mV、2V、20V、200V、

1000V 五档量程。

3. 分辨力

分辨力指 DVM 能够分辨最小电压变化量的能力，在 DVM 中，通常用每个字对应的电压值来表示，即 V/字。显然，在不同的量程上能分辨的最小电压变化的能力是不同的，例如 $3\frac{1}{2}$ 位的 DVM，在 200mV 量程上，可以测量的最大输入电压 U_x 为 199.9mV，其分辨力为 0.1mV/字，即当输入电压变化 0.1mV 时，显示的末尾数字将变化"1 个字"。或者说，当 U_x 变化量小于 0.1mV 时，则测量结果的显示值不会发生变化，而为使显示值"跳变 1 个字"，所需电压变化量为 0.1mV。其在 2V 量程上，分辨力为 1mV/字。在 DVM 中，每个字对应的电压量也可用"刻度系数"表示。

由于各量程下的电压分辨力是不同的，有时候用电压分辨力表示不方便，所以也可用相对的百分数表示分辨率，它与量程无关，表述比较简便。例如上述的 $3\frac{1}{2}$ 位 DVM 在最小量程 200mV 上分辨力为 0.1mV，则分辨率为

$$\frac{0.1\text{mV}}{200\text{mV}} \times 100\% = 0.05\%$$

上述结果也可直接从显示位数求得。例如，最大显示 1999 的 DVM（共 2000 个字），分辨率为

$$\frac{1}{2000} \times 100\% = 0.05\%$$

4. 测量精度

DVM 的测量精度通常用固有误差表示，即

$$\Delta U = \pm\ (\alpha\% U_x + \beta\% U_m) \tag{4-28}$$

示值（读数）相对误差为

$$\gamma = \frac{\Delta U}{U_x} = \pm\left(\alpha\% + \beta\%\frac{U_m}{U_x}\right) \tag{4-29}$$

式中，U_x 为被测电压的读数；U_m 为该量程的满度值（Full Scale，FS）；α 为误差的相对项系数；β 为误差的固定项系数。

式（4-28）的 ΔU 由两部分构成，$\pm\alpha\% U_x$ 称为读数误差，$\pm\beta\% U_m$ 称为满度误差。

1）读数误差项与当前读数有关，它主要包括 DVM 的刻度系数误差和非线性误差。刻度系数理论上是常数，但由于 DVM 输入电路的传输系数（如放大器增益）的漂移，以及 A – D 转换器采用的参考电压的不稳定性，都将引起刻度系数误差。非线性误差则主要由输入电路和 A – D 转换器的非线性引起。

2）满度误差项与读数无关，只与当前选用的量程有关。由式（4-28）可见，它是当 $U_x = 0$ 时所产生的误差，$\Delta U = \beta\% U_m$，故也称零点误差。它主要由 A – D 转换器的量化误差、DVM 内部电路的零点漂移、内部噪声等引起。因此，有时将 $\pm\beta\% U_m$ 等效为"$\pm n$ 字"的电压值表示，即

$$\Delta U = \pm\ (\alpha\% U_x + n\ \text{字}) \tag{4-30}$$

【例 4-4】 某台 $4\frac{1}{2}$ 位 DVM，说明书给出基本量程为 2V，$\Delta U = \pm\ (0.01\%\ \text{读数} + 1\ \text{字})$，显然，在 2V 量程上，1 字 = 0.1mV，由 $\beta\% U_m = \beta\% \times 2\text{V} = 0.1\text{mV}$ 可知 $\beta\% = 0.005\%$，因此，ΔU 表达式中"1 字"的满度误差项与"0.005% U_m"的表示是完全等价的。该 DVM 的相对误差可表示为 $\gamma = \pm\left(0.01\% + 0.005\%\frac{U_m}{U_x}\right)$。

当被测量（读数值）很小时，满度误差起主要作用，当被测量较大时，读数误差起主

要作用。为减小满度误差的影响，应合理选择量程，尽量使被测量大于满量程的 2/3 以上。

5. 测量速度

DVM 的测量速度用每秒钟完成的测量次数来表示。它直接取决于 A－D 转换器的转换速度，一般低速高精度的 DVM 测量速度在几次每秒至几十次每秒。

6. 输入特性

1）输入阻抗。输入阻抗宜越大越好，否则将对测量精度产生影响。对于直流 DVM，输入阻抗用输入电阻表示，一般在 $10 \sim 1000\text{M}\Omega$ 之间。对于交流 DVM，输入阻抗用输入电阻和并联电容表示，电容值一般在几十至几百皮法之间。

2）零电流 I_0。零电流是指由仪器内部产生的并表现于输入端的电流，如放大器的偏置电流等。它的大小要随温度等而变化，而与被测信号大小无关。

7. 抗干扰特性

在实际测量中，DVM 经常受到各种干扰，其中最主要的是电网工频干扰。按干扰源在测量输入端的作用方式，可分为串模干扰和共模干扰。

1）串模干扰。串模干扰是指叠加于被测信号上的交变干扰电压。DVM 对串模干扰的抑制能力用串模抑制比 *NMR*（dB 值）表示，有

$$NMR = 20\lg \frac{U_\text{n}}{u_\text{nmax}} \tag{4-31}$$

式中，U_n 为干扰电压的幅度值；$\bar{u}_\text{nmax}$ 为干扰电压引起的最大测量误差。

2）共模干扰。共模干扰是指同时作用于 DVM 输入高端和低端引线上的干扰，其干扰源可能是直流电压或者交流电压。DVM 对共模干扰的抑制能力用共模抑制比 *CMR*（dB 值）表示，有

$$CMR = 20\lg \frac{U_\text{cm}}{U_\text{cn}} \tag{4-32}$$

式中，U_cm 为共模干扰电压；U_cn 为共模电压 U_cm 在高、低输入端产生的等效串模电压。

4.5　数字电压表的误差分析及自动校准技术

数字电压表（DVM）和数字多用表（DMM）是常用的电压测量仪器，分析 DVM 和 DMM 在电压测量中的误差来源、误差表示和减小测量误差的方法是非常重要的。本节将在 DVM 的误差分析基础上，阐述 DVM 的自动校准和自动量程转换技术，深入地讨论 DVM 的工作特性，这些在 DVM 的设计及应用中都会有较大的参考价值。

4.5.1　数字电压表的误差分析

下面以双积分式 A－D 转换器构成的 DVM 为例来分析 DVM 的误差。

1. DVM 误差来源

DVM 主要由输入通道电路（包括模拟开关、输入衰减/放大器）和双积分式 A－D 转换器及计数器和相应的控制电路组成（见图 4-14 和图 4-16），这里通常可以不考虑计数器和控制电路引入的误差，只考虑由输入通道电路和 A－D 转换器的各个组成部件引入的误差。这些误差的来源如下：

1）积分器误差。首先，考虑积分器的输入失调电压 U_os 和输入偏置电流 I_B 引起的误差。分析表明，U_os 和 I_B 使实际积分器的输出偏离零点，并改变了积分器输出斜率。

2）比较器误差。如前面双积分式 A－D 转换器原理所述，基于比较测量原理的比较器的

灵敏度（电压分辨力）和响应带宽（时间分辨力）不足将直接对 A – D 转换结果产生影响。

3）基准电压源误差。实现 A – D 转换的基本原理仍是基于比较测量方法，因此，作为比较的基准电压（参考电压）的误差将直接引起 A – D 转换的误差。

4）模拟开关误差。实际的模拟开关（电子开关）并不具有理想的开关特性（导通电阻为零，断开电阻为无穷大或漏电流为零），它总存在一定的导通电阻（接通时）及漏电流（断开时），因此，会引起开关误差。

5）输入衰减/放大器误差。DVM 为扩大测量范围，输入端都有衰减器和放大器，其衰减或放大的倍率与量程对应，一般按 10 的倍率变化。非理想的输入衰减/放大器的零点漂移、增益误差、响应带宽的影响，以及输入阻抗对输入信号的影响，输出阻抗对后续电路的影响等，都将引入 DVM 的测量误差。

6）A – D 转换器的量化误差。A – D 转换器用有限位数的输出数字量来表示模拟电压信号，因而不可避免地存在"截断误差"，称为 A – D 转换器的量化误差。量化误差最大为 1LSB，相当于一个量化阶梯，显然，A – D 转换器的位数越多，量化误差越小。

2. DVM 的误差表达式

DVM 的总体误差可分为固有误差和附加误差。固有误差是在一定测量条件下 DVM 本身所固有的，它反映了 DVM 的基本性能指标；附加误差指测量环境的变化（如温度漂移）和测量条件（如被测电压的等效信号源内阻）所引起的测量误差。

（1）固有误差　如前所述，DVM 的固有误差由读数误差和满度误差两部分构成，如式（4-28）和式（4-29）所示，它也是 DVM 说明书用于表示 DVM 性能指标的常用形式。

固有误差中的读数误差与被测电压大小有关，它包括转换误差（或称为刻度误差）和非线性误差；满度误差与被测电压大小无关，它是被测电压为零时的固有误差，也称零点误差，它主要由系统漂移引起。两项误差分析如下：

1）DVM 工作特性的理想表达式。从输入衰减/放大器（设传递系数分别为 k_1 和 k_2）到 A – D 转换器（设传递系数为 k_3）的转换特性，将 DVM 的输入 U_x 到输出 U_o 视为一个由 $k_1 \sim k_3$ 的多级级联系统，则

$$U_o = (k_1 k_2 k_3) U_x = k U_x \tag{4-33}$$

式中，k 表示了 DVM 的"转换系数"，$k = k_1 k_2 k_3$。

假设输出 U_o 的最小量化单位为 U_s，则对式（4-33）的 U_o 取整后的输出数字量 N 为

$$N = \left[\frac{U_o}{U_s} \right] = \left[\frac{k U_x}{U_s} \right] \tag{4-34}$$

2）DVM 的转换误差。理论上，转换系数 k 应为固定的数值，但由于各部件的非理想特性，因此引入了测量误差。即式（4-33）中的 k 可表示为

$$k + \Delta k = (k_1 + \Delta k_1)(k_2 + \Delta k_2)(k_3 + \Delta k_3)$$
$$\Delta k \approx k_1 k_2 \Delta k_3 + k_1 k_3 \Delta k_2 + k_2 k_3 \Delta k_1 \tag{4-35a}$$

$$\frac{\Delta k}{k} = \frac{\Delta k_1}{k_1} + \frac{\Delta k_2}{k_2} + \frac{\Delta k_3}{k_3} \tag{4-35b}$$

k 的相对误差为各部件传递系数 $k_1 \sim k_3$ 的相对误差之和。

3）DVM 的满度误差。满度误差是由上述级联系统中各部件的漂移引起的，与输入电压无关。设输入为零（$U_x = 0$）时，上述各部件的输出电压不为零，其误差量分别为 ΔU_{o1}、ΔU_{o2}、ΔU_{o3}，把它们折合到总输入端（相对于被测量）的漂移误差量 ΔU 为

$$\Delta U = \frac{\Delta U_{o1}}{k_1} + \frac{\Delta U_{o2}}{k_1 k_2} + \frac{\Delta U_{o3}}{k_1 k_2 k_3} \tag{4-36}$$

4）DVM 的固有误差。固有误差同时考虑到转换系数误差和零点漂移（满度）误差，

式（4-34）的合成误差可表示为

$$N + \Delta N = \left[\frac{(k + \Delta k)(U_x + \Delta U)}{U_s + \Delta U_s} \right] = \left[\frac{kU_x}{U_s} \frac{\left(1 + \frac{\Delta k}{k}\right)\left(1 + \frac{\Delta u}{U_x}\right)}{1 + \frac{\Delta U_s}{U_s}} \right] \approx \left[\frac{kU_x}{U_s}\left(1 + \frac{\Delta k}{k} - \frac{\Delta U_s}{U_s} + \frac{\Delta U}{U_x}\right) \right]$$

上式 N 取整后，得

$$N + \Delta N = \frac{kU_x}{U_s}\left(1 + \frac{\Delta k}{k} - \frac{\Delta U_s}{U_s} + \frac{\Delta U}{U_x}\right) \pm 1 \tag{4-37}$$

比较式（4-37）与式（4-34），可得 DVM 的绝对误差和相对误差分别为

$$\Delta N = \frac{kU_x}{U_s}\left(\frac{\Delta k}{k} - \frac{\Delta U_s}{U_s} + \frac{\Delta U}{U_x} \pm \frac{U_s}{kU_x}\right)$$

$$\frac{\Delta N}{N} = \frac{\Delta k}{k} - \frac{\Delta U_s}{U_s} + \frac{\Delta U}{U_x} \pm \frac{U_s}{kU_x}$$

$$= \left(\frac{\Delta k}{k} - \frac{\Delta U_s}{U_s}\right) + \frac{k\Delta U \pm U_s}{kU_m}\frac{U_m}{U_x}$$

$$= \left(\alpha\% + \beta\%\frac{U_m}{U_x}\right) \tag{4-38}$$

式中，U_x 为被测电压；U_m 为满量程电压；$\alpha\% = \dfrac{\Delta k}{k} - \dfrac{\Delta U_s}{U_s}$、$\beta\% = \dfrac{k\Delta U \pm U_s}{kU_m}$，$\alpha\%$、$\beta\%$ 分别

为式（4-29）中误差的相对项系数和绝对项系数。

　　式（4-38）表示了 DVM 的读数误差和满度误差的构成。
读数误差包括转换系数 k、基准电压 U_s 等引起的误差；满度
误差包括系统漂移 ΔU 和量化误差 U_s。

　　（2）附加误差

　　1）输入电路的影响。除固有误差外，作为 DVM 整机的输
入阻抗、输入零电流及温度漂移等，也将引入测量误差，称为
DVM 的附加误差。图 4-21 所示为 DVM 的等效输入电路。

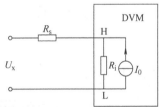

图 4-21　DVM 的等效输入电路

　　图 4-21 中，R_s 为输入电压 U_x 的等效信号源内阻，R_i 和 I_0
分别为 DVM 的等效输入电阻和输入零电流。由 R_i 和 I_0 引入的附加误差分别为

$$\gamma_{R_i} = \frac{\Delta U_x}{U_x} = \frac{U_{HL} - U_x}{U_x} = \frac{\dfrac{R_i}{R_s + R_i}U_x - U_x}{U_x} = -\frac{R_s}{R_s + R_i} \approx -\frac{R_s}{R_i} \tag{4-39}$$

$$\gamma_{I_0} = \frac{\Delta U_x}{U_x} = \frac{U_{HL} - U_x}{U_x} = \frac{(I_0 R_s + U_x) - U_x}{U_x} = \frac{I_0 R_s}{U_x} \tag{4-40}$$

　　典型 DVM 的输入放大器的输入电阻为 1000MΩ，当接入分压器时，输入电阻为 10MΩ，
输入零电流约为 0.5nA。

　　2）环境温度的影响。DVM 的附加误差还包括由环境温度变化引起的误差，一般指固有
误差随温度的变化，表示为 $(\alpha\% U_x + \beta\% U_m)/℃$，或者用温度系数 ppm (10^{-6}) 表示。

　　因此，在计算 DVM 的总误差时，应将 DVM 的固有误差、各项附加误差进行合成。

　　【例 4-5】　一台三位半的 DVM 说明书给出的精度为：±（0.1% 读数 +1 字），如用该 DVM
的 DC 0～20V 的量程分别测量 5.00V 和 15.00V 的电源电压，试计算 DVM 测量的固有误差。

　　解：首先，计算出"1 字"对应的满度误差。

　　在 0～20V 量程上，三位半的 DVM 对应的刻度系数为 0.01V/字，因而满度误差"1 字"

相当于 0.01V。

当 $U_x = 5.00V$ 时，固有误差为

$$\Delta U_x = \pm (0.1\% \times 5.00V + 0.01V) = \pm 0.015V$$

相对误差为

$$\gamma_x = \frac{\Delta U_x}{U_x} \times 100\% = \frac{\pm 0.015V}{5.00V} \times 100\% = \pm 0.30\%$$

当 $U_x = 15.00V$ 时，固有误差为

$$\Delta U_x = \pm (0.1\% \times 15.00V + 0.01V) = \pm 0.025V$$

相对误差为

$$\gamma_x = \frac{\Delta U_x}{U_x} \times 100\% = \frac{\pm 0.025V}{15.00V} \times 100\% = \pm 0.17\%$$

由上面的计算可见，被测电压越接近满度电压，测量的（相对）误差越小，这也是在使用 DVM 时应注意的。

【例 4-6】 一台 DVM，其输入等效电阻 $R_i = 1000M\Omega$，输入零电流 $I_0 = 1nA$，被测信号源等效内阻 $R_s = 2k\Omega$，分别测量 $U_x = 2V$ 和 $U_x = 0.2V$ 两个电压，试计算由 R_i 和 I_0 引入的附加误差极限值。

解：为计算由 R_i 和 I_0 引入的附加误差极限值，可将分别由 R_i 和 I_0 引入的附加误差进行代数和合成，于是，由前面式（4-39）和式（4-40）可得

$$\gamma = \pm (|\gamma_{R_i}| + |\gamma_{I_0}|) = \pm \left(\frac{1}{R_i} + \frac{I_0}{U_x} \right) R_s$$

将 $R_i = 1000M\Omega$、$I_0 = 1nA$、$R_s = 2k\Omega$ 代入上式，当 $U_x = 2V$ 时

$$\gamma = \pm \left(\frac{1}{1000 \times 10^6} + \frac{1 \times 10^{-9}}{2} \right) \times 2 \times 10^3 = \pm 3 \times 10^{-6}$$

当 $U_x = 0.2V$ 时

$$\gamma = \pm \left(\frac{1}{1000 \times 10^6} + \frac{1 \times 10^{-9}}{0.2} \right) \times 2 \times 10^3 = \pm 1.2 \times 10^{-5}$$

从上面的计算可以看出，当测量小电压时 I_0 的影响较大。

4.5.2 数字电压表中的自动校准技术

1. 自动校零技术

满度误差主要由输入放大器和积分器的 U_{os} 和 I_B 引起，为减小满度误差，可选用低漂移的放大器和积分器，而最有效的办法是采用自动校零技术来消除。

一个实际的放大器如图 4-22a 所示。当存在零点漂移 U_{os} 时，在输入端虽然 U_{os} 较小，但放大了 A 倍（A 为放大器增益）后，在输出端的影响就比较大了。为减小 U_{os} 的影响，可在放大器同相或反相输入端采用一个保持电容，存储一个与 U_{os} 大小相等的补偿电压，用以抵消该漂移电压，如图 4-22b 所示。图中，将保持电容 C_0 接在放大器反相端，称为"并联式校零"电路。

如图 4-22b 所示，在 A-D 转换之前，插入一个"零采样期"，开关 S_1 断开，S_2、S_3 接通，此时，放大器实际上为一个"零点电压跟随器"，同相端 $U_+ = U_{os}$，反相端 $U_- = U_0$，于是由 $U_0 = A(U_{os} - U_0)$，可得

$$U_0 = \frac{A}{1+A} U_{os} \approx U_{os} \tag{4-41}$$

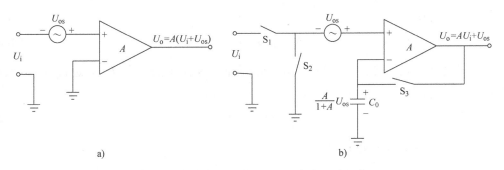

图 4-22 放大器的零点漂移及自动校零电路

a) 放大器的 U_{os} 引起输出变化 AU_{os} b) 自动校零原理（并联式）

零采样期结束时，该电压将存储于电容器 C_0 中。在紧接着的 A – D 转换"工作期"，接通 S_1，断开 S_2、S_3，此时，放大器的输出为

$$U_o = A\left(U_i + U_{os} - \frac{A}{1+A}U_{os} \right) = AU_i + \frac{A}{1+A}U_{os} \approx AU_i + U_{os} \tag{4-42}$$

式（4-42）表明，采用自动校零后的图 4-22b 由于放大器输入端 U_{os} 的影响，其输出也仅为 U_{os}，为没有自动校零时（见图 4-22a）的 $\frac{1}{A}$。在实际 DVM 的信号通道中，输入放大器、积分器和比较器都存在 U_{os}，因此，应对整个信号通道进行校零，存储电容 C_0 存储的是总的零点漂移电压。

2. DVM 的软件校准技术

除了上述 DVM 的硬件校零技术外，在一些智能化的 DVM 或 DMM 中，利用微处理器的数据存储与运算功能，可对转换误差（通道增益）和零点漂移进行校准，即采用软件校准技术，原理如图 4-23 所示。图中，设 U_{os} 为折算到输入端的等效零点漂移，总的转换系数为 k，当输入端分别接入被测电压 U_x、参考电压 U_r 和接地零电压（0V）时，A – D 转换结果的数字量分别为 N_x、N_r、N_0。

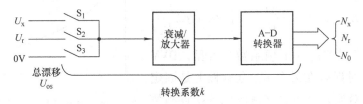

图 4-23 DVM 的软件校准测量原理

校准过程如下：

1）零点校准。开关 S_3 接通（S_1、S_2 断开），零点电压（0V）经衰减/放大后，得到相应的转换结果 N_0 并存储。此时，虽然输入电压为零，但由于 DVM 的各部件的非理想，转换结果并不为零，实际应等于 U_{os} 的相应转换结果。即

$$N_0 = kU_{os} \tag{4-43}$$

2）参考校准。开关 S_2 接通（S_1、S_3 断开），接入参考电压 U_r 并进行 A – D 转换，设

转换结果为 N_r，有

$$N_r = k(U_r + U_{os}) \tag{4-44}$$

3）输入被测电压。开关 S_1 接通（S_2、S_3 断开），接入被测电压 U_x 并进行 A – D 转换，设转换结果为 N_x，有

$$N_x = k(U_x + U_{os}) \tag{4-45}$$

由式（4-43）~式（4-45）可得

$$\frac{N_x - N_0}{N_r - N_0} = \frac{k(U_x + U_{os}) - kU_{os}}{k(U_r + U_{os}) - kU_{os}} = \frac{U_x}{U_r}$$

即

$$U_x = \frac{N_x - N_0}{N_r - N_0}U_r \tag{4-46}$$

式中，N_x、N_r、N_0 分别为输入被测电压 U_x、参考电压 U_r 和 0V（接地）时 A – D 转换结果的数字量；U_r 为用于校准的输入参考电压，其取值一般可取为满量程的 80% ~90%。

式（4-46）是上述校准测量的基本关系式，通过校零和校参考，式中已不含 U_{os} 和 k，即完全消除了通道的零点漂移 U_{os} 和转换系数 k 的变化引起的测量误差。

根据式（4-46）可计算出被测电压值，但每个测量结果需经过三次测量过程，使测量速度降低了 3 倍，而且输入端电压在零点、参考和被测电压之间交替切换，输入动态范围变化大，一般在通道切换后需要一定的通道延时等待时间。

4.5.3　数字电压表中的自动量程技术

根据被测电压大小自动选择合适量程，是减小满度误差的有力措施。

1. 满度误差与量程选择的关系

DVM 固有误差的表达式如式（4-28）和式（4-29），重列如下：

$$\Delta U = \pm(\alpha\% U_x + \beta\% U_m) \text{ 及 } \gamma = \frac{\Delta U}{U_x} = \pm\left(\alpha\% + \beta\%\frac{U_m}{U_x}\right)$$

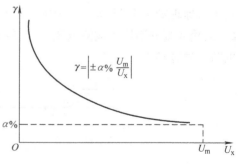

图 4-24　满度误差在全量程范围内的变化

式中，$\beta\%$ 为满度误差的固定项系数。可见，DVM 的满度误差的绝对误差在某个 U_m 全量程上是固定不变的，而其相对误差将随着被测电压越接近满量程 U_m 则越小，如图 4-24 所示。因此，量程的选择应与被测电压的大小相适应，使读数值尽量处于满度值的 2/3 以上。

2. 量程自动选择实现原理

为选择与被测电压相适应的量程，可通过"手动"或"自动"方式进行。手动选择可先将 DVM 置于某个量程上（一般在对被测电压不能估计其大小时，首先应置于较大量程），根据读数值再调整量程。自动量程选择与手动选择的原理基本相同，但是应注意，在量程切换时，应有确定的界限值，而且，相邻两个量程之间应有适当的重叠，以避免当被测电压在界限值附近变化时，两个相邻量程上的频繁切换（即出现"摇摆

不定"的现象）。设计上，一般可将较大一档量程的最小电压设置为相邻小一档量程满度值的 90%，如图 4-25 所示。

在单片集成 A–D 转换器中，有些 ADC（如 ICL7135 等）具有超量程或（和）欠量程

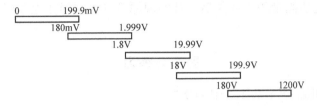

图 4-25　DVM 的自动量程转换

指示的输出信号，在 DVM 或 DMM 设计中，可以直接利用该信号控制量程自动转换，非常方便。

本 章 小 结

本章讨论信号的幅度测量，是指信号的电压、电流和功率等幅度参数的测量。

电压的测量，是电子测量实现其他电量与非电量测量的重要基础。本章较完整叙述了电压测量的原理和方法，包括交流电压的模拟测量和直流电压的数字化测量，重点是数字化测量方法。

电流是电子设备消耗功率的主要参数，也是衡量单元电路和电子设备工作安全情况的一个主要参数。功率与能量密切相关，它反映了一个元器件、电路或系统的耗能（来源于供电电源），也反映了一个电子设备所具有的能力。电流和功率的测量是相当重要的，本书鉴于篇幅所限，电流和功率测量均不讨论。

电压测量基本原理仍是基于比较法——直接比较法和间接比较法。电压测量按测量技术可分为模拟和数字测量；按测量对象可分为直流电压测量（静态）、交流电压测量（稳态）、瞬态电压测量（动态）、随机电压测量（统计）等，实际应用中，应根据测量对象和测量要求综合考虑，选择具体的测量方法。

表征交流电压的参数包括峰值、平均值、有效值和波峰因数、波形因数，对交流电压的测量，人们感兴趣的主要是有效值。各种指针式交流电压表（或称为模拟电压表、电子电压表）是实现交流电压测量的传统仪器。检波是实现交流–直流（AC–DC）变换的基本方法，采用峰值、平均值、有效值检波器实现 AC–DC 变换，重点介绍了电压表的刻度特性和波形响应。电压表的灵敏度和带宽总是存在矛盾的，采用外差式接收机原理的选频电平表可大大提高测量灵敏度。

实现直流电压的数字化测量的核心是 A–D 转换器（ADC），其种类很多，性能差异很大，但其中的逐次逼近比较式 ADC 和双积分式 ADC 是最为常用和最重要的两种类型。应在熟悉 A–D 转换器原理的基础上，理解数字电压表（DVM）的组成原理、整机结构及主要性能指标。此外，还对 DVM 的固有误差（读数误差和满度误差）进行了分析。

DVM 在直流电压测量的基础上，通过 AC–DC、I–V、Z–V 变换可以实现对交流电压、直流电流、电阻、阻抗等测量，扩展了测量功能，构成了数字多用表（DMM）。在此基础

上，可加深理解智能化 DMM 的组成原理、整机结构。内置微处理器可大大扩展测量功能和提高测量指标，如自检、自动校零、自动校准、自动量程、数据存储与数据处理、外部通信等，实现这些功能的数字多用表（DMM）是数字化电压测量的高档仪器。数字电压表和数字多用表是数字化电压测量的主要仪器，其实现原理和方法对于电子仪器数字化具有普遍意义。

思考与练习

4-1 试简述电压测量的基本原理、方法和分类。

4-2 表征交流电压的基本参量有哪些？简述各参量的意义。

4-3 简述峰值电压表和平均值电压表的灵敏度和带宽特性，如何由峰值电压表和平均值电压表的读数换算得到被测电压的有效值？

4-4 欲测量失真的正弦波，若手头无有效值表，则应选用峰值表还是平均值表更合适一些？为什么？

4-5 如何理解平均值电压表测量时，若被测电压"平均值相等，则读数相同"；峰值电压表测量时，若被测电压"峰值相等，则读数相同"？

4-6 若采用具有正弦有效值刻度的平均值电压表分别测量正弦波、方波、三角波，读数均为 1V，则这三种波形的有效值分别为多少（波形因数：正弦波为 1.11，方波为 1，三角波为 1.15）？

4-7 若采用具有正弦有效值刻度的峰值电压表分别测量正弦波、方波、三角波，读数均为 1V，三种波形的有效值分别为多少（波峰因数：正弦波为 1.414，方波为 1，三角波为 1.732）？

4-8 对于峰值为 1V、频率为 1kHz 的对称三角波（直流分量为零），分别用平均值、峰值、有效值三种检波方式的电压表测量，读数分别为多少（三角波的波形因数为 1.15，波峰因数为 1.732）？

4-9 试述外差式选频电平表的组成原理，它有何特点？适合测量什么信号？

4-10 简述逐次比较式 A-D 转换原理及特点。

4-11 简述双积分式 A-D 转换原理及特点。

4-12 查找资料，除本教材上讲到的 A-D 转换器以外，列举出几种其他类型的 A-D 转换器，并说明其大致特点。

4-13 分别列出两种典型的逐次逼近比较式和双积分式 A-D 转换器集成电路型号，各查阅一种型号的数据手册，理解数据手册中的关键数据和典型应用。

4-14 简述 DVM 的组成原理、主要性能指标。

4-15 简述 DVM 的固有误差和附加误差。

4-16 DVM 中如何实现自动量程转换？为什么相邻量程之间需要一定的重叠（覆盖）？

4-17 某 8 位逐次比较式 A-D 转换器，参考（基准）电压为 2.50V，输出编码为单极性原码，对输入电压 1.50V 和 2.00V，转换后的二进制数字分别为多少？

4-18 对于采用双积分式 A-D 转换器的 DVM，参考（基准）电压对测量结果有何影响？参考电压大小有无限制？参考电压大小与输入电压范围有何关系？

4-19 参见图 4-14 的双积分式 A-D 转换器原理框图和积分波形。设积分器输入电阻 $R = 10\text{k}\Omega$，积分电容 $C = 1\mu\text{F}$，时钟频率 $f_0 = 100\text{kHz}$，第一次积分时间 $T_1 = 20\text{ms}$，参考电压 $U_r = -2\text{V}$，若被测电压 $U_x = 1.5\text{V}$，试计算：

（1）第一次积分结束时，积分器的输出电压 U_{om}；

（2）第一次积分时间 T_1 是通过计数器对时钟频率计数确定的，计数值 $N_1 = ?$

（3）第二次积分时间 $T_2 = ?$

（4）A-D 转换结果的数字量是通过计数器在 T_2 时间内对时钟频率计数得到的计数值 N_2 来表示的，

$N_2 = ?$

（5）该 A – D 转换器的刻度系数 e（即"V/字"）为多少？

（6）由该 A – D 转换器可构成多少位的 DVM？

4-20　双积分式 DVM 基准电压 $U_r = 10V$，第一次积分时间 $T_1 = 40ms$，时钟频率 $f_0 = 250kHz$，若 T_2 时间内的计数值 $N_2 = 8400$，问被测电压 $U_x = ?$

4-21　甲、乙两台 DVM，显示器最大值为甲：9999 和乙：19999。问：

（1）它们各是几位 DVM？

（2）乙的最小量程为 200mV，其分辨力等于多少？

（3）乙的工作误差为 $\Delta U = \pm 0.02\% U_x \pm 2$ 字，分别用 2V 和 20V 量程，测量 $U_x = 1.5V$ 的电压，求绝对误差和相对误差各为多少？

4-22　一台 DVM，准确度为 $\Delta U = \pm (0.002\% U_x + 0.001\% U_m)$，温度系数为 $\pm (0.0001\% U_x + 0.0001\% U_m)/℃$（在 23℃ 时），在室温为 28℃ 时用 2V 量程档分别测量 1.8V 和 0.4V 两个电压，试求此时的示值相对误差。

4-23　一台 5 位 DVM，其准确度为 $\pm (0.01\% U_x + 0.01\% U_m)$。

（1）试计算用这台表 1V 量程测量 0.5V 电压时的相对误差为多少？

（2）若基本量程为 10V，则其刻度系数（即每个字代表的电压量）e 为多少？

（3）若该 DVM 的最小量程为 100mV，则其分辨力为多少？

4-24　某 4 位数字电压表的准确度为 $\Delta U = \pm (0.05\% U_x + 2$ 字$)$，输入电阻 $R_i = 100MΩ$，输入零电流 $I_0 = 10^{-9}A$，采用 1V 量程测量 800mV、内阻 $R_s = 5kΩ$ 的直流电压时，其相对误差 γ_{max} 为多少？

4-25　某 4 位逐次逼近寄存器 SAR，若基准电压 $U_r = 8V$，被测电压分别为 $U_{x1} = 5.4V$、$U_{x2} = 5.8V$，试画出 4bit 逐次比较式 A – D 反馈电压 U_n 的波形，并写出最后转换成的二进制数（即 SAR 的 4 个寄存器的状态）。

4-26　用一台输入电阻 $R_i = 1000MΩ$、输入零电流 $I_0 = 3nA$ 的 DVM，测量内阻 $R_s = 10kΩ$ 的直流电压，当该直流电压值分别为 2.5V 和 0.5V 时，试求由 R_i 和 I_0 共同作用引起的误差极限（总的相对误差值）。并讨论在小电压测量时，总误差中 R_s、I_0 哪一个起决定性的作用。

4-27　单项选择题

（1）用峰值电压表、平均值电压表和有效值电压表测量某正弦电压，读数值（　　）。

A. 峰值表最大　　　　B. 平均值表最大　　　　C. 有效值表最大　　　　D. 三种表完全一样

（2）同一峰值电压表测正弦波和方波电压，两者示值相同，则（　　）。

A. 正弦波幅度等于方波幅度　　　　　　　B. 正弦波幅度大于方波幅度

C. 正弦波幅度小于方波幅度　　　　　　　D. 两者幅度关系随信号频率而定

（3）在双斜积分式 DVM 中，第一次积分时间应该是（　　）。

A. 随被测电压的增大而变长　　　　　　　B. 取决于基准电压

C. 固定不变的　　　　　　　　　　　　　D. 第二次积分时间的整数倍

（4）在双斜积分式 DVM 中，其工作过程是（　　）。

A. 先对被测电压定时积分，再对基准电压定时反向积分

B. 先对被测电压定时积分，再对基准电压定值反向积分

C. 先对被测电压定值积分，再对基准电压定时反向积分

D. 先对被测电压定值积分，再对基准电压定值反向积分

（5）积分式 DVM 具有较高的抗干扰特性，是因为它响应被测信号电压的（　　）。

A. 平均值　　　　　　B. 有效值　　　　　　C. 峰值　　　　　　D. 瞬时值

（6）一台 4 $\frac{1}{2}$ 位 DVM，最小量程为 200mV，其分辨力为（　　）。

A. ±0.1mV　　　　B. ±0.2mV　　　　C. ±0.01mV　　　　D. ±0.02mV

(7) 下列类型的表中，(　　) 电压表具有很高的灵敏度，频率范围也较宽。

A. 检波 – 放大式　　B. 放大 – 检波式　　C. 调制式　　　　D. 外差式

(8) 放大 – 检波式电压表的主要优点是 (　　)。

A. 灵敏度好　　　B. 频率响应好　　　C. 灵敏度和频率响应都好　　D. 抗干扰

第5章

信号波形的测量

5.1 概述

5.1.1 波形测量与显示

在电子科学技术领域中，信号波形是指各种以电参数作为时间函数的图形。客观世界中各种事物及其特征参量，无时无刻不处在运动和变化中，如果用电信号来表示这些变化量，那么电信号就是一个随时间变化的函数。信号波形测量是对电信号与时间的函数关系进行测量，也称为信号的时域测量。

在实际工作中，人们希望把肉眼看不见的电信号波形直观形象地显示出来，从而看见信号的波形。通过波形测量，人们可以得到某一信号随时间的变化规律，可以获得信号所携带的信息。波形测量的主要工具是电子示波器，它是一种用显示屏显示电量随时间变化过程的电子测量仪器。在示波器显示屏上用 X（水平）轴代表时间，用 Y（垂直）轴代表幅度，描绘出被测信号随时间的变化关系。示波器可直接观察并测量一个周期性信号的波形、幅度、周期（频率）等参量，也可测量一个脉冲信号的前后沿、脉宽、上冲、下冲等参数，对信号进行定性和定量观测。广义地说，示波器是一种能够反映任何两个参数互相关联的 $X-Y$ 坐标图形的显示仪器，只要把两个有关系的变量转变为电参数，分别加至示波器的 X、Y 通道，就可以在显示屏上显示这两个变量之间的关系。频谱仪、扫频仪、图示仪和逻辑分析仪（逻辑示波器）都是基于示波器原理工作的。

时域测量的二维波形显示，概念清晰、形象直观、容易理解，因此时域测量是电子测量技术中最常用、最基础的测量。作为最基础的时域测量仪器，示波器的应用非常广泛，它已成为科学研究、工程实验、电工电子、测试与控制等领域一种最通用的测量仪器。

示波器主要由 Y（垂直）通道、X（水平）通道和显示器三大部分组成，如图 5-1 所示。

Y（垂直）通道：由探头、衰减器、前置放大器和输出放大器组成，主要对被测信号进行不失真地线性放大，以保证示波器的测量灵敏度。

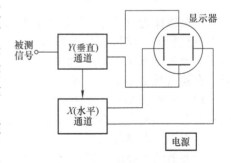

图 5-1　示波器的基本组成

X（水平）通道：由触发电路、时基发生器和水平输出放大器组成，主要产生与被测信号相适应的扫描锯齿波，作为波形测量的时基。

显示器：早期的经典模拟波形显示器件主要采用阴极射线管（CRT），简称为示波管。目前，平板显示屏尤其是液晶显示屏（LCD）已广泛应用于现代示波器。

5.1.2　示波器的分类

按照示波器采用的技术来划分，可将示波器分为模拟、数字两大类。模拟示波器的 X、Y 通道对时间与幅度的信号的处理均由模拟电路完成，而 CRT 屏上的图形显示是光点连续运动的结果，即显示方式也是模拟的。数字示波器则对 X、Y 方向的信号进行数字化处理，即把 X 轴方向的时间离散化（采样），Y 轴方向的幅值离散化（量化），显示的被测信号波形由一个个离散的光点构成。

1. 模拟示波器

模拟示波器又称模拟实时示波器（ART），它可分为通用示波器、多束示波器、取样示波器、记忆示波器和专用示波器等。通用示波器采用单束示波管，泛指经典的、传统的示波器，它又可分为单踪示波器、双踪示波器、多踪示波器。取样示波器是用时域采样技术将高频周期信号转换为低频离散时间信号显示的，从而可以用较低频率的示波器测量高频信号。记忆示波器采用有记忆功能的示波管，实现模拟信号的存储（记忆）和反复显示。专用示波器是能够满足特殊用途的示波器，又称特种示波器。

2. 数字示波器

数字示波器首先将模拟输入信号经由 A－D 转换器数字化，变换为数字信号，存储于半导体存储器，然后，经由 D－A 转换器在屏幕上重建波形显示。它具有存储被观察信号的功能，可以用来观察单次信号和非周期信号，又称为数字存储示波器（Digital Storage Oscilloscope，DSO）。

模拟示波器是发展最早、应用最广泛的示波器。随着观测信号频率的提高，模拟示波器对示波管的制造工艺技术要求越来越严格，通道电路成本不断增加，而且存在速度的瓶颈。一般中档模拟示波器带宽在 100MHz 以下，高档模拟示波器带宽可达 1GHz。数字存储示波器只需要与带宽相适应的高速 A－D 转换器和存储器，而 D－A 转换器及显示器等都是较低速的部件，同时，显示器可采用 LCD 平面彩色屏幕，因此，数字示波器与模拟示波器相比具有极其明显的优点和更广泛的用途。目前，数字存储示波器已在很大程度上取代了模拟示波器。

5.1.3　示波器的发展

示波器作为对信号波形进行直观观测和显示的电子仪器，其发展历程与整个电子技术的发展息息相关。1878 年由英国 W. 克鲁克斯发明的阴极射线管（Cathode Ray Tube，CRT）奠定了波形显示的基础。到 1934 年，B. 杜蒙发明了 137 型示波器，堪称现代示波器的雏形。在随后几十年中，示波器获得了极大的发展，其发展过程大致可分为以下几个阶段：

1) 20 世纪 30~50 年代是模拟示波器的诞生和实用化阶段。在这个阶段诞生了许多种类的示波器，如通用的模拟示波器、记忆示波器及取样示波器，并已达到实用化。但由于当时的技术水平，电路和元器件处于电子管电路时期，示波器的带宽仍很有限。例如 1958 年时，模拟示波器的最高带宽可达到 100MHz。

2) 20 世纪 60 年代是示波器技术水平不断提高的阶段。电路和元器件处于晶体管电路时期，模拟示波器带宽为 100~300MHz，取样示波器的带宽则达到了 18GHz，而且示波器的体积和功耗也有大幅度的降低。

3) 20 世纪 70 年代以后，随着半导体集成电路技术的发展，进入模拟示波器指标进一步提高和数字化示波器诞生和发展阶段。随着元器件的发展和工艺水平的提高，模拟示波器指标得到快速提升，从 1971 年的 500MHz 到 1979 年的 1GHz，创造了模拟示波器的带宽高峰。

4）20 世纪 80~90 年代，数字技术的发展和微处理器的应用，对示波器的发展产生了重大的影响。1974 年诞生了带微处理器的数字示波器，具备对信号的数字存储和数据处理功能。1983 年带宽为 50kHz 的数字存储示波器问世，经过多年的努力，到现在，数字存储示波器的性能得到了很大的提高。

5）近年来，随着新型半导体器件和集成电路的发展，采样频率不断提高，新一代数字示波器的信号带宽达到几十吉赫兹以上，此外，高速大容量数据存储和功能强大的数据分析与处理软件，已成为新一代数字示波器的主要特征。目前，数字存储示波器是示波器发展的一个主要方向。

5.2　模拟示波器

5.2.1　波形显示器件 CRT

阴极射线管（CRT）是示波器的核心组成部分，用来将电信号变换为光信号而实现波形显示。CRT 主要由电子枪、偏转系统和荧光屏三大部分组成，它们都被封装在真空的密闭玻璃壳内，结构如图 5-2 所示。

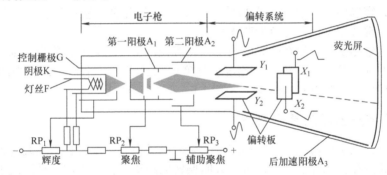

图 5-2　阴极射线管的结构

1. 电子枪

电子枪用来发射电子并形成很细的高速电子束。它主要由灯丝 F、阴极 K、控制栅极 G、第一阳极 A_1、第二阳极 A_2 和后加速阳极 A_3 组成。

阴极是一个表面涂有金属氧化物的金属圆筒，在灯丝的加热下，阴极散射出大量游离电子。

控制栅极是顶端有孔的圆筒，套装在阴极外面，其电位比阴极电位低，用于控制射向荧光屏的电子数量，改变电子束打在荧光屏上亮点的亮度。调节电位器 RP_1 可以调节亮度，称之为"辉度（INTENSITY）"调节旋钮。与控制栅极极性相反的电压加到阴极上时，也可起到与控制栅极相同的作用。

第一、二阳极是中间开孔、内有许多栅格的金属圆筒，它们与控制栅极配合完成对电子束的加速和聚焦，聚焦就是使电子束在荧光屏上的亮点直径变小。调节电位器 RP_2 和 RP_3 可使荧光屏亮点鲜明，得到最佳的聚焦效果，RP_2 和 RP_3 分别称之为"聚焦（FOCUS）"调节和"辅助聚焦（AUX FOCUS）"调节旋钮。

后加速阳极用来加速电子束，提高示波管的偏转灵敏度。

2. 偏转系统

偏转系统位于第二阳极之后，由两对相互垂直的 X（水平）、Y（垂直）偏转板组成，

131

分别控制电子束水平方向和垂直方向的位移。偏转的距离分别与加在偏转板上的电压大小成正比。

为了显示出被测信号的波形，扫描电压和被测信号电压变换成极性相反的对称信号后，分别加在示波管 X、Y 偏转板上，如图 5-2 所示。扫描电压是与时间成正比的锯齿波，因此电子束在水平方向上的偏转距离与时间成正比。改变扫描电压的大小，可以调整显示波形的宽度。被测信号变换后在 Y 偏转板上，使电子束产生与信号电压成正比的偏移。改变 Y 偏转板上的信号电压大小，可以调整显示波形的幅度。

当在 Y_1 和 Y_2 偏转板上再叠加上对称的正、负直流电压时，显示波形会整体向上移位；反之，则向下移位。调节该直流电压的旋钮称为"垂直移位（VERTICAL）"旋钮。当在 X_1 和 X_2 偏转板上再叠加上对称的正、负直流电压时，显示波形会整体向左移动；反之，则向右移位。调节该直流电压的旋钮称为"水平移位（HORIZONTAL）"旋钮。

3. 荧光屏

荧光屏内壁涂有荧光物质（磷光质），外壁则是玻璃管壳。当荧光物质受到电子枪发射的高速电子束轰击时能发出荧光，并维持一定的时间，该现象称为荧光物质的余辉现象。按照余辉现象维持时间（即余辉时间）的长短，荧光物质分别为短余辉（$10\mu s \sim 1ms$）、中余辉（$1ms \sim 0.1s$）和长余辉（$0.1 \sim 1s$）等几种。被测信号频率越低，越宜选用余辉长的荧光物质；反之，宜选用余辉短的荧光物质。荧光物质发出的颜色有黄色、绿色、蓝色等几种，普通示波管常选用黄色或绿色的荧光物质。

为了进行定量测试，一般在荧光屏内壁预先沉积一个透明刻度，称为内刻度；或在屏外安置标有刻度的透明塑料板，称为外刻度。刻度区域通常为一个矩形，称为测量窗或显示窗。其宽×高尺寸一般为 10div×8div，一般 1div（division，格）＝1cm。

5.2.2 CRT 波形显示的基本原理

在电子枪中，电子运动经过聚焦形成电子束，电子束通过垂直和水平偏转板打到荧光屏上产生亮点，亮点在荧光屏上垂直或水平方向偏转的距离，正比于加在垂直或水平偏转板上的电压，即亮点在屏幕上移动的轨迹，是加到偏转板上的电压信号的波形。CRT 显示图形或波形的原理是基于电子与电场之间的相互作用的原理进行的。根据这个原理，示波器可显示随时间变化的信号波形和显示任意两个变量 X 与 Y 的关系图形。

1. 波形显示过程

电子束进入偏转系统后，要受到 X、Y 两对偏转板间电场的控制，设 X 和 Y 偏转板之间的电压分别为 u_X 和 u_Y，$u_Y = U_m \sin\omega t$（正弦信号电压），X 偏转板加 $u_X = kt$（锯齿波电压）。如图 5-3 所示。若 X、Y 偏转板同时加上周期性的锯齿波和正弦波电压，并假设两者的周期相同（图中只画出了一个周期的波形），即 $T_X = T_Y$，则电子束在两个电压的同时作用下，在水平和垂直方向同时产生位移，依次描出各光点，光点轨迹为一个周期的正弦波形曲线。在信号的第二、第三个周期等又将重复第一个周期的情形，光点在

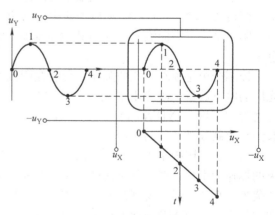

图 5-3　水平和垂直偏转板同时加信号时的显示

荧光屏上描出的轨迹也将重叠在第一次描出的轨迹上，因此，荧光屏显示的是正弦波信号随时间变化的稳定波形。而且，由于 CRT 的特性，只有当被测的正弦信号和锯齿波扫描电压

周期性地不断重复时，荧光屏上才能持续而稳定地显示出被测信号的波形。

2. 扫描与同步

（1）扫描的概念　如上所述，当 Y 偏转板上不加信号电压时，如果在 X 偏转板上加一个随时间线性变化的周期性电压，即加上一个周期性的锯齿波电压 $u_X = k(t - T/2)$（第 1 个周期，k 为常数，T 为周期），那么光点在 X 方向做匀速运动，光点在水平方向的偏移距离为

$$x = S_x k\left(t - \frac{T}{2}\right) = h_x\left(t - \frac{T}{2}\right) \tag{5-1}$$

式中，x 为 X 方向的偏转距离；S_x 为比例系数，称为示波管的 X 轴偏转灵敏度（单位为 cm/V）；h_x 为比例系数（单位为 cm/s），即光点移动的速度。这样，X 方向偏转距离的变化就反映了时间的变化。此时光点水平移动形成的水平亮线称为"时间基线"。

当锯齿波电压达到最大值时，荧光屏上的光点也达到最大偏转（即屏幕最右端），然后锯齿波电压迅速返回起始点，光点也迅速返回屏幕最左端，再重复前面的变化。光点在锯齿波作用下扫动的过程称为"扫描"，能实现扫描的锯齿波电压称为扫描电压，光点自左向右的连续扫动称为"扫描正程"，光点从荧光屏的右端迅速返回左端起扫点的过程称为"扫描回程"。扫描电压为理想锯齿波时，扫描回程时间为零。X 通道中产生扫描电压的电路称为时基电路。

（2）同步的概念

1）当 $T_X = nT_Y$（n 为正整数）时，满足同步条件。荧光屏上要显示稳定的波形，就要求每个扫描周期所显示的信号波形在荧光屏上完全重合，即曲线形状相同，并有同一个起点。在前述的图 5-3 中，$T_X = T_Y$，荧光屏上稳定显示了信号一个周期的波形。若 $T_X = 2T_Y$，每个扫描正程在荧光屏上都能显示出完全重合的两个周期的被测信号波形。

同理，设 $T_X = 3T_Y$，则荧光屏上稳定显示 3 个周期的被测信号波形。依次类推，当扫描锯齿波电压的周期是被观测信号周期的整数倍时，即 $T_X = nT_Y$（n 为正整数），并且使每次扫描的起点都对应在被测信号的同一相位点上，这就使得扫描的后一个周期描绘的波形与前一周期完全一样，每次扫描显示的波形重叠在一起，在荧光屏上可得到清晰而稳定的波形，称为扫描电压与被测电压"同步"。

2）当 $T_X \neq nT_Y$（n 为正整数），即不满足同步关系时，后一扫描周期描绘的图形与前一扫描周期的图形不重合，显示的波形是不稳定的，如图 5-4 所示，$T_X = \dfrac{5}{4}T_Y$（$T_X > T_Y$），在第一个扫描周期，光点沿 0→1→2→3→4→5 的轨迹移动（实线所示）；在第二个扫描周期，光点沿 6→7→8→9→10→11 的轨迹移动（虚线所示）。这样，两次扫描显示的轨迹不重合，看起来波形好像从右向左移动，显示的波形变得不稳定了。

归纳起来，示波器实现同步的两个条件如下：

1）施加触发，确定扫描的起始点（在被测信号的同一相位点上）。

2）调节扫描周期，维持 $T_X = nT_Y$（n 为正整数）。

但实际上，扫描电压是由示波器本身的内部时基电路产生的，它与被测信号是不相关的。使用中靠人工调节扫描周期来满足条件 2）是很麻烦的。因此，常利用被测信号产生一个触发信号，去控制示波器的扫描发生器，迫使扫描电压与被测信号同步。触发是自动地实现同步所必需的。

5.2.3　通用示波器的基本组成

模拟示波器品种繁多，电路形式各异，本节主要讨论通用示波器。通用示波器基本组成

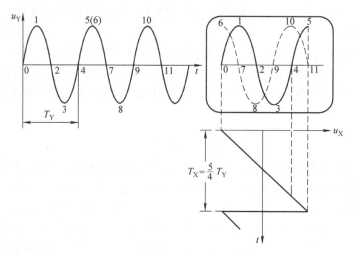

图 5-4　扫描电压与被测电压不同步时显示波形出现晃动

框图如图 5-5 所示，主要由三个部分组成：垂直（Y）通道、水平（X）通道和主机电路。

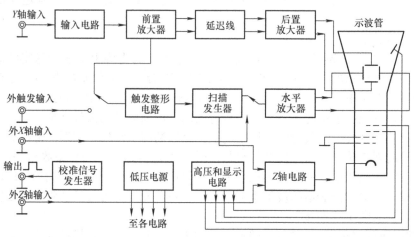

图 5-5　通用示波器基本组成框图

1. 垂直（Y）通道

1）输入电路：该电路由信号输入交直流耦合开关、高阻输入衰减器、阻抗转换器等电路组成，具有灵敏度粗调、直流平衡等控制作用。

2）前置放大器：将 Y 轴输入信号进行适当放大，将单端输入信号转换成推挽输出信号，并从中取出内触发信号的电路。具有灵敏度微调和校正及 Y 轴位移等控制作用。

3）延迟线：使 Y 轴输入的信号有一定的延迟时间，并使该延迟时间大于水平扫描引入的延迟时间，便于在屏幕上完整地观察和测量所显示脉冲波形的参数（如前沿）。

4）后置放大器：将前级推挽信号放大到足够幅度，差动式地对称驱动示波管的垂直偏转板，使光点在屏幕垂直方向按信号幅度移动。

2. 水平（X）通道

1）触发整形电路：将不同波形的输入触发信号转换成一定幅度的触发脉冲信号。它具有触发电平调节、触发极性转换、触发源、耦合方式及触发方式选择等控制作用。

2）扫描发生器：在对应 Y 轴输入信号某一固定相位点的触发脉冲作用下，产生线性变化的锯齿波扫描电压和增辉脉冲。它具有扫描时间因数的粗细调节、稳定度等控制作用。

3）水平放大器：将扫描电压放大到足够幅度，差动式对称推动示波管的水平偏转板，使光点在屏幕水平方向偏转。它具有 X 位移和扩展等功能。

3. 主机电路

1）低压电源：给示波器各电路提供各档稳定的直流电压。

2）高压和显示电路：提供示波管正、负直流电压，以及辉度、聚焦和辅助聚焦调节等直流控制电压。

3）Z 轴电路：对扫描增辉脉冲信号进行放大，使屏幕上扫描正程期间显示的波形加亮，以便清晰地显示被测量的波形。

4）校准信号发生器：它是机内的校准信号源，用来产生一个准确幅度和频率的信号（通常是对称方波），对 Y 轴灵敏度、扫描时间因数或探极进行校正。

5.3　数字存储示波器的原理与组成

20 世纪 70 年代初，随着数字技术的发展，出现了信号波形测量的数字化技术，研制出了数字存储示波器（Digital Storage Oscilloscope，DSO），简称数字示波器。数字示波器将输入信号波形进行数字化，而后存入数字存储器中，并通过显示技术还原被测波形。

数字示波器的出现是信号波形测量技术的重大革命。由于数字示波器具有波形数据存储能力，不仅能够用来观察周期性信号，也能观察非周期性和单次信号，而且还可以利用机内微处理器系统做进一步的分析与处理，这是传统模拟示波器无法实现的。数字示波器将取代模拟示波器。

135

5.3.1　波形数字化的原理

1. 数字存储示波器的原理框图

图 5-6 所示为数字存储示波器的基本组成原理框图，它主要由采集与存储、触发与时基、处理与显示三大部分组成。Y（垂直）通道的采集存储部分包括衰减及放大、采样保持及 A－D 转换、采样存储器等三部分。X（水平）通道的触发与时基部分包括触发电路与时基电路两部分：触发电路部分包括触发源选择、触发脉冲形成和触发方式设置等；时基电路部分包括采样脉冲产生、扫描时间因数（t/div）控制等。处理与显示部分采用经典的 CRT显示器，包括波形处理、显示控制、波形再现电路（D－A）等电路。

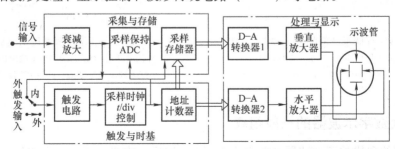

图 5-6　数字存储示波器的基本组成原理框图

2. 波形数字化测量的基本原理

数字存储示波器是基于波形数字化测量原理工作的，其工作过程可以归结为采集存储和波形显示两个阶段。

1）采集存储阶段。如图 5-7 所示，模拟输入信号 u_i（以观测正弦波为例）先经过适当衰减或放大，然后再进行数字化处理。数字化处理包括时间"采样"和幅度"量化"两个过程，采样是获取模拟输入信号波形的离散值，而量化则是使每个采样的离散值经 A - D 转换器转换成数字量（D_0，D_1，D_2，…，D_n）后，依次存入到首地址为 A_0 的 $n+1$ 个存储单元中。采样与存储频率是由时基电路提供的采样时钟频率决定的。

2）波形显示阶段。显示器采用模拟波形的 CRT 显示管，如图 5-8 所示，时基电路输出的较低频率的读时钟脉冲从采样存储器中依次把数字信号（D_0，D_1，D_2，…，D_n）读出，并经 D - A 转换器 1 转换成模拟信号 u_Y，经垂直放大器放大，加到 CRT 的 Y 偏转板。与此同时，读时钟加至地址计数器，采样存储器的读地址信号也加至 D - A 转换器 2，得到一个线性上升的阶梯形扫描电压 u_X，加到水平放大器，驱动 CRT 的 X 偏转板，从而实现在 CRT 上以稠密光点形成的包络，重现模拟输入信号。显示屏上显示的每一个点都代表采样存储器中的一个数据，点的垂直屏幕位置与相应的存储单元中数据的大小相对应，点的水平屏幕位置与存储单元的地址相对应。波形显示阶段的读出速率决定于读时钟频率。

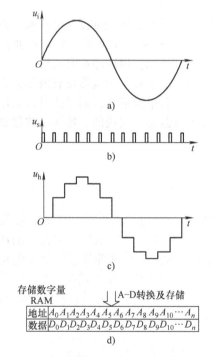

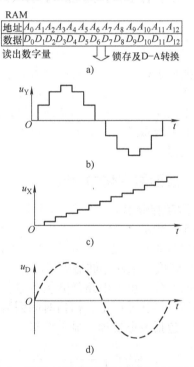

图 5-7　数字存储示波器的采集和存储过程
a）输入信号的波形　b）采样时钟
c）采样保持波形　d）ADC 输出波形数据

图 5-8　数字存储示波器的读出和显示过程
a）存储的波形数据　b）DAC1 输出信号波形
c）DAC2 输出地址波形　d）CRT 显示的波形

5.3.2　现代数字示波器的一般组成

一个典型的现代数字示波器主要由垂直（Y）通道、水平（X）通道和显示与控制部分组成，其中 Y 通道包括输入通道、采集与存储，X 通道包括触发与时基电路系统，波形显示、处理及控制电路部分，由微处理器系统、显示与键盘和各种接口与控制电路组成。其组成框图如图 5-9 所示。

1）输入通道。输入通道主要由阻抗变换器、步进衰减器、可编程增益放大电路组成。主要功能是对被测信号进行调理，以使信号调整到合适的幅度再送到 A - D 转换器。

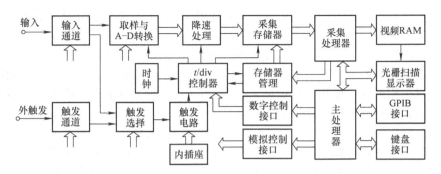

图 5-9　现代数字示波器组成框图

2）采集与存储部分。采集与存储部分包括取样与 A - D 转换、降速处理、采集存储器等。在高速数字示波器中，A - D 转换器采集速率非常高，而采集存储器写入速度有一定的限制，因而 A - D 转换器之后的数据需要经过降速处理之后才能写入到采集存储器中。

3）触发与时基电路系统。触发与时基电路系统由触发系统和时基系统两个部分组成。"触发系统"由触发通道、触发选择和触发电路等组成，用于提供测量用的触发参考点，控制观察窗口。"时基系统"包括时钟源、t/div 控制器及采集存储器管理电路，此外，还包括顺序采样方式所需要的 Δt 步进电路或者随机采样方式所需要的 Δt 精密测量电路等。t/div 控制器根据前面板设置的扫描速度，改变采样时钟频率，控制降速处理电路的数据抽取和采集存储器（RAM）的写入。采集存储器管理电路包括采集存储器的地址计数器及读/写信号的接口电路。

4）波形显示部分。波形显示部分的任务从采集存储器中取出数字信号进行显示。在波形的数字测量中，对波形的显示通常有模拟和数字两种处理方式：模拟显示方式将进行插值或抽取处理后的数字信号经由 D - A 转换器模拟化，然后再通过该模拟信号驱动 CRT 进行显示；数字显示方式将采样存储的波形数据，直接转换成 CRT 光栅扫描显示器或液晶显示器（LCD）的像素点进行显示，它不需要 D - A 转换器。

5）控制与处理部分。现代数字示波器通常是以微处理器为基础的智能仪器。早期的数字示波器的控制一般只使用一个微处理器，难以实现高速采集处理与显示的要求，因此现代数字示波器一般都采用多微处理器方案。由多个处理器各负其责，因而可使信号的采集与显示两个过程做并行处理。数据的采集及存储过程采用一个专用的采集处理器控制；而波形的显示、数据处理以及各种接口的控制则由主处理器完成。

现代数字示波器还采用先进高速采集器件和技术、多种采集方式、插值技术以及专用的波形翻译器等，使采样率及显示更新率有很大提高。目前，数字示波器得到高速发展，其功能和性能有很大提升。例如，在数字示波器基础上增加逻辑分析仪功能，而构成的混合信号示波器（MSO），以及可以实现三维图形显示的三维示波器（Digital Three - dimensional Oscilloscope，DTO）、数字荧光示波器（DPO）和高分辨率彩色液晶显示数字示波器等。

5.3.3　波形数字化测量的特点

1. 波形数字化测量的特点

由于数字示波器对波形进行数字化后具有数字存储和数字处理的能力，因此无论在功能方面还是性能方面，均大大超过了模拟示波器。数字示波器有下述几个特点：

1）由于数字示波器的波形存储功能起到了缓冲与隔离的作用。使数字示波器的波形的采集与波形的显示可以分开进行。在采集工作阶段，采集速率应根据被测信号的速率来选

137

择。在显示工作阶段，波形的读出和显示的速度可以采取一个固定的速率，并不受采样速率的限制。

2）数字示波器具有存储信号的能力，能观察单次出现的瞬变信号。动态信号（如单次冲击波、放电现象等）是在短暂的一瞬间产生的，它在模拟示波器的屏幕上一闪而过，没法观察，而且采用屏幕照相和记忆示波管"存储"波形的效果很差。数字示波器采用波形数字存储技术，其存储时间可以是无限长的。

3）数字示波器存储波形的能力方便信号的观测，极大地丰富了显示内容。数字存储示波器具有多种显示方式，如存储显示、滚动显示和触发显示等，并可存储多个波形，实现多个波形同时显示。此外，数字示波器还可以将正在观察的信号和以前某一时刻的信号进行比对。由于数字示波器具有存储能力，因此，它与多种触发功能配合，不仅能显示触发后的信号，而且能显示触发前的信号，并且可以任意选择超前或滞后显示的时间。

4）测量精度高。模拟示波器水平精度由锯齿波的稳定性和线性度决定，故很难实现较高的时间精度，一般为 3% ~ 5%。而数字示波器由于使用晶体振荡器作时钟，有很高的时间精度，而且采用 A – D 转换器也使其幅度测量的精度大大提高。数字示波器的波形参数可直接数字显示，克服了示波管模拟显示精度的影响，使数字示波器的测量精度优于 1%。

5）具有很强的处理能力。这是由于数字示波器内含有微处理器，因而能自动实现多种波形参数的数字式测量与显示，如上升时间、下降时间、脉宽、频率、峰峰值等，而且能对波形实现多种复杂的处理，如取平均值、取上下限值、频谱分析以及对两波形进行加、减、乘等运算处理等。同时，数字示波器还具有许多自动功能，如自检与自校等。

6）具有数字信号的输入/输出功能。数字示波器可以通过各种通信接口，很方便地将存储的数据送到计算机、合成信号源或其他外部设备，进行更复杂的数据运算或分析处理以及产生复杂波形，同时还可以通过各种通信接口与计算机一起构成自动测试系统。

2. 波形的数字测量与模拟测量的比较

表 5-1 对信号波形的模拟测量和数字测量进行了比较。从表 5-1 可见，数字示波器比模拟示波器有明显的优势和更广泛的用途。

表 5-1　波形的模拟测量与数字测量的比较

比较项目	模　拟　测　量	数　字　测　量
1. 波形采集技术	通过显像管直接采集与显示出模拟信号波形，采集方式固定单一	通过模拟波形数字化技术采集与显示信号波形，采样方式灵活多样
2. 波形存储功能	通用示波器无存储功能，记忆示波器存储模拟波形技术复杂，效果不好	采用数字存储技术，可快速、长期、大量地存储信号波形
3. 波形显示	光点扫描，移动光点构成连续波形，显示方式单一固定	光点或光栅扫描，由离散光点构成连续波形，显示方式灵活多样
4. 波形的采集速度与显示速度	有关，显示速度与采集速度相同	无关，两者可以独自选择自己合适的速度
5. 时基	锯齿波扫描在水平轴上形成的时基是一个连续的时间变量，精度低	采样时钟脉冲在水平轴上形成的时基是一个离散的时间变量，精度高
6. 扫描速度 t/div	调节扫描锯齿波斜率	调节采样时钟频率
7. 触发点确定	主要以信号电平、极性等为条件确定触发点	除电平、极性外，还可附加多种触发条件来确定触发点
8. 显示窗口的位置	处于触发点之后	触发点之前、后均可，且可移动

（续）

比较项目	模　拟　测　量	数　字　测　量
9. 波形的处理	主要依靠模拟电路进行处理，功能和效果有限	数字信号处理技术，对测量波形和测量数据的处理内容极其丰富，效果显著
10. 测时精度	受显示器、时基电路所限，3%～5%	采样时钟精度较高，0.1% 以上
11. 测幅精度	受显示器、Y 通道电路所限，3%～5%	取决于 ADC 和前置调理电路，一般为0.5%～1%
12. 应用范围	只适宜观测周期性的重复信号波形	可观测周期性、非周期性和单次瞬变信号波形

5.4　DSO 的主要技术指标

5.4.1　采样速率和水平分辨力

1. 采样速率

采样速率也称采样率，是指单位时间内获取被测信号的样点数，其单位用 Sa/s 表示。

（1）最高采样速率　数字示波器的最高采样速率由 A－D 转换器的速率决定，最高采样速率表示了数字示波器在时间轴上分辨信号细节的最大能力。

示波器不能总以最高采样速率工作，为了能在屏幕上清晰地观测不同频率的信号，应当选用不同的采样速率。

（2）实时采样速率　数字示波器工作在实时采样方式时的采样速率。根据采样定理，在实时采样方式时，要能重现原信号波形，实时采样速率应大于或等于信号最高频率分量的 2 倍，$f_r \geqslant 2f_{xmax}$。实际上，为了保证波形显示的分辨力，往往要求增加更多的取样点数，需要更高的实时采样速率。

（3）非实时等效采样速率　非实时等效采样速率是指数字示波器工作在非实时等效采样（顺序采样或随机采样），观测周期性高频信号时所表现出的采样速率，它等效于实时采样的速率为

$$f_e = Mf_r \tag{5-2}$$

式中，f_e 为等效采样速率；f_r 为实时采样速率；M 为等效的扩展倍率（见表5-5）。

2. 水平分辨力

在数字存储示波器中，屏幕上的点是不连续的，而是"量化"的。分辨力是指"量化"的最小单元。分辨力包括水平分辨力和垂直分辨力。水平分辨力包含时间分辨力和空间分辨力两个概念。

1）时间分辨力是指数字示波器 X 坐标上相邻两个样点之间的时间间隔 Δt 的大小，即 s/点，通常取决于实际采集速率。时间分辨力越高，观察高频或快速变化信号的能力越强，信号变化的细节观察更清晰，突发事件遗漏丢失的概率就越小。

2）空间分辨力也称采样密度，是指显示屏在 X 轴上的像素点数，常以每格的点数 N_{div}（点/div）来表示。例如，某台数字示波器的显示屏的格式为 1024×768 像素点 = 786432 像素点，水平轴长度为 10 格，每格有 100 个样点，即用 100 点/div 来描述其水平方向的空间分辨力。

【例 5-1】　已知某台数字示波器的存储深度 L 为 1000 点，其时间显示时基线共有 10div，则 $N_{div} = 100$，时基因数 t_{div} 为 0.1ms/div，请问其水平时间分辨力为多少？

解：$\Delta t = \dfrac{0.1\text{ms/div}}{1000 \text{ 点}/10\text{div}} = 0.001\text{ms/点} = 1\mu\text{s/点}$。

5.4.2　扫描速度与时基因数

扫描速度（简称扫速，t/div），定义为示波器光点在屏幕水平方向上每秒钟所移动的距离，单位为"cm/s"。荧光屏上为了便于读数，通常用间隔 1cm 的刻度线做标示（水平和垂直方向分别有 10 条和 8 条刻度线），每 1cm 称为"1 格"，用 div 表示（division 的缩写），因此扫描速度的单位也可表示为"div/s"。实际中常用它的倒数形式——水平方向上移动一格所占用的时间（称为扫描时基因数）来表示。时基因数的单位为"t/cm"或"t/div"，它表示单位距离代表的时间，时间 t 的单位可为 μs、ms 或 s。

扫描时基因数与采集频率的关系为

$$t_{\text{div}}(t/\text{div}) = N_{\text{div}}/f_{\text{s}} \tag{5-3}$$

式中，f_{s} 为采集频率；N_{div} 为每格采样点数；t_{div} 为每格的扫描时间，常记为 t/div。数字示波器设置了多档扫描速度（也称扫描时间因数），对应不同的采样速率。沿用模拟示波器的习惯，数字示波器的扫描时基因数也按 1 – 2 – 5 步进方式分档，每档也能细调。

在数字示波器中，实际采样速率根据用户选择的时基因数 $t_{\text{div}}(t/\text{div})$ 和显示器每格采样点数 N_{div} 决定，在选定一个扫描时基因数 t_{div} 时，实时采样速率 f_{r} 应为

$$f_{\text{r}} = \frac{N_{\text{div}}}{t_{\text{div}}} = \frac{N_{\text{div}}}{t/\text{div}} \tag{5-4}$$

假设某数字示波器当前设定的每格样点数为 100 点/div，其时基因数为 100ns/div，则 f_{r} 是 1GSa/s 或 1GHz。

5.4.3　频带宽度 BW

1. 模拟带宽

数字示波器的模拟带宽是指采样电路以前模拟信号通道电路的频带宽度，主要由 Y 通道电路的幅频特性决定。当 Y 通道输入不同频率的等幅正弦信号时，屏幕上显示的信号幅度下降 3dB（即 0.707 倍）时所对应的输入信号上、下限频率之差，称为示波器的频带宽度，也称为 3dB 带宽，单位为 MHz 或 GHz。模拟带宽通常很宽，一般它能让很高频率的重复信号通过，进行非实时等效采样；也能让快速的单次脉冲信号通过，进行实时采样。如不特殊说明，一般数字示波器的频带宽度是指其模拟带宽，它是 Y 通道带宽的一个标称值。

上升时间 t_{r} 是一个与频带宽度 BW 相关的参数，它表示由于示波器 Y 通道的频带宽度的限制，当输入一个理想阶跃信号（上升时间为零而具有丰富的谐波分量）时，显示波形出现具有一定上升时间（脉冲信号的上升时间定义为上升沿的幅度从 10% 上升到 90% 所需的时间）的非理想阶跃（可理解为丢失了输入理想阶跃信号的高次谐波，因此高次谐波未得到响应），Y 通道的频带宽度越宽，输入信号的高频分量衰减越少，阶跃信号失真越小，显示波形越陡峭，上升时间就越小。上升时间反映了示波器 Y 通道跟随输入信号快速变化的能力。

工程上，示波器 Y 通道输入脉冲信号时，所显示脉冲波形的上升时间为 t_{r}，BW（MHz 或 GHz）与 t_{r}（μs 或 ns）的关系可近似表示为

$$t_{\text{r}} \approx \frac{0.35}{BW}, \text{ 或 } BW \approx \frac{0.35}{t_{\text{r}}} \tag{5-5}$$

式中，BW 是 3dB 带宽，显示波形幅度误差为 30%，例如，对于 3dB 带宽为 100MHz 的示波器，上升时间约为 3.5ns。

在实际使用中，一般要求示波器带宽（上限截止频率）为被测信号最高频率分量的 5 倍，此时，幅度测量误差小于 2%，称为"5 倍带宽法则"，即 $BW_示 = 5BW_信$。

2. 等效带宽（重复带宽，Repeat BW）

等效带宽是指数字示波器工作在等效采样工作方式下测量周期信号时所表现出来的频带宽度。在等效采样工作方式下，要求信号必须是周期重复的，数字示波器一般要经过多个采样周期，并对采集到的样品进行重新组合，才能精确地显示被测波形，所以等效带宽又称为重复带宽。等效带宽取决于实现等效采样所采用的技术和元器件，即取决于等效采样速率〔见式（5-2）〕。等效带宽可以做得很宽，有的数字示波器可达到几十吉赫兹以上。等效带宽表征数字示波器观测周期性信号的能力，但实际中，数字示波器观测周期性信号的实际带宽还要受模拟带宽的限制。

3. 实时带宽（单次带宽，Single shot BW）

实时带宽或称存储带宽，数字实时带宽是指用数字示波器测量单次信号时，采用实时采样方式能完整地、无失真地显示被测信号波形的带宽，也称为有效存储带宽（USB）。

实时带宽主要取决于 A–D 转换器的采样速率和显示所采用的内插技术。理论上，实时带宽可取为 $f_s/2$，即一个信号周期采样 2 个点。实际上，为保证波形显示的分辨率，往往要求增加更多的取样点。若每个周期的采样点数为 k，则其实时带宽为

$$BW = \frac{f_s}{k} \tag{5-6}$$

采用点显示方式时，k 一般取为 20（或再大些），即示波器的 f_s 应大于被观测信号最高频率分量的 20 倍以上。由此可见，为了无失真观测脉冲波形，对实时采样速率（即存储带宽）的要求，比 5 倍带宽的要求更高（为 5 倍带宽的 4 倍以上）。

采用插值显示技术可以降低对示波器的 f_s 的要求，当采用线性内插方式显示时，一般情况下取 $k = 10$，即可恢复波形；当采用正弦内插方式时，一般情况下取 $k = 2.5$ 就可以构成一个较完整的正弦波形。

4. 带宽和采样率的估算

数字示波器观测一个单次信号的能力取决于两个方面的要求：一方面，模拟通道硬件的带宽（模拟带宽）应足够宽；另一方面，数字示波器的实时采样速率（实时带宽）要足够高。

根据数字示波器观测一个单次脉冲信号的上升波形质量（时域特性）要求，来决定示波器所需要的模拟带宽和实时采样速率，其步骤如下：

1）决定信号的边沿速度（用上升时间 t_r 表示）。

2）决定边沿带宽 $BW_{边沿} = 0.35/边沿速度 = 0.35/t_r$。（边沿带宽即 3dB 带宽，显示波形幅度误差为 30%）

3）决定所需的示波器的带宽 $BW = p \times BW_{边沿}$。（对所选用的数字示波器模拟带宽的要求）

说明：若 $p = 1$，即以 $BW_{边沿}$ 作为示波器带宽——称为 3dB 带宽，显示的波形幅度将衰减为 0.707 倍，误差近 30%；当幅度容许的误差为 5% 时，$p = 3$；当误差为 2% 时，$p = 5$；当误差为 1% 时，$p = 7$。

4）决定所要的实时采样速率 $f_s = q \times BW$。（对存储带宽的要求）

说明：有内插处理 $q = 4$，无内插处理 $q = 10$。

【**例 5-2**】 设被观测信号的上升时间为 2ns，请决定所选用的数字示波器的带宽及采样速率。

解：1）求边沿带宽：$BW_{边沿} = 0.35/t_r = 0.35/2ns = 175MHz$。

2）求示波器的带宽：$BW = 5 \times 175\text{MHz} = 875\text{MHz}$（对 2% 的误差）。

3）计算采样速率：$f_{s1} = 4 \times 875\text{MHz} = 3.5\text{GHz}$（有内插），$T_{s1} = 0.29\text{ns}$，在被观测信号的上升时间内有 7 个采样点；$f_{s2} = 10 \times 875\text{MHz} = 8.75\text{GHz}$（无内插），$T_{s2} = 0.11\text{ns}$，上升时间内有 18 个采样点。

5.4.4　记录长度 L

一个采集点的量化数据称为一个记录（通常数字示波器采用 8 位 ADC，每个记录为 8bit）。记录长度是指一次采样、存储过程中存储器所能存储的记录字的最大数量，即表示数字示波器一次测量中所能存储的被测信号的采样点多少的量度。记录长度取决于存储深度或存储容量，故记录长度又称存储容量或存储深度，单位为 KB 或 MB 等。

记录长度越长，允许用户捕捉更长时间内的事件，就能为复杂波形提供更好的描述。一般说来，记录长度越长越好，但是由于高速存储器制造技术和成本的限制，记录长度是有限的。而对于某个数字示波器，其记录长度是个确定的值，但实际测量使用的存储容量可以是变化的。

现代数字示波器中实际使用的存储容量不受显示屏像素点数的限制时，存储容量与扫描速度、采样率的关系是：

1）在给定扫描速度时，随着存储容量增加，采样率也可增加，信号时间分辨力也越高，有利于观察快速变化的信号。

2）当给定采样速率时，随着存储容量的增加，记录时间长度越长，对事件全过程的观测也就越完整、细致，能显示一个长时间内的较复杂的波形。

3）当给定存储容量时，随着采样率的提高，记录时间长度相应地要缩短。

5.4.5　偏转灵敏度、偏转因数和垂直分辨力

1. 偏转灵敏度与偏转因数

偏转灵敏度是指屏幕上的光点在单位电压信号作用下，所产生的垂直偏转的距离，单位为 cm/V（或 div/V）。

偏转灵敏度的倒数称为"偏转因数"，它表示光点在荧光屏上的垂直（Y）方向移动 1cm（即 1 格）所需的电压值，单位为 V/cm、mV/cm（或 V/div、mV/div）。

在示波器面板上，偏转因数通常也按"1、2、5"的步进分成很多档，此外，还有"微调"旋钮。垂直灵敏度可用幅度准确的低频方波进行校准。

偏转因数表示了示波器 Y 通道的放大/衰减能力，偏转因数越小，表示示波器观测微弱信号的能力越强。

2. 垂直分辨力

数字存储示波器的垂直分辨力也称电压分辨力，可以定义为示波器所能分辨的最小电压增量。数字存储示波器的垂直分辨力取决于 A-D 转换器进行量化的最小单位数，它通常用 A-D 转换器的位数 n 来表示。若 A-D 转换器是 n 位编码，n 位的二进制数可以代表 2^n 个不同值或不同码，则最小量化单位为 $1/2^n$。假设某个数字存储示波器的 A-D 转换器的转换参考电压为 U_r，A-D 转换器的位数为 n 位，那么该示波器的垂直分辨力（电压分辨力）为

$$U_0 = U_r/2^n \tag{5-7}$$

垂直分辨力也可用相对分辨率 $U_0/U_r = 1/2^n$ 的百分比表示，见表 5-2。

垂直分辨力也可以用每格分级数（级数/div）来表示。设某数字示波器采用 8bit 的 A-D 转换器，共有 256 级，屏幕垂直方向的刻度为 8div，则该数字示波器的垂直分辨力为 32 级/div。

表 5-2　A - D 转换器的位数和相对分辨率

位数	6	7	8	9	10	11	12
相对分辨率	1.56%	0.78%	0.39%	0.20%	0.098%	0.049%	0.024%

需要说明的是，由于噪声存在、带宽有限等因素的影响，A - D 转换器的实际（有效）分辨力会有所下降。例如，转换速率为 200MSa/s 的 8 位 A - D 转换器，当输入 100MHz 满刻度信号时，它的实际比特分辨力仅为 5bit。由于高速 A - D 转换器简单地用标称的比特位数来表示数字示波器的垂直分辨力并不科学，因此，有人提出采用有效比特分辨力（EBR）来代替理想的垂直分辨力。

5.4.6　屏幕刷新率

屏幕刷新率也称波形捕获率，是指数字示波器的屏幕每秒钟刷新波形的最高次数。屏幕刷新率高就能捕获更大数据量的信息予以显示，尤其是在捕捉隐藏在波形信号下的异常信号方面，有着特别的作用。

早期数字示波器的工作流程是：先对采集的信号进行 A - D 转换并将数据存在采集存储器中，之后再对采集数据进行处理，并将处理后的数据经 D - A 转换器变成模拟信号后送屏幕显示；然后再采集下一帧信号，在两次采集时间之间存在一个较长的盲区时间（在这个盲区内出现的信号被漏掉），降低了屏幕的刷新率。

相对而言，模拟示波器拥有好的"波形捕获率"，这是因为模拟示波器从信号采集到在屏幕上显示几乎是同时完成的，仅仅在扫描的回扫时间及释抑（Hold off）时间内不采集信号，因而屏幕刷新率一般可达 20 万次/s 以上。现代数字示波器将数据采集与存储单元和显示单元形成并列结构，分别由各自的处理器控制，这样，数字示波器在对数据进行采集、存储和处理的同时，显示单元也在不断地刷新屏幕显示，使屏幕刷新率有了很大的提高。目前，数字示波器的屏幕刷新率已达到 40 万次/s，超越了模拟示波器。

5.5　波形的采集

下面分别介绍数字示波器的各个组成部分的原理，包括波形采集与存储、触发与时基、波形处理与显示等。本节先讨论波形的采集环节。

波形采集部分包括衰减及放大、采样/保持及 A - D 转换三部分。衰减及放大电路的输出信号经采样/保持电路，由连续信号变为离散信号，各离散点的采样值正比于采样瞬间的幅值。经过 A - D 转换，离散的模拟量被量化为数字量，然后由采集存储器存储。在许多数字示波器中采样与量化已在 A - D 转换器中合为一体。

5.5.1　采样原理和采样方式

采集包括采样和量化两种操作。幅度量化的原理在第 4 章的 4.3 节中已讨论过，这里不再赘述，只着重讨论一下数字示波器中的采样技术。

（1）采样原理　采样（Sample），也常被称为取样，就是从单个信号波形或周期性重复信号波形上，采得一定数量的间断的取样点（样本），来表示一个连续的信号波形的过程，也就是以少量间断的样本表征一个连续的完整过程。例如，拍电影也是一个采样过程。

采样是由采样/保持电路来完成的。采样/保持电路由一个采样开关（采样门）和保持电容串联构成，如图 5-10 所示。对于一连续时间信号的采样过程可用图 5-11 来说明。采样脉冲 $p(t)$ 未出现时，采样门开关 S 断开，输出信号电压为零。在采样脉冲 $p(t)$ 到来的脉宽 τ

期间，采样门开关 S 闭合，输入信号 $u_i(t)$ 被取样，即快速对 C 充电，形成离散输出信号 $u_o(t)$，$u_o(t)$ 称为"采样信号"。若采样脉冲宽度 τ 很窄，则可以认为每次采样所得离散的采样信号幅度就等于该次采样瞬间输入信号的瞬时值。若采样有足够多的样点，就可无失真地表示原信号的波形。

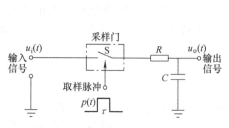

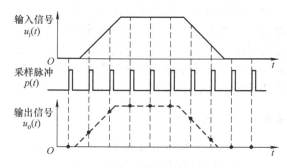

图 5-10　采样/保持器的基本模型　　　　图 5-11　实时采样过程

假设重复周期为 T_s 的采样脉冲由下面的函数来表示：

$$p(t) = \begin{cases} 1, t_n \leq t \leq t_n + \tau \\ 0, t_n + \tau < t < t_n + T_s \end{cases}$$

则采样信号可写为

$$u_o(t) = u_i(t)p(t) \tag{5-8}$$

将式（5-8）做傅里叶变换，可以证明，采样信号 $u_o(t)$ 的带宽比输入信号 $u_i(t)$ 的带宽更宽。因此，在示波器中利用实时采样的办法提高观测信号的频率是困难的。

（2）采样方式　采样方式分为实时采样和非实时采样。非实时采样又分为顺序采样和随机采样两种。下面分别介绍几种采样方式。

1）实时采样。实时采样是指在信号经历的实际时间内对一个信号波形进行取样。在实时采样中，一个信号的所有采样点按时间顺序在一个信号波形上等间隔采集取得，如图 5-12a所示。如果以 Δt 为采样间隔，完成一个信号周期（T）的采样需 n 次，即 $T = n\Delta t$，也就是说，由于一个波形只在单一非重复的一个变化周期中被采样到，因而采样速率必须足够高。根据采样定理，在理想情况下，对一个最高频率分量为 f_h 的信号，Δt 应满足采样定理，即 $\Delta t \leq 1/(2f_h)$。

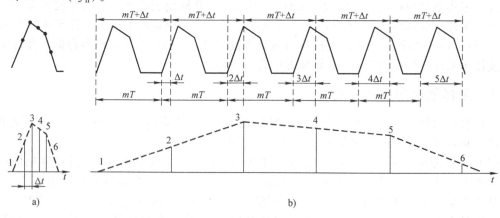

图 5-12　实时采样和非实时顺序采样
a）实时采样　b）非实时顺序采样

在实时采样中，采样间隔 Δt 即为采样脉冲的周期 T_s，故 $T_s \leqslant 1/(2f_h)$，即为采样脉冲频率 $f_s \geqslant 2f_h$。只要用不小于 $2f_h$ 的频率进行采样，就可不失真地恢复被测波形。

实时采样是最简单和最直观的采样方式，这类采样只需简单地在时间上等间隔地分布取样点，而且所有的取样点是对应示波器的一次触发而获取的。这种方式的主要好处是可以观测非周期性的瞬变信号（或称单次信号），缺点是数字示波器的最高采样率（即 A – D 转换速率）必须高于信号最高频率的 2 倍，也就是说，实时采样的示波器观测高频信号的能力受 A – D 转换器的速率限制。

2）非实时顺序采样。非实时采样（也被称为等效采样）是指从被测的周期性信号的许多相邻波形上取得样点的方法，即一次信号的采样过程需经过若干个信号重复周期才能完成。

非实时顺序采样通常对周期为 T 的信号每经过大约 m 个周期采集一点（m 为正整数），但每次采样都比前次在波形的相对位置上滞后 Δt，也就是说每经过（$mT + \Delta t$）采集一点，如图 5-12b 所示（图中 $m = 1$）。显然，顺序采样以触发点作为参考点，只要每采样一次，采样脉冲比前一次延迟时间 Δt，那么采样点将按顺序 1，2，3，…取遍整个信号波形。从图 5-12b 可见，采样后的样本信号虽然也是一串脉冲列，但是这串脉冲列的持续时间却被大大拉长了，这是因为在非实时采样的情况下，两个采样脉冲之间的时间间隔 T_s 变为 $mT + \Delta t$，非实时采样后得到的 n 个采样点形成的包络可等效为原信号的一个周期，只是这 n 个采样点经历的时间为 $nT_s = n(mT + \Delta t)$，即 n 个采样点来自于原信号的（$mn + 1$）个周期，而不是实时采样时只来自于原信号的 1 个周期。因而，采样后的信号频率为原信号频率的 $1/(nm + 1)$，其包络波形同样可以重现原信号波形，而且由于包络波形的持续时间变长了，这就有可能用一般低频示波器来显示，这就是非实时采样技术实现频率下变换的原理。

利用非实时采样方法组成的取样示波器，显示一个采样信号包络波形所需时间（称为测量时间），远远大于一个被测信号波形实际经历的时间，故这种方法称为非实时示波方法。在屏幕上显示的信号波形，由一系列不连续光点构成。比较图 5-12a、b 可见，只要采集起始点和时间 Δt 相同，图 5-12b 采集的样值就与图 5-12a 完全相同。只不过这种非实时采样对采样速度的要求大大降低了，或者说它可以用不太高的采样速率，"等效"极高速率的实时采样。目前顺序采样的采样示波器高端频率已做到 50GHz，而实际采样率只需 10kSa/s。

由上述原理可知，非实时采样的示波器不能观测单次信号，通常只能观测周期性信号，但是只要重复波形完全相同，触发点又容易识别，非实时顺序采样也可观测有些非周期性的重复信号。此外，顺序采样因以触发点为参考每次相对延迟 Δt 采样，故不能观测触发前的信号；在实际使用中也不便于观测频率较低的信号，否则采样时间过长。

3）非实时随机采样。随机采样与顺序采样方式一样，也需要经过多个采样周期才能重构一幅波形，即两者都是非实时的采样方式。两者不同的是：顺序采样每次触发只采集一个采样点，各个采样点与触发点之间的延时是按 Δt 步进递增的，并且是确定的；随机采样每次触发可以连续采集多个采样点（多点采样的频率是相同的），而每个触发点与其后第一个采样点的时间 t_1，t_2，t_3，t_4，…之间的时间间隔（分别为 Δt_1，Δt_2，Δt_3，Δt_4，…）是随机的。非实时随机采样如图 5-13 所示。

当第一次触发时，延时 Δt_1 后的 t_1 时刻开始第一次采样，采样若干样点直到采样结束（经历被测信号的多个周期）并存储这些采样点数据（图中标记"1 –"的各点）后，等待第二次触发事件。第二次触发后再延时 Δt_2 后的 t_2 时刻，进行第二次采集并存储各采样点数据（图中标记"2 –"的各点）。由于是重复周期信号，第二次采样虽然是在第一次采样后间隔了信号的若干周期中进行的，但可认为信号的不同周期的幅度并无差异（注意，图

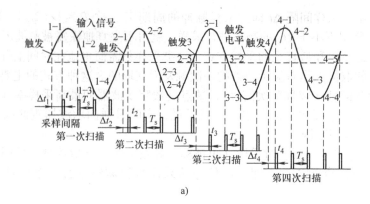

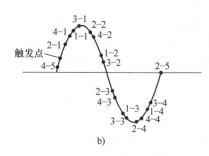

图 5-13 非实时随机采样

a）采样过程示意 b）重建的波形

中只是为了画图方便，将第二次触发采样画在了紧接着第一次采样后的一个周期）。同样，进行第三次（图中标注 "3 -" 的各点）、第四次采样（图中标注 "4 -" 的各点）。

在进行波形重建时，首先精确测出每个采样周期的时间间隔 Δt_1，Δt_2，Δt_3，Δt_4，…，然后以触发点为基准，将在各次采样周期中采集的采样点进行拼合（按时间先后的次序将数据重新排列，并写入显示存储器相应的地址单元中），就能在显示时重构信号的一个完整的采样波形。如果采集的次数足够多，重构波形的采样点将非常密集，相当于用较高的采样率进行一次实时采集而形成的波形。由于随机采样也可采用不太高的实际采样率 "等效" 成高速采集，因此对重复信号可取得很高的带宽。

随机采样通过记录各次采样时刻与触发点的时间差来确定采样点在信号中的位置，以此重建波形。因此，在采样中，准确测量和记录该时间差，是实现随机采样的关键，通常可采用时间展宽或延时法等精密时间内插技术进行精确测量。因为随机采样需要进行精确时间测量，所以在重建波形时，需要较顺序采样更多的时间。

4）随机采样方式与顺序采样方式的比较。随机采样与顺序采样一样，都是非实时采样，只能对重复周期信号进行采样和观测。但两者又有不同：

① 从采样时刻来讲，顺序采样的采样点与触发点有 Δt 的固定延迟时间关系，而随机采样的采样点与触发点之间的时间关系完全是随机的。

② 从信号周期来讲，顺序采样触发后每个采样周期只取样一个采样点，而随机采样每个采样周期内进行多次重复采样后得到一组采样点，随机采样的等效采样比顺序采样快了很多，它能较容易地获得很高的重复带宽。

③ 随机采样方式容许在触发信号之前采样，可以提供触发点前的信息；而顺序采样方式的全部采样必须在触发信号之后产生，不能提供触发点前的信息。

④ 随机采样要进行微小的时间差的精确测量和波形重建工作，其实现技术较复杂。

随机采样方式已在很多应用范围内取代了顺序采样方式。目前，多数的数字示波器都具备实时采样和随机采样两种采样方式，以便既能观测单次信号，又可观测频率很高的重复信号。但观测微波频率段信号的示波器通常还是采用顺序采样方式，这是因为对 100GHz 微波频率，被测信号的周期仅为 0.01ns，示波器在如此小时间窗口中进行随机采样，有效的随机采样出现的概率就很小，想要获得恢复整个波形所需要的全部采样点，将会花去很长的时间。顺序采样方式可迫使采样点发生在所需的时间窗口内，因此易于很快获得整个波形。

5.5.2　高速 A – D 转换技术

A – D 转换器是波形采集的关键部件，它决定了示波器的最大采样速率、实时（或称存储）带宽以及垂直分辨率等多项指标。目前数字示波器采用的高速 A – D 转换器有并联（并行）比较式、并串式以及 CCD 器件与 A – D 转换器组合式等。

1. 并行比较式 ADC

并行比较式 ADC 采用图 5-14 所示的原理。待转换的信号 u_i 同时作用于若干个并行工作的比较器的输入端，这些比较器与不同的参考电平比较。对于 n 位 A – D 转换器而言，需要用 $2^n - 1$ 个比较器，与 $2^n - 1$ 个量化等级相对应，每一个比较器的比较参考电平从基准电压 $+U_r \sim -U_r$ 经分压而得（共 2^n 个分压电阻），它们依次相差一个量化等级。当作用于输入端的信号 u_i 大于某比较电平时，则该比较器输出高态 "1"，反之则为低态 "0"。$2^n - 1$ 个比较器的输出经编码逻辑电路得到 n 位二进制码，送至输出寄存器，即为 A – D 转换结果。图 5-14 所示电路是在采样时

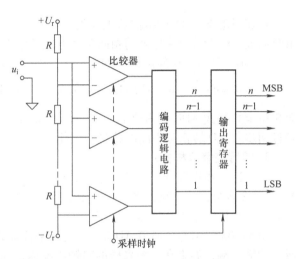

图 5-14　并行比较式 ADC 原理框图

钟的作用下工作的，当信号 u_i 作用于输入端时，比较器的输出就跟踪 u_i 的变化，只有在采样时钟为有效时，比较器的结果才被保持、输出。由于并行比较式 A – D 的各个比较器同时进行比较，它的转换速度只取决于比较器、编码器、寄存器的响应速度，其转换速度是各类 ADC 中最快的，故有闪烁式 ADC（Flash 型 ADC）之称。

目前，并行比较式 A – D 转换器技术已经非常成熟，8bit 并联 A – D 转换器的转换速率已达到 2GSa/s 以上，并且片内都集成了采样/保持电路、基准（参考）电压、编码电路等，使用时，只需外加少量元器件，即可组成完整的数字化电路，给数字示波器的设计带来了很大方便。设计高速 A – D 转换器时还必须提供高质量的转换时钟信号，并且注意进行输出数据的降速处理等。

并行比较式 A – D 转换器的转换速度最快，但是，电路结构复杂，成本高。例如 8 位 A – D 转换器，需要 255 个比较器，如果位数更多，电路规模将剧增。

2. 并串式 ADC

并串式 A – D 转换器采用并联与串联相结合的技术，既吸取了并行式 A – D 快速的优点，又通过串联方式相对减少了比较器的数量，其原理如图 5-15 所示。下面以 8 位并串式 ADC 为例说明其组成原理。它由两片 4 位并行比较式 A – D 转换器串联而成，该电路还包含一个取样保持器、一片 4 位 D – A 转换器、减法放大器及其他电路，工作过程分为两步：第一步是前置的 4 位 A – D 转换器对信号 u_i 进行转换，得二进制转换结果的高 4 位（$b_7 \sim b_4$）；

第二步是将所得高 4 位数码经 4 位 D – A 转换得输出电压 u_1，并送到减法放大器反相端。u_i 和 u_1 相减并放大后作用于下一级 4 位 A – D 转换器的输入端，得二进制码转换结果的低 4 位（$b_3 \sim b_0$）。转换结束后得到一个完整的 8 位二进制码 $b_7 b_6 b_5 b_4 b_3 b_2 b_1 b_0$ 输出。

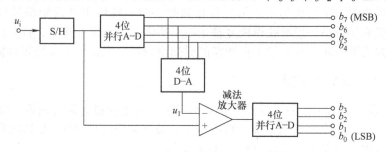

图 5-15　并串式 8 位 ADC 原理框图

现在考虑图 5-15 中减法放大器的增益。因为 A – D 转换结果是由两组二进制码的加权组合而成，在两片 A – D 采用相同基准电压的情况下，按二进制位权的高 4 位码加权系数为 2^k，k 为第一片 A – D 的位数（即 $k=4$），故放大器的增益为 $2^4 = 16$，并且该增益误差不得超过转换结果的 $\frac{1}{2}$LSB。图 5-15 并串式 8 位 ADC 所需比较器的数量为 $(2^4 - 1) \times 2 = 30$ 个，而 8 位全并行式 ADC 则需要 255 个，前者所用比较器的数量显著减少，但是由于并串式要经过两步 A – D 转换和中间电路延时才能完成一次转换过程，转换速度比全并行式慢。

3. 并行交替采样技术

为了进一步提高 A – D 转换速率，可采用并行交替采样技术。并行交替采样技术属于 A – D 转换器组合式，交替采样是利用多片 A – D 转换器并行对同一个模拟信号进行时间分割的交替采样，来提高整体采样率。

图 5-16a 所示为 2 通道 ADC 组合交替采样原理框图。被测信号 u_i 同时作用于两个采样通道的输入端，如果在一个采样的时钟周期内，通道 1 和通道 2 的采样、存储控制的时钟相差半个周期，则它们采样、存储的样点也依次相差半个时钟周期，在显示时再将这些样点依次交替读出进行显示，如图 5-16b 所示。因为每半个时钟周期可以采集一个数据，一个时钟周期内采集了两个数据，所以它们组合成一个 A – D 转换器的速率提高了一倍。

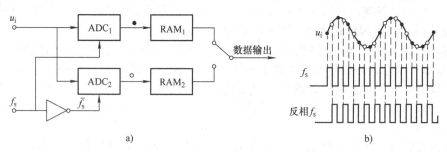

图 5-16　2 通道交替采样原理

a）原理框图　b）时序波形

图 5-17 所示为多片 ADC 基于时间交替采样而并行工作的原理框图。图中，N 片 ADC 采集同一个模拟信号 $x(t)$，各 ADC 的采样时钟频率相同（均为 f_0，周期 T_0），但它们是由同一个时钟通过时钟分配电路得到，各时钟保持固定的相位差 $\frac{2\pi}{N}$，相当于依次延迟 $\frac{T_0}{N}$。这

样，将 N 个 ADC 的采样数据按相位的先后次序排列（"拼合"）后得到的全部采样数据，就等效于 1 个 ADC 在采样时钟频率为 Nf_0 时的采样输出。高精度多相时钟电路设计是该技术的难点之一。

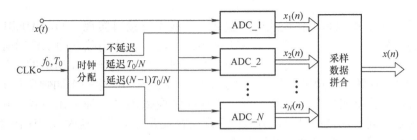

图 5-17　多片 ADC 并行时间交替采样原理框图

4. 高速 A–D 转换器实例简介

上述的多片并行交替采样方案需要许多芯片，另外增加许多射频元件，这不仅给实际制作带来许多困难，而且也使性能的进一步提高受到限制。目前，一些器件厂商生产了一种集成度很高的 A–D 转换器，该器件不仅含有多路（2 路或 4 路）高速 A–D 转换器，还提供了支持交替工作方式和输出数据降速（2 倍或 4 倍）处理的电路。单片内便可同时实现并行交替采样和输出数据降速处理。

AT84AD001 是一种具备交替功能的高速 A–D 转换器，其内部结构框图如图 5-18 所示。该器件在同一芯片上集成了两个（I 和 Q）独立的 A–D 转换器，每个通道都具有 1GSa/s 的采样率、8bit 分辨力。该器件支持交替工作方式，双路 A–D 转换器并行采样的最高采样率可以达到 2GSa/s。为了降低输出数据流的速度，器件内部集成了 1:1 和 1:2 可选的数据多路分离器（DMUX），当选择 DMUX 工作在 1:2 时，可以使输出数据流的速度降低为原来的 1/2。

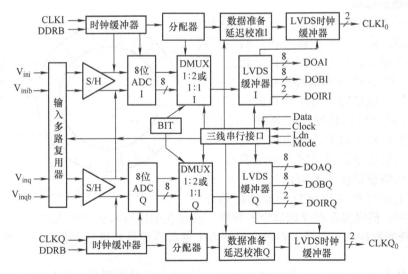

图 5-18　AT84AD001 内部结构框图

AT84AD001 的模拟输入端由两对差分模拟输入引脚 V_{ini}、V_{inib} 和 V_{inq}、V_{inqb} 组成，最大输入电压（峰峰值）为 500mV。数字信号的主要控制引脚是 I 和 Q 通道的时钟输入引脚 CLKI 和 CLKQ。通道 I 和 Q 的数据输出引脚分别是 $DOAI_{0\sim7}$、$DOBI_{0\sim7}$ 和 $DOAQ_{0\sim7}$、

DOBQ$_{0\sim7}$。当器件工作于 1:1 DMUX 模式时，每路 A – D 转换器使用 DOA 的 8 位总线，这时，AT84AD001 的数据输出速率为 1GHz；当器件工作于 1:2 DMUX 模式时，使用 DOA 和 DOB 共 16 位总线，这时，AT84AD001 的数据输出速率为 500MHz，数据输出速率降低为原来的 1/2。

AT84AD001 所有参数和工作模式的设置通过三线串行接口实现。AT84AD001 的工作时钟可以预置为三种工作模式：①两个 A – D 转换器通道各自使用独立的工作时钟（两个时钟）；②两个 A – D 转换器通道均使用 I 通道工作时钟，且 Q 通道与 I 通道的工作时钟同频同相；③两个 A – D 转换器通道均使用 I 通道工作时钟，内部产生一个同频反相的时钟作为 Q 通道工作时钟。若要实现交替并行采样，工作时钟应采用第三种工作模式，在这种模式下，当两通道输入同一模拟信号时，就可以实现交替式并行采样，这时 A – D 转换器组合后的等效采样速率为输入工作时钟频率的 2 倍。

5.6 波形的存储

采集存储器的任务是将高速 ADC 输出的采集数据及时存储下来，再送到后面进行显示与处理。

5.6.1 存储器的作用和结构

1. 存储器的作用

1）数字波形存储器具有快速的、长时间地保存数据的能力，能把数字存储示波器瞬间采集的信号存储下来，有利于观测单次出现的瞬变信号。

2）存储起到了速度的缓冲与隔离的作用，可实现波形的快速采集和慢速显示的分隔。数字示波器采集速率很高，通常很难实现实时处理和实时显示，因此，需要把高速数据流快速存储起来，再做后续处理。

2. 存储器的结构

数字示波器的存储器采用循环存储结构。所谓循环存储，就是将存储器的各存储单元按串行方式依次寻址，且存储区的首尾相接，形成一个类似于图 5-19 所示的环形结构。采用顺序存取的环形存储结构，可简化数据存取的操作。A – D 转换之后的数据（或再按一定比例间隔抽取的数据）是以先入先出的方式存入环形存储器，如果数据数目超过存储器容量，则先存入的数据将被依次覆盖而消失。如果写时钟不关闭，上述过程将周而复始地进行循环。

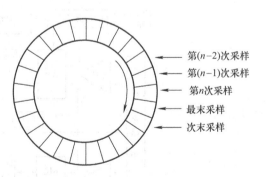

第(n-2)次采样
第(n-1)次采样
第n次采样
最末采样
次末采样

图 5-19　采样存储器的环形结构

写时钟一关闭，最终保存在存储器中的数据，就是在关闭写时钟前存入的、等于存储器容量 L 的一组最新的数据，该容量 L 在数字示波器中常称为记录长度或存储深度，或者称为采集存储的窗口。

DSO 为什么要采用循环存储结构呢？由于存储容量是有限的，所以它只能保存被测波形数据的一个片段。当人们希望观测到被测波形中感兴趣的那一段时，可借助于触发功能来捕获（存入）这一片段波形，因为存储窗口的位置是以用户设置的触发点为参考来确定的，设置的方法是用感兴趣的波形特征定义触发点，所以当被测波形出现这种特征时就产生触发信号。但如果示波器的数据采集与存储过程是在触发产生后才开始的，则触发前的波形数据没有采集存储，那么触发前的波形信息将无法观测到。为了能观测到触发前的波形，采样与存储过程必须预先进行（预采样）。在预采样过程中需要保存一段最新的波形数据，并丢弃最早存入的数据，这个过程应当是周而复始的自动循环地进行，因此需要使用循环存储结构，从而保证在触发发生时，在触发点以前的波形数据已存入存储器中，以便能观测触发之前的波形。

环形结构的采样存储器可用 FIFO、双口 RAM、高速 SRAM、DRAM 等来实现，其中，FIFO 本身就具有先入先出的顺序存储结构，使用较简便。考虑到存储器的容量和价格，目前数字示波器大多使用 SRAM 存储器。

5.6.2　存储器的容量

采样存储器容量大小也称存储深度，它决定了采集的波形记录的长度，因此，也简称为记录长度。一个波形点的数据称为一个记录，记录长度用可存储的波形采样点数 pts（样点）或存储容量的字节数 KB 或 MB 表示。

（1）记录长度与记录时间、记录分辨力的关系　一帧波形的记录长度、采样速率和扫描时间因数三者之间存在以下关系式：

$$L = f_s \times (t/\text{div}) \times 10\text{div} \tag{5-9}$$

式中，L 为记录长度；f_s 为采样速率；t/div 为扫描时间因数；10 表示显示屏幕水平方向的刻度为 10 格。

式（5-9）表明，当记录长度 L 确定之后（由硬件确定，不能改变），数字示波器的采样速率 f_s（记录的分辨率）与扫描时间因数 t/div（记录的时间）成反比。

（2）记录长度的选择　早期数字示波器设计的记录长度与显示器水平方向的分辨率在数值上是一致的。例如，对于一个 21 万像素（575×368）的显示屏幕来讲，为了保证显示的波形能达到该显示屏的最高的空间分辨率，水平方向应显示 500 个采样点的数据（相当于 50 点/div）。为了在应用中保持这个空间分辨率，较简单的设计方案是：以显示窗口的最高水平分辨率来确定数字示波器的记录长度，并根据所选的扫描速度来决定采样速率。例如，为保证水平方向有 500 个采样点，当扫描速度选择 $1\mu s/\text{div}$ 时，就应提供 50MSa/s 的采样速率。

这种设计方案存在以下两个缺点：

1）由于记录长度是以显示窗口的最高水平分辨率来设计的，数字示波器的记录长度不可能太长（一般在 500B 左右或 1000B 左右），因此，只适宜观测一些简单的周期性信号，很难完整地记录并显示一个较复杂的信号。

2）不便观测一个同时含有高频和低频成分的信号波形。例如，要求显示一帧含有帧同步信号的电视信号，若以低频的帧频信号调整扫描速度，可以看到一帧完整的信号，但看不清楚其中高频的电视信号的波形；若以其中高频的电视信号调整扫速，则又看不到一帧完整的信号。

要想观察到又长又复杂波形的细节，就需要在较高采样速率情况下进行较长时间的记录，因而现代数字示波器都把增加记录长度（即提高存储深度）作为提高数字示波器性能的一项重要改进措施。目前数字示波器记录长度已能做到多达 128MB 的超长存储深度，若用 100MSa/s 的速率采样，能记录长达 1.28s 的时间，从而支持在高采样率情况下对复杂波形的捕获。

增加记录长度后，一次捕捉的波形样点多了，使一帧数据可同时含有高频和低频的完整信号。但是屏幕水平方向一般只有 500 点左右（或 1000 点左右）的像素，也许只能看到波形中的某一个局部。例如，虽捕获了 100000 点的波形，但仅有 500 点（或 1000 点）数据能在屏幕上显示。为此，除采取抽样处理外，人们又提出"窗口放大"或"波形移动"等显示功能，使用户通过多次放大或左右移动，既可看到波形的全貌又可看到局部细节，解决了长记录长度和显示处理之间的矛盾。

5.6.3 存储器的降速技术

高速 ADC 输出的数据速率高，欲使每一个采样数据能够及时存储起来，要求数据存储速率不得低于采集速率，例如在 2GSa/s 采样速率下，要求存储器的写入时间不得大于 0.5ns，单片大容量高速存储器很难达到这一要求。为了降低对采样存储器读写速度的要求，数字示波器广泛采用了数据存储的降速处理技术。下面介绍两种降速技术。

1. 分时存储

采集的高速数据可分流成为低速数据进行存储，例如可分流为 2 路甚至 4 路 RAM 来分时存储，将存储器的速度要求降低到原来的 1/2 或 1/4，就可采用廉价的慢速存储器存储高速信号。图 5-20 所示为采集数据由 2 路存储器交替地分时存储的原理框图及 2 相时钟锁存数据的时序图。

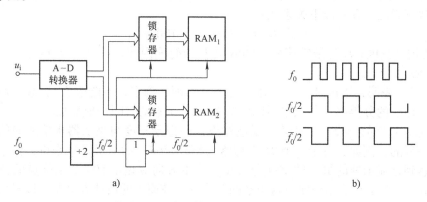

图 5-20　高速数据的 2 路分时存储
a）原理框图（2 路）　b）2 相时钟锁存（前沿锁存）时序图

2. 分路存储

数字示波器实现分路存储的方法通常采用"串 – 并转换"来降低输出数据流的速度。例如，某数字示波器采用的 A – D 转换器的最高采样率为 1GSa/s、分辨率为 8bit，而采集存储器是最高读写频率为 266MHz、宽度是 32bit 的 SDRAM，由于 SDRAM 的最高读写频率为 266MHz，所以必须将 A – D 数字化后的数据速率降到 266MHz 以下才能存储。数字化与分路存储电路的原理如图 5-21 所示。

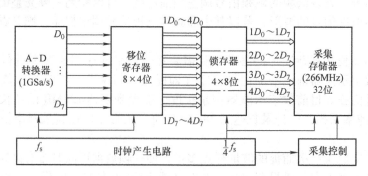

图 5-21　数字化与分路存储电路的原理

首先，将 A－D 转换器输出的 8 位并行数据 $D_0 \sim D_7$ 送入 8 个 4 位移位寄存器的串行输入端，当 A－D 转换器采集了 4 个数据，移位寄存器移满后，从其 4 位并行输出端输出数据，即完成了 4 位串－并转换过程，再由 4 个 8 位并行锁存器锁存一次数据，即通过把一路数据分成了 4 路数据来存储，把锁存数据流降速为 1/4 后再送到采集存储器（SDRAM）的输入端。A－D 转换器输出数据流的最大速度为 1000MHz，为了保证移位正确，移位寄存器串行移位的最大工作频率选为 1200MHz。由于移位寄存器移位 4 次后才向锁存器锁存一次，因此，通过分路把每个锁存器锁存和输出数据的频率降为 1000/4MHz＝250MHz，满足低于 SDRAM 读写最高频率（266MHz）的要求。32 位的 SDRAM 一次就写入了 4 个 8 位的数据，因此使写入速度降为原来的 1/4。

5.7　触发系统

触发与时基电路是数字存储示波器的测量控制逻辑与时序电路，它控制数字示波器的每次波形采集与存储工作的全过程。在每个采样周期内，触发与时基电路完成采样方式的控制、触发点的确定、采集与存储的速率选择、采集的启动与停止、触发前和触发后存储的数据量大小、测量触发点与采样点之间的时序控制等操作。触发与时基电路的优劣，直接关系到数据采集的正确性和显示波形的质量，对数字存储示波器的测量精度、触发抖动和波形显示的稳定都有直接影响。本节首先讨论示波器的触发系统。

5.7.1　触发系统的组成

为了捕获瞬间随机出现的单次信号，或是要从源源不断的周期性或非周期性信号中截取到所感兴趣的波形片段，设定触发条件和确定触发点是非常重要的。

1. 触发的基本概念

一个运行着的数字示波器是一个高速的数据采集系统，所提供的波形数据流是快速的、巨大的、源源不断的，而存储数据的容量和显示窗口的大小是有限的。数据流中的数据要全部地存储或显示是不可能的，因此，存储器中存储下来的数据只是采集数据流中的一个部分。为了有效地对波形进行观测，应当有选择性和针对性地存储数据，以提高存储器的利用率。为此，可以将该数据流分成若干片段，并分段有选择地采集与存储数据。显示就好比是一个有一定大小的窗口，通过窗口只观察信号波形中某一个部分的情况。一般选用被观测信号的某些特征或者外部某事件发生的时刻，作为数据段的分界点。在测试过程中，若预先设置的触发条件与输入信号的某些特征相符时就立即产生一个脉冲作触发信号。

触发信号的作用：在数字示波器中，设置触发的目的，在于控制观测窗口在数据流中所处的位置（窗口的定位）。触发信号用来启动或结束采集。触发时刻对应采集的数据字又称为触发字，当用触发启动数据的采集时，则触发字是窗口的第一个数据；当用触发停止数据的采集时，则触发字是窗口的最后一个数据。

触发电路的作用是为采集控制电路提供一个触发参考点（确定触发点），以使数字示波器的每次采集都发生在被测信号特定的相位点上，在观测一个周期性的信号时，使每一次捕获的波形相重叠，以达到稳定显示波形的目的。

2. 触发电路系统的组成

触发电路系统一般由外触发信号通道、触发源选择、触发耦合方式选择、触发脉冲形成和触发释抑电路组成，其原理框图如图 5-22 所示。

（1）外触发信号通道　外触发信号通道电路和输入信号通道电路一样，通常也应具备阻抗变换、AC/DC 耦合选择及放大衰减等电路，并且具有平坦的幅频特性。

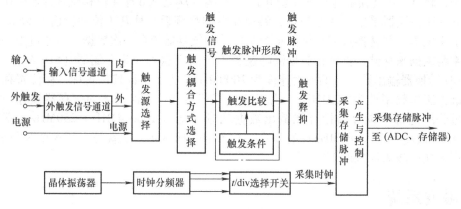

图 5-22　触发与时基系统原理框图

（2）触发源选择　示波器一般设置有内触发、外触发和电源触发等多种触发源。触发源选择电路的功能是，根据用户的设定从中选择其一作为触发信号源。内触发采用被测信号本身作为触发源；外触发采用外接的、与被测信号有严格同步关系的信号作为触发源；电源触发采用 50Hz 的工频正弦信号作为触发源，适用于观测与 50Hz 交流有同步关系的信号。触发源的选择应根据被测信号的特点来确定，以保证被测信号波形能稳定显示。

（3）触发耦合方式选择　数字示波器一般设置有直流耦合、交流耦合、低频抑制耦合、高频抑制耦合等多种触发耦合方式。触发耦合方式选择电路的功能是，根据用户的设定从中选择一种合适的耦合方式。直流耦合方式是一种直接耦合方式，用于接入直流或缓慢变化或频率较低并含有直流分量的信号；交流耦合方式是通过电容耦合的方式，具有隔直作用，用于观察从低频到较高频率的交流信号；低频抑制耦合方式使触发信号通过一个高通滤波器以抑制其低频成分，这种耦合方式对显示包含电源交流噪声的信号是很有用的；高频抑制耦合方式使触发源信号通过低通滤波器以抑制其高频分量，即使低频信号中包含很多高频噪声，仍能按低频信号触发。

（4）确定触发点的脉冲形成　数字示波器的触发脉冲（触发点）的形成电路按照选择的触发类型可分为边沿触发、时间触发、逻辑/状态触发、专用信号触发等类型。触发脉冲形成电路的基本功能是触发比较，即将选择的触发信号与设置的触发条件进行比较，两者相同时，则产生触发脉冲。边沿触发条件是输入信号的电平，时间触发条件是脉冲宽度，逻辑触发条件是逻辑状态字，专用信号触发条件是特征信号。

（5）触发释抑　释抑（Hold off）时间用来控制从一次触发到允许下一次触发之间的时间。触发释抑电路用以在每一次触发之后，产生一段闭锁（Hold off）时间，示波器在这段闭锁时间内将停止触发响应，以避免不希望的触发产生。在模拟示波器中的释抑时间，是用来保证扫描回程结束后才允许新的触发，即保证每次扫描都从 X 轴的同一起点开始。模拟示波器每种扫描时间因数（时基）对应的释抑时间由厂商在设计电路时确定，仪器用户通常无法改变。数字示波器通常可由用户自己控制释抑时间，它的作用是在观测复杂波形时获得同步的触发信号，以得到稳定清晰的显示。

对于大周期重复而在大周期内又各不相同的特殊波形，可能在一个大周期内存在很多满足触发条件的多次触发，这是不希望有的，因而需要进行屏蔽，使它们不起作用。为此，可通过调节释抑时间来达到该目的。在使用中，操作者一般并不需要准确设置释抑时间，而只是在观测复杂波形遇到显示混乱，且调节触发电平不能显示出稳定波形时，才调节触发释抑时间，达到显示稳定波形的目的。

154

5.7.2 触发点的确定——触发方式

数字示波器确定触发点的脉冲形成方式有很多种,有边沿触发、时间限定触发、幅度限定触发、数字逻辑触发、专用信号触发等形式。根据选定的触发条件,由触发脉冲形成电路实现各种类型的触发。触发脉冲形成电路由模拟和数字电路混合构成,其基本功能是进行比较,如电平比较、时间比较、数字比较等。下面分别介绍数字示波器几种常见的触发方式。

1. 边沿触发方式

边沿触发方式是指信号边沿达到某一设定的触发阈值电平而产生的一种触发方式,触发阈值电平可以调节,这是一种最基础的触发方式。图 5-23 表示了边沿触发方式的脉冲形成原理。

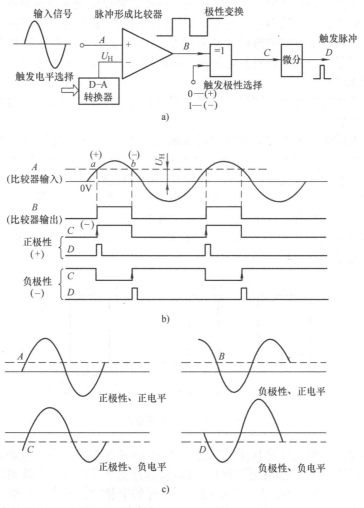

图 5-23 边沿触发方式的脉冲的形成原理
a) 触发形成电路 b) 工作时序波形 c) 不同触发极性和电平时显示的波形

边沿触发电路(图 5-23a)一般采用电压比较器形成触发脉冲。输入信号加到电压比较器的同相端,与加在反相端的 D – A 转换器输出的直流电压(触发电平)U_H 比较,形成如图 5-23b 所示的输出脉冲。输出脉冲的上升沿和下降沿分别对应输入信号上的 a 和 b 两个触发点,因此边沿触发又分为上升沿触发和下降沿触发两种。异或门选择脉冲极性,当异或门控制输入端为低电平时，比较器的输出脉冲经异或门之后为同相输出，它的上升沿经微分后的输出窄脉冲对应于输入信号波形的 a 点时刻；反之，当异或门控制输入端为高电平时，比较器的输出脉冲经异或门后为反相输出，再经过微分后的输出窄脉冲对应于输入信号的 b 点时刻。最后取出微分的窄脉冲作为数据采集的触发脉冲，当触发电平 U_H 在正、负范围内调节时，再配合触发极性的 " + " " – " 选择，就可在被观测波形的任意点产生触发。图 5-23c 给出了四种触发位置的示意图，图中，水平虚线表示触发电平，与波形实线的交点为触发点。

在边沿触发方式中有一种自动电平触发。为使显示稳定，示波器根据实际输入信号的大小自动选择一个触发电平。通常，自动选择的触发电平处于显示波形幅度 50% 的位置。如果没有信号输入到示波器，则显示一条时基线。

边沿触发的最终目的是产生一个稳定的快沿脉冲，并以此刻来形成对被测信号进行采样的触发时间。很显然，这一快沿脉冲的不稳定将直接导致对信号采样时间的不确定性，造成波形在显示时会出现水平方向的抖动（称为触发抖动），触发抖动严重时将无法观察和精确测量信号的时间参量。因此，触发抖动是数字示波器的一项重要的技术指标。

2. 时间限定触发方式

脉宽触发和毛刺触发均属时间限定触发。它包含脉冲持续时间过长或过短、脉冲边沿斜率不够陡等产生的触发。

典型的波形时间限定触发方式是脉冲宽度触发。图 5-24 所示的脉冲序列由三种宽度不同的脉冲组成，因而若设置上升沿（或下降沿）触发，则显示的波形将不稳定。为此可设置脉冲宽度触发：若要求最宽的脉冲 1 产生触发，则可设置触发脉冲宽度大于 t_1；若要求最窄的脉冲 2 产生触发，则可设置触发脉冲宽度小于 t_2；如果设置触发脉冲的宽度大于 t_3 而小于 t_4，则由脉冲 3 产生触发。这样，不同宽度的脉冲中只有一个产生触发，就能得到稳定显示。如果设置数字示波器比预期看到的最窄的脉冲（本例中为脉冲 2）更窄的毛刺产生触发，则将捕捉并显示毛刺波形。

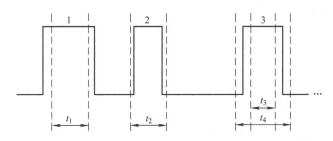

图 5-24　脉冲宽度触发

毛刺是一种宽度极窄的异常脉冲，毛刺触发电路可根据脉冲的宽度来确定触发时刻，当被测信号为 DC 到某一频率之间的信号时，可以将脉冲宽度设置为小于被测信号最高频率分量周期的 1/2。人们通常认为，在正常情况下，这样的窄脉冲是不会产生的。无毛刺出现时示波器不显示，处于"监视"状态；当触发器发现毛刺时，则产生触发信号并显示毛刺尖峰出现前后的波形。

3. 幅度限定（小信号）触发方式

示波器的触发条件通常是信号大于某个阈值，而有时人们希望观察的是某些幅值变化波形中的小信号部分，这时就需要屏蔽那些幅值较大的信号，由脉冲串中那些幅度低于设定门限值的小脉冲产生触发。例如图 5-25 中，正脉冲 2 幅度未达高门限，负脉冲 4 幅度未达低门限，均属小脉冲。这种幅度异常、或高或低的脉冲往往就是毛刺和干扰。

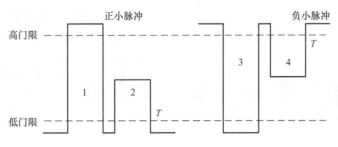

图 5-25　小脉冲触发

4. 数字逻辑触发方式

数字示波器的应用越来越广泛，在很多场合都需要观察数字信号的波形。由于数字信号的变化按照一定逻辑规则进行，因此观察数字信号就必须以其携带的逻辑信息为触发依据。数字示波器通常有 2 或 4 路输入，其触发可以由一路信号的某种跳变沿与其他路信号的逻辑状态或逻辑组合共同确定。几路信号的组合逻辑，可以是"与""或""与非""或非""异或""异或非"等。

典型的数字逻辑触发方式有数字图形触发、状态触发等。

1) 数字图形触发又称逻辑模式触发或码型触发，其通过检测信号的高、低电平判断其逻辑状态，并将多路输入信号的逻辑状态组合在一起构成数字图形。检测得到的图形与设定图形相符时产生触发。构成数字图形的途径有两个：其一是同时检测多路输入信号，并将检测结果按一定顺序排列（并行方式）；其二是连续检测一路信号并将其按照数字状态的变化时序排列（串行方式）。复杂的触发设定中也可将这两种方式结合在一起。

2) 状态触发采用状态字作触发信号，状态触发要求设置多条并行检测线来检测这些线上的状态，当检测到用户规定的状态字（如 HLLH）时，示波器就产生触发。状态触发也可把一个通道设定为边沿触发，在其他通道的状态符合条件时，由边沿触发通道指定极性的边沿产生触发。

5. 专用信号的触发方式

这种触发为观测某些专用信号提供了方便。例如，在电视信号观测中，常需显示与行信号、场信号有关的波形。因此，很多数字示波器设置了 TV 触发，并提供多种与 TV 相关的触发项选择。TV（视频）触发主要是通过视频同步分离器提取视频信号中的场同步信号或者行同步信号作为触发信号，因而视频触发又可分为场同步触发和行同步触发两种。又如，某种总线有相应的规范，根据总线的规范产生的触发可便于观测该总线的相关信号。

5.7.3　观察窗口的定位——触发模式

模拟波形经 A－D 转换数字化后，输出大量的波形数据。由于数字示波器存储资源的限制，只能从大量的数据流中截取一个片段进行存储和显示，这个数据片段称为观察窗口。

在模拟示波器中，出现触发信号后才开始产生扫描锯齿波，从而总是观测到触发点后的信号波形，观察窗口总是处在触发点之后。在数字示波器中，观察窗口与触发点的位置关系是可选择的，不但可以观测触发点后的信号波形，而且可以观测触发点前的信号波形。

窗口的位置是以触发点为参考来确定的。在触发点确定之后，以触发点为参考，进一步对观察窗口定位。观察窗口的位置取决于选用的触发模式。触发模式可分为始端触发和终端触发、正延迟触发和负延迟触发等几种模式，如图 5-26 所示。在数字示波器中可以通过控制采集存储器的写操作过程的开始或结束，并且可设置正负延迟及延迟时间来确定观察窗口的位置。

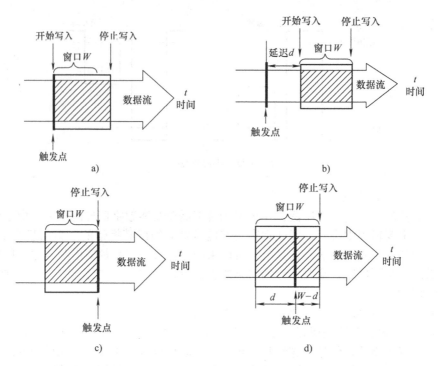

图 5-26　各种触发方式下，触发字与观察窗口位置

a）始端触发　b）始端触发加延迟　c）终端触发　d）终端触发加延迟

1. 始端触发模式

当被测信号达到预置电平时，触发电路便产生触发信号，于是采集存储器就从窗口始端地址开始写入采集的数据，设示波器的窗口容量 W 为 1024，则当写满 W（1024）个单元后便自动停止写操作。

设数字示波器采用容量为 W 的循环存储器结构，若显示从窗口始端地址开始读数据，这时对应示波器屏幕上显示的信号便是触发点开始后的波形。这种方式称为存储窗口的始端触发，如图 5-26a 所示。

2. 正延迟触发（即窗口始端比触发点延迟 d 个取样点时间）**模式**

触发信号到来后，采集存储器不立即写入数据，而是延迟 d 次采样之后才开始写入，当写满 W（1024）个单元后便自动停止写操作。

显示时，从开始触发后的 d 个单元读取 W（1024）个单元的数据，示波器屏幕上显示的信号便是触发点之后 d 个样点的波形，这等效于示波器的时间窗口 W 右移。这种方式称为存储窗的正延迟触发，如图 5-26b 和图 5-27a 所示。

3. 终端触发模式

如果在触发信号到来前，采样便不断进行着，采集存储器便一直处于 0～1023 单元不断循环写入的过程中。在写满 1024 个单元之后，新内容将覆盖旧内容继续写入。当触发信号到来时，采集存储器立即停止写入。

这时显示时，不是从零地址单元读取，而是从停止写入的前 W 个单元开始读取 W 个数据，则对应示波器屏幕上显示的信号便是触发点前的波形。这种方式称为存储窗口的终端触发，如图 5-26c 所示。

4. 负延迟触发（即始端信号超前触发点 d 个取样点时间）**模式**

在触发信号到来之前，采集存储器不断循环写入，当触发信号到来时，使采样存储器再

158

写入 $W-d$ 个取样点之后停止写操作。

显示时，不是从零地址读数据，而是从停止写操作时前 W 个单元的地址开始连续读 1024 个单元的内容，示波器屏幕上显示的便是触发点之前 d 次取样点为起点的波形，这等于示波器的时间窗口左移。这种方式称为存储窗口的负延迟触发，如图 5-26d 和图 5-27b 所示。

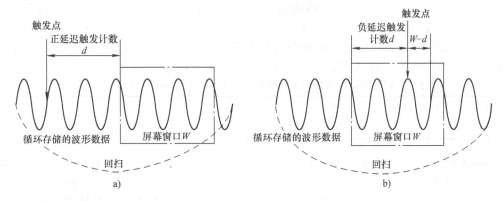

图 5-27　延迟触发显示波形示意图

a）正延迟触发　b）负延迟触发

5.8　时基系统

5.8.1　时基的选择

时基是示波器的时间基准，它决定了信号波形在水平时间轴的测量范围和精度。观测不同频率或不同变化速率的信号，应选用不同的时基，即相当于示波器选用不同的扫描速度。

数字示波器水平时间轴上形成时基的方式不同于模拟示波器。模拟示波器采用线性锯齿波形成的时间基准是一个连续的时间变量，数字示波器利用时钟脉冲采样形成的时间基准是一个离散的时间变量。

数字示波器时基电路的任务是产生采集、存储与显示所需要的时钟信号和时序控制信号。时基电路由高精度的主时钟信号源、采样速率和时基（t/div）控制电路、各种采样方式（实时采样、非实时顺序采样和随机采样等）所需要的时基信号产生与控制电路等组成。

（1）采样速率　数字示波器显示的信号波形是由一个个采样点构成的。每个采样点之间的时间间隔（$t/$点，即等于采样时钟周期 t_s）是构成时基的最小单位，它表征了水平轴上的时间分辨力，其倒数为采样时钟频率（采样频率或采样速率）f_s。

（2）时基因数　与模拟示波器的时基概念相同，数字示波器的时基因数用示波器水平方向每格（即 1cm，用 div 表示）所代表的时间 t_{div} 来表示，单位为 s/div。时基因数的倒数为扫描速度，单位为 div/s。

（3）采样率与时基因数的关系　显示屏水平方向每格中包含有若干个采样点，在设计数字示波器时，每格中包含的采样点数 N_{div} 是一个固定值。在选定的一个时基档（用 t_{div} 表示每格代表的时间）下，采样速率 f_s 为

$$f_s = \frac{N_{\mathrm{div}}}{t_{\mathrm{div}}} = \frac{1}{t_{\mathrm{div}}/N_{\mathrm{div}}} \text{或} t_s = \frac{t_{\mathrm{div}}}{N_{\mathrm{div}}} \tag{5-10}$$

示波器水平方向有 10 格，若显示一幅波形的采样点共 1024 个，则每格采样点数为

$N_{\text{div}} \approx 100$ 个。以时基为 $10\mu s/\text{div}$ 为例，则每点的采样间隔时间（采样时钟周期）$t_s = 10\mu s/100 = 0.1\mu s$，采样频率 f_s 为 10MHz。采样率即采样时钟信号频率，习惯上采样率也用每秒采样点数表示，即 Sa/s 或 sps，若每个采样时钟周期采样一个点，则以 Hz 表示的采样时钟信号频率与用 Sa/s 或 sps 表示的采样率数值上相等。

通常每台数字示波器的最大采样速率是一个定值。A - D 转换器决定了最大采样速率，但实际观测信号时，示波器应根据被测信号频率，选择合适的时基档位（使示波器显示屏上显示出适于观测的信号周期数），来确定实际所需采样率。如式（5-10）所示，N_{div} 为一定值，f_s 与时基因数 t_{div} 成反比，时基因数越大则采样速率越低。表 5-3 给出了某数字示波器当 $N_{\text{div}} = 100$ 时的一组时基因数与采样率之间的对应数据。

表5-3　时基因数与采样率之间的对应数据（设每格采样点数 $N_{\text{div}} = 100$）

时基因数 $t_{\text{div}}/(\text{ns/div})$	5	10	20	50	100	200	500	1000
采样率 $f_s/(\text{GSa/s})$	20	10	5	2	1	0.5	0.2	0.1

扫描速度（t/div）控制器实际上是一个时基分频器，用于控制 A - D 转换速率以及数据写入存储器的速度，它应由一个准确度、稳定性很好的晶体振荡器和一组分频器电路组成。t/div 电路的分频比由微处理器发出的控制码决定。例如，将 20MHz 的晶体振荡器频率，按 1、2、5 的步进档位控制分频比，可获得在 20Hz ~ 20MHz 频率范围内的 19 个频率值，相应的扫描速度 t/div 值为在 $5\mu s$ ~ 5s 内的 19 个档位值。最后由 t/div 选择开关选出一个所需的时钟频率。

5.8.2　实时采样方式的时基电路

实时采样是最简单的采样方式，它对被测信号波形进行等时间间隔采样和 A - D 转换，并将 A - D 转换的数据按照采样先后的次序存入采集存储器中。一个典型的实时采样方式的控制逻辑图如图 5-28a 所示。输入信号经输入电路的衰减或放大处理后，分送至 A - D 转换器与触发电路。控制电路一旦接到来自触发电路的触发信号，就启动一次数据采集。一方面，"t/div"电路产生一个对应的采样速率的采集时钟，使 A - D 转换器对输入信号按设定的采样速率进行转换，得到一串 8 位数据流；另一方面，控制电路产生写使能信号送至 RAM 读/写控制和写地址计数器，使写地址计数器按顺序递增，并确保每个数据写入到 RAM 相应的存储单元中。

（1）采集和存储控制的逻辑与时序　控制逻辑控制了工作的全过程。这个过程分为采集存储（RAM 写入）和读数传输（RAM 读出）两个阶段：

1）采集和存储阶段（RAM 写入数据）。实时采样的时序波形如图 5-28b 所示。当计算机通过总线接口发出采集启动信号 S 时，RS 触发器 Q_1 由"0"变"1"，使门 G_1 开启；在 G_1 的采集时钟 f_s 的作用下，ADC 开始采集，ADC 输出的数据由 f_s 控制同步地写入 RAM；每当采集、存储一个数据后，地址计数器也同时对 f_s 进行了一次加 1 计数的操作，RAM 地址增 1，为存放下一个采集数据做准备。此外，当门 G_1 开启后，预采集次数计数器 M 对采集时钟 f_s 计数，计满了设置的 m 个预采集数据后，计数器 M 的进位信号使 D 触发器 Q_2 由"0"变"1"，从此时开始，系统才可以接收触发信号 T 触发。当触发到来后（图中第 1 号触发脉冲），D 触发器 Q_3 由"0"变"1"，门 G_2 开启，采集次数计数器 N 对采集时钟 f_s 计数，当计满了设置的 n 个采集数据后，计数器 N 的进位信号同时作用到三个触发器的复位端 R_1 ~ R_3，使 Q_1 ~ Q_3 同时复位，门 G_1 和 G_2 同时关闭，系统采集、存储停止。

2）读数和传输阶段（RAM 读出数据）。计算机对 RAM 的每次读操作都是通过数据总线接口发出的读命令 $\overline{RD}$ 完成的。每发一个 $\overline{RD}$ 读信号，就经数据总线接口从存储器中读出一

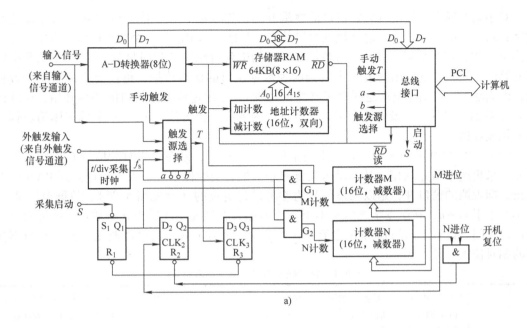

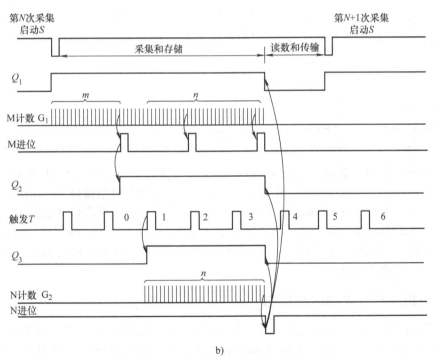

图 5-28　高速数据采集的控制逻辑与时序波形

a) 控制逻辑图　b) 时序波形

个数据到计算机。$\overline{RD}$信号从 RAM 读出一个数据的同时，地址计数器对$\overline{RD}$信号进行一次减 1 计数的操作，RAM 地址减 1，指向了上一个单元，为读上一个数据做准备。由此可见，从 RAM 中读出时的存储器地址码的变化方向（减地址）与写入时地址码变化方向（增地址）是相反的。换句话说，写入 RAM 的顺序是从数据窗口的始端到终端，而读出 RAM 的顺序则是从数据窗口的终端到始端。

对于始端触发，读出从数据窗口的终端开始，连续读 w 次，读出的第 w 个数据即为触发字；对于终端触发，读出也从数据窗口的终端开始，读出的第一个数据即为触发字，连续读到第 w 次，即为数据窗口的始端数据；对于始端延时触发（延时量为 d），读出从数据窗口的始端开始，连续读出的第 w 个数据即为数据窗口的始端数据，再往前空读第 d 个数据处，即为触发字。对于终端延时触发（中间触发），读出也从数据窗口的终端开始，连续读出 w 个数据的过程中，最先读出第 n 次数据则为触发字，再读 $(w-n)$ 个数据则为数据窗口的始端数据。

（2）计数初值 m 与 n 的设置　上述采集和存储过程，是在采集时钟信号 f_s 的驱动下进行的，采集速率由 f_s 决定。从启动采集到停止采集的全过程来看，采集和存储到 RAM 中的数据，即观测的窗口 W，是以触发信号为参考进行定位的（参见图 5-26）。数据窗口 W 的大小不小于 $m+n$，在触发字之前不小于 m 个数据，在触发字之后为 n 个数据，即触发字处于窗口中间。设置不同的 m 和 n 之值，获得不同的触发方式，它可以改变触发字与数据窗口的相对位置，见表 5-4。

表 5-4　各种触发方式的 m、n 值设置

触发方式	计数器 M 的初值 m 的设定	计数器 N 的初值 n 的设定	触发点 T 与窗口 W 相对位置	图 5-26 中的示意图	读数操作（从采集的停止点依序读取，地址减计数）
始端触发	$m=0$	$n=w$	T 处在 W 的最前端	图 5-26a	w 个数据
始端延时触发	$m=0$	$n=d+w$	T 处在 W 始端前的 d 个点处	图 5-26b	w 个数据
终端触发	$m=w$	$n=0$	T 处在 W 的最末端	图 5-26c	w 个数据
终端延时触发	$m=w-d$	$n=d\ (d<w)$	T 处在 W 的中间（T 在 W 终端前 d 个点处）	图 5-26d	w 个数据

设窗口的大小为 w 数据，当 $m=0$ 和 $n=w$ 时，触发字处在数据窗口 W 的最前端，此时为始端触发（见图 5-26a）；当 $n=0$ 和 $m=w$ 时，触发字处在数据窗口 W 的最末端，此时为终端触发（见图 5-26c）；当 $m=0$，$n=d+w$ 时，触发字处在数据窗口 W 前面的 d 个数据点上，此时为始端触发加延时，而 d 为其延时量（见图 5-26b）；当 $n=d\ (d<w)$，$m=w-d$ 时，触发字处在数据窗口 w 的中间位置，也称中间触发。这种方式也可看作是终端触发加上 d 的延时（见图 5-26d）。

5.8.3　随机采样方式的时基电路

（1）随机采样数字示波器的组成　随机采样方式的数字示波器系统的组成框图如图 5-29 所示，该系统主要由采集部分和时基部分组成。采集部分由信号调理、高速 A－D 转换器（ADC）、小容量的高速缓存 RAM$_1$（采样 RAM）等组成；时基部分由触发电路、Δt 测量电路、CPLD 控制电路、大容量高速缓存 RAM$_2$（显示 RAM）、采集处理器等电路组成。采集处理器完成 RAM$_1$ 中的随机采样数据的排序处理，排序后的结果存放于 RAM$_2$，主处理器通过接口将 RAM$_2$ 中的数据进行波形显示。

本书 5.5.1 节已阐明，随机采样方式在每个采样周期内可以重复采集多个采样点，并且每个采样周期触发点与其后的第一个采样点的时间（t_1，t_2，t_3，$\cdots$）是随机的，如图 5-30 所示。

实现随机采样方式的关键技术是短时间间隔测量和波形重构。

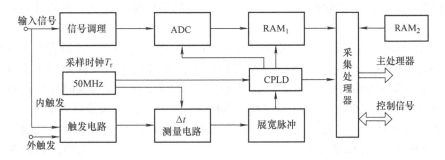

图 5-29　随机采样方式的数字示波器系统的组成框图

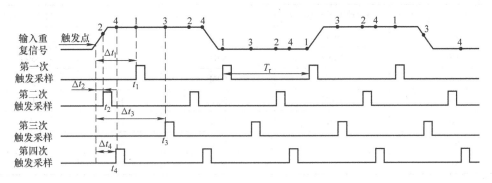

图 5-30　随机采样方式的示意图

（2）短时间间隔的测量　所谓短时间间隔是指每次采样周期的触发点与其后的第一个采样时刻点之间的时间间隔 Δt_1，Δt_2，Δt_3，…极短（小于采样周期 T），很难直接测量，一般采用精密的模拟内插器进行扩展后再进行测量。模拟内插器的短时间测量原理如图 5-31 所示，它主要包括时间检测、时间展宽、方波转换和时间测量四个部分。

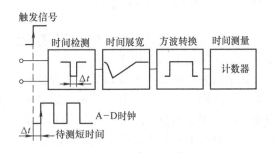

图 5-31　内插器的短时间测量原理

时间检测部分主要完成在进行随机采样时，将触发到来时刻与触发到来后第一个采样点之间的时间间隔转换成脉冲宽度为 Δt 的窄脉冲；时间展宽部分主要完成将检测到的窄脉冲按照一定的比例展宽，展宽比由时间展宽电路中电容的放电电流与充电电流之比来决定；方波转换部分完成将时间展宽后得到的锯齿波信号转换成脉冲信号，作为计数的闸门信号；时间测量部分完成对闸门信号的宽度进行测量（用计数方式），测量出的计数结果送给 CPU 进行处理。这种短时间间隔测量技术通常称为模拟内插扩展技术。此外，目前还广泛使用延迟线法的时间测量技术，其技术原理已在本书第 3 章做过详细的讨论，不再赘述。

（3）波形重构与排序算法　所谓波形重构就是以触发点为基准，按照 Δt_1，Δt_2，Δt_3，…的大小摆正每次触发后采集的数据在时间轴上的位置，重构被测信号波形。因此，首先必须精确测出每个采样周期的时间间隔 Δt_1，Δt_2，Δt_3，…，然后以触发点为基准，将在各次采样周期中采集的样点进行拼合（由计算机按时间先后的次序将数据重新排列），并写入显示存储器相应的地址单元中，这样就能在显示时重构信号的一个完整的采样波形。如果采集的次数足够

163

多，重构波形的采样点将非常密集，可等效于用较高的采样速率完成一次实时采集而形成的波形。

设数字示波器实时采样速率 f_r 为 50MSa/s，记录长度 L 为 1KB（示波器水平方向 10 格，每格点数 $N_{div} = 100$），则在不同的扫描速度档位下，所需的等效采样速率为 $f_e = N_{div}/t_{div}$，因此波形恢复所需要的最少随机采样次数 $M = f_e/f_r$（即等效速率 f_e 与实时速率 f_r 的倍数）和每轮采集所重复采集数据的个数 $L_e = L/M$（即有效长度）之间的关系见表 5-5。从表中可以看出，要求等效采样速率 f_e 越高，波形恢复所需要的有效随机采样次数 M 就越多，每轮进行重复采样的数据个数 L_e 就越少。关于数据重构的排序算法，感兴趣的读者请参阅参考文献【1】。

表 5-5　随机排序算法中等效倍率与有效长度的关系

扫描速度 $(t/div)/(ns/div)$	等效速率 $f_e/(Sa/s)$	实时速率 $f_r/(Sa/s)$	等效倍率 M	每轮有效长度 L_e/B
2000	50M	50M	1	1000
1000	100M	50M	2	500
500	200M	50M	4	250
200	500M	50M	10	100
100	1G	50M	20	50
50	2G	50M	40	25
20	5G	50M	100	10

5.9　波形的显示与处理

显示系统的功能是，直接显示采集存储的波形，或显示经内插或滤波处理后的波形，以及显示测量的结果和人机交互信息等。

数字示波器的显示系统是从采集存储器中取出波形的数据来显示。它与模拟示波器的显示系统的区别是，前者为数字波形，后者为模拟波形。对模拟信号波形的显示，可采用光点扫描式的模拟显示技术；而对数字波形（即波形数据）的显示，可采取两种途径：①先把数字信号通过 D－A 转换器变成模拟信号，再采用普通模拟示波器的光点扫描显示技术显示波形；②把数字信号波形的数据取出，变换成对应图形的像素点，采用数字式的光栅扫描图形显示技术进行显示。

数字示波器的 CRT 波形显示器件可以采用示波管，也可以采用显像管。示波管是静电偏转，因此要在 X 偏转板上加锯齿波扫描电压；而显像管是磁偏转，应该用锯齿波电流驱动线圈以产生线性扫描。磁偏转的偏转角度大，显像管的显示屏可做得很大，广泛用于电视机和计算机的显示器。光栅扫描显示常采用磁偏转方式的显像管。现代数字示波器广泛采用液晶显示（LCD）方式，已淘汰了传统的 CRT 显示。

5.9.1　数字示波器显示系统的组成原理

下面介绍数字示波器采用的光点扫描和光栅扫描两种显示方式的原理。

1. 光点扫描显示

数字示波器采用的 CRT 光点扫描显示与模拟示波器的扫描显示的原理相同，但它首先必须把数字波形信号变成模拟信号，才能进行光点扫描显示，其原理可用图 5-32 来说明。图 5-32a 是控制原理框图，读地址计数器在显示时钟的驱动下产生了连续的地址信号，这些地址信号分为两路：一路提供给采样 RAM 作为读地址，依次将采样 RAM 中的波形数据读出，经 D - A 转换器将数据恢复为模拟信号，然后送至 CRT 的 Y 轴；另一路直接送给另一个 D - A 转换器而形成阶梯波，然后送至 CRT 的 X 轴作扫描信号。由于从采样 RAM 中读出并恢复的模拟信号与地址码形成的阶梯波是同步的，根据模拟示波器的显示原理，CRT 屏幕上便能显示稳定的模拟波形。应当指出的是，由于 X、Y 偏转板上加的是阶梯形状的电压，显示的模拟波形是由断续的光点构成的，光点显示原理如图 5-32b 所示。显示速度仅取决于显示时钟的速率，它与采样速度是不相同的，其速度的快慢是可以选择的。

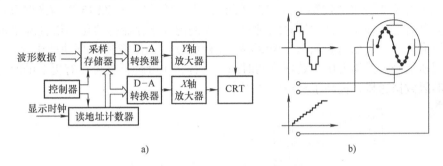

图 5-32　光点扫描方式的 DSO 显示电路
a）控制原理框图　b）光点显示原理

光点扫描显示方式的原理直观，电路简单，较易实现，但这种显示方式在实现人机交互所需要的字符、图形显示等方面不够方便，它主要应用于一些较简单的数字示波器中。

2. 光栅扫描显示

光栅显示的原理是，电子束先要在行、场（即 X、Y）扫描的配合下，从左到右、从上到下扫出略有倾斜的水平亮线，这些亮线合成为光栅，故称为光栅扫描。

光栅显示是三维（x、y、z）坐标显示。X、Y 偏转只用于决定光点在屏幕上的位置，而 Z 轴电路（见图 5-2 中示波管控制栅极 G）则用于控制光点显示的强弱亮暗，这是由被测信号控制的。扫描过程如图 5-33 所示，通常，X 轴方向偏转的锯齿波信号的速率较快（或称行频较高），而 Y 轴方向偏转锯齿波信号的速率较慢（或称场频较低）。X 信号的一个周期（如 $t_1 \sim t_2$）决定了屏幕上一次水平方向上的扫描过程（称一行扫描），而 Y 信号的一个周期（$t_1 \sim t_n$）却决定了整个屏幕的一次扫描过程（称一帧扫描）。若行频是场频的 625 倍时，则在屏幕上形成 625 条水平光栅。当扫描到某一点有信号的位置时，该点对应的像素点变亮（或变暗）。若形成像素点的时钟频率（点频）是行频的 1024 倍时，则一条水平光栅上可形成 1024 个像素点。图 5-33 中的 a、b、c 光点就表示了被测信号波形的轨迹，信号就得到显示。

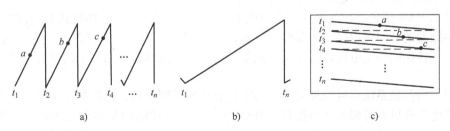

图 5-33　光栅显示的扫描过程
a）行扫描信号　b）场扫描信号　c）屏幕上形成的光栅

光栅扫描式与电视的扫描方式相同,所以又称电视式扫描方式。光栅扫描的显示方式还可进一步分为字符工作模式和图形工作模式。光栅显示与光点显示相比,具有便于显示字符的优点。这样则可将测量结果用字符直接显示在屏幕上。字符包括数字量、单位及有关说明。光栅扫描显示器控制灵活,并且可以生成多种色彩高逼真度的图形,显示方式能提供友好的人机交互界面,也能支持较高的屏幕刷新率。

下面,以图 5-34 所示框图简述数字式光栅扫描显示系统的组成原理。数字式光栅扫描显示方式不用 D-A 转换器,而是采用一个专用的 CRT 控制器(CRTC),直接将显示存储器 VRAM 的波形数据变换成屏幕上的字符或图像。图中使用了 MC6845 作为光栅显示的 CRT控制器,上电后主处理器通过数据总线对 MC6845 的内部寄存器初始化,设置屏幕范围、显示区域、扫描方式、起始行位置等。MC6845 经初始化后,便能独立自动产生显示器的行、场扫描及刷新信号,无须占用主处理器的时间,这样,主处理器就可以有更多的时间处理数据和对波形区数据送显,提高了资源的利用率。

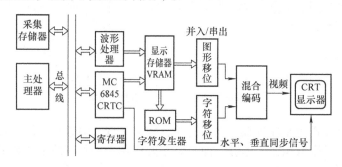

图 5-34 数字式光栅扫描显示系统的组成框图

3. 波形译码处理

波形处理器是一个专用处理器,它从采样存储器中取出按时间顺序的采集数据,并将波形对应的数据点相关的电压值和时间值,翻译成显示器 X、Y 坐标上的像素点位置,再将这些波形的像素位置对应地送至显示存储器(VRAM)相应的存储位置上(VRAM 的存储单元与 CRT 屏幕像素位置一一对应)。在 CRT 显示器的控制下,从显示 VRAM 中取出与波形对应的各像素,送 CRT 显示器进行显示。故波形处理事实上是一个波形翻译器或波形译码器。

在字符光栅显示系统中,显示器显示内容与显示 RAM 存放内容的关系如图 5-35a 所示。显示 RAM 中存放的是字符的 ASCII 码,所以必须经字符发生器变成相应的点阵码才能传输至显示器。而在图形显示系统中,显示 RAM 存放的是由波形处理软件形成的图形点阵,显示 RAM 中每个存储单元中的每个数位都与显示屏上的某一像素点一一对应,其关系如图 5-35b 所示,所以图形光栅显示系统中不再需要字符发生器。

从显示 RAM 读出一位的时间应该与电子束扫过一个像素点的时间相同,大约为 100ns。由于对存储器的访问是以字节为单位进行的,每次读出一个字节中包含 8 个连续的像素点,再由并-串转换的移位电路,将 8 位数据串行输出,因此读取存储器的速度可以降低为原来的 1/8。

图形光栅扫描系统也可处理文字,与字符方式所不同的是,这里的文字是当作图形来处理的,即把字符以点阵码形式直接存于 RAM 中,再按上述的图形显示原理处理,而且在显示的图形上还可方便地叠加所需的光标等辅助功能。因此,光栅扫描图形系统是一种功能很强、使用灵活的仪器显示装置。

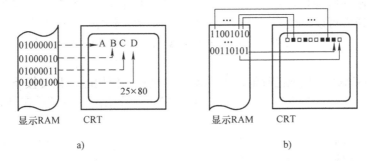

图 5-35　显示 RAM 的内容与显示器显示内容的关系
a）字符显示系统　b）图形显示系统

5.9.2　显示方式

由于显示波形的数据取自采集存储器，因此数字示波器通过软件编程可以实现多种显示方式。

1. 点显示与插值显示

点显示就是在屏幕上以间隔点的形式将采集的信号波形显示出来。由于这些点之间没有任何连线，每个信号必须要有足够多的点才能正确地重现信号波形，一般要求每个正弦信号周期显示 20～25 个点。在点显示的情况下，当被观察的信号在一周期内采样点数较少时会引起视觉上的混淆现象。为了克服视觉的混淆现象，数字示波器往往采用插值显示。所谓插值显示，就是利用插值技术在波形的两个采样点数据间补充一些数据。数字示波器广泛采用线性插值法和正弦插值法两种方式。采用插值显示可以降低对数字示波器采样速率的要求。

2. 基本（刷新）显示与单次触发显示

基本显示方式又称刷新显示方式，它的工作过程是，每当满足触发条件时，就对信号进行采集并存到存储器中，然后将存储器中的波形数据复制到显示存储器中去，从而使得屏幕的显示内容不断随着信号的变化而更新。这种连续触发显示的方式与模拟示波器的基本显示方式类似，是最常使用的一种显示方式。

单次触发显示是，当满足触发条件时，就对信号进行连续地采集并将其存在存储器中的连续地址单元中，一旦数据将存储器的最后一个单元填满以后，采集过程即告结束，然后不断地将存储器中的波形数据复制到显示存储器中去，在此期间示波器不再采集新的数据。这种方式对观测单次出现的信号非常有效。模拟示波器不具备这样的显示方式。

3. 滚动显示

滚动显示是一种很有特点的显示方式，被测波形连续不断地从屏幕右端进入，从屏幕左端移出，这时示波器犹如一台图形记录仪，记录笔在屏幕的右端，记录纸由右向左移动。实现这种方式的机理是，每当采集到一个新的数据时，就把已存在采集存储器中的所有数据都向前移动一个单元，即将第一个单元的数据冲掉，其他单元的内容依次向前递进，然后再在最后一个单元中存入新采集的数据。并且，每写入一个数据，就进行一次读（显示）过程，读出和写入的内容不断更新，因而可以产生波形滚滚而来的滚动效果。示波器屏幕上显示的波形总是反映出信号对时间变化的最新情况。

滚动显示主要适于缓慢变化的信号。示波器的滚动显示模式可以用来代替图表记录仪来显示缓慢变化的现象。

4. 存入/调出显示

"存入"（SAVE）功能即当采集的信号波形数据存入存储器以后，将这些波形数据以及面板参数一起复制到后备非易失存储器中，以供以后进行分析、参考及比较使用。后备非易失存储器的容量通常可以容纳多幅波形数据及面板参数。使用时，只要按下"SAVE"键和一个数字键，示波器就会自动把当前的波形数据和参数存到对应编号的非易失存储器区域中。

"调出"（RECALL）是把已存储的波形调出并显示。使用时，只要按下"RECALL"键和一个数字键，示波器就会把对应编号的波形数据和参数调出，并显示在屏幕上。"调出"是"存入"的逆过程。

示波器的存入/调出显示功能在现场中使用是很方便的。可以把现场测量期间所有的有关波形存储下来，以便以后分析，或传送到计算机做进一步处理。

5. 锁存和半存显示

锁存显示就是把一幅波形数据存入采样存储器之后，只允许从采样存储器中读出数据进行显示，不准新数据再写入，即前述的单次触发显示。

半存显示是指波形被存储之后，允许采样存储器奇数（或偶数）地址中的内容更新，但偶数（或奇数）地址中的内容保持不变。于是屏幕上便出现两个波形，一个是原来已存储的信号波形，另一个是当前实时测量的信号波形。这种显示方法可以实现将现行波形与过去存储下来的波形进行比较。

5.9.3 波形的处理

在数字示波器中，被测波形被转化为离散的数字序列并被采集、存储下来后，其最大好处便是可以利用处理器强大的功能进行波形的各种运算和处理。这一环节主要包含两方面的工作，即波形重构和波形参数的测量。

1. 波形重构

波形重构，即信号波形的重建，就是利用有限的采样数据按照一定的法则进行计算，以确定重建原始信号所需其他各个实际非采样点的值，能够获取信号的全貌和所需的更多波形细节。波形重建的具体实现是通过对获取到的波形数据进行抽样或插值，减少采样率以去掉多余数据的过程称为信号的抽样，增加采样率以增加数据的过程称为信号的插值。

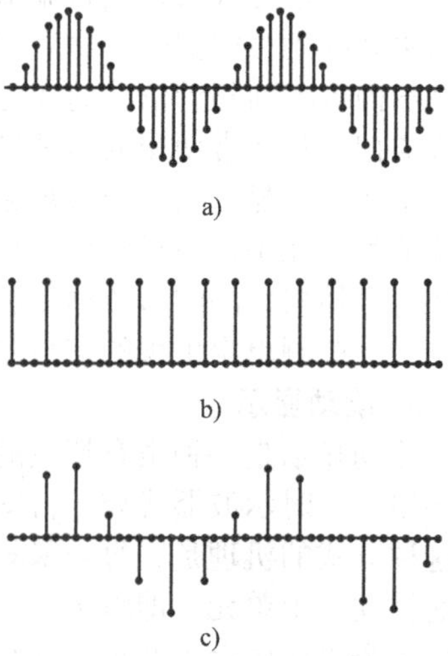

a)

（1）抽样 在信号的采集中，一次触发采集能够获取到足够多的数据量进行存储，而由于屏幕显示分辨率的限制无法将所有数据展现在屏幕上，必须对信号数据抽样，进行二次再处理，即从原始波形数据中抽取屏幕显示所需要的样点量进行处理，如图 5-36 所示。

b)

（2）插值 在进行实时采样时，如果时基过小，而采样率已到极限，则无法采集到足够的样点进行显示，此时就需要采用插值算法，在两个实际采样点间插入一个或几个有效样点来恢复波形，如图 5-37 所示。

c)

信号插值常用两种方法：线性插值和正弦插值。

图 5-36 信号抽样
a）采样信号 b）抽样函数
c）抽样后的信号

1）线性插值。线性插值是在各个采样点之间用直线连接，只要每个信号周期内有 10 个以上的原始采样点，即各采样点之间距离较近，用这种方法就能获得足够的重建波形数据点。

线性插值算法比较简单，计算速度比较快，但由于它不是根据波形的特点来进行计算的，还原波形的能力就比较差，仅局限于重构直边缘的信号，比如方波。

2）正弦插值。正弦插值就是将各个采样点用幅度和频率均可变的最佳正弦拟合曲线连接起来，较之线性插值通用性更强。采用了正弦内插的方法以后，即使屏幕上每格的采样点数较少时也能得到和模拟示波器显示波形类似且自然平滑的重建波形。

由此可见，正弦插值和线性插值相比，在重构正弦波方面更有优势，正弦插值考虑到重构波形的特点，所以还原波形的能力比较强。

2. 波形参数的测量

参数测量是波形数字化测量时很重要的一项功能，它主要描述用户所关心的信号的数字特征。波形参数主要分为时间类参数和幅度类参数两大类。时间类参数主要包括频率、周期、上升/下降时间、正/负脉宽、突发脉宽、正/负占空比、相位、延迟等。幅度类参数主要包括最大值、最小值、顶端值、底端值、中间值、峰峰值、幅度、平均值、有效值、过冲、预冲、方均根值等。

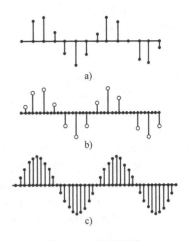

图 5-37 信号插值
a）采样信号 b）插值样点
c）插值后的信号

数字示波器均可实现多参数的自动测量，一般可有十多种参数的自动测量功能。此外，数字示波器还可以进行 FFT 等运算，显示出信号的频谱。

本 章 小 结

示波器是时域分析的典型仪器，也是电子测量领域中最常用的一种仪器。示波器可以直接观察信号波形并测量其幅度、频率、周期等基本参量，显示两个信号变量之间的关系，也可以直接观测一个脉冲信号的前后沿、脉宽、上下冲等参数。数字存储示波器具有良好的信号采集、存储和数据处理能力，可捕捉尖峰干扰信号，得到被测信号的平均值、频谱，测量和处理高速数字系统的暂态信号。

本章主要介绍了信号波形的模拟与数字测量原理、模拟通用示波器和数字存储示波器的组成原理。通用示波器在示波器发展和应用中最具有典型性，它的工作原理是其他大多数类型示波器工作原理的基础。通用示波器主要由示波管、垂直（Y）通道和水平（X）通道三部分组成。

CRT 显示器是通用示波器的核心部件，掌握 CRT 波形显示原理是学习模拟示波器的基础。Y 通道要求能保证在很宽的频率范围内输入信号波形不失真地通过。为使信号在 X 轴方向展开，模拟示波器要在 X 偏转板上加与时间成正比的锯齿波电压。X 轴方向展开波形的周期即扫描周期应为被测信号周期的整数倍，这称为同步。

数字存储示波器基于波形数字测量原理，主要由采集与存储、触发与时基、波形处理与显示三部分构成，本章分别阐述它们的工作原理和相关的技术。数字存储示波器与普通模拟示波器相比，具有很多独特的优点，如利用数字存储示波器可观察短暂或单次事件，有丰富的触发功能，可对不同波形进行比较，自动测量波形参数并用数字显示结果等。数字存储示波器由于使用简单、功能齐全、性能优异、性价比高等优点，已成为示波器的主流。

思考与练习

5-1　通用示波器应包括哪些单元？各有什么功能？什么是扫描？为何示波器必须扫描才能显示波形？

5-2　用逐点描迹法来说明示波器的信号显示过程。示波器稳定显示波形的条件是什么？

169

5-3　为什么示波器中扫描信号与被测信号需要同步？试以扫描电压周期 $T_X = 4T_Y$ 和 $T_Y = 4T_X$ 两种情况的显示草图加以说明。

5-4　试说明触发电平和触发极性调节的意义。

5-5　在用模拟示波器观测波形时，有 y_1、y_2 和 x 三个电压，如图 5-38 所示，其时间坐标相同。现用示波器进行两次观测：第一次将 y_1、第二次将 y_2 加至 Y 偏转板，两次均将 x 加至 X 偏转板。试分析两次观察到的图形。

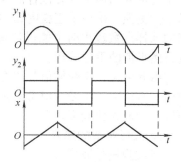

5-6　一示波器荧光屏的水平长度为 10cm，要求显示 10MHz 的正弦信号两个周期，问示波器的扫描速度应为多少？

5-7　有一正弦信号，使用垂直偏转因数为 10mV/div 的示波器进行测量，测量时信号经过 10∶1 的衰减探头加到示波器，测得荧光屏上波形的高度为 7.1div，问该信号的峰值、有效值各为多少？

图 5-38　题 5-5 图

5-8　示波器时基因数、偏转因数分别置于"1ms/cm"和"10mV/cm"，试分别给出下列被测信号在荧光屏上的显示波形。

（1）方波，频率为 500Hz，峰峰值为 20mV；

（2）正弦波，频率为 1000Hz，峰峰值为 40mV。

5-9　已知示波器 Y 偏转因数为 10mV/div，时基因数为 1ms/div，探极衰减比为 10∶1，被测的正弦波频率为 200Hz，如果正弦波有效值为 0.25V，试绘出显示的正弦波波形图。

5-10　已知示波器时基因数为 0.01μs/div，荧光屏水平方向有效尺寸为 10div，如果要观察在显示屏上的两个周期的波形，问被观测波形的频率是多少？示波器最高扫描频率是多少（不考虑扫描回程和扫描等待时间）？

5-11　已知示波器的偏转因数 $D_Y = 0.2V/cm$，屏幕的水平有效长度为 10cm。

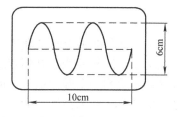

（1）若时基因数为 0.05ms/cm，所观测的波形如图 5-39 所示，求被测信号的峰峰值及频率；

（2）若要在屏幕上显示该信号的 10 个周期波形，时基因数应该取多大？

图 5-39　题 5-11 图

5-12　已知方波的重复频率为 20MHz，用带宽为 $f_{3dB} = 30MHz$ 的示波器观测它，问示波器屏幕上显示的波形是否会有明显的失真？为什么？

5-13　观测一个上升时间 t_{r0} 约为 10ns 的脉冲波形，现有下列四种带宽的通用示波器，问选用其中哪种示波器最好？为什么？

（1）$f_{3dB} = 60MHz$，$t_{r0} \leqslant 6ns$　　（2）$f_{3dB} = 100MHz$，$t_{r0} \leqslant 3.5ns$

（3）$f_{3dB} = 200MHz$，$t_{r0} \leqslant 1.75ns$　　（4）$f_{3dB} = 500MHz$，$t_{r0} \leqslant 0.7ns$

5-14　简要叙述典型数字存储示波器的组成，与模拟示波器相比，具有哪些特点？

5-15　描述数字存储示波器下列术语的含义：模拟带宽、有效存储带宽、实时采样、非实时（等效）顺序采样、非实时（等效）随机采样、采样率、时基因数、存储深度、垂直分辨力、水平分辨力、偏转因数、始端触发、终端触发、延迟触发、触发释抑（Hold off）。

5-16　为什么非实时顺序采样只能观测触发点以后的波形，而非实时随机采样和实时采样都可以观测触发前、触发点附近和触发后的波形？

5-17　用非实时顺序采样的示波器观测波形时，如果被测信号周期为 T，每经 $mT + \Delta t$ 采样一点，那么在显示器上点显示时，对应 n 点坐标轴上标度的时间应为多少？

5-18　说明为什么数字存储示波器的存储容量不够大时，不容易同时观测快速变化和慢速变化的信号，也不容易同时观测全景信号和局部信号？数字存储示波器的垂直灵敏度与哪些部分有关？水平扫描速度与哪些部分有关？

5-19　若数字存储示波器 Y 通道的 $A-D$ 转换器主要指标如下：分辨力为 8bit，转换时间为 100ns，输入电压范围为 0~1V。试问：

（1）Y 通道能达到的有效存储带宽是多少（不考虑插值显示）？

（2）信号幅度的测量分辨力是多少？

（3）若要求水平方向的时间测量分辨率优于 0.2%，则存储每幅波形所需存储容量至少是多少？

5-20　某数字存储示波器，设水平方向为 100 点/div，当时基因数分别为 1μs/div、1ms/div、1s/div 时，对应的采样率是多少？采样率与时基因数存在怎样的关系？

5-21　现有 A、B 两台数字存储示波器，最高采样率相同，均为 200MSa/s，但 A 示波器存储深度为 1k（pts），B 示波器存储深度为 1M（pts）。当时基因数从 10ns/div 变化到 1000ms/div 时，试计算它们的采样率相应变化的情况，并计算出在不同存储深度时，存储的时间长度是多少。

5-22　使用数字示波器观测某信号时，其扫描速度为 5μs/div，灵敏度为 0.1μV/div，水平和垂直方向均为 10div，若显示的信号波形中 A、B 两点的位量（X，Y）分别为：A 点（3EH，72H）、B 点（6DH，23H），试计算 A、B 两点间的时间 ΔT 和电压 ΔU 大小（设 x 和 y 的量化满度值均为 FFH）。

171

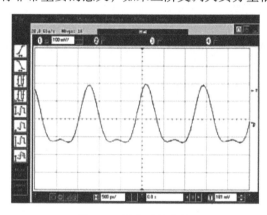

第6章

信号频谱的测量

6.1 概述

6.1.1 信号频谱分析的意义

　　信号的频谱测量是电子测量的一个重要内容，并且随着电子信息、通信技术的不断发展，频谱测量的需求正日益变得迫切。例如，在无线通信领域中，了解信号的频谱状况是非常必要的。发射机的载波信号失真输出了过多的谐波，可能影响其他频带的系统，而蜂窝无线电系统的载波信号的谐波会使工作于同一谐波频率下的其他系统受到干扰。另外，调制质量对确保通信系统正常工作和信息正确传输具有非常重要的意义，如果三阶交调失真分量恰好落在工作频带内，就会影响通信质量，因而必然需要进行通用的模拟调制信号测量（包括调制度、边带、占用带宽等）和数字调制信号测量（包括误差矢量幅度、相位误差等）。频谱监测是又一个重要应用领域，管理机构必须保证为诸如广播电视、无线通信、移动通信等各种无线业务分配不同的频段，无线电设备生产厂商则必须保证电子产品满足 EMI、EMC 的要求……信号的频谱占用情况受到越来越多的关注，对于上述问题，时域测量通常是无能为力的。例如，通过示波器对图 6-1 所示的复杂信号进行时域分析，

图 6-1　复杂时域信号

除了波形、周期和幅度外，基本上无法获得更多的信息，而频域测量可获得的信号的频谱分量、有效频宽，以及谐波、杂波、噪声、干扰和失真等特性，基于数字技术还可以进行数字调制测量及矢量信号分析等。对许多应用领域来说，频谱测量和时域测量同等重要。

6.1.2 信号的频谱

1. 信号的时域与频域

　　在时域中用示波器来观察信号的波形，是以时间为参照来记录某个电信号的瞬时值随时间的变化。然而由傅里叶理论可知，时域中的任何电信号都可以通过一个或多个具有适当频率、幅度和相位的正弦波叠加而成。换句话说，任何时域信号都可以变换成相应的频域信号，通过频域测量可以得到信号在某个特定频率上的能量值。为了正确地从时域变换到频域，按照傅里叶变换理论，理论上必须涉及信号在整个时间范围，即在正负无穷大的范围内的各时刻的值，但实际中通常只需取有限的时间长度即可，因为通常信号的大部分能量包含

在有限带宽内。

图 6-1 所示的复杂时域信号在时域和频域上的测量结果如图 6-2 所示。可以看到，时域分析与频域分析是从两个角度对信号进行的观察：时域分析以时间为横轴，展示信号波形随着时间的动态变化；频域分析以频率为横轴，表示信号的频谱特性，即频域图形描绘了信号中每个正弦波的幅度随频率的变化情况。

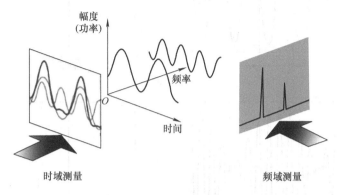

图 6-2　信号的时域和频域

2. 信号频谱的定义

下面讨论信号频谱的定义：从广义上来说，信号频谱是指组成信号的全部频率分量的总和。频谱测量（或频谱分析）的目的就是测量信号的各频率分量，即分析信号由哪些不同频率、相位和幅度的正弦波构成。从狭义上来说，有时也将随频率变化的幅度谱称为频谱。

频谱测量的基础是傅里叶变换，它以复指数函数 $e^{j\omega t}$ 为基本信号来构造其他各种信号，其实部和虚部分别是余弦函数和正弦函数。一旦知道了频谱，频率特性也就一目了然，可以通过计算获得频域内的其他参量。通常将随频率变化的幅度谱称为频谱，而事实上，各频谱分量的相位同样是至关重要的频谱参数。例如，在将方波变换到频域时如果不保存相位信息，再反变换所得的波形可能会变成锯齿波。因此，信号的频谱分析包括对信号的所有频率特性的测量，如对幅度谱、相位谱、能量谱、功率谱等的测量，以获得信号在不同频率上的幅度、相位、功率等信息；还包括对信号的相位噪声、失真度、调制度等信息。

6.1.3　常见信号的频谱

1. 周期信号的频谱

利用傅里叶级数可以将周期信号展开成无限多个正弦项与余弦项之和，傅里叶级数明确地表现了信号的频域特性。时域内的重复周期与频域内谱线的间隔成反比，周期越大，谱线越密集。当时域内的波形向非周期信号渐变时，频域内的离散谱线会逐渐演变成连续频谱。图 6-3 给出了几种典型周期信号的时域和频域图形。

周期信号的频谱有以下几个特点：

1）离散性：频谱是离散的，由无穷多个冲激函数组成。这种频谱的图形呈线状，各条谱线分别代表某个频率分量的幅度。

2）谐波性：谱线只在基波频率的整数倍上出现，即谱线代表的是基波及其各次谐波分量的幅度或相位信息。

3）收敛性：各次谐波的幅度随着谐波次数的增大而逐渐减小。

实际的信号频谱往往是上述两种频谱的混合，被测的连续信号或周期信号频谱中除了基频、谐波和寄生信号所对应的谱线之外，还不可避免地会有随机噪声所产生的连续频谱

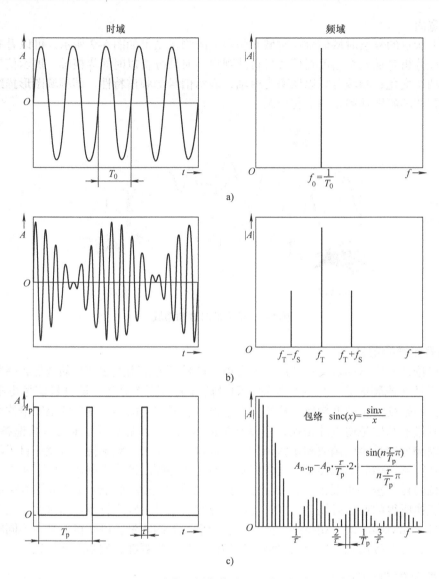

图 6-3　几种典型周期信号的时域及频域图形
a）正弦信号　b）调幅信号　c）矩形信号

基底。

2. 非周期信号的频谱

将非周期连续时间信号视为周期为无穷大的周期连续信号，非周期信号可以通过连续时间信号的傅里叶变换表示在频域中。图 6-4 给出了几种典型的非周期信号的时域和频域图形。

非周期信号的频谱有以下特点：

1）连续性：非周期信号的频谱是连续的，相对于周期信号的频谱成分可列特点，非周期信号的频谱成分是不可列的，可视为谱线间隔无穷小以致连成一片。

2）收敛性：非周期信号的幅值频谱总体趋势具有收敛性，谐波的频率越高，则其幅值密度越低。

3. 离散信号的频谱

离散时间信号的傅里叶变换（Discrete Fourier Transform，DFT）又称序列的傅里叶变换，它是分析离散时间信号与系统特性的重要工具。序列傅里叶变换的基本特性是以 $e^{j\omega n}$ 作为完备正交函数集，对给定序列做正交展开，很多特性与连续信号的傅里叶变换相似。离散傅里叶变换的频谱 $F(e^{j\omega})$ 是 ω 的周期函数，周期为 2π，即离散时间序列的频谱是周期性的。

综合周期/非周期连续时间信号的频谱特点，可对不同信号的频谱特性做如下小结：如果一个信号在时域内是周期性的，那么它在频域内一定是离散信号，反之亦然。同样，若信号在时域内是非周期的，它在频域内一定是连续的，反过来也成立。信号与傅里叶变换的对应关系见表 6-1。

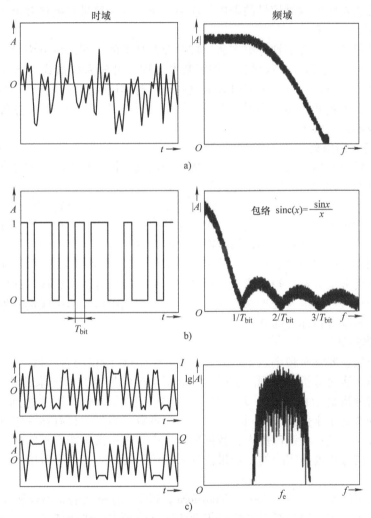

图 6-4 几种典型的非周期信号的时域和频域图形
a）限带噪声 b）随机比特序列 c）QPSK 信号

表 6-1 信号与傅里叶变换的对应关系

时域特性	连续、非周期	连续、周期	离散、非周期	离散、周期
频域特性	非周期、连续	非周期、离散	周期、连续	周期、离散
变换名称	FT 傅里叶变换	FST 傅里叶级数变换	DTFT 时间离散傅里叶变换	DFST 离散傅里叶级数变换

表 6-1 中的四种傅里叶变换针对四种不同类型的信号，各有不同的应用背景及性质。连续时间信号的傅里叶变换仅仅是了解信号在系统中具有何种特性的一种工具和手段，并不直

接用于在测量系统中反映信号的频域表示；离散时间信号的傅里叶变换是傅里叶变换的离散形式，能将时域中的取样信号变换成频域中的取样信号表达式。将时域中的真实信号数字化，然后进行离散时间信号的傅里叶变换，便可实现信号的频谱分析。

6.1.4　频谱仪的分类

频谱仪，即频谱分析仪，是一种多用途的频域测量仪器，它在频域测量领域内的重要地位可以与时域测量中的示波器相比拟，因此也有"频域示波器"之称。简单地说，频谱仪就是使用不同方法在频域内对信号的电压、功率、频率等参数进行测量并显示的仪器，因此也有"高频多用表"之称。

频谱仪种类很多，且有多种分类方法。按照分析技术的不同，可分为模拟式频谱仪、数字式频谱仪和模拟/数字混合式频谱仪；按照基本原理，可分为扫描式频谱仪和非扫描式频谱仪；按照处理的实时性，可分为实时频谱仪和非实时频谱仪；按照频率轴刻度的不同，可分为恒带宽分析式频谱仪、恒百分比带宽分析式频谱仪；按照工作频带的高低，可分为低频、射频、微波等频谱仪等。

1. 扫描式与非扫描式

模拟式频谱仪以扫描式为基础构成。扫描式频谱仪根据组成方法的差异又分为射频调谐滤波器型、超外差型两种，分别采用滤波器或混频器实现被分析信号中各频率分量的逐一分离。所有早期的频谱仪几乎都属于模拟滤波式或超外差式结构，这种方法至今仍被沿用。数字式频谱仪分为扫描式及非扫描式两种，其中非扫描式数字式频谱仪以数字滤波器或快速傅里叶变换为基础构成。数字式频谱仪精度高、实时性好、性能灵活，但由于受到高速大动态采样技术等限制，目前单纯的非扫描式数字式频谱仪一般适用于较低频段的实时分析，尚达不到宽频带高精度频谱分析；扫频式数字频谱仪的前端采用外差式结构，在中频输出级对信号直接采样，即通过数字信号处理来完成传统模拟外差式频谱仪的中频信号处理，因而在分辨率带宽、幅度精度等指标方面获得了显著提升。

2. 实时和非实时

这种分类方法主要针对频率较低或频段覆盖较窄的频谱仪而言。所谓"实时"并非是指时间上的快速，实时分析应达到的速度与被分析信号的带宽及所要求的频率分辨率有关。一般认为，实时分析是指在长度为 T 的时段内，能够完成频率分辨率达到 $1/T$ 的谱分析；或待分析信号的带宽小于仪器所能同时分析的最大带宽。显然，只有在一定频率范围内讨论实时分析才有现实意义：在该范围内，数据分析速度与数据采集速度相匹配，不会发生数据积压现象，这样的分析就是实时的；如果待分析的信号带宽超过这个范围，则分析变成非实时的。

采用快速傅里叶变换（Fast Fourier Transform，FFT）分析法的频谱仪属于数字式实时频谱仪，它是在一个特定时段中对时域内采集到的数字信号进行快速傅里叶变换，得到相应的频域信息，并从中获取相对于频率的幅度、相位信息。快速傅里叶变换分析法的特点在于可以充分利用数字技术和计算机技术，非常适于非周期信号和持续时间很短的瞬态信号的频谱测量。基于这种方法的频谱仪能够在被测信号发生的实际时间内取得所需的全部频谱信息，因而是一种实时频谱仪。

与之对应的另一类非实时频谱分析方式包括两种：一种是扫频式分析，是使分析滤波器选择的分析频点在频率轴上扫描；另一种是外差式分析，或称为差频式分析，是利用超外差接收机的原理，将频率可变的扫描信号与被分析信号在混频器中差频，再通过测量电路对所得的固定频率信号进行分析，由此依次获得被测信号不同频率成分的幅度信息。由于在任意瞬间只有一个频率成分能够被测量，这种方法只适用于连续信号和周期信号的幅度谱测量，且无法得到相位信息。

3. 恒带宽分析与恒百分比带宽分析

两者的重要区别在于：恒带宽分析式频谱仪的频率轴为线性刻度，此时信号的基频分量和各次谐波分量在频谱上等间距排列，便于表征信号特性，因此适用于周期信号的分析和波形失真分析；恒百分比带宽分析式频谱仪的频率轴采用对数刻度，可以覆盖较宽的频率范围，能够兼顾高、低频段的频率分辨率，适于进行噪声类广谱随机信号分析。现在，许多数字式频谱仪可以方便地实现不同带宽的快速傅里叶变换分析以及两种频率刻度的显示，所以对数字式频谱仪而言，这种分类方法并不适用。

6.2　稳态（周期）信号的频谱测量

如前所述，非实时的频谱分析方式包括扫频式和外差式两种，适用于进行连续信号和周期信号的频谱测量。本节将讲述采用这两种频谱分析方式进行周期信号频谱测量的原理。

6.2.1　扫频式频谱分析原理

扫频式频谱仪的原理大致描述如下：先使用带通滤波器选出待分析的输入信号，然后通过检波器将该频率分量变为直流信号，再送到显示器将直流信号的幅度显示出来。为了显示输入信号的各频率分量，带通滤波器有两种不同实现形式：要么有多个固定中心频率的并行滤波器组，要么是中心频率可变的调谐滤波器。

1. 并行滤波型频谱仪

并行滤波型频谱仪的原理框图如图 6-5 所示。图中，各并行的窄带滤波器的中心频率 f_{01}、f_{02}、$\cdots$、f_{0n} 是固定的，依次排列起来可覆盖整个测量频率范围，且有 $f_{01} < f_{02} < \cdots < f_{0n}$。由于采用多个中心频率固定且相邻的窄带带通滤波器阵列，故可将被测输入信号的各个频率成分区分开来，即获得被测信号的频谱。

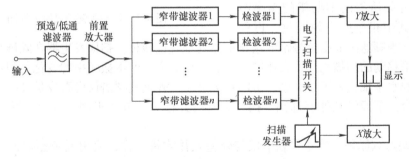

图 6-5　并行滤波型频谱仪原理框图

由于并行滤波型频谱仪的每个滤波器之后都有各自的检波器，无须检波建立时间，因此速度快。各检波器的输出由电子扫描开关进行扫描，使显示器上轮流显示各窄带滤波器的输出。但电子扫描开关完成一次扫描需要一定的时间，若当扫到第 i 个滤波器时输入信号的频谱发生了变化，那么第 1 个到第 $i-1$ 个滤波器输出所对应的显示是变化前的信号谱，而第 i 个到第 n 个滤波器输出所对应的显示则是变化后的信号谱。因此，这种频谱仪不能显示随机信号的实时频谱分布，主要应用于较平稳的周期信号及准周期信号的分析。

2. 调谐滤波型频谱仪

调谐滤波型频谱仪也称扫频滤波型频谱仪，实质是一个中心频率及带宽在整个频率测量范围内可调谐的带通滤波器。当由低到高地改变它的谐振频率时，滤波器就由低到高地分离出输入的各个特定的频率分量。其原理框图如图6-6所示。

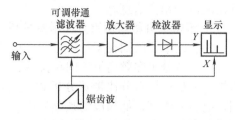

图中，被测的输入信号各频率分量依次通过可调谐滤波器、放大器和检波器之后，加到显示器的 Y 通道。在锯齿波电压的同步控制下，可调谐滤波器的中心频率和通带随着频率轴（X 轴）同步改变，由此可实现全频带范围内的频谱分析。

图 6-6　调谐滤波型频谱仪原理框图

调谐滤波型频谱仪的优点是结构简单、价格低廉；缺点是灵敏度低，可调谐滤波器损耗大、调谐范围窄、频率特性不均匀、分辨率差。它也是一种非实时频谱测量仪器，主要适用于信号较强、频谱分布较稀疏的窄带频谱分析。

6.2.2　外差式频谱仪

外差式频谱分析是最常用的频谱分析方法。其频率变换和频率选择原理与超外差收音机的原理完全相同，只是把扫频振荡器用作本振，通过改变本地振荡器频率来捕获信号中的不同频率分量。所以外差式频谱分析仪本质上仍属于扫频式分析，也被称为扫频外差式频谱仪。扫频外差式方案具有工作频率高、动态范围宽、灵敏度和选择性好的优点，在各类频谱仪中被普遍采纳。

1. 外差式频谱仪原理

外差式频谱仪的原理框图如图6-7所示。所谓"外差"是指采用混频对输入频率进行差频变换，输入信号先经过低通滤波器进入混频器，与本地振荡器（Local Oscillator，LO，简称本振）信号混频。中频（Intermediate Frequency，IF）滤波器滤除混频所得的不期望的频率组合，仅允许其中相差的中频通过，再经

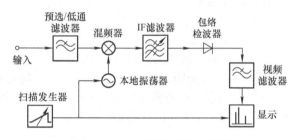

图 6-7　外差式频谱仪原理框图

过包络检波、视频滤波取出信号幅度送显示器的垂直偏转板。扫描发生器在除屏幕上产生从左到右的水平移动的扫描线外，它还同时控制本振频率，使本振频率的变化与斜坡电压成正比。显示器的水平轴代表了频率轴。由图6-7可见，外差式频谱仪可看成是外差式接收机和示波器的组合。下面将从外差选频、扫频、调谐方程等三方面来阐述外差式频谱仪的工作原理。

（1）外差选频原理　外差式频谱仪与外差式接收机一样，使用混频器把输入信号频率变换到一个固定的中频上。混频器是一个三端器件，它的两个输入端信号的频率分别为输入信号 f_x 和本振信号 f_{LO}，输出信号频率为 f_{IF}，两个输入端信号频率的混频将产生和频与差频，即

$$f_{IF} = \left| f_x \pm f_{LO} \right| \tag{6-1}$$

混频的技术原理是，将两个频率进行乘法运算来变换出新的频率，即实现了变频的功能，即

$$\sin \omega_1 t \cos \omega_2 t = \frac{1}{2} \left[\sin(\omega_1 + \omega_2)t + \sin(\omega_1 - \omega_2)t \right]$$

因此乘法器可作为一个理想的混频器。而实际上混频器所需的乘法运算功能通常是通过非线性器件来实现的。由于采用了非线性器件变频，除了式（6-1）的基波频率分量外，通常还产生高次谐波分量的各种组合频率成分，即

$$f_{IF} = |mf_x \pm nf_{LO}| \tag{6-2}$$

因此，混频器之后往往需要使用具有窄带带通特性的中频滤波器，该中频滤波器具有图 6-8 所示的带通滤波器的频率选择性，它调谐在一个固定中频 f_{IF} 上，用于从混频器输出的各种频率分量中选出需要的混频分量，即输入信号与本振的差频 $f_{LO} - f_x$。选频的性能取决于中频滤波器。

由式（6-1）可知，在理想混频的情况下，对于某固定的本振频率 f_{LO}，总有两个信号 f_x 和 f'_x 可变换为中频 f_{IF}：f_x 比 f_{LO} 低一个中频频率 f_{IF}，f'_x 则比 f_{LO} 高一个中频频率 f_{IF}，即有

$$f_x = f_{LO} - f_{IF}, \quad f'_x = f_{LO} + f_{IF} \tag{6-3}$$

f_x 和 f'_x 关于本振频率 f_{LO} 呈镜像式对称。因此，f'_x 称为 f_x 的镜像频率（简称镜频），如图 6-9 所示。

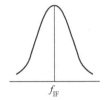

图 6-8　中频滤波器的频率特性

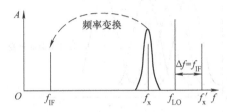

图 6-9　外差原理及镜频

（2）扫频原理　外差式频谱仪和外差式接收机的显著不同在于，频谱仪通常需要分析信号在一定范围内的频谱，而不仅仅是调谐到单个频率点上。频谱仪依靠扫频本振来实现它在指定的整个频率范围内的自动扫频测量。假定分析的信号频率范围为 $f_{xmin} \sim f_{xmax}$，选定的中频为 f_{IF}，扫频本振的调谐范围为 $f_{LOmin} \sim f_{LOmax}$，则下式成立：

$$f_{LOmin} = f_{xmin} + f_{IF}, \quad f_{LOmax} = f_{xmax} + f_{IF} \tag{6-4}$$

扫频本振是实现扫频测量的关键，频谱仪的许多重要性能指标，如频率分辨率、相位噪声等，均与之相关，详见后述。

扫频过程中，本振频率 f_{LO} 在斜坡电压的作用下在一定频率范围内自动地扫动，因此本振频率也可记为 $f_{LO}(t)$，表示随着时间作线性变化。若输入信号 f_x 固定，则混频器输出的中频信号 f_{IF} 也是扫频的，记为 $f_{IF}(t)$，且有

$$f_{IF}(t) = f_{LO}(t) - f_x \tag{6-5}$$

当用外差式频谱仪分析一个单频正弦信号（即点频信号）时，式（6-5）所示的扫频的中频信号 $f_{IF}(t)$ 扫过固定的中频滤波器，中频滤波器频率特性的形状就被一段一段绘制在显示器上，如图 6-10 所示。这是外差式频谱仪获得对应于单个频率分量的一个谱峰的过程。

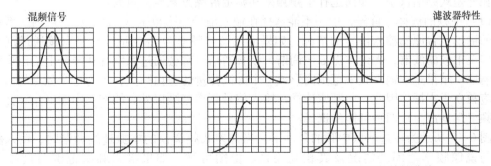

图 6-10　混频输出扫过中频滤波器时，显示器上描绘出滤波器的特性曲线

由傅里叶变换可知，点频信号本应对应于唯一的一根谱线，但事实上，通过外差式频谱

179

仪获得的响应是具有一定带宽的中频带通滤波器的幅频特性曲线的形状。

上述外差式扫频的过程，在效果上等同于用一个中心频率可变的带通滤波器扫过固定频率的信号的过程，如图 6-11 所示。如果需要对含有多个频率分量（如基波 f_{x1}，三次谐波 f_{x3}，…，高次谐波 f_{xn}）的方波信号进行分析，则在一次扫频过程中，当 $f_{LO}(t)$ 在斜坡电压的作用下线性增加时，相应地，将从混频器输出一系列频率由低到高的各个差频信号 f_{IFn}。这些信号按时间先后的顺序依次落入中频滤波器的通带内，也即中频滤波器依序选出了一系列被测信号的频率成分。最后，在屏幕上对应于每一个频率分量的位置处显示出中频滤波器的特性曲线，且由多个谱峰共同形成被测信号的频谱图，如图 6-12 所示。

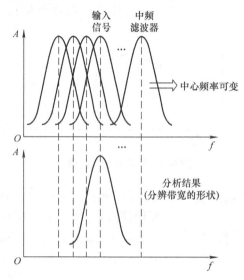

图 6-11　可变的滤波器扫过固定信号的显示过程

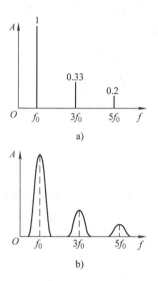

图 6-12　方波的频谱
（含基波、三次谐波、五次谐波）
a）理想的谱线　b）实际显示的谱线

需特别说明的是，图 6-12 所示的方波频谱并非实时的信号谱，因为在扫频测量过程中，方波的各个频率分量是按照扫描时间的先后顺序依次被检测，而不是被同时检测的，所以从这个意义上来说，外差式频谱仪不能分析瞬变、单次出现的信号，只适宜于分析周期性重复的信号。

2. 多级混频及调谐方程

在外差式频谱仪中，如何选择中频频率和确定混频方案至关重要。

（1）中频的选择　首先，中频不能选择在输入信号频率范围（$f_{xmin} \sim f_{xmax}$）内。考虑混频器的输出包含原始输入信号的情况，如果输入信号频率为 f_{IF} 的话，它将直接通过混频器而输出至中频滤波器，无论本振如何调谐，该直通信号都会通过系统并在屏幕上给出恒定的幅度响应，结果是在输入频率范围内形成一个无法测量的空白频点，因为这个频点的信号幅度响应独立于本振。因此，中频应选择在输入信号频率范围以外，故有低中频（$f_{IF} < f_{xmin}$）、高中频（$f_{IF} > f_{xmax}$）两种可能的选择。

图 6-13 所示为在选取低中频的条件下，当外差式频谱仪的本振连续调谐时，输入频率范围与镜像频率范围的情况及其相互关系。由图可知，如果输入频率范围跨度较大时 [$(f_{xmax} - f_{xmin}) > 2f_{IF}$]，具有相同跨度的镜像频率范围将会与输入频率范围产生交叠。不幸的是，频谱仪通常都具有非常宽的输入频率范围（典型如 100kHz ~ 3GHz），选择低中频将必然导致输入频率范围与镜像频率范围有部分的交叠，此时无论怎样设计输入滤波器，均无

法做到仅允许输入信号通过而抑制所有的镜频干扰。

解决这个问题的办法是选取高中频。如图 6-13 所示，因为 $f_{xmax} < f_{IF}$，一定有（$f_{xmax} - f_{xmin}$）$< f_{IF}$，所以镜像频率范围远在输入频率范围之上；中频越高，镜频距输入频率越远，二者不会产生任何交叠。因此，只需在混频之前使用一个固定调谐的低通滤波器，即可方便地滤除镜频信号。

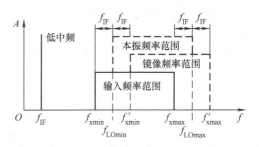

图 6-13　输入频率范围与镜像
频率范围（低中频）

然而从工程的角度出发，中频频率并非选得越高越好，因为在高频上制作窄带带通中频滤波器是一件困难的事。

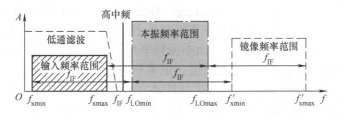

图 6-14　输入频率范围与镜像频率范围（高中频）

（2）多级混频链的全调谐方程　为了同时解决镜像抑制和中频滤波器的实现问题，外差式频谱仪都无一例外地采用多级混频的方式完成频率变换。下面，通过图 6-15 所示的一个 4 级混频的外差式频谱仪简化框图进行分析。

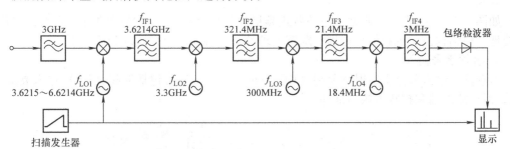

图 6-15　采用 4 级混频的外差式频谱仪

对于 100kHz ~ 3GHz 范围内的输入信号，假如采用高中频方案（例如 f_{IF} 为 3.6GHz），使本振频率自 $f_{IF} + 100kHz$ 向上调谐到 $f_{IF} + 3GHz$，则本振与中频频率之差刚好能覆盖输入频率范围。由此可写出调谐方程（Tuning Equation）如下：

$$f_x = f_{LO} - f_{IF}, \quad f_{LO} = f_x + f_{IF} \tag{6-6}$$

因而有 $f_{LOmin} = 100kHz + 3.6GHz = 3.6001GHz$，$f_{LOmax} = 3GHz + 3.6GHz = 6.6GHz$，即本振的调谐范围是 3.6 ~ 6.6GHz。进一步考虑镜像干扰问题，由于此例的镜像频率范围为 7.2 ~ 10.2GHz，因此，只需在混频之前加上一个截止频率为 3GHz 的低通滤波器，使其在 f_{IF} 和镜像频率上有足够的衰减即可。

接下来考虑中频滤波器的实现问题。为了获得良好的频率分辨率，频谱仪的中频滤波器带宽极窄，如 1kHz、10Hz 甚至是 1Hz。要想在中心频率 3.6GHz 的频率上设计实现如此窄带的滤波器，事实上是非常困难的，甚至是不可能的，于是只能通过增加混频器的方法，将高中频信号继续向下变频至较低的中频。究竟采用多少级混频，仍应当从易于工程实现的角度来考虑：一般说来，以中频频率逐级下变频的频率比不超过 10:1 ~ 15:1 为宜。本例中，共采用 4 级混频将输入信号经 3.6GHz 的高中频向下变换至 3MHz 的第 4 中频。

在图 6-15 中，输入信号频率与各级本振频率、中频频率之间具有如下关系：

$$f_x = f_{LO1} - f_{IF1}, \quad f_{IF1} = f_{LO2} + f_{IF2}$$
$$f_{IF2} = f_{LO3} + f_{IF3}, \quad f_{IF3} = f_{LO4} + f_{IF4} \tag{6-7}$$

将后三式代入第一式，可得该多级混频链的全调谐方程为

$$f_x = f_{LO1} - (f_{LO2} + f_{LO3} + f_{LO4} + f_{IF4}) \tag{6-8}$$

将具体数值代入式（6-8），有 $f_{LO2} + f_{LO3} + f_{LO4} + f_{IF4}$ = 3.3GHz + 300MHz + 18.4MHz + 3MHz = 3.6214GHz，正是第 1 中频 f_{IF1} 的数值。

6.2.3　超外差频谱仪的各种功能单元简介

所谓"超外差"，和"外差"在本质上是一样的，都基于相同的变频原理，即利用本振信号与输入信号相混频，将输入信号频率变换为某个预定频率。有一种说法是，输入频率 f_x 高于本振频率 f_{LO} 的混频方式称为外差，而本振频率 f_{LO} 高于输入频率 f_x 的混频方式称为超外差。其实，上述两种混频方式都属于超外差，前者称为本振下注入式（Low - side Injection）超外差（$f_x > f_{LO}$），后者称为本振上注入式（High - side Injection）超外差（$f_{LO} > f_x$）。

超外差原理是为了适应远程通信对高频率、弱信号接收的需要，在外差原理的基础上发展而来的，最早由 E. H. 阿姆斯特朗于 1918 年提出。此前沿用的外差法是将输入信号频率变换为音频，而阿姆斯特朗提出的方法是将输入信号变换为超音频（即中频），故被称为超外差。1919 年第一台超外差接收机问世，这种接收方式加强了选择性、提高了灵敏度，性能优于高频（直接）放大式接收，所以至今仍被广泛应用于远程信号的接收，并且推广到测量等领域中。

如图 6-16 所示为一个典型的超外差式频谱仪的原理框图，包括射频信号输入、中频信号处理、包络检波、视频信号处理、踪迹处理和显示等功能单元。现分述如下：

1. 射频信号输入

射频信号输入部分也叫射频前端（RF Front - End），通常包括射频（RF）输入衰减器、预选/低通滤波器和扫频本振等部件。

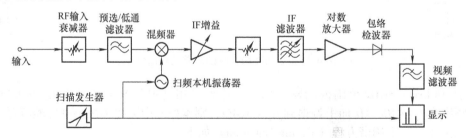

图 6-16　典型的超外差式频谱仪的原理框图

频谱仪的第一个单元是输入衰减器，它的作用是保证信号在送至混频器时处于合适的电平上，以防止发生过载、增益压缩和失真。由于输入衰减器是频谱仪的一种保护电路，所以输入衰减量通常根据对参考电平的设置来自动取值，以 10dB 为步进可调；不过，为了使频谱仪获得较大的测量动态范围，有的仪器也允许以 5dB、2dB 甚至 1dB 的步进来手动选择输入衰减量。

预选/低通滤波器的作用是抑制镜像或进行信号预选，以防止带外信号与本振混频而在中频产生多余的频率响应。对于较低的输入频率段（如 1kHz ~ 3GHz），频谱仪采用高中频

方案，此时只需一个固定的低通滤波器即可抑制镜像频率；当输入频率高至微波波段（如 3～26.5GHz）时，过高的本振信号不易实现，因而采用低中频，这就要求用一个可调的带通滤波器（即预选器）来抑制镜频。

扫频本振是频谱仪中最关键的部件，它的频率稳定度和频谱纯度对整机性能影响很大。为了提高频谱仪的频率精度，必须保证本振频率的稳定度，剩余调频（Residual FM）或残余调频是表征本振稳定度的一个参数。理想的本振应当完全稳定且没有频率调制，在分辨率带宽很窄的频谱仪中，几赫兹的寄生频率调制可能引起谱线模糊，带宽越窄，图像越模糊。因此，本振频率稳定度决定了最小的分辨带宽。另一方面，即使本振率很稳定，仍存在残余的不稳定，这就是相位噪声（Phase Noise），简称相噪。相噪可能妨碍对邻近信号的观察，见后述。

2. 中频（IF）信号处理

（1）中频级的组成 中频信号处理部分通常包括多级，每一级都具有相同的结构，由中频增益（可调放大器）、混频器和中频带通滤波器组成，如图 6-17 所示。中频信号处理部分是信号检测之前的预处理，主要实现对频率固定的中频信号的自动增益、分辨率滤波等功能。

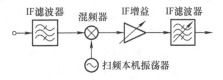

图 6-17 一级中频环节的组成

通常希望在调节输入衰减时保持参考电平不变，这个功能由中频增益环节中的可调放大器实现。因此，射频输入衰减器和中频增益是联动的。

在混频和增益单元前后各加一个带通滤波器的好处在于，前级滤波器可抑制中频滤波器的带外混频产物，以避免在末级中频放大器上产生互调；后级滤波器可减少噪声带宽。如果把滤波器都置于放大器之前，就不能有效抑制宽带中放噪声，可能导致后面的包络检波总噪声的功率增大。

中频增益之后的滤波器还有一个重要任务：实现对各频率分量的分辨，完成信号的实际分析，即频谱仪的分辨率带宽由中频滤波器的带宽决定。如果使用多级中频滤波器，它们的组合响应决定了频谱仪的分辨率带宽；通常总有某个中频滤波器的带宽远比其他滤波器窄，则该滤波器单独决定了仪器带宽。只要改变中频滤波器，就可以实现多种分辨率带宽。一般地，宽带滤波器建立时间短，可提供较快的扫频测量；窄带滤波器建立时间长，但可提供更高的频率分辨率和更优的信噪比。

（2）分辨率带宽 模拟中频滤波器的带宽通常指 3dB 带宽，如图 6-18a 所示，意即当滤波器的特性曲线从最高点下降 3dB 时，两个 3dB 点之间的频带宽度。由于 3dB 功率对应于功率谱的功率中点，因而 3dB 带宽也被称为半功率带宽。

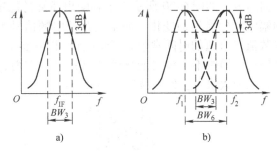

图 6-18 带通滤波器的带宽
a）中频带通滤波器的 3dB 带宽
b）频率分辨力的原理示意图

频谱仪的频率分辨率是指频谱分析仪明确分离出两个频率邻近的正弦输入信号的能力，它主要取决于中频滤波器的 3dB 带宽。无论两个输入信号在频率上如何接近，理论上都应在屏幕上显示两条可区分的谱线，而事实上由于滤波器的响应特性曲线存在一定带宽，实际的谱线总有一定宽度，因此限制了频谱仪的频率分辨能力。当两个幅度相等、频率分别为 f_1、f_2 的信号同时加到频谱仪的输入端时，在外差扫频过程中它们各自独立的响应曲线如图

183

6-18b 中两条粗虚线所示，而两个信号的合成响应则是二者的叠加，即图中的实线。f_1 和 f_2 间距较大时（$\Delta f = |f_2 - f_1| \geqslant$ 3dB 带宽），合成曲线中间的凹陷非常明显；如果 f_1 和 f_2 靠得很近以至于 $\Delta f <$ 3dB 带宽，凹陷将渐渐被拉平，合成曲线变成近乎单峰，表示此时频谱仪已无法区分这两个频率。一般认为当凹陷相对于峰值下降 3dB 时，可以明确区分两个等幅信号，这时的两个信号频率间距即定义为频谱仪的分辨力，它等同于中频滤波器的 −6dB 通频带宽。但习惯上仍以中频滤波器的 3dB 带宽作为分辨力的技术指标，并称之为分辨率带宽（Resolution Band Width，*RBW*）。

（3）选择性　模拟中频滤波器的另一个指标是选择性［Selectivity，也称形状因子（Shape Factor）］，它表征着频谱仪分辨不等幅信号的能力。在实际测量应用中，区分不等幅的频率分量往往更普遍。如果两个频率邻近的信号的幅度相差较大，即使将中频滤波器调谐在小信号上，因与之相邻的大信号不能被有效抑制，小信号的响应会湮没在大信号响应的包络之中而无法分辨。此时，仅仅满足分辨率带宽的要求不足以区分它们，需要借助带宽的选择性指标来说明，如图 6-19 所示。选择性用形状因子 *SF* 进行度量，它定义为带通滤波器的 60dB 带宽（B_{60}）和 3dB 带宽（B_3）之比，如下式：

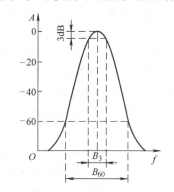

图 6-19　带通滤波器的选择性

$$SF = \frac{B_{60}}{B_3} \qquad (6\text{-}9)$$

选择性数值越小，说明滤波器的特性曲线边沿越陡峭，其形状也就越接近矩形，因此形状因子又称矩形系数。通常，模拟滤波器的形状因子在 15 ~ 25，高性能窄带滤波器可达 11，而数字滤波器可以达到 5。

3. 包络检波

频谱仪通常使用包络检波器将中频信号转换为包络信号，也称为视频信号。这里把包络信号称之为视频信号是由于在早期的模拟式频谱仪中，包络检波器输出的信号被用来直接驱动 CRT 的垂直偏转，成为可视的谱线。最简单的包络检波器由二极管、负载电阻和低通滤波器组成，如图 6-20 所示。中频输出通常是稳定的正弦波，检波器的输出响应随中频信号的幅度（包络）而变化，而不是跟随中频信号本身的瞬时值变化。只要恰当选择检波器的参数值（合适的时间常数），即可保证检波器跟随中频信号的包络变化。检波时间常数过大会使检波器跟不上包络变化的速度；另一方面，频率扫描速度的快慢会对检波输出产生影响，扫速太快也会使检波器来不及响应。

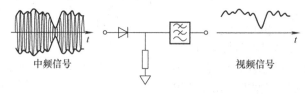

中频信号　　　　　　　　　　　　　　　　视频信号

图 6-20　包络检波器

4. 视频信号处理

（1）视频滤波器的作用　频谱仪显示的不单单是信号本身，还包括其内部噪声，如果噪声电平大于或等于有用信号的电平，有用信号就会被湮没。为了减小噪声对有用信号幅度的影响，常常对包络检波的结果进行平滑或平均，这就是视频滤波器的作用。视频滤波器置于包络检波器之后，实质是一个低通滤波器，它决定了驱动显示器垂直方向的视频电路带宽。视频滤波器在频域内对包络电压进行低通滤波，相当于在时域内进行平均。当视频滤波器的截止频率不大于分辨率带宽（*RBW*）时，视频系统跟不上中频信号包络的快速变化，因而使显示信号的起伏被"平滑"掉了。

（2）视频带宽的设置　包络检波的输出既有直流分量也有交流分量，因此，通过视频滤波会去除一些交流分量，给出更稳定的无噪声输出。如果视频滤波器的带宽（Video Band Width，*VBW*）较宽，则输出噪声波动较大；带宽较小，输出的噪声波动变小。但输出的平均噪声电平是相同的，也就是说，视频滤波器不会降低平均噪声电平，但能减少噪声的峰值电平。

视频滤波的效果在测量噪声时表现得最为明显，它有助于噪声功率的稳定测量，特别是当采用较宽的 *RBW* 时。减小 *VBW*，噪声的峰–峰值变化将被削弱，其被削弱的程度或平滑程度与 *VBW* 和 *RBW* 带宽之比有关。*VBW* 和 *RBW* 的关系是：检波前的噪声电平可使用较窄的 *RBW* 来降低，从而降低检波器的输出噪声电平；检波后的噪声电平则通过较窄的 *VBW* 来平滑噪声波动。减小 *VBW* 有助于噪声背景下的连续波信号测量，但 *VBW* 的设置不能无限小，必须综合考虑 *RBW* 的设置以及被测信号本身的特性。

正弦波、脉冲和随机信号是频谱仪测量的三种基本信号类型。*VBW* 的设置对于纯正弦信号无关紧要，即使设置了较小的 *VBW* 而导致测量时间延长，显示的谱线形状也不会因 *VBW* 的变化而不同。常见的默认设置是使 *VBW* 与 *RBW* 相等。对于脉冲信号，为了获得最精确的测量结果和显示效果，通常需要较宽的 *VBW*，例如 *VBW/RBW* 取值 $3:1 \sim 10:1$。随机信号的不确定性使得对它进行的测量相对较复杂，要想得到稳定、重复的显示，简单的方法就是选用较窄的 *VBW*，一般要求 $VBW/RBW < 1:100$，甚至达到 $1:1000$，平滑效果会非常明显。但是，这样窄的 *VBW* 会大大增加测量时间，故仅在必要时使用。

5. 踪迹处理及显示

（1）踪迹与标记　这里所说的"踪迹"（Trace）是指频谱仪进行一次扫描所得的频谱图的迹线，也有"扫迹""轨迹""轨迹线"等不同译法。在现代频谱仪中，由于测量结果是数字形式的，便于显示和处理，因此产生了许多处理踪迹的方法。

标记（Marker）实际上就是踪迹上特定的幅度点或频率点，通常在不同测量功能下可以代表不同的测量值。标记功能是一种非常有用的踪迹处理，通过标记可以非常方便、直观地实现诸如查找最大/最小值、测量两点间的幅度差或频率差等功能，并有助于改善相对测量精度、减小读数误差。在对特定值搜索和定位的基础上，现代频谱分析仪通常都加强了标记的计算处理功能，使得直接测量噪声、邻道功率等参数成为现实。

（2）踪迹平均　踪迹平均处理是对同一输入信号多次扫描得到的踪迹进行平均，以达到平滑图像、降低噪声的目的。踪迹平均的基本算法是将来自多个踪迹的相同频率点上的数据一一进行线性加权或指数加权平均，形成一个平滑踪迹。需要指出的是，对踪迹的平均处理是在一个踪迹上取多个不同的频点，再将它们与其他踪迹的对应频点上的数据进行平均。这种平均不同于在一次扫描过程中相邻频点之间的平滑处理。踪迹平均不会增加新的频率，也不影响扫描速度——当然，它必须进行多次扫描，而扫描次数越多，平均所需的时间也就越长。

线性加权踪迹平均是一种最便捷的数据加权计算，采用相同的加权系数，实际上是算术平均。计算式如下：

$$A_{\text{avg}} = \frac{1}{n} \sum_{i=1}^{n} S_i \tag{6-10}$$

式中，n 为进行平均的踪迹数目；A_{avg} 为平均之后的踪迹值；S_i 为未经平均的各次踪迹的测

185

量值，$i = 1$，2，$\cdots$，n。

指数加权踪迹平均也称扫描平均、视频平均，它是在每个扫描点上采用指数加权的方法，将当前踪迹的测量值平均之后加到先前已经平均的踪迹数据上，于是得到新的平均踪迹。指数加权意味着选用加权函数的原则是最新（最近）的踪迹样本或记录的权最重、先前踪迹的样本或记录的权值成指数减小。指数加权平均的计算公式为

$$A_{\text{avg}} = \frac{A_{n-1}}{n} + \left(1 - \frac{1}{n}\right)S_n \tag{6-11}$$

式中，n 为加权平均因子，也就是已经完成扫描的踪迹数目；A_{avg} 为平均之后的踪迹值；S_n 为未经平均的当前踪迹的测量值；A_{n-1} 为前一次扫描的平均踪迹值。

踪迹的指数加权平均所得的输出包含了多次扫描的信息，在效果上与视频滤波的平滑效果类似。可以通过设定扫描次数来实现不同程度的平均或平滑效果，即 n 越大，平均效果越好，测量信噪比越高，但要以更长的扫描完成时间为代价。从这个角度来讲，视频平均与视频滤波的差别在于视频滤波是实时的，而视频平均要经过多次扫描之后通过计算才能实现。

踪迹平均不会改变单频点连续波信号的测量结果。但需要注意的是，对于噪声和类噪声信号进行踪迹平均，结果是去除频谱"毛刺"；而在进行功率测量时，因功率值通过电压采样和检波计算而得，踪迹平均会导致测量值小于实际功率值，故在这种情况下，通常不允许进行踪迹平均。

6.3 动态（瞬变）信号的频谱测量

如前所述，传统的扫频式频谱仪适于进行周期信号的频谱测量，而基于 FFT 分析的现代频谱仪，则可借助数字化技术和计算机技术，在被测信号持续的有限时间内采集信号的全部信息，因而能够对瞬态非重复平稳随机过程和暂态过程进行实时频谱测量。

6.3.1 FFT 分析仪的原理

1. FFT 分析仪的理论基础

FFT 分析仪的理论基础是均匀采样定理和傅里叶变换。

均匀采样定理表述如下：一个在频谱中最高频率分量为 $f_{\max}$ 的带限信号，通过对该信号以不大于 $1/(2f_{\max})$ 的时间间隔进行采样，其样本值能够唯一地确定。

傅里叶变换：信号可用时域函数 $f(t)$ 完整地表示，也可用频域函数 $F(j\omega) = F_{傅里叶变换}[f(t)]$ 完整地表示，且两者之间有确定的联系。只要获得其中一个，另一个即随之获得，所以可实现时域和频域之间的转换。

在不同的研究领域，傅里叶变换具有多种不同的变体形式，如连续傅里叶变换和离散傅里叶变换（Discrete Fourier Transform，DFT）。DFT 是连续傅里叶变换在时域和频域上都离散的形式，为了使用计算机进行傅里叶变换，必须将信号定义在离散域内，在满足有限性或周期性条件下，可使用 DFT。由于 DFT 的运算量与变换点数 N 的二次方成正比关系，因而在 N 较大时，直接应用 DFT 算法进行谱变换是不切合实际的。在实际应用中，通常采用快速傅里叶变换（FFT）来高效计算 DFT。

FFT 是 1965 年由 J. W. 库利和 T. W. 图基提出的算法，它能使计算机运算 DFT 所需的乘法次数大为减少，特别是在变换点数 N 越多的情况下，FFT 对计算量的节省就越显著。FFT 的计算方法有按时间抽取的 FFT 算法和按频率抽取的 FFT 算法两种，前者将时域信号序列按偶奇排列，后者将频域信号序列按偶奇排列。它们都借助于 DFT 中离散傅里叶级数 W_N 因子的周期性及对称性，把 DFT 的计算分成若干步进行，大大提高了计算效率。最常见

的是基 2 的时间抽取算法，即蝶形算法。

均匀采样定理说明，可以对带限信号进行时域采样而不丢失任何信息；FFT 变换则说明，对时间有限的信号（有限长序列）也可以进行频域采样，而不丢失任何信息。因此，只要时间序列足够长、采样足够密，频域采样就可较好地反映信号的频谱趋势，故可通过 FFT 进行连续信号的频谱分析。

但是，本书在此并不详细讨论有关傅里叶变换、DFT 算法及 FFT 算法的细节。提及它们的原因是，本节将其视为一套有效的时 – 频域分析手段，广泛使用在数字式频谱仪中。

2. FFT 分析仪的组成

图 6-21 所示为 FFT 分析仪的简化原理框图。输入射频信号首先经过可变的射频输入衰减器以提供不同的幅度测量范围，然后经低通滤波器除去仪器频率范围之外的高频分量。接下来对信号进行时域波形的采样和量化，进行模 – 数转换转变为数字信号。最后由数字信号处理器利用 FFT 计算波形的频谱，并将结果显示出来。

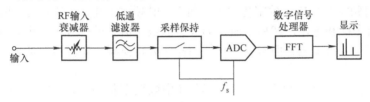

图 6-21　FFT 分析仪的简化原理框图

FFT 分析仪属于数字式实时频谱分析仪。由于采用微处理器或专用集成电路，基于 FFT 的频谱分析仪在速度上明显超过传统的扫频式或外差式模拟频谱仪，能够进行实时分析，现代的实时频谱分析仪受到模 – 数转换电路的速率限制，通常工作频段较低。

数字信号处理是 FFT 分析仪的关键，运算过程中存在大量乘法、加法操作，普通微处理器无法满足要求，通常采用专门的数字信号处理器（Digital Signal Processor，DSP）系统。DSP 具有强大的数值计算能力，除了完成 FFT 运算这个核心功能外，还可以进行多种相关的频域分析，如通过复数谱变换得到幅度谱、相位谱、功率谱，通过同时对两路信号的频谱测量而得到它们之间的自功率谱、互功率谱及频谱响应等。

目前可实现 FFT 分析的方案和途径，除了 DSP 以外还有用户定制的专用集成电路（Application Specific Integrated Circuit，ASIC）以及现场可编程门阵列（Field Programmable Gate Array，FPGA）。在选择 ASIC、FPGA 或 DSP 时，应综合考虑可编程性、集成度、开发周期、性能以及功耗等多方面因素。一般说来，ASIC 只能提供有限的可编程性和集成水平，通常可为某项固定功能提供最佳解决方案；FPGA 可为高度并行或涉及线性处理的高速信号处理功能提供最佳解决方案，如特别适于进行数字滤波器等的设计；DSP 可为涉及复杂分析或决策分析的功能提供最佳可编程解决方案，如适于执行像 FFT 这样具有顺序特性的信号处理程序。鉴于频谱分析通常需要较高的可编程性，故通常使用 DSP 实现 FFT，而将 FPGA 用在滤波、抽取等其他数字信号处理方面。

实现 FFT 算法的程序非常多而且成熟，大多可以免费获取其源代码，使用者只需根据实际要求设置分析点数等参数即可。本节不再讨论 FFT 实现流程。

6. 3. 2　全数字中频的实时频谱分析

外差式模拟频谱仪具有测量频率高、灵敏度高的优点，而频率分辨率、频谱分析精度等指标进一步提高则比较困难。基于 FFT 分析仪原理的数字式频谱分析具有明显优势：用数字滤波器作为分辨率滤波器，可极大改善滤波器的形状因子，使得频率分辨率、频谱分析精度等指标大幅提高；大规模数字集成电路和可编程器件的应用，有利于减小系统误差、增强系统可靠性，同时能有效降低仪器的体积与功耗；另一方面，基于数字信号处理方法的频谱仪能够实现实时频谱分析、相位分析、数字域调制解调分析等功能，在矢量信号分析方面具有无可替代的能力。如果把两者结合起来，即模拟射频前端＋数字中频处理，可获得性能更优异的频谱分析仪。

1. 全数字中频处理技术方案

实现数字式实时频谱分析的技术方案有多种。

1) "模拟视频检波 ＋ 数字化分析处理"（包络数字化）：在中频滤波、包络检波之后，对检波输出的包络幅度信息进行模－数转换，再由计算机进行处理，从而实现低端窄带信号幅度的数字化。低端窄带的包络数字化方案的运算量相对较小，易于实现，但因这种方式是在检波之后再进行模－数转换，因此只能获得数字化的幅度信息，并且不具备实时频谱分析能力。

2) "直接射频实时采样＋数字化频谱分析"（射频数字化）：对输入的射频信号不经下变频，直接进行采样和量化，然后对所得的大量的数字信息进行分析处理。射频数字化方式原则上具有最宽的分析带宽，但对关键器件如模－数转换器、滤波器等的要求非常高，实现难度非常大。

3) "低中频直接采样＋数字化频谱分析"（中频数字化）：模拟前端电路将射频输入信号经多级下变频变为一个较低的中频信号，在中频上直接进行模－数转换，然后在数字域对数字中频信号进行数字下变频、I/Q 正交分解以及数字滤波，最后通过 FFT 得到频谱信息。现代的数字式频谱仪通常采用"直接中频实时采样＋数字化频谱分析"的中频数字化技术路线，并将对应的具体实现称为"全数字中频处理技术"。

全数字中频处理技术的核心是基于数字检波的扫频调谐分析法和基于 FFT 的数字信号处理分析法的结合。它以数字滤波器和 FFT 技术为基础，兼具模拟扫频分析和数字信号处理分析两方面的优点，输入频率范围宽、幅度精度与分辨率高、动态范围大、测量速度快、实时性强，借助现代数字信号处理技术可获得更多的分析能力。

2. 基于全数字中频方案的实时频谱仪

基于全数字中频方案的实时频谱仪的组成框图如图 6-22 所示，主要由射频模拟信号处理（射频前端）、数字中频信号处理、数字基带信号处理部分组成。

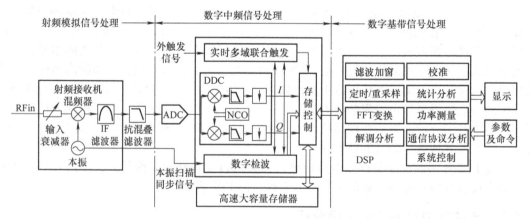

图 6-22　实时频谱仪的组成框图

在射频前端，射频接收机采用超外差原理，通过多级模拟混频电路将射频输入信号转换为固定的中频信号。在数字中频信号处理部分，末级中频信号经过中频预处理及 ADC 变成数字信号，然后在 DDC 中进行数字正交分解和抽取、滤波，同时完成数字检波、实时多域联合触发及数据高速存储等处理。数字基带信号处理部分在数字域完成信号的频谱分析、调制分析及多域联合分析，实现的处理功能包括：滤波加窗、FFT 变换、解调分析、统计分析、功率测量、通信协议分析和系统控制等。

3. 矢量信号分析

传统频谱仪仅测量输入信号的幅度，因而是一种标量仪器，而矢量信号分析仪测量的是输入信号的幅度和相位，是一种矢量仪器。随着现代频谱分析技术及数字中频处理技术的发展，采用数字下变频和 FFT 技术的数字式频谱仪也能同时获得输入信号的幅度和相位信息，因此，基于全数字中频结构的现代数字式频谱仪也可用作矢量信号分析仪。

矢量信号分析仪（Vector Signal Analyzer）是用来测量矢量信号（特指各类数字调制信号）的各种参数的分析类仪器，矢量信号分析是通过正交解调的方法，对各种常见模拟和数字调制信号解调，在 IQ 平面上进行观察和分析。从直角坐标角度看，可以直接观察同相和正交两路分量；从极坐标角度看，可以直接观察信号的幅度和相位两种参量的变化。矢量信号分析仪的一个重要功用就是测量数字调制信号的矢量调制误差，即实际调制信号偏离理想信号的幅度，包括误差矢量幅度、IQ 幅度误差、IQ 相位误差、IQ 原点偏移等。矢量信号分析仪可对包括数字调制信号在内的各种复杂信号的各种误差进行精确分析，同时也适于对发射机和频率综合器等系统的频率及相位的稳定时间进行精确的瞬态分析。矢量信号分析仪主要应用于数字移动通信、卫星通信、数字音/视频、无线局域网及局域多点分配服务等产品的初始设计、仿真及最后的硬件样机设计和调试等场合，在通信、雷达、检测等领域具有广阔的应用前景。

6.4　频谱仪的技术指标

6.4.1　外差式频谱仪的主要指标

（1）输入频率范围（Frequency Range）　频谱仪能够进行正常工作的最大频率区间，由扫描本振的频率范围决定。现代频谱仪的频率范围通常可以从基带、低频段直至射频段，甚至微波段，如 DC~8GHz。

（2）频率扫描宽度（Span）　扫描宽度表示的是频谱仪在一次测量过程中（也即一次频率扫描）所显示的频率范围，可以小于或等于输入频率范围。通常是根据测试需要自动调节或可人为设置的。

（3）频率分辨率（Frequency Resolution）　频谱仪的频率分辨率表征了能够将最靠近的两个相邻频谱分量（两条相邻谱线）分辨出来的能力。频率分辨率主要由中频滤波器的带宽决定，但最小分辨率还受到本振频率稳定度的影响。

对模拟式频谱仪而言，中频滤波器的 3dB 带宽决定了可区分的两个等幅信号的最小频率间隔。如果要区分不等幅信号，频谱仪的分辨率还与滤波器的形状因子有关。现代的数字式频谱仪通常具有可变的分辨率带宽，按照 1—3—10 或 1—2—5 的典型步进变化。其中最小的一档 RBW 值就是频率分辨率指标，如 1Hz。

（4）频率精度（Frequency Accuracy）　即频谱仪频率轴读数的精度，与参考频率（本振频率）稳定度、扫描宽度、分辨率带宽等多项因素有关。通常可以按照下式计算：

$$\Delta f = \pm \left[f_x \, \gamma_{\mathrm{ref}} + Span \left(A\% + \frac{1}{N-1} \right) + RBW \times B\% + C \right] \tag{6-12}$$

式中，Δf 为绝对频率精度，以 Hz 为单位；f_x 表示显示频率值或频率读数；γ_{ref} 代表参考频率（本振频率）的相对精度，是百分比数值；$Span$ 为频率扫描宽度；$A\%$ 代表扫描宽度精度；N 表示完成一次扫描所需的频率点数；RBW 为分辨率带宽；$B\%$ 代表分辨率带宽精度；C 则是频率常数，以 Hz 为单位。不同的频谱仪有不同的 A、B、C 值。

（5）扫描时间（Sweep Time） 频谱仪的扫描时间是指进行一次全频率扫描宽度的扫描、并完成测量所需的时间，也叫分析时间。通常希望扫描时间越短越好，但为了保证测量精度，扫描时间必须适当。与扫描时间相关的因素主要有频率扫描宽度、分辨率带宽、视频带宽。

（6）相位噪声/频谱纯度（Phase Noise/Spectrum Purity） 相位噪声简称相噪，是频率短期稳定度的指标之一。它反映了频率在极短期内的变化程度，表现为载波的边带，所以也叫作边带噪声。相噪由本振频率或相位的不稳定引起，本振频率或相位越稳定，相噪就越低；同时它还与分辨率带宽有关，RBW 缩小为原来的1/10，相噪电平值减小10dB。通过有效设置频谱仪的参数，相噪可以达到最小化，但无法消除。相噪也是影响频谱仪分辨不等幅信号的因素之一。

相位噪声通常用在源频率的某一频偏上相对于载波幅度下降的 dBc 数值表示。典型指标如 -90dBc@10kHz offset。

（7）幅度测量精度（Level Accuracy） 频谱仪的幅度测量精度有绝对幅度精度和相对幅度精度之分，均由多方面因素决定。绝对幅度测量精度都是针对满刻度信号给出的指标，受输入衰减、中频增益、分辨率带宽、刻度逼真度、频率响应以及校准信号本身的精度等几种指标的综合影响。相对幅度测量精度与相对幅度测量的方式有关，在与标准设置相同的理想情况下，相对幅度仅有频率响应和校准信号精度两项误差来源，测量精度可以达到非常高。

信号的幅度测量有一定的不确定度，通常仪器在出厂之前都要经过校准。同时频谱仪性能受到温度漂移、老化等影响，因而大多数频谱仪还需要进行实时校准，即用仪器内部的校准信号进行在线校准。

（8）本底噪声（Noise Floor） 即来自频谱分析仪内部的热噪声，也叫噪底，是系统的固有噪声。本底噪声会导致输入信号的信噪比下降，它是频谱仪灵敏度的量度。本底噪声在频谱图中表现为接近显示器底部的噪声基线，常以 dBm 为单位。

（9）动态范围（Dynamic Range） 动态范围即同时可测的最大与最小信号的幅度之比。通常是指从不加衰减时由频谱仪的非线性失真决定的最佳输入信号电平起，一直到最小可用的信号电平为止的信号幅度变化范围。

频谱分析仪的动态范围受限于三个因素：输入混频器的失真特性（主要是三阶交调）、系统灵敏度（即热噪声）、本振信号的相位噪声。热噪声和交调的影响取决于加到第一混频输入端的电平，由于热噪声的效应与混频器输入电平的高低成反比，而较高的输入电平会导致交调失真加重，因此，必须在三者之间权衡选择以获得最佳动态范围。如图 6-23 所示，综合考虑热噪声、相位噪声和三阶交调之后所得的特性曲线呈不对称的盆状，可能获得的最大动态范围应该在不同的混频器电平上分别确定。

（10）灵敏度/噪声电平（Sensitivity） 灵敏度规定了频谱仪在特定的分辨率带宽下或归一化到1Hz带宽时的本底噪声，常以 dBm 为单位。或者可以说，灵敏度指标表达的是频谱仪在没有信号存在的情况下因噪声而产生的读数，只有高于该读数的输入信号才可能被检测出来。因此，灵敏度常常也用最小可测的信号幅度来代表，数值上等于显示平均噪声电平（Displayed Average Noise Level，DANL）。典型指标如 -142dBm（1Hz BW）。

（11）本振直通/直流响应（LO Feedthrough） 指因频谱仪的本振馈通而产生的直流响

应。理想混频器只在中频产生和频与差频，而实际的混频器还会出现本振信号及射频信号。当本振频率与中频中心频率相同或非常接近时，这个对应于零频（直流）输入的本振信号将通过中频滤波器出现，这就是本振馈通。

对这种零频响应的电平，通常用相对于满刻度响应的分贝数作为度量。如果频谱仪的低端频率距离零频较远（如 100kHz），该指标可以略去。典型指标如低于满刻度输入电平 33dB。

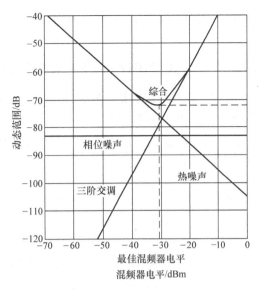

图 6-23　动态范围与热噪声、相位噪声及三阶交调有关

（12）1dB 压缩点和最大输入电平　1dB 压缩点（1dB Gain Compression Point，P_{-1dB}）是指在动态范围内，因输入电平过高而引起的信号增益下降 1dB 的点。1dB 压缩点通常出现在输入衰减 0dB 的情况下，由第一混频决定。输入衰减增大，1dB 压缩点的位置也将与衰减同步增高。为了避免非线性失真带来的不期望的频率成分，所显示的最大输入电平（参考电平）必须位于 1dB 压缩点之下。

1dB 压缩点提供了有关频谱仪过载能力的信息；与之不同的是，最大输入电平（Maximum Input Level）反映的是频谱仪可正常工作的最大限度。只有保证不逾越最大输入电平指标，频谱仪才不致受损。

6.4.2　FFT 分析仪的主要技术指标

采用 FFT 法进行频谱分析与采用传统方法有很大的不同。信号在时域、频域两个方向上离散化，分析是对离散序列中一个长度为 N 点的样本数据（记录）进行的，所得频谱与周期信号理论上存在的线谱有不同的意义，因此需要不同的评价指标。

（1）频率特性

1）频率范围：由采样频率 f_s 决定。为了防止频谱混叠，一般采取过采样，即 $f_s > 2.56f_{max}$，其中 f_{max} 为信号的最高待分析频率。采样频率则由 ADC 的性能决定。

2）频率分辨率：FFT 分析仪的频率分辨率和信号的采样频率以及离散傅里叶变换的点数 N 有关。当采样频率一定时，离散傅里叶变换的点数越多，频率分辨率越高；反之亦然。频率分辨率 Δf、采样频率 f_s 和分析点数 N 三者之间的关系为 $\Delta f = f_s/N$。

（2）幅度特性

1）动态范围：取决于 ADC 的位数、数字数据运算的字长或精度。

2）灵敏度：取决于本底噪声，主要由前置放大器噪声决定。

3）幅度读数精度：幅度谱线的误差来源包括计算处理误差、频谱混叠误差、频谱泄漏误差等多种系统误差，以及每次单个记录分析所含的统计误差。其中，不同的系统误差应采用不同方法解决；统计误差与信号的处理、谱估计方法、统计平均方法及次数有关，往往需要使用者在更换设置和多次分析之后才能获得较好结果。

（3）分析速度　即频谱仪进行 FFT 分析的最快速度主要取决于 N 点 FFT 的运算时间、平均运行时间及结果处理时间。实时频谱分析的速度上限可由 FFT 的速度推算得得。FFT 分析仪通常会给出 1024 点复数 FFT 的时间，如果该时间为 τ，则分析速度为 $400/\tau$；考虑到还要进行平均等其他处理，实际速度还会低于此值。

（4）其他特性　有可选的窗函数种类、数据触发方式、显示方式、结果存储、输入/输出功能等。

6.4.3　外差式频谱仪和 FFT 分析仪的比较

通过本章的介绍已知，外差式频谱仪和 FFT 分析仪在系统组成、技术特点、应用领域、主要指标等方面均有所区别。表 6-2 集中给出了它们的比较结果。

表 6-2　外差式频谱仪和 FFT 分析仪的比较

比较内容	外差式频谱仪	FFT 分析仪
关键技术	模拟技术（外差式）	数字技术（数字中频）
频率范围	较宽，可至微波段（几百吉赫兹）	相对较窄，最高几吉赫兹
扫描速度	较快，取决于硬件速度	较慢
动态范围	较大	相对较小
频率分辨率	取决于模拟滤波器性能，不可能做得很高	可达 1Hz 以下，极其精细
应用领域	周期信号的非实时分析。适于进行大频率范围内的快速扫频分析	瞬态信号的实时分析。适于窄带信号的精密分析及通信信号多域分析

为集成二者的优点，现代频谱仪采用综合的系统框架，即射频前端采用超外差式接收机结构，中频及以后采用全数字方式。

6.4.4　频谱仪各参数间的联动关系

无论模拟式还是数字式，都要对频谱仪各项参数进行合理设置，而且各设置参数的选择并不是孤立的。为了避免因不适当的参数设置而引入测量误差，频谱仪通常提供参数的独立调节（也称手动）及自动关联（也称自动）两种模式，在自动关联模式下，这些参数相互之间以某种方式"联动"（Coupling）设置。也就是说，只要改变其中任何一项设置，其余各项参数都会随之自动调节以适应变化，这种模式通常用于常规的快速测量。当用户有特定的测量需求，例如只希望改变某些参数时，则可能使用独立调节模式。因此，有必要简单了解参数之间的相互关系。

1. 扫描时间、扫描宽度、频率分辨率和视频带宽

由于滤波器的使用，仪器所允许的最快扫描时间（或扫描速度）受限于中频滤波器和视频滤波器的响应时间。当扫描时间过短、未达到所需的最短扫描时间时，扫速过快使滤波器达不到稳态，会引起显示失真（信号的幅度减小和频率上有偏移）。为了避免扫速过快或扫描时间过短引起的测量误差，分辨率带宽、视频带宽、扫描时间及扫描宽度应当联动设置。

在视频带宽大于分辨率带宽的情况下，扫速不会受视频滤波器的影响。此时，中频滤波器的响应时间仅与分辨率带宽的二次方成反比。一般地，可通过下式来反映上述指标之间的制约关系：

$$ST = K \frac{Span}{RBW^2} \quad (RBW < VBW) \tag{6-13}$$

式中，ST 为扫描时间；$Span$ 为频率扫描宽度，或称扫描跨度；RBW、VBW 分别为分辨率带宽和视频带宽；K 为比例因子，取值与滤波器的类型及其响应误差有关，对 4 级或 5 级级联的模拟滤波器，K 取 2.5，对高斯数字滤波器，K 可取 1 甚至小于 1 的值。

当视频带宽小于分辨率带宽时，所需的最小扫描时间受限于视频滤波器的响应时间。与前一种情况类似，视频带宽越宽，视频滤波器的响应或建立时间越短，扫描时间相应也越

短。视频带宽与扫描时间之间成线性反比：视频带宽减小为原值的 $1/n$，扫描时间增加 n 倍。

上述参数也可以部分联动。例如，当手动设置分辨率带宽、视频带宽时，扫描时间能够同时自动改变。分辨率带宽应随扫描宽度的改变而自动切换，这两者之间的联动比值可以由用户自行设置；在现代频谱仪中，视频带宽与分辨率带宽也可以联动设置，它们的比值取决于不同的测量应用场合，因而也是由用户设置的。当然，对不同被测信号还可以使用以下经验设置：

$$\begin{aligned} &正弦信号 \quad RBW/VBW = 0.3 \sim 1\\ &脉冲信号 \quad RBW/VBW = 0.1\\ &噪声信号 \quad RBW/VBW = 10 \end{aligned} \qquad (6\text{-}14)$$

默认的视频带宽设置原则是，在保证不增加扫描时间的前提下，尽最大可能实现滤波平均。当 $K = 2.5$ 时，视频带宽必须至少等于分辨率带宽，即有 $RBW/VBW \leqslant 1$；如果使用的是数字滤波器，可以取 $K = 1$，因而扫描时间得以提高。此时为了确保视频滤波器的稳定，视频带宽应该至少 3 倍于分辨率带宽，即 $RBW/VBW \leqslant 0.3$。

2. 输入衰减、中频增益和参考电平

频谱分析仪的幅度测量范围上限由允许输入的最大电平决定，下限取决于仪器的固有噪声或本底噪声。因为放大器、检波器及 A – D 转换器的动态范围都很小，所以通常不可能在同一次测量中同时达到这两个限制，只能在不同的设置下得到。用户会在不同的应用场合下根据需要选择最大显示电平——参考电平，为此，输入衰减、中频增益是两个可以自动调节的决定性因素。

由于过大的输入信号可能导致第一混频受损，因此对高电平输入必须进行衰减，衰减量取决于第一混频及其后续处理部分的动态范围。第一混频器的输入电平必须位于 1dB 增益压缩点之下。如果混频器电平过高，失真产生的频率分量将会干扰正常显示，从而降低无交调范围；如果衰减量过大导致混频器电平过低，又会降低信号的信噪比，从而使噪底抬高，减小动态范围。因此，必须在信噪比与失真之间折中考虑输入衰减及后续的中频增益的选择。

在实际应用中，即使是对非常低的参考电平，通常也会将输入衰减设置为最小值（如 10dB）而不是零，这样做的目的是为了获得较好的匹配，从而可以得到较高的绝对幅度测量精度。

本 章 小 结

信号可以分为连续时间信号、离散时间信号；周期信号、非周期信号等，除了可以进行时域分析之外，频域内的分析也同样重要。傅里叶分析是联系时域和频域的桥梁，也是在频域内进行数字化分析的理论基础。频谱仪就是使用不同方法在频域内对信号的电压、功率、频率等参数进行测量并显示的仪器。一般有非实时分析法、FFT 分析（实时分析）法两种实现方法。

非实时分析法中，外差式频谱仪是实施频谱分析的传统途径，它借用超外差接收机的原理，通过改变本地振荡器的频率来捕获欲接收信号的不同频率分量。外差式频谱仪主要包括输入通道、混频电路、中频处理电路、检波和视频滤波等部分，主要指标有输入频率范围、频率扫描宽度、扫描时间、频率分辨率、动态范围、灵敏度、相位噪声、幅度测量精度等，具有频率范围宽、灵敏度高、频率分辨率可变等特点，是目前频谱仪中数目最多的一种，尤其在高频段应用更多。但它不能进行实时频谱分析。

快速傅里叶变换（FFT）分析仪属于数字式频谱仪，是将输入信号数字化，并对时域数字信息进行 FFT，以获得频域表征。基于 FFT 的频谱分析仪除了电路结构本身较简单之外，由于采用微处理器或专用集成电路，在分析速度上明显超过传统的模拟式扫描频谱仪，能够进行实时分析；但它同时也受到模-数转换电路的指标限制，在频率覆盖范围上不及外差式频谱仪，工作频段较低。FFT 分析仪所得的频谱与周期信号理论上的线谱有不同的意义，要采用不同的评价指标。

除了完成幅度谱、功率谱等一般功能的测量外，频谱仪还能够用于对如相位噪声、邻近信道功率、非线性失真、调制度等频域参数进行测量。

思考与练习

6-1　什么是频谱分析仪？分别用示波器和频谱仪观察同一个信号，结果有何不同？

6-2　试述滤波式频谱仪的基本原理及其分类和各自的特点。

6-3　使用并行滤波式频谱仪来测量 1～10MHz 的信号，如果要求达到的频率分辨率为 50kHz，共需要多少滤波器？

6-4　频谱仪动态范围的定义是什么？它取决于哪些因素？

6-5　什么是频谱仪的频率分辨率？在外差式频谱仪和 FFT 分析仪中，频率分辨率分别和哪些因素有关？

6-6　视频滤波器在频谱仪中有什么作用？试述视频滤波器的带宽 VBW 的选择原则。

6-7　带通滤波器在频谱仪中有什么作用？描述其性能通常有哪些主要指标？

6-8　包络检波器在频谱仪中有什么作用？如何确定检波器中 R、C 元件的参数值？

6-9　试画出超外差式频谱仪的原理框图，并说明各组成部分的功能。

6-10　中频的选择原则是什么？低中频及高中频各适用于什么场合？

6-11　什么是镜频干扰？如何抑制？

6-12　如果已将外差式频谱仪调谐到某一输入信号频率上，且信号带宽小于调谐回路带宽，此时停止本振扫描，屏幕将显示什么？

6-13　某外差式频谱仪的工作频率范围为 0～1.4GHz，中频为 1.8GHz，则本地振荡器的频率范围是多少？镜像频率范围是多少？

6-14　试设计一个频率范围为 0～1.8GHz 的四级混频的外差式频谱仪，回答下列问题：

（1）画出原理框图，说明采用多级混频的理由；

（2）写出频谱仪的调谐方程，并说明其含义；

（3）中频能否选择在频率范围内？本例中应选择低中频还是高中频？

（4）该频谱仪的镜像频率范围是多少？

（5）若各级中频频率分别设计为 $f_{IF1} = 2420MHz$、$f_{IF2} = 220MHz$、$f_{IF3} = 20MHz$、$f_{IF4} = 3MHz$，求对应的各级本振频率 $f_{LO1} \sim f_{LO4}$。

6-15　在 FFT 分析仪的性能指标中，频率范围、频率分辨率、动态范围、灵敏度、幅度读出精度、分析速度等分别取决于哪些环节？

6-16　比较 FFT 分析仪与外差式频谱仪各适用于何领域？

6-17　如何理解"实时"频谱分析的含义？传统的扫频式频谱仪为什么不能进行实时频谱分析？FFT 分析仪为什么能够进行实时分析？

6-18　要想较完整地观测频率为 20kHz 的方波，频谱仪的扫描宽度应至少达到多少？

6-19　选择题：

（1）分辨带宽是指（　　　）。

A. 等效噪声带宽　　　　B. 视频带宽　　　　C. 3dB 带宽　　　　D. 60dB 带宽

（2）频谱仪的选择性取决于（　　　）。

A. 3dB 带宽　　　　　　B. 60dB 带宽　　　　C. 视频带宽　　　　D. 60dB 带宽与3dB 带宽之比

（3）分辨率带宽表征了频谱仪（　　　）。

A. 分辨两个频率接近的等幅信号的能力　　　B. 分辨镜像干扰频率的能力

C. 分辨两个频率接近、幅度不等的信号的能力　D. 抑制各种组合干扰信号的能力

（4）与外差式扫频频谱仪比较，FFT 分析仪的优势在于特别适合测量（　　　）。

A. 周期性正弦信号的频谱　　　　　　　　　B. 瞬变的动态信号频谱

C. 周期性脉冲信号的频谱　　　　　　　　　D. 射频信号的频谱

（5）选择性表征了频谱仪（　　　）。

A. 分辨两个频率接近的等幅信号的能力

B. 抑制各种组合干扰信号的能力

C. 分辨两个频率接近、幅度相差很大的信号的能力

D. 抑制镜像干扰频率的能力

（6）改变分辨率会使扫描时间发生明显变化，当分辨率带宽减少为原来的 1/10 时，扫描时间就应变为原来的（　　　）。

A. 1/10　　　　　　　　B. 1/100　　　　　　　C. 10 倍　　　　　　　D. 100 倍

（7）中频信号检波器时间常数的选择应保证检波器的输出能跟随（　　　）。

A. IF 信号的包络而变化　　　　　　　　　B. IF 信号的瞬时值而变化

C. IF 信号的平均值而变化　　　　　　　　D. IF 信号的最大值而变化

（8）频谱仪的视频滤波器是一个（　　　）。

A. 带通滤波器　　　　B. 带阻滤波器　　　　C. 低通滤波器　　　　D. 高通滤波器

（9）频谱仪的纵轴有线性和对数两种刻度，对数刻度比线性刻度更常用，是因为对数刻度（　　　）。

A. 精度更高　　　　B. 可用范围变大　　　　C. 便于表示相对值　　D. 更符合人们的读数习惯

（10）外差式频谱仪能在很宽的频率范围内分析出信号的频谱，这是因为它具有（　　　）。

A. 宽频带的动态分析能力　　　　　　　　　B. 快速的实时分析能力

C. 宽扫频范围的选频分析能力　　　　　　　D. 宽动态范围的高灵敏分析能力

第7章

信 号 源

7.1 概述

7.1.1 信号源在系统测量中的作用

前面曾指出：电子测量中涉及的信号分为两类，一类是天然的信号，另一类是人工制造的信号。前者通常是未知的、被测的信号；后者是已知的、测量用的信号。测量用的信号是人造的信号。人工制造标准信号的电子仪器称为信号源，或称信号发生器。信号源能够根据事先设定的频率、幅度，产生出规定的波形信号。

在进行电子系统的测量时，信号源是必不可少的测量仪器。电路和系统的参数是无源量，在对电子系统进行测量时，必须对系统施加一定的激励信号，通过观测系统响应的方法进行测量。调试、校验和维修各种电子设备和电子仪器，例如电视机、通信机、雷达、示波器、电压表、放大器和晶体管等的性能参数，都需要为其提供测量信号源。

归纳起来，信号源主要有以下三方面的用途。

1) 激励源。作为被测电子系统的激励信号，激励信号的特性是已知的。

2) 仿真信号源。当研究一个特定用途的信号与系统时，需要与实际相同的仿真信号。

3) 校准源。用于对各种电子设备进行校准的参考源，称为标准源。

为了得到具有可比性的测量结果，系统的输入激励或仿真的信号必须是已知的标准信号。计量中用于电子测量仪器的检定校准，以及功能、性能的评价的信号源是一个更高标准的已知信号源。

7.1.2 信号源的分类

根据属性和特征，信号可分为直流（恒值）信号、周期性（交流）信号、非周期性（瞬变）信号、非确定性（噪声）信号以及各种复合信号。在时域或频域内对系统进行静态、稳态和动态性能测量时，需要使用不同类型的激励信号源。在各类信号源中，周期信号是激励信号源的主要形式，它是本章讨论的重点。

1. 直流（恒值）信号源

恒值信号是指幅值恒定不变的电压或电流信号。这类信号源常用在为电子设备供电的直流稳压电源，或用于电子系统的静态特性测量中用作标准激励信号源。例如，对以 A - D 转换为基础的数字化仪器和数据采集系统的静态特性进行测试或校准时，采用直流基准电压源作为输入激励。又如，电阻测量中可用恒流源作为待测电阻的激励源，通过测量其两端的电压计算电阻阻值。另外，对电子元器件功能和性能进行测量时，需要为电子元器件提供满足一定要求的直流供电或直流偏置电源。直流电桥测量中恒压源就是电桥的基本激励源，电压测量中恒压源是 A - D 转换必须具备的基准电压源。

直流（恒值）信号源有系列化产品，其基本技术指标有输出幅值范围、精度、稳定度、分辨力和输出阻抗等。

2. 周期性（交流）信号源

周期信号俗称交流信号，为最常见的信号形式。在大多数电子系统的交流（稳态）性能测量中，周期信号是激励信号的主要形式。周期信号的波形种类繁多，在不同的应用中有非常大的差异。根据不同的应用领域，标准周期信号可分为通用信号和专用信号两大类。通用信号普遍用于各种系统的测量中，其波形是简单的函数关系，如正弦波、三角波（锯齿波）、方波（矩形波）等。专用信号则通常只用于特定系统的测量中，其波形特殊或复杂，如用于测量电视机的全电视信号。

1) 交流（周期性）信号源按输出波形分类，可分为正弦波信号源和非正弦波信号源。其中，正弦波信号源包括扫频信号源等，非正弦波信号源包括矩形脉冲、三角波、方波、锯齿波、函数波形和任意波形信号源等。

2) 交流信号源输出频率范围很宽，工作频率范围的划分可参见电子技术有关频段的划分，如图 7-1 所示。

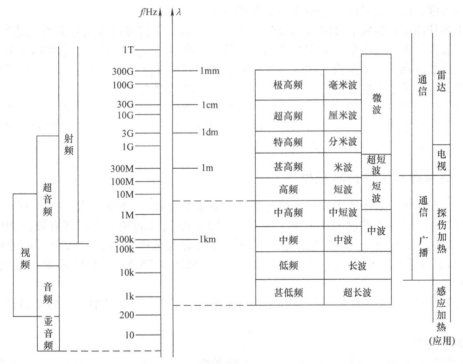

图 7-1　电子技术的频段划分

国际上规定，30kHz 以下为甚低频、超低频段，30kHz 以上每 10 倍频程依次划分为低、中、高、甚高、特高、超高等频段。在微波技术中，按波长 $[\lambda(m) = 300/f(MHz)]$ 划分为米波、分米波、厘米波、毫米波等波段。在一般电子技术中，把 $20Hz \sim 10MHz$ 称为视频，$30kHz$ 至几十吉赫兹称为射频。当然，这些只是一个大致的划分。

图 7-1 中的频段划分，不是绝对的严格的。例如，在电子仪器的门类划分中，"低频信号发生器"指 $1Hz \sim 1MHz$ 频段，波形以正弦波为主，或兼有方波及其他波形的信号发生器；"射频信号发生器"则指能产生正弦信号，频率范围部分或全部覆盖 $30kHz \sim 1GHz$（允许向外延伸），并且具有一种或一种以上调制功能的信号发生器。可见，这两类信号发生器频率范围有重叠，而所谓"射频信号发生器"包含了图 7-1 中视频以上各类信号发生器。就是

完全按照图 7-1 中的频段术语进行分类，频率范围也有不尽相同的划分。随着技术的进步与信号源的广泛应用，目前许多信号源已跨越了几个频段。

3. 非周期性激励信号源

为测量系统瞬态特性（过渡特性），需要提供一种与外部事件同步产生的非周期性信号或单次信号，其信号波形可以是单脉冲、脉冲串或其他复杂波形。这类信号可由快沿脉冲信号源或任意波形发生器产生，单独产品不常见。

测量数字系统使用的数字信号源，也是一种与外部事件同步产生的非周期性信号，其信号波形可以是用脉冲串表示的数据流，也可以是多路二进制数字逻辑信号。为了测量数字系统的动态性能，还可产生一种波形格式化的数字信号。

4. 非确定性的信号源

常见的非确定性信号是噪声信号。在大多数场合噪声是不受欢迎的，通常需采用各种措施削弱其影响。但在电子测量领域，噪声也可用作为激励信号，去测量各种电子系统的性能（诸如噪声抑制等性能）。

标准的噪声信号通常用其功率谱密度和功率电平进行说明。噪声信号源可产生特定形式的功率谱密度，输出信号功率电平在一定范围内可调。

由于各种测量对激励信号的技术要求各不相同，因此，信号源按信号的性能进行分类，可分为一般信号源、功率信号源和标准信号源等。标准信号源是指输出频率和输出电平能连续调节，读数准确，波形参数已知，并且具有良好的屏蔽性能的信号源。而一般信号源则对输出频率、电平的准确度和稳定度以及波形失真等参数的要求可低一些。

此外，信号源还有多种分类方法。例如，按调制类型可分为调幅、调频、脉冲调制和组合调制等；按频率调节方式可分为手动、电调、扫频、程控等；按产生频率的方式可分为直接振荡式、倍频式、分频式、混频式和合成式等。

7.1.3 信号源的主要技术指标

在实际测量中，对于通用信号源通常提出以下基本要求：①能够产生一个具有指定波形的振荡信号，波形的参数已知，波形失真应足够小；②信号的频率应在其有效范围内可调（步进调节或连续可调）；③输出信号的振幅应在其有效范围内可调（步进可调或连续可调）；④具有合适的输出阻抗，高频信号源通常为 50Ω 或 75Ω，低频信号源一般为 600Ω 或 1000Ω。

下面介绍最通用的正弦波信号源的主要技术指标，主要包括频率特性、输出特性和调制特性等。

1. 频率特性

频率特性是正弦波信号源的一个重要工作特性，主要包括频率的范围、准确度和稳定度。

1）频率范围。信号源的频率范围是指各项指标都能得到保证的输出频率范围，是"有效频率范围"的简称。为获得较宽的频率范围，可以采用波段式、差频式或合成式等方法。

2）频率准确度。信号源的频率准确度是指频率的实际值 f_x 对其标称值（即指示器的数值）f_0 的相对偏差，其表达式为

$$a = \frac{f_x - f_0}{f_0} \times 100\% = \frac{\Delta f}{f_0} \times 100\% \qquad (7\text{-}1)$$

式中，Δf 为频率的绝对偏差，$\Delta f = f_x - f_0$。

用刻度盘读数的传统的模拟信号源，其频率准确度为 ±（0.5% ~ 10%），而具有数字显示的频率合成信号源，由于使用高稳定度的石英晶体振荡器，其输出频率的准确度可达

$10^{-10} \sim 10^{-8}$量级。

3）频率稳定度。频率稳定度是指在一定的时间间隔内，在其他环境条件不变时，信号源维持其工作于恒定频率的能力。定义为

$$\delta = \frac{f_{\max} - f_{\min}}{f_0} \times 100\% \qquad (7-2)$$

式中，$f_{\max}$、$f_{\min}$分别表示频率在任何一个规定的时间间隔内的最大值和最小值。实际上，式(7-2)表示的是频率的不稳定度。

频率稳定度可分为长期稳定度和短期稳定度。频率短期稳定度定义为信号源经规定的预热时间后，频率在规定的较短时间内（1s 或 15min）的最大变化。频率长期稳定度是指长时间内（年、月、天、小时的范围内）频率的变化，如 3h、24h 等。一般来说，振荡器的频率稳定度应高于其准确度 1~2 个数量级。频率稳定度很高的正弦信号源，可作为标准频率源，与其他各种频率源进行比对或校准。

2. 输出特性

信号源的输出特性包括它的输出阻抗、输出电平特性、最大输出功率、波形特性及输出衰减等。

1）输出阻抗。低频信号源电压输出端的输出阻抗一般为 600Ω 或 1000Ω。功率输出端有多种阻抗可供选用，它们是 50Ω、75Ω、150Ω、600Ω 和 5000Ω 等档位。高频信号源的输出阻抗一般使用 50Ω 或 75Ω 两档。

2）输出电平特性。它是指输出电平的范围、输出电平的准确度和平坦度。例如，一般标准高频信号源的输出电压范围为 0.1μV ~ 1V，振荡器的输出电平范围为 -60 ~ 10dB。现代信号源一般都使用自动电平控制电路，可使输出电平的平坦度保持在 ±（0.1 ~ 1）dB 以内。输出电平的准确度取决于 0dB 准确度、输出衰减器换档误差、指示电表的刻度误差等几个方面。

3）最大输出功率。又称资用功率或可用功率，是指信号源所能输出的最大功率，它是一个度量信号源容量大小的参数，只取决于信号源本身的内阻和电动势，是信号源的一个属性，而与负载无关。

4）波形特性。包括输出波形的种类及其参数。信号源一般都可以输出正弦波、脉冲波等波形，函数信号源还可以输出方波、三角波、锯齿波、阶梯波，甚至任意波形。

正弦波信号源应输出单一频率的正弦信号（纯正弦波），但由于非线性失真、噪声等原因，其输出信号中含有谐波等其他成分，即信号的频谱不纯。因此，要求信号源具有一定的频谱纯度，并常以失真度来表示。一般信号源的失真度应小于 0.1% ~ 1%。

多波形的信号源，输出脉冲信号时，有脉宽可调范围、上升时间和下降时间等参数指标。输出三角波信号时，则要限制其非线性等。

3. 调制特性

实际的通信和雷达信号都是进行了某种调制的，信号源的调制功能决定了其模拟复杂信号的能力。对于高频信号源来说，一般还具有输出一种或多种调制信号的能力。调制特性包括调制的种类、频率、调幅系数、最大频偏和调制线性等。通常，高频信号源都具有调幅和调频功能（调幅的调制频率一般固定为 400Hz 或 1000Hz），而高档的信号源则往往同时具有调频、调幅、调相和脉冲调制等多种调制功能，调制波形可以是正弦波、方波、脉冲波、三角波和锯齿波，甚至噪声。

有的信号源本身不提供调制信号，而只提供各种调制信号的接口，从外部送入适当的调制信号才能实现信号的调制，这种方式称为外调制。功能更丰富的信号源内置了一个函数波形发生器，不但可以接收外部调制信号，还能自己根据需要产生调制信号，用户只需简单地

设定调制波形和调制参数即可获得所需的调制信号，这种方式称为内调制。

信号源除了频率特性、输出特性和调制特性等技术指标外，通常还包括非线性失真度和频谱纯度等。

7.2 传统的信号源

传统的信号源是指没有采用频率合成技术的模拟信号源，本节主要介绍正弦波信号源和函数波形的信号源。

7.2.1 高频信号源

高频信号源是能够产生等幅高频正弦波信号或调制波信号的信号源。这种信号源的工作频率一般在 100kHz ~35MHz 范围内，具有较高的频率准确度和稳定度，稳定度一般优于 $10^{-4}/15\text{min}$；输出幅度可在几微伏至 1V 范围内调节；输出阻抗为 50Ω 或 75Ω；通常具有调幅和调频两种调制方式，以适应测试接收机的需要。测量各类高频接收机灵敏度、选择性等工作特性是高频信号源最重要的用途之一。目前大多数高频信号源引入微处理器，对频率进行自动调谐和锁定，对输出电压进行精密控制，对输出信号的各种工作方式（如内外调幅、调频等）及工作参数进行程控设置，用于多功能、多波段接收机的调试和检测。

1. 高频信号源的工作原理

高频信号源的组成原理框图如图 7-2 所示。高频信号源主要由主振荡器及调频电路、放大调幅器、内调制振荡器、指示器和衰减器等部分组成。

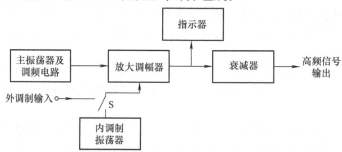

图 7-2 高频信号源的组成原理框图

1）主振荡器及调频电路。主振荡器的作用是产生高频等幅正弦信号，高频信号源的主振荡器通常采用各种 LC 振荡电路。

调频电路的作用是产生等幅的调频信号，调频是用调制信号控制高频振荡器的 LC 谐振回路中某个电抗器件（如可调电容、变容二极管），使振荡频率随调制信号的振幅变化。

2）放大调幅器。其作用是对主振荡器及调频电路的信号进行放大及调幅，同时还起隔离作用，以减小输出端负载大小和性质变化时对主振荡器的影响。

3）内调制振荡器。其作用是为放大调幅器提供调制信号。调制信号的频率有固定的，也有在一定范围内连续可调的。常用的调制频率有 400Hz 和 1kHz。

4）指示器。其作用是指示输出信号的频率、电压、调制度和频偏等性能参数。

5）衰减器。其作用是改变输出信号的幅度，通常由连续调节衰减器和步进调节衰减器构成。

2. 高频信号源及应用实例

（1）技术性能　这里介绍两种常用的高频信号源的技术性能。

1）XFG—7 型高频信号源。这是一种既能产生等幅波又能产生调幅波的高频信号源，它可用来测量高频放大器、调制器、滤波器和无线电接收机的性能指标。其主要的技术指标如下：①频率范围：100kHz～30MHz，分 8 个波段；频率刻度误差为 ±1%；②输出电压与输出阻抗：输出电压分为 0.1μV～10mV、1μV～100mV 和 0～1V 三个量程，每个量程内可分档调节或连续可变，输出阻抗为 50Ω 左右；③调制频率：内调幅分为 400Hz 和 1000Hz 两种，外调幅为 50～800kHz；④调幅范围：0%～100% 连续可调。

2）XFC—6 型标准高频信号源。这是一种产生高频载波和调幅信号、调频信号及调幅调频信号的标准高频信号源。它主要用于测试、调试及维修各种无线电接收设备，其输出载波的频率范围为 4～300MHz，分 8 档；频率稳定度优于 2×10^{-4}/10min；输出载波电压为 0.1μV～100mV，可低至 0.05μV；输出阻抗为 75Ω；调幅波的调幅范围为 0%～80%；调频波的频偏为 0～100kHz。

选用高频信号源应根据测量要求从频率范围、调制方式、输出电平及输出阻抗等主要技术指标来进行选择。

（2）应用实例 高频信号源可直接测定接收机的各项电气参数，测量方案如图 7-3 所示。

事实上，无论从功能或是电路结构上，高频信号源与高频发射机都很相似。信号源通过标准发射天线向被测接收机发送测试信号，被测接收机通过标准接收天线或机内天线接收测试信号。在规定的测量条件下，被测接收机达到额定输出功率时，信号源的输出电平就直接表征了被测接收机的灵敏度。改变信号源的频率，并维持接收机始终处在额定输出功率上。这时，信号源输出电平随频率变化的情况就直接表征了被测接收机的选择性。

利用图 7-4 所示的方案配置，可以测量调制器的频率特性、调制灵敏度和调制失真等各种性能，也可用来（或对电路稍加修改）测量混频器、参量放大器等各种非线性电路或变参量电路的性能。

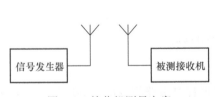

图 7-3 接收机测量方案

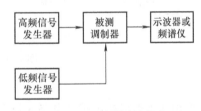

图 7-4 调制器测量方案

7.2.2 函数信号源

函数信号源是一种多波形信号源，可以产生正弦波、方波、三角波、锯齿波和脉冲波等多种波形，由于其输出的波形均可用数学函数描述，故称为函数信号源。目前函数信号源输出信号的频率低端可至微赫兹量级，高端可达几十兆赫，可广泛应用于各种元器件、音频放大器、滤波器等电子系统的测量，以及应用于机械、水声和生物医学等领域。

1. 函数信号源的工作原理

函数信号的产生通常是以某种波形为第一波形，然后利用第一波形导出其他波形。构成函数信号源的方案大致有三种：第一种是先产生方波，经积分产生三角波或斜波，再由三角波经过非线性函数变换网络形成正弦波；第二种是先产生正弦波，再形成方波、三角波等；近来较为流行的方案是先产生三角波，然

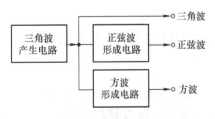

图 7-5 函数信号源的原理框图

后产生方波、正弦波等，这种方案的原理框图如图 7-5 所示。此外，还可以通过直接数字合成（DDS）技术直接产生各种函数波形，这种信号源产生的函数波形更丰富、更灵活，这部分内容将在本章后面的任意波形信号源一节中介绍。

2. 函数信号源的典型电路

在这里仅介绍图 7-5 所示的函数信号源电路中给出的较为典型的三角波产生电路和正弦波形成电路，其他电路从略。

（1）三角波产生电路　三角波产生电路是利用电容的充放电来获得线性斜升、线性斜降的电压，其原理框图如图 7-6a 所示，它由恒流源、积分器（包括积分电容 C 和运算放大器 A）和幅度控制电路构成。

1）电压斜升过程。当开关 S 拨向"1"端时，正恒流源 I_1 向积分电容充电，形成三角波斜升过程，积分器输出电压为

$$u_{o1} = \frac{1}{C}\int_0^t i\mathrm{d}t = \frac{I_1}{C}t \tag{7-3}$$

式中，u_{o1} 为斜升输出电压的瞬时值；i 为积分电容支路的电流瞬时值；C 为积分电容的电容量。因为充电电流 i 是恒流源 I_1，故式（7-3）中 $i = I_1$。

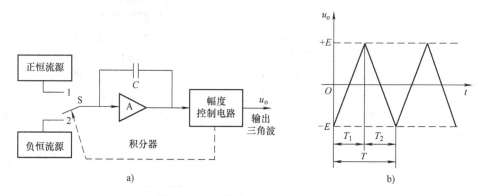

图 7-6　三角波产生电路及其波形
a）原理框图　b）波形

当电压上升到幅度控制电路的限值电平 $+E$ 时，幅度控制电路将发出控制信号，使开关 S 从"1"断开，三角波的斜升过程结束。如图 7-6b 所示，三角波从 $-E$ 到 $+E$ 的斜升时间 T_1 为

$$T_1 = \frac{2|E|C}{I_1} \tag{7-4}$$

2）电压斜降过程。当开关 S 拨向"2"端时，接通负恒流源，负恒流源 I_2 向积分电容充电，且充电方向与开关 S 拨向"1"相反，电容上的电荷减少，形成三角波斜降过程。当电压下降到幅度控制电路的限值电平 $-E$ 时，控制电路又使 S 从"2"断开，三角波的斜降过程结束。同理可得斜降电压瞬时值 u_{o2} 为

$$u_{o2} = u_{o1} + \frac{I_2}{C}t \tag{7-5}$$

输出电压从 $+E$ 到 $-E$ 的斜降时间 T_2 为

$$T_2 = \frac{2|E|C}{I_2} \tag{7-6}$$

如此重复进行，形成了连续的三角波。当正、负恒流源的恒流值相等时，即 $I_1 = I_2$ 时，可得到左、右对称的三角波，三角波的幅度取决于幅度控制的限值电平，若 $|+E| = |-E| = E$，可得到正、负幅度对称波形。

三角波的频率 f 为

$$f = \frac{1}{T} = \frac{1}{T_1 + T_2} = \frac{I}{4EC} \tag{7-7}$$

由式 (7-7) 可以看出，改变恒流源的电流 I 或积分电容 C 可以改变输出电压的变化斜率，即改变三角波的频率 f，其办法通常是通过调节 C 实现粗调，调节 I 实现细调。

(2) 正弦波形成电路 正弦波形成电路的任务是将三角波变换成正弦波。能够完成这种变换的一种方法是，用滤波器滤除三角波中的高次谐波后，得到的基波便是正弦波，但这种方法不适于工作频率范围很宽的函数信号源，否则要在滤波器上付出很大的代价。实际中，较好的方法是利用非线性网络将三角波"限幅"为正弦波，非线性网络可以用二极管或晶体管及电阻元件组成。图 7-7 所示三角波的形成电路就是用二极管和电阻构成的。图中，正、负直流电源 ($+E$ 和 $-E$) 和电阻 $R_{1A} \sim R_{5A}$ 及 $R_{1B} \sim R_{5B}$ 分别为二极管 $VD_{1A} \sim VD_{4A}$ 和 $VD_{1B} \sim VD_{4B}$ 提供步进式的偏压，以控制三角波逼近正弦波时非线性曲线转折点的位置。随着三角波输入电压 U_i 的变化，四对二极管依次导通和截止，把电阻 $R_1 \sim R_4$ 依次接入电路或与电路断开，从而改变电路的输入/输出比值，它实际上是一个由输入三角波 U_i 控制的可变分压器。在三角波的正半周期间，当 U_i 的瞬时值很小时，所有的二极管都被偏置电压 $+E$ 和 $-E$ 截止，输入三角波经过电阻 R_o 直接输送到输出端作为 U_o，即未经分压，$U_o = U_i$。当三角波的瞬时电压 U_i 上升到二极管 VD_{1A} 的偏压

$$U_i = +E\frac{R_{1A}}{R_{1A} + R_{2A} + \cdots + R_{5A}}$$

时 ($+E$ 是直流偏压源)，二极管 VD_{1A} 导通，于是由电阻 R_1、R_{1A} 和 R_o 组成的分压器接通，使三角波通过该分压器输送到输出端，且输出电压 U_o 经分压后为

$$U_o = U_i\frac{R_{1A} + R_1}{R_{1A} + R_1 + R_o}$$

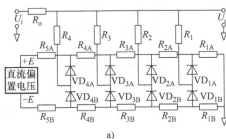
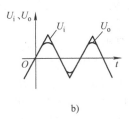

图 7-7　由三角波产生正弦波电路示例
a) 电路原理图　b) 波形

随着三角波电压 (U_i) 瞬时值不断上升，二极管 VD_{2A}、VD_{3A}、VD_{4A} 将依次导通，使分压器的分压比逐渐减小，对三角波的分压作用逐渐加强，从而使三角波斜率逐步减少而趋于正弦波。三角波的正峰过后就是斜降过程，由于瞬时电压逐渐下降，二极管 VD_{4A}、VD_{3A}、VD_{2A}、VD_{1A} 又相继截止，分压作用则由大逐渐减小。进入三角波的负半周后，二极管 VD_{1B}、VD_{2B}、VD_{3B}、VD_{4B} 也按相同的过程相继导通和截止，从而在输出端得到正弦波 U_o，如图 7-7b 所示。

从图 7-7 可知，该波形变换网络由 4 级构成，实际上对正弦波的逼近采用 $4 \times 4 = 16$ 条折线段将三角波转换为正弦波。当然网络的级数越高逼近的程度就越好，实践证明，如果用 12 个二极管组成 6 级整形网络，即采用 $4 \times 6 = 24$ 条折线段逼近正弦波，可以得到正弦波的非线性失真优于 0.25%。

按照上述原理专门设计了单片集成的函数信号发生器芯片（如5G8038），以一片集成电路芯片为核心，只需少量的外部元器件，就可以构成一个简单实用的函数信号源，产生方波、三角波、锯齿波及正弦波，甚至可实现扫频或调频。

3. 函数信号源的技术指标

函数信号源的主要性能指标如下：

1）输出波形：函数信号源的输出波形有正弦波、方波和三角波等，具有TTL电平的同步脉冲输出及单次脉冲输出等。

2）频率范围：函数信号源的频率范围一般为1Hz～1MHz，分为若干频段，如划分为1～10Hz、10～100Hz、100Hz～1kHz、1～10kHz、10～100kHz、100kHz～1MHz六个波段。

3）输出电压：一般指输出信号电压的峰峰值，直接输出不小于10V。

4）波形特性：不同波形有不同的表示方法，正弦波的特性一般用非线性失真系数表示，一般要求不大于3%；三角波的特性用非线性系数表示，一般要求不大于2%；方波的特性参数是上升时间，一般要求不大于100ns。

5）输出阻抗：函数信号输出50Ω和TTL同步输出600Ω。

6）调制特性：调频范围0%～10%，调幅范围0%～100%，失真小于1.5%。

7）扫频特性：扫频速率10ms～1000s，扫频比不小于1000:1。

7.3 锁相频率合成信号源

7.3.1 合成信号源概述及直接模拟合成原理

1. 合成信号源概述

（1）频率合成的基本概念　现代测量和现代通信技术中，需要高稳定度的频率信号源。LC或RC振荡器的频率稳定度只能达到10^{-3}～10^{-4}量级，而晶体振荡器的稳定度可以优于10^{-6}～10^{-8}量级，但晶体振荡器只能产生一个固定的频率。采用频率合成的方法，可获得许多稳定的信号频率。

频率合成是由一个或多个高稳定的基准频率，通过基本的代数运算（加、减、乘、除）的组合，合成一系列所需的频率。通过合成产生的各种频率信号，频率稳定度可以达到与基准频率源相同的量级。它与以RC或LC自激振荡器为主振级的信号发生器相比，信号源的频率稳定度可以提高3～4个量级。

频率的代数运算是通过倍频、分频及混频技术实现的。分频器实现频率的除，即分频器的输入频率是输出频率的某一整数倍。倍频器实现频率的乘，即倍频器的输出频率为输入频率的整数倍。频率的加减则是通过混频器来实现。

（2）频率合成方法的分类　频率合成方法可分为直接模拟频率合成、锁相频率合成和直接数字频率合成三种方法。

1）直接模拟频率合成法。早期的频率合成是直接利用倍频器、分频器、混频器及滤波器等模拟电路技术来合成所需要的频率，所以这种方法称为直接模拟频率合成法。

直接频率合成法的优点是工作可靠，频率切换速度快，相位噪声低。但是它需要大量的混频器、分频器和滤波器，特别是可调的窄带滤波器，模拟电路的设计与制作技术难度大，且难于集成化，体积庞大，价格昂贵。

2）锁相频率合成法（间接频率合成法）。锁相频率合成方法是通过不同形式的锁相环从一个基准频率合成所需的各种输出频率。由于锁相环（PLL）能把压控振荡器（VCO）的输出频率锁定在基准频率上，合成的输出频率是间接取自VCO，所以锁相频率合成法也称间接频率合成法。

锁相环路本身相当于一个窄带跟踪滤波器，它替代了大量可调的窄带滤波器，简化了结构，且易于集成化。锁相合成的不足之处是它的频率切换后达到稳定的时间相对较长。

3）直接数字频率合成法。该方法是近年来发展起来的一种新的频率合成法。它利用数字技术的相位累加器提供一定增量的地址，去读取数据存储器中的正弦取样值，再经 D – A 转换得到一定频率的正弦信号。该方法从相位的概念出发进行频率合成，不仅可以直接产生正弦信号的频率，而且还可以给出初始相位，甚至可以给出任意波形，这是前两种方法无法做到的。

直接数字频率合成具有频率切换速度快、频率分辨力高、频率和相位易于程控等一系列的优点，尤其随着大规模集成电路的迅速发展，这种合成方法的应用前景十分广阔。

2. 模拟直接合成法原理

模拟直接合成法是将晶体振荡器产生的基准频率信号，利用倍频器、分频器、混频器及滤波器等模拟电路进行一系列四则运算，以获得需要的频率输出。用一个石英晶体产生基准频率，然后通过分频、倍频和混频等，合成所需的输出频率，其原理框图如图7-8所示。

若要从1MHz信号的晶体振荡器中获得4.628MHz的输出信号，可以先将1MHz信号经谐波发生器产生各次谐波，实现频率 1～10 倍的倍乘。合成器的频率选择开关 S_1、S_2、S_3、S_4 应相应地置于 4MHz、6MHz、2MHz、8MHz 的位置上。频率选择开关 S_4 从谐波发生器中选出 8MHz 信号，经分频器除 10 变成 0.8MHz 信号，使它与 S_3 从谐波发生器选出的 2MHz 信号进入混频器混频，经滤波器选出 2.8MHz 信号，并除以 10 后得 0.28MHz 信号。再由 S_2 从谐波发生器取出 6MHz 信号与 0.28MHz 信号混频，得到 6.28MHz 信号，经滤波之后再经分频器除以 10 得 0.628MHz 信号。再将它与经 S_1 从谐波发生器选出的 4MHz 信号进行混频，经滤波后输出 4.628MHz 信号。

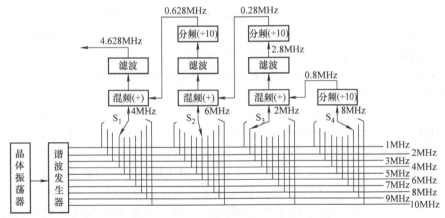

图 7-8　相干式直接频率合成器原理框图

从图 7-8 可见，增加一级基本运算单元，就可以使频率分辨力提高一个量级。这种直接式频率合成器的优点是频率转换时间短，并能产生任意小的频率增量。它的缺点是要用大量的倍频器、分频器、混频器、滤波器等模拟电路，特别是可调的窄带滤波器，不仅制作难、成本高、体积大，而且输出谐波、噪声及寄生调制都难以抑制，从而影响频率的稳定度。现在，模拟式直接合成法已很少使用。

7.3.2　锁相环的基本形式及锁相频率合成的原理

1. 锁相环的组成原理

（1）组成　基本锁相环是由鉴相器（PD）、低通滤波器（LPF）和压控振荡器（VCO）

三部分组成一个闭合的相位负反馈环路，如图 7-9 所示。图中各部分的作用如下：

图 7-9　基本锁相环

1）锁相环的输出频率 f_o 是从压控振荡器（VCO）引出的。所谓压控振荡器是指它的输出频率 f_o 受外加电压 u_c 控制的一种振荡器，例如利用变容二极管作为振荡器的回路电容，当改变变容二极管的反向电压时，其结电容将改变，从而使振荡频率随反向偏压而变。

2）锁相环的输入频率 f_i 为基准频率，鉴相器（PD）比较两个输入信号（f_i 和 f_o）的相位，并输出一个与两输入信号的相位差成正比的误差电压 u_D。

3）误差电压 u_D 可以直接去控制 VCO，但考虑到 u_D 中含有不需要的高频成分和噪声，通常经过一个低通滤波器（LPF）滤除后，作为 VCO 的控制电压 u_c，使环路的锁定更稳定，性能更好。

（2）原理

1）捕捉过程：当锁相环开路时，即 u_c 未加至 VCO 以前，VCO 的自由振荡频率称为它的固有频率。通常固有频率并不等于锁相环的输入频率 f_i，其频率之差称为固有频差。在锁相环闭合的瞬间，环路并未锁定，则 PD 两输入信号之间的相位差将随时间而变化。鉴相器将这个相位差变化鉴出并形成误差电压，并通过低通滤波器加到 VCO 上。VCO 受误差电压控制，其输出频率朝着减小 f_o 与 f_i 之间频差的方向变化，即 f_o 向 f_i 靠拢，这一过程称为频率牵引。只要 f_o 尚未等于 f_i，牵引过程就会继续，直到 f_o 等于 f_i，环路进入锁定状态。环路从失锁状态进入锁定状态的过程，即为锁相环的捕捉过程。所以，锁相的过程是一个从失锁状态→频率牵引→锁定状态的过程。

2）锁定状态：当锁相环处于锁定状态时，输入信号和 VCO 输出信号之间只存在一个稳定的相位差，而不存在频率差，即 $f_o = f_i$。锁相合成法正是利用锁相环的这一特性，把 VCO 的输出频率锁定在基准频率上，并且把 VCO 输出频率稳定度提高到与基准频率同一量级。通常，f_i 是石英晶体振荡器的振荡频率，频率稳定度可达 10^{-8} 数量级，因此，环路锁定时，普通振荡器 VCO 的输出频率稳定度就可提高到与石英晶体振荡器频率同一量级，这是 LC、RC 振荡器所远远不能达到的。

锁定状态主要靠观察鉴相器的输出来判定。锁定时它有三个特点：一是鉴相器的两输入信号频率相同；二是两输入信号的相位差为常数；三是鉴相器的输出基本上是直流电压。锁定时鉴相器的输出基本上为直流的特点常被用作锁定指示。只有在未锁定时鉴相器才有较大的交流输出，所以可把 u_D 进行交流放大、检波，并用所得电压控制电子开关，当鉴相器输出交流成分很小时锁定指示灯燃亮，表示锁相环工作在正常锁定状态。

（3）同步带宽和捕捉带宽　除了关注锁定状态外，也需要对从锁定到失锁过程有所了解。

锁相环的锁定能力不是无限的，不断加大固有频差也会使原来锁定的锁相环失锁。从锁定状态连续加大固有频差，到刚刚失锁时对应的固有频差称为同步带宽，它说明锁相环保持 VCO 输出与基准频率一致的能力。

反之，并不是有任何大的固有频差锁相环都能进入锁定状态。从失锁状态逐渐减小固有频差，到环路刚刚能够进入锁定过程，所对应的固有频差称为捕捉带宽，它说明锁相环能通过频率牵引进入锁定的能力。

当锁相环内没有低通滤波器时，u_D 等于 u_c，这时锁相环称为一阶环。对一阶环来说，同步带宽等于捕捉带宽。为了改善锁相环的性能，需要加低通滤波器。当加有低通滤波器时，环路称为二阶环或高阶环，处于锁定状态时鉴相器输出的直流成分经低通滤波器时传递函数大，控制能力强；在失锁状态时鉴相器输出主要是交流成分，它经低通滤波器时传递函数小，控制能力弱。所以二阶或高阶锁相环的同步带宽大于捕捉带宽。

2. 锁相环的基本形式

在锁相式合成信号源中，为了产生在一定频率范围内步进的或连续可调的输出频率，需要采用不同形式的锁相环来完成频率的加减乘除运算。常用的锁相环形式有以下几种：

（1）倍频式锁相环（倍频环）　倍频环是实现对输入频率进行倍乘运算的锁相环。倍频环主要有两种基本形式：谐波倍频环和数字倍频环。其原理框图如图 7-10 所示。

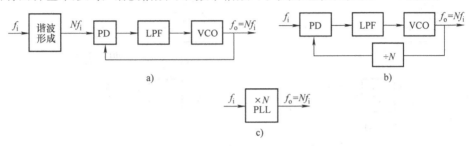

图 7-10　倍频式锁相环原理框图
a）谐波倍频环　b）数字倍频环　c）倍频环的简化图标

1）谐波倍频环。如图 7-10a 所示，输入频率 f_i 信号经谐波形成电路形成含丰富谐波分量的窄脉冲，通过调谐 VCO 的固有频率靠近第 N 次谐波，使第 N 次谐波与 VCO 信号在鉴相器中进行相位比较，从而 VCO 被锁定在输入信号的 N 次谐波上，环路锁定后 $f_o = Nf_i$。

2）数字倍频环。如图 7-10b 所示，它是在反馈回路中加入数字分频器，将输出信号 f_o/N 分频后送入相位比较器，与输入频率信号进行比较，当环路锁定时，$f_o = Nf_i$。

倍频环的简化图标可用图 7-10c 表示。

（2）分频式锁相环（分频环）　分频环实现对输入频率的除法运算，与倍频环相似，也有两种基本形式，原理框图如图 7-11 所示。

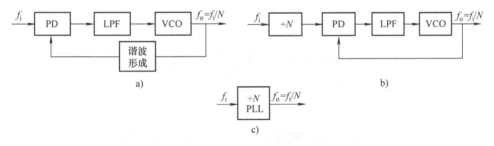

图 7-11　分频式锁相环原理框图
a）谐波分频环　b）数字分频环　c）分频环的简化图标

1）谐波分频环。与倍频不同的是，在谐波分频式锁相环中，谐波形成电路置于反馈回路中（见图 7-11a），在鉴相器中将输入频率与输出频率的 N 次谐波进行相位比较，因此锁定后，输出频率 $f_o = f_i/N$。

2）数字分频环。在数字分频式锁相环中，数字分频器置于锁相环外（见图 7-11b），分频器的输出频率与 VCO 的输出频率进行相位比较，则当环路锁定时，$f_o = f_i/N$。

分频环的简化图标如图 7-11c 所示。

（3）混频式锁相环（混频环）　混频环实现对频率的加减运算，它也有两种基本形式，图 7-12a 是一个进行加法运算的混频环，图 7-12b 是一个进行减法运算的混频环。

207

1）相加环。在图 7-12a 中，分别有两个输入频率 f_{i1} 和 f_{i2}，输出频率 f_o 与输入频率 f_{i2} 混频后，取差频 $f_o - f_{i2}$ 与输入频率 f_{i1} 进行相位比较，因此环路锁定后，$f_o = f_{i1} + f_{i2}$。

2）相减环。在图 7-12b 中，输出频率 f_o 与输入频率 f_{i2} 混频后，取和频 $f_o + f_{i2}$ 与输入频率 f_{i1} 进行相位比较，因此环路锁定后，$f_o = f_{i1} - f_{i2}$。

相加环的简化图标如图 7-12c 所示，相减环的简化图标如图 7-12d 所示。

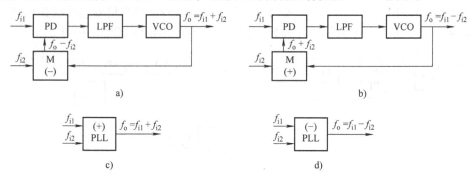

图 7-12　混频式锁相环原理框图

a）相加混频环　b）相减混频环　c）相加环的简化图标　d）相减环的简化图标

3. 多环组合式锁相频率合成原理

上述几种基本锁相环都是单环型式，它们存在频率点数目较少、频率分辨力不高等缺点，所以，合成信号源通常是由多环合成单元组成。多环结构的型式可以是多种多样的，下面以图 7-13 所示的双环合成器为例，说明多环合成的原理。

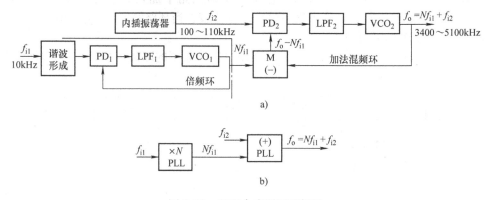

图 7-13　双环合成器原理框图

a）双环合成器原理结构框图　b）双环合成器的简化图标

图 7-13 所示的双环合成器由一个倍频环（点画线下方部分）和一个加法混频环（点画线上方部分）组成，倍频环的输出频率 Nf_{i1} 作为加法混频环的一个输入，内插振荡器的连续可变的输出频率 f_{i2} 作为加法混频环的另一个输入，则混频环的输出频率为

$$f_o = Nf_{i1} + f_{i2} \tag{7-8}$$

从式（7-8）可知，通过调谐 VCO$_1$ 固有频率来改变倍频系数 N，调谐 f_{i2} 即可实现输出频率的连续可调，下面以一个具体例子说明。

为了从图 7-13 的双环合成器获得在 3400～5100kHz 之间连续可调的输出频率，N、f_{i1}、f_{i2} 可选择如下：

取输入基准频率 f_{i1} 为 10kHz，N 在 330～500 之间变化，则倍频环输出 Nf_{i1} 为 3300～5000kHz 之间、间隔为 10kHz 的离散频率，如 3300kHz，3310kHz，…，4990kHz，5000kHz

等。为了实现f_o在3400～5100kHz之间连续可调，选择内插振荡器的输出频率f_{i2}具有10kHz的覆盖，即可把f_{i2}的10kHz连续可调范围"插入"到倍频环输出频率相邻的两个离散锁定点之间。这里取f_{i2}的连续可调范围为100～110kHz，则可实现要求区间内的连续覆盖。例如，若要求输出频率f_o为2153.5kHz，首先调谐VCO$_1$使之锁定在2050kHz（N为205），然后调节内插振荡器使其输出频率f_{i2}为103.5kHz，则通过混频环后VCO$_2$输出合成频率f_o=（2050＋103.5）kHz＝2153.5kHz。VCO$_2$和VCO$_1$的可变电容是同轴统调，当VCO$_1$的频率从一个锁定点调到另一个锁定点的同时，VCO$_2$的固有频率也作相应改变，使其始终能进入混频环的捕捉带宽之内。

如果f_{i1}采用高稳定的石英晶体振荡器，f_{i2}采用可调的LC振荡器，则可以实现f_o在一定范围内的连续可调，而且当f_{i1}的频率稳定度比f_{i2}高得多时，输出频率稳定度仍可以达到与输入频率f_{i1}同一量级。

7.3.3 提高频率分辨力和扩展频率上限的锁相技术

在图7-10b所示的数字倍频环中采用可变分频器来改变分频比N，就可以从单个基准频率获得一系列的输出频率，即输出频率$f_o＝Nf_i$就可以按f_i的倍率N来改变。这种基本锁相环存在两个问题：首先，由于可变分频器的最高工作频率比固定分频器的最高工作频率低很多，将VCO的输出直接加到可变分频器上就限制了频率合成器输出频率的上限；另一个问题是输出频率以增量f_i变化，即合成器的频率分辨力等于f_i。若要提高分辨力，要求增量越小，则要求f_i越低，锁相环的转换时间越长［转换时间t_e一般可用经验公式$t_e＝(25/f_i)$来计算］。也就是说，分辨力高与转换时间短的要求相矛盾。下面将讨论如何解决提高环路分辨力和扩展输出频率上限的问题。

1. 提高频率分辨力的小数分频技术

（1）小数分频原理　实际中的数字分频器总是整数分频，其分频系数N都是整数，不可能有小数。所谓小数分频是通过分频比可变的整数分频，经多次平均的办法，从宏观上来看呈现小数分频，即小数分频只是一种平均的效果。具体地讲，若希望分频系数有整数部分也有小数部分，即分频系数为$N.F$，其中整数部分为N，小数部分为F，小数部分的位数为n。欲获得其值介于N和$N＋1$之间的小数分频，可让整数分频系数在N和$N＋1$两个值中改变，其办法是在总的分次数为10^n次的一个循环中，进行（$10^n－F$）次N分频和F次（$N＋1$）分频，则在一个循环内分频系数的平均值为

$$\overline{N}=\frac{N(10^n-F)+(N+1)F}{10^n}=N+\frac{F}{10^n} \tag{7-9}$$

即实现了小数分频。例如，要实现分频系数为4.3的小数分频，对应式（7-9），$n＝1$、$N＝4$、$F＝3$，只要在10次分频中做7（$10－3＝7$）次除以4，3次除以5，则得到$\overline{N}＝(7×4＋3×5)/10＝4.3$。

（2）分频比"掺匀"控制　既然小数分频器中存在N及（$N＋1$）两种分频，而且每种分频都可能进行很多次，两种分频的次数不仅要准确地控制，并且还应该设法把两种分频混合均匀，而不要集中在一段时间内都做N分频，而在另一段时间都做（$N＋1$）分频，以免对应的输出频率不均匀。

这种分频比"掺匀"的控制可以通过累加运算来完成。具体做法是对小数部分F进行累加计数，若每一次累加结果未产生高位溢出（未达到整数1）时，则进行N分频；若累加结果产生高位溢出时，则进行（$N＋1$）分频。经过10^n累加计数，累加值回零，又重复一次新的累加循环。这样，在一个累加循环过程中，能自动控制N分频做（$10^n－F$）次，（$N＋1$）分频做F次，而且把N与（$N＋1$）两种分频也自动"掺匀"了。

下面用一个实例来说明上述过程。例如，按上述方法进行 4.3 次分频的控制，一个循环中的 10 次累加过程见表 7-1。由表可知，在对小数部分 0.3 进行累加的过程中，未发生高位溢出时进行 4 分频，发生高位溢出时进行 5 分频。在一个循环的 10 次分频中，4 分频做了 10 − 3 = 7 次，5 分频做了 3 次。而且做 4 分频和 5 分频的操作，是被自动"掺匀"后穿插进行的。

表 7-1　小数分频的工作过程（分频比为 4.3）

序　　号	1	2	3	4	5	6	7	8	9	10
F 累加值	0.3	0.6	0.9	0.2	0.5	0.8	0.1	0.4	0.7	0
高位溢出 OVF	0	0	0	1	0	0	1	0	0	1
分频系数（N 或 $N+1$）	4	4	4	5	4	4	5	4	4	5

为了进一步提高合成器的频率分辨力，可扩展小数部分 F 的位数。小数部分的位数越多，频率分辨力越高。例如，把 F 扩展为 2 位，要实现 4.36 次小数分频，只要在每 100（做 10^2）次分频中，做 100 − 36 = 64 次除以 4，36 次除以 5，即可得 $\overline{N} = (64 \times 4 + 36 \times 5)/100 = 4.36$。

（3）基于小数分频的锁相环电路　基于小数分频的锁相环原理框图如图 7-14 所示。图中的锁相环路部分与普通的锁相倍频环基本上相同。其主要差别是在 $\div N$ 分频器之前增加了脉冲删除电路，其作用是在删除控制信号的作用下，可从 VCO 返回的脉冲信号序列中删除一个脉冲。图 7-14 中小数值以 BCD 码写入 F 寄存器，在输入基准频率 f_r 的作用下，F 寄存器的存数与相位累加器的存数在 BCD 加法器（ACCU）中相加。

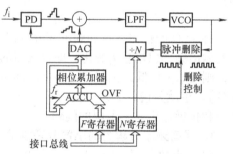

图 7-14　基于小数分频的锁相环原理框图

当 BCD 加法器达到满度值时就产生溢出，溢出脉冲 OVF 作为删除控制信号加到脉冲删除电路，删除一个来自压控振荡器的脉冲，使 $\div N$ 分频电路少计一个脉冲（见图 7-14 中所示的脉冲删除电路输出波形图），相当于分频系数为（$N+1$）；在溢出的同时，加法器将本次运算的余数存入相位累加器；如果在 f_r 作用下加法器相加结果达不到满度值，则不会产生溢出，锁相器仍按照 $\div N$ 进行分频，并且本次相加的结果存入累加器，作为加法器的基数，等待下一次相加，如此重复进行。

小数分频面临的最大问题是如何补偿由于脉冲删除所引起的锁相环相位抖动。例如，用表 7-1 所示的实例构成一个基于小数分频的锁相倍频环，VCO 输出频率 $f_o = 4.3 f_i$，每经输入频率 f_i 的一个周期，VCO 的输出频率 f_o 为 4.3 个周期。在第 1 个周期之后，鉴相器输入端就出现了 $0.3 \times 360°$ 的相位误差，在第 2 个周期后相位误差变为 $0.6 \times 360°$，第 3 个周期后相位误差变为 $0.9 \times 360°$，第 4 个周期后相位误差累计超过 $360°$，余下 $0.2 \times 360°$ 的相差。相位变化累积达 $360°$ 时，多出一个信号周期，为了实现小数分频，必须把 VCO 的输出删除一个信号周期。显然，删除操作会出现相位突变，经 $\div N$ 分频器的反馈信号的相位突然滞后输入信号一个相位。这样，使得鉴相器 PD 的输出电压出现阶梯形变化，如图 7-14 所示。

为了补偿在工作过程中鉴相器输出电压的阶梯形变化，可采用相位内插补偿措施。从表 7-1 可见，累加值（即累加器中的存数）恰好也是一个阶梯变化，因此将该数据送入 DAC，用其阶梯输出去补偿鉴相器输出的阶梯形变化，即两者相减后减法器输出到 LPF，环路稳定后经环路 LPF 送给 VCO 的则是一个较平稳的直流电平。在一定程度上，消除了 VCO 输出频率的相位突跳。

2. 扩展频率上限的吞脉冲分频技术

输出频率上限是信号源的主要性能指标。在倍乘率可变的倍频式锁相环中，要求反馈回路中分频器的分频比可以通过程序设定方式改变。程控分频器是通过脉冲反馈来改变分频比，因此可变分频器的最高工作频率受到很大的限制（最高可以达到约 1GHz），使锁相环输出频率无法进一步提高。本节将介绍扩展输出频率上限的前置分频法和吞脉冲分频法。

前置分频法是在程序控制的可变分频器之前设置一个固定分频器。由于固定分频器的最高工作频率可以达到 6 ~ 8GHz，因此合成信号源的输出频率大大提高了。由图 7-15 可见，在 $\div N$ 的可变分频器之前放置一个固定分频器，若固定分频器的分频比为 D，则信号源输出频率为

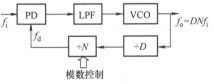

图 7-15 前置分频法

$$f_o = DNf_i \tag{7-10}$$

这种方法可提高输出频率的上限，但是由程控分频器调节频率的分辨力降低为 $\Delta f_o = Df_i$。

为了解决提高输出频率上限和高分辨力的矛盾，可以采用吞脉冲分频法。这种方法以图 7-15 的前置分频法为基础，借鉴了小数分频中的脉冲删除技术，构成具有吞脉冲功能的双模分频器，作为前置的固定分频器，原理框图如图 7-16 所示。吞脉冲分频器链主要由双模分频器，N_1、N_2 程序控制计数器和吞食控制触发器组成。双模分频器作为前置分频器，其分频系数有 P 和 $(P+1)$ 两种模式。分频系数的控制是，当"吞食控制"信号为"0"时，做 $\div P$ 次分频；为"1"时，做 $\div (P+1)$ 次分频。由于双模分频器是在一个固定 $\div P$ 的分频器前面加上一个脉冲删除电路构成，它比一般程序分频器要简单得多，因此双模分频器与固定分频器一样，工作频率可做得较高。

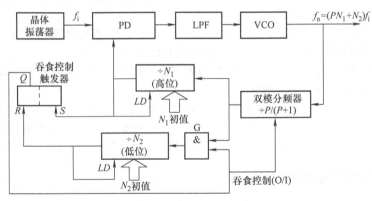

图 7-16 吞脉冲分频法频率合成器原理框图

图 7-16 中，$\div N_1$ 和 $\div N_2$ 的可变分频器为减法计数器，N_1 和 N_2 两个计数器构成了一个整体，共同决定了反馈支路中的总分频比 N，其中 N_1（N 的高位）计数器为主计数器，N_2（N 的低位）计数器为吞食控制计数器，设置的初始值 N 应满足 $N_1 > N_2$。当计数值从初始值 N 减计数至零时，输出一个溢出脉冲，作为置数脉冲 LD，又自动地把初始值 N 设置到计数器中，计数值又回复到初始值 N。

吞脉冲分频器的工作过程是，N_1 和 N_2 的一次计数循环开始时，吞食控制触发器被置于"1"态，即吞食控制信号 $Q=1$，双模分频器的分频系数为 $\div (P+1)$，N_1、N_2 计数器从初始值开始，同时对输入频率为 $f_o / (P+1)$ 的脉冲做减法计数，在 N_1 计数器和 N_2 计数器未计数到零时，吞食控制触发器"1"状态不变，双模分频系数仍为 $\div (P+1)$。

由于 $N_2 < N_1$，在经过 $N_2(P+1)$ 个 f_o 周期后，N_2 计数器首先减计数到零，输出溢出脉冲。N_2 的溢出脉冲有三个作用：①作为 N_2 计数器本身的置数脉冲，使 N_2 计数值从 0 回复到初始值 N_2；②作为复位脉冲，使吞食控制触发器转变成"0"状态，$Q=0$，关闭 N_2 计数器的闸门 G，使 N_2 计数器停止计数；③吞食控制信号 $Q=0$，双模分频器的分频系数变为 $\div P$，输出频率为 f_o/P，此时，N_1 计数器中的剩余值为 (N_1-N_2)。

N_1 计数器从 (N_1-N_2) 值开始继续对输入频率 f_o/P 脉冲做减法计数，再经过 (N_1-N_2) P 个 f_o 周期后，它计数到零，N_1 计数器输出溢出脉冲。N_1 的溢出脉冲有四个作用：①使 N_1 计数器本身又重新预置到初始值 N_1；②N_1 计数器的溢出向鉴相器输出一个相位比较脉冲；③使吞食控制触发器转变为"1"态，$Q=1$，双模分频器的分频系数又回复到 $\div(P+1)$ 的状态；④$Q=1$，使 N_2 计数器的闸门 G 开启，整个分频器链恢复到初始状态。主计数器 N_1 的溢出脉冲表明完成了一次计数循环。

在主计数器 N_1 的一次计数循环中产生一个溢出，向鉴相器输出了一个参考脉冲。在一个参考脉冲的周期内，双模分频器输入的 f_o 信号的周期数 N 为

$$N = N_2(P+1) + (N_1-N_2)P = PN_1 + N_2 \tag{7-11}$$

从吞脉冲分频法原理可见，在一次 $\div N$ 的工作周期中，通过对双模分频器工作模式的控制，使双模分频器在两个分频比之间不断切换，做 N_2 次 $P+1$ 的分频，做 N_1-N_2 次 P 的分频，这样从比较长的时间看，系统总的分频比 N 是一个平均结果。

式（7-11）的 N 值即为吞脉冲分频器的分频系数。当设置分频系数 N_1 和 N_2 后，由式（7-11）可以求得 N 的值。

这里需要特别指出的是，N_1 和 N_2 的设置不是任意的，必须满足的条件是：$N_2 < P$、$N_2 \leqslant N_1$ 和 $P \leqslant N_1$，即 $N_1 \geqslant P > N_2$。例如，当 $P=10$ 时，N_2 只能在 0~9 范围内设置，而 N_1 必须在大于或等于 10 的范围内设置。当 $P=100$ 时，N_2 只能在 0~99 范围内设置，而 N_1 则必须在大于或等于 100 的范围内设置。

如果 N_1 设置在小于 P 的范围内，则在此范围内只有 $N_1 \geqslant N_2$ 范围内才能设置，而 $N_1 < N_2$ 范围之值是不能设置，则会出现总的 N 值不能连续设置的情况。

例如，设 $P=10$，$N_2=0\sim9$，$N_1=10\sim19$，则 $N=100\sim199$；设 $P=100$，$N_2=0\sim99$，$N_1=100\sim299$，则 $N=10000\sim29999$。

双模分频器是作为 N_1、N_2 可变分频器的前置分频器，它是在一个固定分频器的基础上加入脉冲删除电路构成 $P/(P+1)$ 双模分频器，其工作频率很高，故锁相环的输出频率上限很高。

7.3.4 锁相合成信号源的实例分析

本节以 MG31A 型合成信号源做实例进行分析，其简化原理框图如图 7-17 所示。它由频率合成电路和输出电路两部分组成，频率合成部分含基本频率单元、细度盘振荡器、七个十进制频率合成子单元。它的输出频率范围为 10Hz~999.9999kHz，输出频率值 f_o 决定于"×0.1Hz"~"×100kHz"等七个十进制频率度盘开关所设置的步位（0~9）。

基本频率单元中的晶体振荡器是一个 1MHz 的标准振荡器，其稳定度是 5×10^{-8}/日，它决定了整个仪器输出频率的稳定度。经分频和倍频电路分别输出 100kHz 和 5MHz 的两个标准频率信号到有关部分。

细度盘振荡器是一个锁相环路，输出 5MHz 频率。

频率合成部分由 0.1Hz 子单元到 100kHz 子单元七级组成，各级电路相同。每级子单元都有两个锁相环路：一个倍频环和一个混频环。子单元下面的倍频锁相环路输出频率在 4.5~5.4MHz 内，共分十档（0~9），每档相差 100kHz，用一个度盘开关进行管理。度盘开

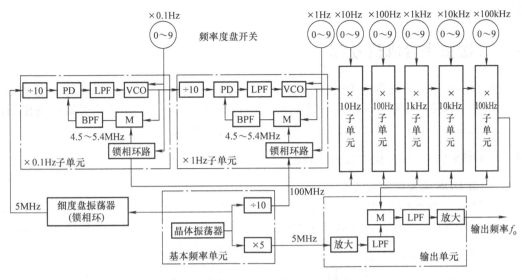

图 7-17　MG31A 型合成信号源原理框图

关拨号的号码与锁相环输出频率的对应关系见表 7-2。

表 7-2　度盘开关拨号与锁相环输出频率的对应关系

度盘开关拨号	0	1	2	3	4	5	6	7	8	9
锁相环输出频率/MHz	4.5	4.6	4.7	4.8	4.9	5.0	5.1	5.2	5.3	5.4

　　子单元上面的混频式相加环中的压控振荡器（VCO），用同一个度盘开关来改变其中变容二极管上的直流电压，使 VCO 工作在所需频率附近，再由鉴相器来的直流电压使其准确地锁定于所需的频率上。

　　输出单元中有一个混频器 M。它的一个输入信号来自 100kHz 子单元，另一个输入信号（5MHz）来自基本频率单元，取其差频作为输出频率 f_o。

　　为了说明频率合成原理，下面分析一下如何得到 0.1234567MHz 这个输出频率。

　　此输出频率的最后一位数是 7，它对应于频率合成部分的 0.1Hz 子单元，即该级的波段开关应该置于 7 的位置上，此时下面锁相环路工作在 5.2MHz（见表 7-2），作为上面混频式相加环的一个输入信号。上面混频环的另一个输入信号来自细度盘振荡器。经过 10 分频后，送到鉴相器输入端的信号频率为 500kHz。锁定时，相加环的压控振荡器的频率准确地工作在 5.7MHz 上。

　　同时，输出频率的倒数第二位数是 6，它与 1Hz 子单元对应，即该位的度盘开关应置于 6 的位置，下面的锁相环工作于 5.1MHz（见表 7-2），其输出作为上面混频环的一个输入信号。上面混频环的另一个输入信号来自前级，经 10 分频后为 0.57MHz。当混频相加环路锁定时，该级压控振荡器准确地工作在 5.67MHz 的频率上。

　　依次类推，10Hz 到 100kHz 各子单元的度盘开关分别应放在 5、4、3、2、1 的位置，各级压控振荡器应分别工作在 5.567MHz、5.4567MHz、5.34567MHz、5.234567MHz 和 5.1234567MHz。最后，由 100kHz 子单元输出的 5.1234567MHz 信号送到输出级的混频器，与经过低通滤波器（LPF）的 5MHz 信号混频，差频输出 0.1234567MHz，这正是需要的频率。

　　MG31A 型是手动式合成信号发生器，如果需要输出某一个频率，需要拨动有关波段开关的位置与频率数的各位一一对应。与模拟式直接频率合成器原理（见图 7-8）比较，可以发现两者合成频率的基本原理是相同的。

7.4 直接数字合成信号源

直接数字频率合成又称为 DDS 或 DDFS（Direct Digital Frequency Synthesis），它是从相位概念出发，直接合成所需波形的一种全数字式的频率合成技术，DDS 信号源以突出的优越性能，成为现代电子信息技术中应用最广泛的一种信号源。

7.4.1 DDS 信号源的基本组成原理

1. 简单 DDS 信号源的组成

一个简单的 DDS 信号源的组成原理框图如图 7-18 所示。图中的地址计数器为一个 N 位二进制加法计数器，它给波形查找表 ROM 提供地址信号。ROM 有 2^N 个存储单元（相应 N 位地址），并存储了一个周期正弦波形的采样数据以便于查找。

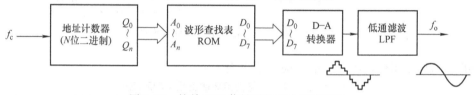

图 7-18　简单 DDS 信号源的组成原理框图

当地址计数器在时钟 f_c 的作用下进行加 1 计数时，就能从波形查找表 ROM 中按由小到大的地址顺序逐单元读出预存在 ROM 中的波形数据，这些数据再经过 D – A 转换及滤波，就可以得到连续的正弦波形信号。

2. 信号波形的相位 – 幅度数据表（波形数据表）

根据采样定理，任何频率的连续信号都可以看作是由一系列的离散的采样点所组成。对于一个周期性的连续信号波形，若在它的一个周期内采样了 2^N 点，从信号的相位出发，则每一个采样点之间相位差 $\Delta\varphi_0$ 为

$$\Delta\varphi_0 = \frac{2\pi}{2^N} \text{或} \frac{360°}{2^N} \qquad (7-12)$$

再将每一个采样点的幅值量化，则可形成一个相位与幅度一一对应的波形数据表（波形查找表），将此表预先存放在波形存储器（ROM）中，存储地址码表示相位值，该地址单元内存放的数据为波形的幅度值。从波形数据表输出信号的方法是，在时钟 f_c 的驱动下，地址计数器做累加计数，其线性增加的计数值作为波形数据表存储器地址，周而复始地对 ROM 寻址，按地址增加的顺序逐个地读出波形数据，再经过 D – A 转换和滤波后，输出信号波形。输出信号频率为

$$f_o = \frac{f_c}{2^N} \qquad (7-13)$$

式（7-13）说明，改变时钟频率 f_c 或者改变 ROM 中每周期波形的采样点数（2^N），均能改变输出信号波形的频率 f_o。为了改变 DDS 合成信号源的输出频率，通常不采用改变 f_c 的方法，大多采用改变采样点数 2^N 的办法。

3. 间隔抽样读取技术

为了改变 DDS 的输出频率，通常采用间隔取值的方法，改变从 ROM 中读出每周期波形的采样点数。间隔抽样读取的方法是每间隔 K 个地址读出一个数据，此时输出信号频率为

$$f_o = \frac{Kf_c}{2^N}\left(\text{或}T_o = \frac{2^N}{K}T_c\right) \qquad (7\text{-}14)$$

通常，将式（7-14）称为DDS方程，改变K值，相当于改变了每周期T_o内从ROM中抽取的样点数$n\left(n = \dfrac{2^N}{K}\right)$，从而改变DDS的输出频率$f_o$，故将$K$称为频率控制字。从相位概念出发，$K$值实际上反映从ROM中读出两个取样数据之间相位差的大小，采用间隔抽样后的相位分辨力为

$$\Delta\varphi_K = K\frac{360°}{2^N} = K\Delta\varphi_0 \qquad (7\text{-}15)$$

由此可见，间隔抽样的相位分辨力随K值变化。增加K值，降低了相位分辨力。

4. 基于相位累加器的DDS的基本结构

为了实现间隔式地抽样读取，完成K为任意数的地址累加计数，即采用相位累加器代替固定加1的累加计数器。基于相位累加器的DDS原理框图如图7-19所示。

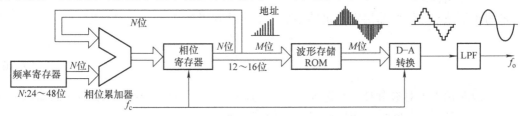

图7-19 基于相位累加器的DDS原理框图

（1）相位累加器 相位累加器是DDS系统的核心，它由频率字寄存器、相位累加器（二进制全加器）和相位寄存器组成，三者的位宽均为N。频率字寄存器中存放的频率控制字K，作为累加器的一个输入；相位寄存器用于寄存累加器的计算结果，它又作为累加器的另一个输入，同时也作为波形存储器的取数地址；累加器做累加计算，即将频率控制字K与相位寄存的输出数据（即累加器的已累加的值）相加。这样，在时钟f_c作用下，相位累加器能不断对频率控制字K进行线性相位累加，每来一个时钟，相位累加器输出的数值n就增加K，即$n_{t+1} = n_t + K$，也即波形存储器（ROM）的地址增加K（相应地，信号相位增加$K360°/2^N$）。按K的地址间隔取出ROM中的波形采样值，当相位累加到360°满量程时，即$n_{t+1} \geq 2^N$时，就会产生一次溢出，完成波形一个周期的相位－幅度转换，输出一个周期的波形。同时，开始进入下一周期的过程，从而可以连续输出周期性的信号波形。

为便于理解，可以将正弦波波形看作一个矢量沿相位圆转动，相位圆对应正弦波一个周期的波形。波形中的每个采样点对应相位圆上的一个相位点，如图7-20所示。

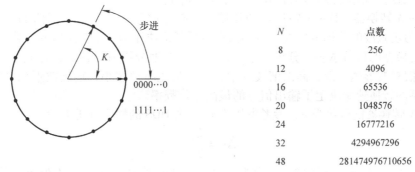

N	点数
8	256
12	4096
16	65536
20	1048576
24	16777216
32	4294967296
48	281474976710656

图7-20 数字相位圆

　　如果正弦波形定位到相位圆上的精度为 N 位,即以 f_c 对基本波形一周期的采样点数为 2^N。则其分辨力为 $1/2^N$。如果相位累加时的步进为 K（频率控制字),则每个时钟 f_c 使得相位累加器的值增加 $K/2^N \times 360°$,即 $\varphi_{t+1} = \varphi_t + (K/2^N) \times 360°$,因此每周期的采样点数为 $2^N/K$,则输出频率为 $f_o = (K/2^N)f_c$。

　　(2) 波形存储器　波形存储器又称波形查找表 ROM,其作用是以累加器输出的相位值作为地址,转换成（查找出)对应的波形幅度的数字值输出。

　　在实际的 DDS 设计中,为了提高波形的相位精度,获得足够高的频率分辨力,采样点数 2^N 通常取得很大,例如, N 值取 $32 \sim 48$ 位,可以得到毫赫兹（mHz)甚至微赫兹（μHz)的分辨力,如果每个采样点都存储,则相应的波形数据存储容量也要做成 2^N。在实际中,由于受成本、功耗等诸多因素限制,不可能采用这么大的容量。为了节省波形存储空间,采用相位截断的办法,即只用相位累加器 N 位中的高 M 位来寻址波形查找表。如 $N = 32$,取 $M = 12$,将剩余的 B 位 $[B = (N - M) = 20]$ 截断不用,这样存储容量只需要 2^M,与 2^N 相比,大大减少了存储容量。

　　采用相位截断, DDS 输出频率仍然不变,其表达式仍为

$$f_o = K\frac{f_c}{2^N} = K\frac{\dfrac{f_c}{2^B}}{2^M} \tag{7-16}$$

　　相位截断相当于对参考时钟 f_c 先进行了 2^B 分频,然后再对 2^M 容量的波形存储器进行寻址。但是,通过相位截断后, DDS 的最高的相位分辨力 $\Delta\varphi_M$ 为

$$\Delta\varphi_M = \frac{360°}{2^M} = 2^{N-M}\Delta\varphi_0 = 2^B\Delta\varphi_0 \tag{7-17}$$

　　由此可见,相位截断牺牲了相位分辨力,但不影响频率分辨力。

　　在没有相位截断的情况下,采用间隔采样的相位分辨力如式（7-15)所示,根据此式可给出一条 $\Delta\varphi_K$—K 的变化曲线（倾斜的直线),如图 7-21 所示。同时,在图 7-21 中,也画出了 $\Delta\varphi_M$ 的曲线（与水平轴平行的直线)。式（7-15)和式（7-17)以及图 7-21 表明,当 $K = 2^B$ 时, $\Delta\varphi_K = \Delta\varphi_M$。在采用了相位截断的情况下,采用间隔采样的相位分辨力将受到式（7-17)的限制, $\Delta\varphi_M$ 是最高的相位分辨力。换句话说,当 K

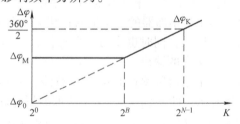

图 7-21　在相位截断的情况下, DDS 的相位分辨力与 K 的关系曲线

$\leqslant 2^B$ 时,相位分辨力 $\Delta\varphi = \Delta\varphi_M = 2^B\Delta\varphi_0$, DDS 的相位分辨力不随 K 值改变;当 $K > 2^B$ 时, $\Delta\varphi = \Delta\varphi_K = K\Delta\varphi_0$,相位分辨力随着 K 值的增加而降低。

　　(3) D - A 转换器　D - A 转换器的作用是,把存储器中的正弦波幅值的序列数字值,转换成包络为正弦波的阶梯电压波。输出波形的质量取决于 D - A 转换器的分辨力和转换速率。D - A 转换器的位数越多,分辨力越高, DDS 的幅度分辨力也越好,合成正弦波形的台阶就越多,信号波形越平滑,高次谐波分量越小,量化噪声越小,输出波形的精度就越高。D - A 转换器的转换速率决定了输出信号的最高工作频率。

　　若 D - A 转换器的位数为 n,参考电压为 U_r,则 DDS 的幅度分辨力为

$$\Delta U = \frac{U_r}{2^n} \tag{7-18}$$

　　但幅度分辨力也不是越高越好,因为它必须使用高位数 DAC,这不但价格昂贵,而且工作速率明显下降,不利于输出频率的提高。

欲获得连续平滑的输出信号，一个周期的波形应当采用更多的数据点来描述，并有相应容量的波形存储器。一般说来，D－A 转换器的位数最好能与波形存储容量相同。DAC 的位数大于波形存储器的容量也无意义。

（4）低通滤波器 在 D－A 转换器输出的包络为正弦形的阶梯波中，除主频 f_0 外，还存在许多高次谐波和非谐波的高频分量，因此，为了取出主频 f_0，必须在 D－A 转换器的输出端接入低通滤波器，即可输出频率为 f_0 的光滑的正弦波。

7.4.2 DDS 的单片集成电路

随着微电子技术的飞速发展，许多器件公司都推出了高性能的单片集成 DDS 电路芯片。一类常用的 DDS 芯片系列见表 7-3。

表 7-3 一类常用的 DDS 芯片系列

型 号	最高工作频率 /MHz	最高输出频率 /MHz	最大功耗 /mW	备 注
AD9850	125	40	380	内置比较器和 D－A 转换器
AD9853	165	65	1150	可编程数字 QPSK/16QAM 调制器
AD9851	180	70	650	内置比较器、D－A 转换器和时钟 6 倍频器
AD9852	300	100	1200	内置 12 位的 D－A 转换器、高速比较器、线性调频和可编程时钟倍频器
AD9854	300	100	1200	内置 12 位两路正交 D－A 转换器、高速比较器和可编程参考时钟倍频器
AD9858	1000	400	2000	内置 10 位的 D－A 转换器、150MHz 相频检测器、充电泵和 2GHz 混频器

单片集成的 DDS 芯片，其输出信号质量高，输出频率也较高。使用集成 DDS 芯片还可以使电路的体积很小，可靠性也有很大的提高。

一种单片集成 DDS 芯片 AD9854 的内部组成如图 7-22 所示，它包含了相位累加器、波形存储器、D－A 转换器及时钟源等部件。

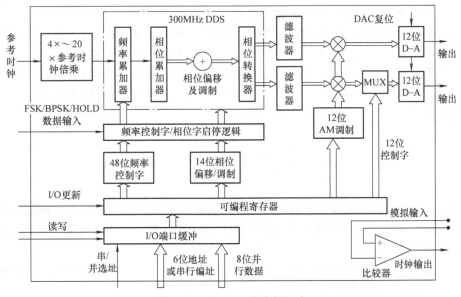

图 7-22 AD9854 的内部组成

外部输入的参考时钟经 4 ~ 20 倍频，为 DDS 芯片内部提供最高可到 300MHz 的时钟频率。通过可编程寄存器，可以设置 48 位频率控制字和 14 位相位控制字，实现频率和相位控制。该芯片的 48 位频率控制字使得输出频率分辨力可达 $1\mu Hz$，14 位相位控制字可以提供相位分辨力为 $0.022°$。在内部参考时钟选择为最大即 300MHz 时，输出频率最高可达 100MHz。

相位调制器处于相位累加器和相位转换器（波形存储 ROM）之间。它由相位字寄存器和加法器组成。加法器的作用是把相位累加器的相位输出与相位控制字相加，当相位控制字为 P 时，输出至波形存储器（ROM）的幅度码的相位会增加 $P/2^N$，从而使输出的信号产生相移。D – A 转换器之前加入了一个数字乘法器（MUX），以实现幅度调制。12 位控制字送入 MUX 中，实现对输出信号的幅度控制。另外该芯片还设置了一个高速比较器，可以将 DDS 输出的正弦波信号变为方波信号。

7.4.3　DDS 的技术指标及特点

1. 技术指标

DDS 的主要技术指标有输出频率范围、分辨力和无杂散动态范围（SFDR）等。

（1）输出频率范围

1）DDS 输出的频率可以很低，因而输出频率范围主要取 DDS 能输出的最高频率 f_{omax}。

2）DDS 能输出最高频率的理论值（采样定理）为系统时钟频率 f_c 的 50%，即 $f_{omax} = \frac{1}{2}f_c$，所以式（7-14）中 $K_{max} = 2^{N-1}$，即一个信号周期有 2 个采样点。考虑到低通滤波器的特性和输出信号杂散的影响，一般在一个信号周期内取 4 个采样点，即 $K_{max} = 2^{N-2}$，DDS 能输出的最高频率 $f_{omax} = \frac{1}{4}f_c$；当 $K = 1$ 时，DDS 输出的最低频率 $f_{omin} = \frac{1}{2^N}f_c$。因此，DDS 的输出频率范围 BW 为

$$BW = f_{omax} - f_{omin} = \left(\frac{1}{4} - \frac{1}{2^N}\right)f_c \approx \frac{1}{4}f_c \tag{7-19}$$

由此可见，DDS 输出的频率范围很宽。

（2）频率分辨力、相位分辨力及幅度分辨力

1）频率分辨力也就是 DDS 的最小频率步进量，其值等于 DDS 的最低合成频率 f_{omin}，可用式（7-13）表示，或式（7-14）中取 $K = 1$。若时钟 f_c 的频率不变，则频率分辨力由 DDS 的相位累加器位数 N 决定，即只要增加相位累加器的位数 N 即可获得任意小的频率分辨力。目前，大多数 DDS 的频率分辨力在 1Hz 数量级，许多小于 1mHz 甚至更小。

DDS 输出频率值是离散的频点，其频率点数为

$$p = \frac{f_{omax}}{f_{omin}} = \frac{\dfrac{f_c}{2^2}}{\dfrac{f_c}{2^N}} = 2^{N-2} \tag{7-20}$$

2）相位分辨力是 DDS 的最小相位步进量，其值等于两个相邻采样点之间的相位增量。DDS 的最高相位分辨力与一个周波的采样点数 2^M 成正比。若一个周波的采样点数为 2^M，则 DDS 的最高相位分辨力用式（7-17）表示。

3）幅度分辨力取决于 DDS 中 D – A 转换器的位数。若 D – A 转换器的位数为 n，参考电压为 U_r，则 DDS 的幅度分辨力可用式（7-18）表示。

（3）无杂散动态范围（SFDR）　由于 DDS 采用全数字结构，不可避免地引入了杂散。

DDS 用无杂散动态范围（SFDR）来表示输出信号的纯度。SFDR 指输出的最大信号成分幅度（主频部分）与次最大信号成分幅度（噪声部分）之比，常以 dBc 表示。

DDS 杂散的来源主要有三个：

1）相位截断误差，为了得到很高的频率分辨力，相位累加器的位数 N 通常做得很大，但由于受 ROM 存储能力的限制，用来寻址 ROM 的位数 M 一般要小于 N，因而会引入相位截断误差。

2）幅度量化误差，任意一个幅度值要用无限长的位数才能精确表示，而实际中 ROM 的输出位数是个有限值，这就会产生幅度量化误差。

3）D – A 转换器的变换特性函数的非理想特性引入误差，D – A 转换器的非线性特征、有限的分辨力及转换速率等非理想转换特性会影响 DDS 输出频谱的纯度，产生杂散分量。

2. DDS 信号源的特点和局限性

（1）特点　相对于传统频率合成技术，DDS 具有如下明显的特点：

1）频率分辨力高。当相位累加器的位数 N 很高时，频率分辨力可达到毫赫兹数量级甚至更小，可以认为 DDS 的最低合成频率为零频。因而 DDS 频率合成信号源输出频率的变化可以逼近连续变化。这是传统频率合成不能达到的。此外，DDS 频率合成信号源输出频率的稳定性高，主要取决于石英晶振时钟的稳定性。

2）频率转换时间短。与 PPL 的闭环反馈系统相比，DDS 是一个开环系统，无任何反馈环节，这种结构使得 DDS 的频率转换时间极短。事实上，在 DDS 的频率控制字改变之后，只需经过一个时钟周期就能实现频率的转换。因此，DDS 频率转换时间可达纳秒数量级，比 PPL 频率合成方法要短数个量级。

3）输出波形的灵活性。只要在 DDS 内部加上控制，就可以方便灵活地实现调频、调相和调幅功能，实现 FM、PM、AM、FSK、PSK、ASK 和 MSK 等调制。另外，只要在 DDS 的波形存储器放入不同波形数据，就可以输出各种函数波形，甚至是任意的波形。

4）其他优点。由于 DDS 中几乎所有部件都属于数字电路，因而易于集成，功耗低且可靠性高。DDS 易于程控，因而使用相当灵活，除此之外，DDS 在相对带宽、频率转换时间、高分辨力、相位连续性、正交输出以及集成化等一系列性能指标方面远远超过了传统频率合成技术。

（2）局限性　DDS 的局限性主要在以下两个方面：

1）输出频带范围有限。与 PPL 比较，由于 DDS 内部 D – A 转换器和波形存储器（ROM）的工作速度限制，使得 DDS 输出的最高频率有限。目前市场上的 DDS 芯片，最高工作频率一般在几百兆赫兹左右。采用 GaAs 工艺的 DDS 芯片的工作频率可达 2GHz 左右。

2）输出杂散大。由于 DDS 为全数字结构的宽带系统，杂散较大，因而 DDS 对低通滤波器有较高的要求。

7.4.4　DDS + PLL 频率合成信号源

直接数字合成 DDS 和锁相环频率合成 PLL 相结合，可优势互补，构成性能优异的合成信号源。虽然 DDS 本身频率转换很快，但是 DDS 的输出频率低，杂散多，所以要依靠 PLL 实现倍频和跟踪滤波。而 PLL 在频率转换时需要一定的捕获时间，这个捕获时间与环路的类型、参数和跳频步长等有关。一般来说，当步长为 10MHz 左右时，捕获大概需要 10 ～ 20μs，当步长很大时，甚至会达到毫秒级。所以，DDS + PLL 频率合成器的频率转换时间取决于 PLL，而不是 DDS，PLL 的频率转换的时间长，这等于牺牲了 DDS 频率转换快速的优点来换取高输出频率。

DDS + PLL 频率合成器的电路一般有两种形式：用 DDS 合成器作为 PLL 环路的参考源

和用 DDS 合成器作为 PLL 环路的分频器。

1. DDS 作 PLL 的参考源

直接数字频率合成芯片 DDS 作为 PLL 锁相频率合成环的可变参考频率的信号源，即构成了一个 DDS + PLL 频率合成器。这种结构适用于各种型号的 DDS 和 PLL 芯片。图 7-23 所示电路用 AD9850 DDS 系统输出作为 PLL 的参考信号，虽然 DDS 的输出频率低、杂散输出大，但是它具有频率转换速度快、频率分辨力高等优良性能，而 PLL 设计成 N 倍频 PLL，提高了输出频率，利用 DDS 的高分辨力来保证 PLL 输出有较高的频率分辨力。同时，通过具有窄带滤波器特性的 PLL，杂散输出也可以减少。

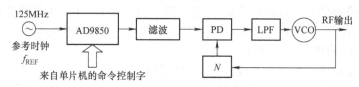

图 7-23　用 AD9850 DDS 系统输出作为 PLL 的参考信号

PLL 采用单环频率合成技术，以使 DDS + PLL 频率合成器的结构简单，性能稳定。在这种方案中，由 DDS 为锁相环提供一个高精度参考源，频率的调节由 DDS 和 PLL 两个芯片共同决定。

输出频率为

$$f_{out} = NK\frac{f_{REF}}{2^{32}} \tag{7-21}$$

频率分辨力为

$$\Delta f_{omin} = N\frac{f_{REF}}{2^{32}} \tag{7-22}$$

式中，K 为 AD9850 频率控制字；N 为 PLL 环路分频器的分频值。整个系统换频精度受到 DDS 特性、滤波器的带宽和锁相环参数的影响，频率切换时间主要由锁相环决定。

2. DDS 作 PLL 的可编程分频器

这种方案又称为 PLL 内插 DDS 频率合成器，组成框图如图 7-24 所示。VCO 输出频率作为 AD9850 的参考频率源，DDS 的输出频率为 $f_{DDS} = Kf_{out}/2^{32} = f_{out}/N$，$K$ 为 AD9850 频率控制字，PLL 环路分频器的分频值为 $N = 2^{32}/K$，由于 $K = 1 \sim 2^{31}$，因此 $N = 2 \sim 2^{32}$。在 VCO 输出允许情况下，该 PLL 输出频率 $f_{out} = Nf_{REF} = (2 \sim 2^{32})f_{REF}$。这样可以得到具有很高频率分辨力的倍频锁相环。

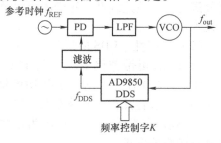

图 7-24　PLL 内插 DDS 频率合成器组成框图

7.4.5　任意波形信号源

1. 任意波形信号源的组成原理

在实际测量工作中，除了采用一些规则的信号，如正弦波、三角波、方波等波形外，有时还需要一些不规则的复杂波形信号。自然界内有很多无规律的现象，例如雷电、地震、爆破及振动等现象都是无规律的，甚至一去不复返。为了研究这些问题，就要模拟这些现象的产生。传统的信号源通常只提供周期性的正弦波或脉冲波，而多波形的函数发生器也只提供几种规则波形，不可能提供这类极不规则的波形，甚至是任意波形。

直接数字频率合成技术有一个很重要的特性，它可以产生任意波形，并由此产生了一个新的仪器门类：任意波形发生器（AWG）或任意函数发生器（AFG）。这类仪器能为各种特殊应用提供传统仪器难以产生的任意形状的复杂波形。

从直接数字频率合成的原理可知，其输出波形取决于波形存储器存放的数据。因此，只需将要产生的任意波形数据存入存储器（RAM）中即可产生所需要的任意波形。基于DDS原理的任意波形信号源的组成框图如图7-25所示。它由波形合成部分和波形输出部分组成。

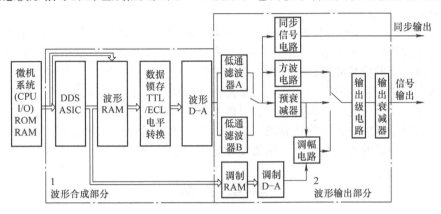

图7-25　任意波形信号源组成框图

任意波形信号源又称为函数/任意波形发生器。它可产生许多标准的函数波形，有正弦波、方波、锯齿波、脉冲波、三角波、高斯波、噪声、直流、指数上升与下降波、sinc波、心电波等，也可由用户自己产生任意波形。

2. 任意波形的产生方法

任意波形信号源的核心是RAM中的波形数据，只要把所需的波形数据装入RAM之中，即可产生相应的信号波形。装入波形数据的方法如下：

1）表格作图法。将波形画在小方格纸上，纵坐标按幅度相对值进行二进制数量化，横坐标按时间间隔编制地址，然后制成对应的数据表格，按序放入RAM中。对常用的信号波形，可将数据固化于ROM或存入非易失性RAM中，以便反复使用。

若用计算机配有的电子绘图板、手写板等工具直接绘出所需波形存入波形存储器中则更加方便。

2）用数学表达式。对能用数学方程描述的波形，先将其方程（算法）存入计算机中，在使用时，再输入方程中的有关参量，计算机经过运算后提供波形数据。也可用多个表达式分段链接成一个组合的波形。

3）复制法。复制法是指将其他仪器（如数据采集器、数字示波器、$X-Y$绘图仪）获得的波形数据通过计算机与仪器的接口总线，传输给波形数据存储器。该法适于复制已采集的信号波形。

有的任意波形发生器已配备了下载波形的相应的软件，可以方便地复制各种波形。

3. 任意波形信号源的主要技术指标

1）任意波形长度或波形存储器容量。因为任意波形信号源的波形实质上是由许多样点拼凑出来的，样点多则可拼凑较长的波形，所以用点数来表示波形长度。

波形存储器容量也称波形存储器深度，是指每个通道能存储的最大点数。这个容量越大，存储的点数越多，表现波形随时间变化的内容越丰富，当然存储器的成本也越提高。

2）采样率。在任意波形发生器中，D-A转换器从波形存储器中读取数据的时钟频率称为采样率。这里所说的采样率不是像 A - D 转换器那样对信号波形采集的速率，而是应当理解为从波形存储器中抽取样点的速度。目前，任意波形发生器的采样率为 10 ~ 300MSa/s（甚至达 2GSa/s）。

3）幅度分辨力。幅度分辨力为任意波形发生器能表现幅度细小变化的能力，它主要取决于 DAC 的位数。因为 DAC 位数通常与每个波形存储单元的位数相同，所以，不少厂商直接以 DAC 的位数作为幅度分辨力的指标。但是，由于其他因素的影响，实际幅度分辨力往往略低于 DAC 的位数。

4）通道数。虽然各种信号源都可以有不同的通道数目，但多通道的任意波形发生器更容易表现复杂波形的相关关系，因而通道数目在任意波形发生器中较受重视。例如，两路输出可表现一组正交的信号波形，或表现发射出的雷达信号及接收到的反射波，但要表现地震信号在传送至不同位置的波形，通常需要多路的任意波形发生器，这是因为，各信号之间不只是幅度、相位发生了变化，而且波形也可能有较大改变。

除了上述技术指标外，有些任意波形发生器还给出所用时钟的准确度和稳定度、噪声大小、任意波形发生器的非线性失真、仪器使用的接口总线等指标。

本 章 小 结

1）信号源又称信号发生器，是电子测量不可缺少的基本测量仪器，其主要功能是为被测系统提供激励信号。信号源的种类很多，本章讨论了三类信号源：传统的信号源、锁相频率合成信号源和直接数字合成信号源。本章重点讨论了后面两类合成信号源。常见的传统信号源有正弦信号源、脉冲信号源和函数信号源。当要用频率准确、幅度稳定的高质量信号源时，应选用合成信号源。

2）信号源的主要技术指标有：频率范围、准确度和稳定度等频率特性，输出阻抗、输出电平和输出波形等输出特性，以及调制特性等。

3）传统的低频信号源常以 RC 文氏电桥振荡器作为主振荡器，以产生 1Hz ~ 1MHz 的正弦信号为主，有的也可输出脉冲等波形。输出电平有电压和功率两种。RC 低频信号源逐渐被函数信号源和 DDS 合成信号源代替。本书未讨论这类信号源。

4）高频信号源常以 LC 振荡电路作为主振荡器。频率范围一般为 100kHz ~ 300MHz，有的可扩展到 1000MHz；可输出载波、调幅波、调频波及脉冲调制波等多种波形，高频信号源的输出电压的读数是在负载匹配条件（通常为 50Ω）下按正弦信号有效值标定的。

5）脉冲信号源产生幅度、频率、脉宽和延迟量可调的脉冲信号。它是时域测量的重要仪器。它由主振级（产生频率可调的同步脉冲）、延迟级（产生与同步脉冲有一定延迟量的主脉冲）、形成级（调整脉宽）、整形级（限幅和电压放大）及输出级（功率放大且幅度、极性可调）等组成。为了缩减篇幅，本书未讨论脉冲信号源。

6）函数信号源是一种多波形发生器，能输出正弦波、方波、三角波等多种函数波形。

7）合成信号源是利用频率合成技术产生准确、稳定的频率的高质量信号源。频率合成方法主要有：①直接模拟频率合成法（DAS）；②直接数字频率合成法（DDS）；③间接锁相式合成法（PLL）。三种合成方法基于不同原理，各有特点。

8）直接模拟频率合成法由于电路复杂，难以集成化，目前已较少应用。

9）直接数字频率合成法基于大规模集成电路和计算机技术，尤其适用于产生函数波形、任意波形的信号源和合成扫频信号源。DDS 信号源具有很多特点，获得了广泛的应用。但是，目前 DDS 专用芯片仅能产生 100 ~ 300MHz 量级的正弦波。

10）间接锁相式合成法虽然转换速度慢（毫秒量级），但其输出信号频率可达超高频频段，输出信号频谱纯度高，输出信号的频率分辨力在采用了小数分频技术以后可大大提高。目前，已有很多锁相式合成信号源产品。

11）DDS 与 PLL 两种合成技术相结合，可优势互补，构成高性能的复合式合成信号源，它的输出频率高，分辨力高，可用作高频、宽带的扫频信号源。

思考与练习

7-1 信号源在电子测量中有何作用？

7-2 信号源的常用分类方法有哪些？按照输出波形的不同，信号发生器可以分为哪几类？

7-3 按照输出频率的不同，信号源可以分为哪几类？

7-4 正弦信号源的主要技术指标有哪些？简述每个技术指标的含义。

7-5 高频信号源主要由哪些部分组成？各部分的作用是什么？

7-6 简述函数波形信号源的特点及多波形产生的原理。

7-7 简述各种类型信号源的主振荡器的组成，并比较各自的特点。

7-8 简述函数波形信号源和任意波形信号源的区别和联系，可用哪些技术来实现？

7-9 函数信号源的设计方案有几种？简述函数信号源由三角波转变为正弦波的二极管网络的工作原理。

7-10 在图 7-7a 的电路中，什么情况下所有二极管均不导通？这时三角波与正弦波电压变化斜率的关系如何？

7-11 由三角波经过滤波可选出其基波，即可获得正弦波。为什么函数信号源一般不采用这种方法，而是利用二极管构成的非线性电路产生正弦波？

7-12 什么是频率合成信号源？合成信号源分为哪几类？试说明各种频率合成的方法及其优缺点。

7-13 基本锁相环由哪些部分组成？其作用是什么？

7-14 简述锁相频率合成原理，利用锁相环可实现对基准频率 f_1 的分频（f_1/N）、倍频（Nf_1）以及 f_1 和 f_2 的混频（$f_1 \pm f_2$），试画出实现这些功能的原理框图。

7-15 某一频率合成器的原理框图及 N_1、N_2 的取值范围如图 7-26 所示，求：

（1）f_o 的表达式；

（2）f_o 的范围；

（3）最小步进频率。

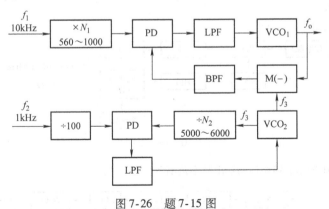

图 7-26 题 7-15 图

7-16 在类似图 7-8 所示的直接模拟频率合成器中，若想输出频率为 3.6228MHz，电路组成应如何改变？频率开关应如何设置？

7-17 在调试锁相环的工作时，如何利用示波器判断锁相环是否处于锁定状态？

7-18 图 7-27 中，若 $f_o > f_2$，$F_1 > f_1$，求锁定时的

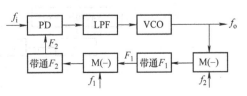

图 7-27 题 7-18 图

输出频率表达式。

7-19 写出图 7-28 中环路锁定时输出频率表达式。

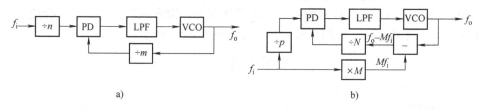

图 7-28 题 7-19 图

7-20 在图 7-29 所示的双环锁相合成单元中，若 $f_{i1} = 10\text{kHz}$，$f_{i2} = 50 \sim 60\text{kHz}$。问欲使输出频率 $f_o = 3416.82\text{kHz}$ 时，N 及 f_{i2} 的数值各为多少？

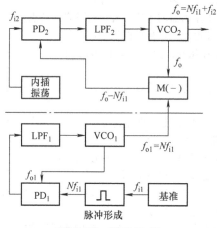

图 7-29 题 7-20 图

7-21 锁相环路形式为图 7-30 所示的混频倍频环，已知 $f_{r1} = 100\text{kHz}$，$f_{r2} = 40\text{MHz}$，其输出频率 $f_o = (73 \sim 101.1)\text{MHz}$，步进频率 $\Delta f = 100\text{kHz}$，求：

（1）滤波器的输出中 M 宜取 "＋" 还是取 "－"？

（2）计算 N 取值范围为多少？

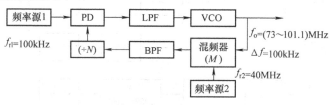

图 7-30 题 7-21 图

7-22 计算图 7-31 所示的锁相环的输出频率范围及步进频率。

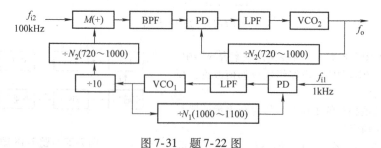

图 7-31 题 7-22 图

7-23 在小数分频方法中，要实现 5.7 倍分频，则在 10 个参考频率周期中要几次除以 5？几次除以 6？

7-24 在 DDS 中，如果参考频率为 100MHz，相位累加器宽度 N 为 40 位，频率控制字 K 为 0100000000H，则输出频率为多少？

7-25 在直接数字合成信号源中，如果相位累加器为 32 位，数据 ROM 的寻址范围为 1024B，时钟频率 $f_c = 50MHz$，试求：

（1）该信号发生器输出的上限频率 f_{omax} 和下限频率 f_{omin}；

（2）可以输出的频率点数及最高频率分辨力；

（3）最高的相位分辨力。

7-26 用小数分频锁相环产生 $f_o = 23.6f_i$ 的输出频率，问应如何分频？并列表说明通过累加"掺匀"分频系数的过程。

7-27 某函数/任意波形发生器的时钟频率为 40MHz，相位累加器的位数 $N = 32$。其中 12 位波形存储器存有正弦波为 $0° \sim 360°$ 一个周期的数据。仪器可根据设置的输出频率和初相角自动计算出频率控制码和初相码。若某用户要求输出正弦波的频率为 1MHz，初相角为 70°，问：

（1）频率控制码和初相码各为多少？

（2）实际输出频率和初相角与设置值是否可能存在微小差别？

7-28 若 A、B 两台 DDS 信号源的波形存储器均为 12 位，并存储一个周期的正弦波，但 A 的相位累加器位数 $N = 32$，B 的相位累加器位数与波形存储器位数相同，均为 12 位，设两台 DDS 信号源的时钟频率均为 10MHz，试计算这两种 DDS 的频率分辨力、输出的频率范围和输出频率点数为多少？

7-29 利用两片 D－A 转换器和一片 RAM 为主要部件，试设计一个输出幅度可调节的正弦发生器。如果要求波形点数为 1000 点，幅度调节步位为 250，$D－A_1$：10bit，$D－A_2$：8bit，RAM：2KB，试求：

（1）画出电路原理图（包括其他必要的硬件电路）及其与微处理器的连接；

（2）根据要求确定 D－A 转换器的位数；

（3）若从读取一个数据到 D－A 转换器转换完一个数据的时间最短为 0.1μs，那么该信号发生器产生的最高频率为多少？

（4）要做到输出频率可变，可以采取哪些措施？要提高输出频率，应对哪些部件的工作速率提出要求？

（5）要使输出幅度可变，可采用哪些程控的方法？

（6）要输出其他信号波形，采用什么办法实现？

第8章

系统的测量

8.1 概述

8.1.1 系统的基本概念

1. 系统的定义

信号的采集、产生、传输、处理、存储和再现都需要一定的硬件或软件装置，这种装置的集成通常就称为系统。系统是一个非常广泛的概念，从一般意义讲，系统是由若干相互依赖、相互作用的事物组合而成的具有特定功能的整体。系统可以是物理系统，例如测试系统、通信系统、自控系统、计算机系统等电子信息系统；也可以是非物理系统，例如生产管理、经济调控、文化教育、司法执法等社会经济和社会管理方面的系统。电子测量的对象主要是物理系统中的电系统。

通常，各种电子信息系统的主要部件中包括大量的、各种类型的元器件、电路或电网络。系统通常是比电路更复杂、规模更大的组合体。随着大规模集成电路技术的发展，各种极为复杂的电路或网络可以集成在很小的芯片上，已经很难从复杂程度或规模大小来确切区分什么是器件、电路，什么是系统。

2. 信号和系统的关系

信号和系统的关系可以从两个方面来说明：

（1）信号离不开系统

1）系统是信号存在的物质基础，信号不能束之高阁，信号必须以系统做载体，离开了系统，信号将失去依托，人们也无法利用信号。

2）信号的获取、产生、变换、传输、存储及处理都必须由系统来完成。没有先进的电子系统作为信号处理的工具，也就没有现代信息科学技术的发展。

（2）系统离不开信号

1）信号是系统传输和处理的对象。没有信号，系统没有对象，系统的设计、制造就没有依据，换句话说，系统也就没有存在的意义。

2）当需要认识系统，对系统特性参数进行测量时，系统的激励和响应都是信号，激励信号是系统的原动力，响应信号是要获取系统的有关信息的载体。

电路（网络）、系统与信号之间有着十分密切的联系。信号作为信息的载体，其属性取决于运载的信息；而系统作为传输、处理信号的载体和工具，其特性又取决于信号的属性。信号的传输和处理的质量高低，取决于系统的性能好坏。在一个运行良好的电子系统中，信号和系统两者在性能上必须有非常好的匹配。

3. 系统的特性测量

系统的特性是由其内部结构和参数也即系统本身的固有属性决定的。要描述和分析任何一个物理系统，都必须了解其内部结构，根据物理作用机理建立该系统的模型。所谓系统模型是指系统物理特性的数学抽象，即以数学表达式或具有理想特性的符号组合图形来表征系统的输入－输出特性。

在测量技术中，一般都是用系统的观点去观察和分析问题的。所谓系统的观点，即把被研究的系统视为一个封闭系统，着重于系统的外部特性，即系统的输入与输出之间的关系或系统的功能。

系统的功能可以用图 8-1 表示，图中的方框代表具有某种功能的系统。$x(t)$ 是输入信号，也称为激励；$y(t)$ 是输出信号，也称为响应；$h(t)$ 是表征系统固有属性的数学模型或特征参数。从测量的意义来看，系统可以被看成是一个信号的变换

图 8-1　系统的框图

或传输的功能模块，它的功能是将输入信号变换（或传输）成输出响应，$y(t) = h(t) \otimes x(t)$。由激励和响应的关系（数学模型）表征的系统外特性，根据输入信号 $x(t)$ 是否随时间变化，系统对外呈现出的基本特性，可分别用静态特性和动态特性来描述。

响应 y 对系统特性的表现能力反映了被研究系统（事物）的可观测性。个别系统（如信号发生器）的特性可通过 y 主动地表现出来，而大多数系统的特性不会主动地表现出来。当人们要测量表征系统内部的某些特性参数 h，而 h 又不会主动地通过 y 表现出来时，可用一组激励 x_i 对系统作用，作用后的影响可通过 y 表现出来时，即系统具有可测性。事物的可观测性又直接与观测方法、观测手段有关。例如，复杂的大规模集成电路，只有进行了可测性设计，才具有较好的可观测性；电路中肉眼看不见的电过程，可借助于示波器观测到；过去无法观测的很多动态系统特征，借助于高速数据采集系统就能观测到。由此可见，研究系统新的测试方法和测试手段非常重要。

8.1.2　被测系统的分类

按照系统的特性，可以将系统划分成线性系统与非线性系统；按系统属性又可分为即时系统与动态系统；按被处理对象分为模拟系统和数字系统等，按功能可分为通用系统和专用系统，如图 8-2 所示。

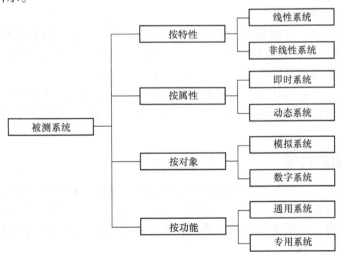

图 8-2　被测系统的分类

1. 线性系统与非线性系统

测量中的系统，包括被测系统和测量系统，可分为线性系统及非线性系统。

如果一个系统既满足叠加性同时又满足齐次性，则称该系统为线性系统。否则为非线性系统。所谓叠加性是指，几个激励同时作用于系统时，系统的响应等于每个激励单独作用所产生的响应之和。所谓齐次性（或称比例性）是指，若系统的输入乘以常数，则系统的输出也乘以相同的常数。

线性系统在正弦信号作用下，输出也是一个正弦信号。如果输入信号 $x(t)$ 为任意周期性波形，则按傅里叶级数把它展开成一系列不同频率及相位关系的正弦波的线性组合，其中包括一个基波以及不同幅度和相位的各次谐波。对其中每一个正弦分量，系统都有自己的 $H(\omega)$ 倍的正弦响应，总的输出则是频率成分与输入完全相同的各输出正弦分量的线性组合，即线性系统具有频率保持性。测量、分析或比较线性系统在正弦信号激励下的响应，就可以对系统的各种电气特性做出全面的评价，这就是正弦测量技术得到广泛的应用的原因。本书仅讨论线性的被测系统。

2. 即时系统与动态系统

一个系统，如果它在任何时刻 t 的输出都只与该时刻的输入有关，它就是即时系统；如果它在时刻 t 的输出不仅与该时刻的输入有关，而且还与该时刻以前或以后的输入有关，它就是动态系统。

（1）即时系统　即时系统又叫瞬时系统或无记忆系统。例如纯电阻网络就是一个即时系统，它的输出只取决于当时的输入。

（2）动态系统　动态系统又叫惯性系统或有记忆系统。包含有电容、电感等储能元件的网络就是一种动态系统，这种系统即使它的输入端去掉输入，它仍有可能产生输出，因为它所含的储能元件记忆着系统以前的状态，记忆着输入曾经有过的影响。

3. 模拟系统与数字系统

模拟系统是分析和处理模拟信号的系统，而数字系统是分析和处理脉冲与数字信号的系统。数字系统具有与模拟系统显著不同的特点：在数字系统内，用电平的"高"与"低"（或逻辑的"真"与"假"，或状态的"1"与"0"）来表示一位二进制数，数字系统处理的信号往往是多位的二进制码或长长的数据序列（数据流），所以数字系统往往是一个多输入和多输出的时间序列系统。

4. 通用系统与专用系统

在各类电子系统中，有通用和专用之分。测量系统中属于通用的系统有电压表、频率计、示波器、频谱仪及自动测试系统等；也有不少的专用系统，如油井探测系统、瓦斯监测系统、地震预警系统等。计算机系统中，微型计算机、笔记本式计算机等是通用系统；机床控制计算机系统、火灾消防计算机监控系统等是专用系统；在通信系统中，无线移动通信系统以及有线通信的电话系统是通用的；铁路运输的通信系统、民航指挥的无线电通信系统是专用的。

8.1.3　系统测量的内容

系统测量的任务是，系统性能的测量和系统故障的诊断，以及测量系统的校准和检定。

为了缩减本书的篇幅，在"系统的测量"中，主要安排了元器件的特性测量和线性系统的特性测量等内容，对系统测量的其他内容感兴趣的读者，请参阅参考文献【1】。

1. 电子元器件的测量

一般说来，一个大的电子系统，是由若干个功能部件组成，每个部件内又包含了许多不同功能的单元电路，每个单元电路内又由若干元件和器件构成。所以本书讨论系统的测量，不仅包含了对系统整体功能和性能的测量，而且包含了组成系统的各种最基本单元的测量。组成系统的最基本的元器件的测量，包括电阻、电感和电容等无源元件的阻抗特性参数的测量，半导体二极管、晶体管等有源分立器件的性能参数的测量，它们是一个电子系统的最基础的测量。

2. 线性系统特性测量和网络分析

任何一个系统对信号进行传输和处理的质量取决于它的特性。了解和掌握线性系统的各种特性，如传输特性、反射特性和阻抗特性等，在实际中至关重要。

线性系统特性，包括静态特性和动态特性。静态特性测量能以精确定量的指标反映系统的基本性能，动态特性测量可反映系统对快速变化信号的响应能力。动态特性测试既可在时域内进行，通过时间特性来表征，也可在频域内进行，通过频率特性来表征。

本篇讨论的系统的测量，是对基础的、常用的电路与系统及其元器件特性的通用测量技术，而不讨论专门系统的测量，如一个通信系统、雷达系统、自控系统的特性测量，因为这些系统的测量还需要涉及许多专业知识。但是这些专用系统的测量，也是基于本篇中所讨论的最基础的、通用的技术方法进行的。

8.2　电子元器件的测量

8.2.1　电子元器件的分类及测量

1. 电子元器件的分类

在电子元器件中，电阻器、电容器、电感器等为无源电路元件，简称元件；二极管、晶体管、场效应晶体管、单结晶体管、晶闸管等为有源器件，简称器件；将运算放大器、模拟电路、数字（逻辑）电路、半导体存储器、混合集成电路等称为集成电路器件，简称集成电路。其分类如图 8-3 所示。

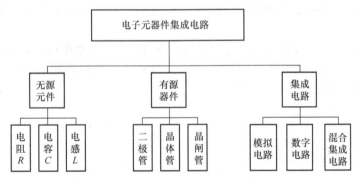

图 8-3　电子元器件及集成电路分类

1）无源电子元件主要包括电阻、电容、电感等。以电阻为例，其主要的性能指标是阻值。但在高频应用领域，还要关注其各种寄生特性，如寄生电感和寄生电容。除此之外，还可能要关注其阻值随电压、电流、温度的变化以及噪声等特性。

2）有源电子器件主要包括二极管、晶体管、场效应晶体管、晶闸管等半导体器件。不同器件的原理、功能和要求都不相同，因此需要分别研究其要求的特性参数及其测量方法。以二极管为例，基本的性能指标包括正向导通电压、正向容许电流、反向击穿电压、反向漏电流等。根据应用领域的不同，还可能需要关注其各种寄生特性，如结电容、寄生电感、交流电阻等。总之，半导体器件需要测量的参数很多，有直流参数、低频参数和高频参数等。

3）模拟集成电路包括运算放大器、模拟乘法器、电压比较器等。这类器件的技术指标要求高，电路设计及工艺水平高，其参数也非常多，需要关注的特性很多，测量工作量也很大。数字集成电路的品种非常多,包括通用逻辑器件、微处理器(CPU)等智能化的处理芯片,在这里无法——列举。数字集成电路除了电气特性参数的测量以外,还有大量的逻辑特性和复杂的处理功能需要测量,这涉及数据域测量的理论与技术,数字系统测量也很复杂。混合集成电路包含数字电路、模拟电路和数 – 模及模 – 数转换电路。

2. 电子元器件的测量

1)电子元器件及集成电路等系统的参数均属无源量,因此,对这些参数的测量,均要采用相应的信号源做激励,然后再测量在该激励下的响应,通过分析处理,获得被测结果。

2)电子元器件及集成电路的特性和参数分为静态(直流)、稳态(交流)和动态(脉冲)三类,元器件表现出的属性与时间和频率密切相关,其测量可在时域或频域内进行。

3)元器件参数测量结果与测量条件密切相关,在进行测量时,保证其规范中规定的测量条件十分重要。测量条件包括被测元器件的工作点(工作的电压、电流)、测量频率、负载特性、环境温度等。

4)被测元器件的种类繁多,要测量的参数类型、数量巨大,测量的工作量大,测量成本高;并且需要综合应用到测量、半导体、微电子、计算机、控制、通信等技术,技术高、难度大。

8.2.2 无源元件的阻抗概述

1. 阻抗的基本概念

无源元件指电阻(R)、电感(L)和电容(C)以及它们的串并联阻抗元件,是所有电子电气系统的基础元件。复杂的电路系统在一定条件下也可以等效成电阻、电容、电感等阻抗元件为主体的系统。表征无源元件的特性指标中,阻抗是最基本的参数。实际上,并不是只有无源元件才有阻抗特性,有源器件及电气网络也存在阻抗特性。阻抗特性是电子元器件和电路系统特性的一个最基本的特性,阻抗参数的测量是所有电系统的一项最常用的基础测量。

阻抗表示对流经元件或电路的电流的总抵抗能力。对于一个单口或双口网络,阻抗定义为施加在端口上某一频率的电压 $U_\sim$ 和由该电压产生的流进端口的同频电流 $I_\sim$ 之比。

如图 8-4 所示,阻抗 Z 可表示为

$$Z = \frac{U_\sim}{I_\sim} \tag{8-1}$$

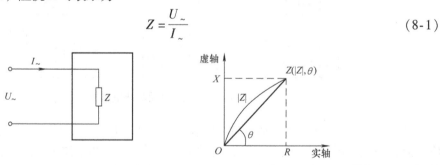

图 8-4　阻抗定义示意图及阻抗参数矢量图

阻抗的概念不仅适用于单口或双口网络,还可推广至多口或多端网络。在集总参数系统中,电阻、电容及电感是根据它们内部发生的电磁现象从理论上定义的,在一般的工程应用中,要严格分析这些元件内的电磁现象是非常困难的,因此,为了简便往往把这些参数从外部特性上看作一个集总参量。实际上,阻抗元件决不会以纯电阻、纯电容或者纯电感特性出现,而是这些阻抗成分的组合。

在实际中,外部环境条件改变可能会引起被测阻抗特性的改变。例如,不同的温度和湿

度使阻抗表现为不同的值；不同的工作频率下，阻抗变化很大，甚至同一元件表现的阻抗性质相反；过大的电流可能使阻抗元件值变化，甚至表现出非线性。因此，阻抗测量环境条件的变化会造成同一元件测量结果的差异。

在直流情况下，线性二端元件的阻抗只包含实部，即电阻，它由欧姆定律来定义。在交流情况下，电压和电流的比值是复数，即一个包含有实部（电阻 R）和虚部（电抗 X）的阻抗矢量。阻抗在直角坐标系中用 $R+jX$ 的形式表示，或在极坐标系中用幅度 $|Z|$ 和相角 θ 表示（见图 8-4），即

$$Z = \frac{\dot{U}}{\dot{I}} = R + jX = |Z|e^{j\theta} = |Z|(\cos\theta + j\sin\theta) \tag{8-2}$$

阻抗两种坐标形式的转换关系为

$$|Z| = \sqrt{R^2 + X^2}, \quad \theta = \arctan\frac{X}{R} \tag{8-3}$$

$$R = |Z|\cos\theta, \quad X = |Z|\sin\theta \tag{8-4}$$

2. 与阻抗相关的派生参数

根据不同的应用，阻抗还派生出了一些性能参数。

1）导纳。阻抗的倒数称为导纳，即

$$Y = \frac{1}{Z} = \frac{1}{R+jX} = \frac{R}{R^2+X^2} + j\frac{-X}{R^2+X^2} = G + jB \tag{8-5}$$

式中，G 和 B 分别为导纳 Y 的电导分量和电纳分量。导纳的极坐标形式为

$$Y = G + jB = |Y|e^{j\phi} \tag{8-6}$$

式中，$|Y|$ 和 ϕ 分别是导纳幅度和导纳角。

2）品质因数 Q 值。品质因数定义为网络在一个周期内存储的能量和消耗的能量之比，即

$$Q = \frac{2\pi W_m}{W_R} = \frac{X}{R} \tag{8-7}$$

式中，W_m 为一个信号周期内网络中电容或电感等储能元件所储存的能量；W_R 为一个信号周期内网络中电阻所消耗的能量。实际上 Q 值就是阻抗虚部和实部之比。

对于电感有

$$Q_L = \frac{\omega L}{R} \tag{8-8}$$

对于电容有

$$Q_C = \frac{1/(\omega C)}{R} = \frac{1}{\omega RC} \tag{8-9}$$

显然，R 越小，Q 值越大，电感和电容越接近理想电感和理想电容。

8.2.3　阻抗测量方法概述

1. 直接法和间接法

阻抗元件（电阻器、电感器和电容器）的特点决定了阻抗参数（R、L、C、Q 等）的测量方法。归纳起来有如下特点：

1）阻抗参数属无源量，因此必须在信号源的激励下才能进行测量；阻抗元件是一个影响系统动态特性的惰性元件，一般来说被测阻抗参数只有在正弦交流电压或阶跃电压激励下，测量系统处于稳态或动态下才能观测到阻抗（R、L、C）的特性，而在静态下只能观测电阻特性。

2）阻抗测量原理和电压测量一样，可分为直接比较和间接比较两大类。电桥法是直接比较的典型例子，通过电桥这个阻抗比较电路，把被测阻抗 Z_x 与标准阻抗 Z_s 直接进行比较，

如图 8-5 所示；此外，也可利用谐振回路作为比较电路，采用代替法进行直接的比较测量，如图 8-6 所示。电压电流法是间接比较的典型例子，它把阻抗变换为电压（$Z-V$ 变换）来测量，如图 8-7 所示。此外，间接比较法中也可把阻抗变换成时间或频率来测量，例如利用谐振回路、积分器等电路来实现阻抗－频率或阻抗－时间的变换，进行阻抗的间接比较测量。

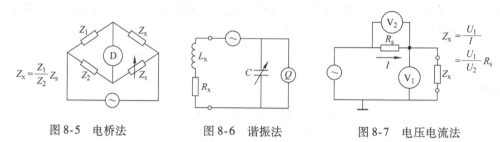

图 8-5　电桥法　　　　　图 8-6　谐振法　　　　　图 8-7　电压电流法

2. 阻抗测量仪器的分类

阻抗测量仪器分为模拟式阻抗测量仪器和数字式阻抗测量仪器两类，其分类与方法比较见表 8-1。

表 8-1　常用的阻抗测量仪器分类与方法比较

类别	仪器分类	采用方法	优　点	缺　点	频率范围	一般应用
模拟式阻抗测量仪器	万用电桥、惠斯通电桥等仪器	电桥法	高精度（0.1% 典型值）。使用不同电桥可得到宽频率范围	需要手动平衡。单台仪器的频率覆盖范围较窄	DC ～ 300MHz	标准实验室
	Q 表	谐振法	可测很高的 Q 值	需要调谐到谐振，测量精度低	10kHz ～ 70MHz	高 Q 值器件测量
	多用表；元器件参数测量仪	电压－电流法	可测量接地元器件。适合于各类测量需要	原理简单，可在许多场合使用	10kHz ～ 100MHz	接地元器件测量
数字式阻抗测量仪器	射频阻抗分析仪	RF 电压电流法	高频范围内具有高的精度（0.1% 典型值）和宽阻抗范围	测试频率高	1MHz ～ 3GHz	射频元件测量
	自动平衡电桥阻抗测量仪	自动平衡电桥法	从低频至高频的宽频率范围内具有高精度	不能适应更高的频率范围	20Hz ～ 110MHz	通用元件测量
	网络分析仪	网络分析法	高频率范围。当被测阻抗接近特征阻抗时得到高精度	改变测量频率需要重新校准。阻抗测量范围窄	300kHz ～ 3GHz 或更高	射频元件测量

3. 测量连接头

所有阻抗测量都涉及测量仪器与被测阻抗元件（DUT）的连接问题，不恰当的连接会给被测件引入寄生阻抗，影响测量结果。常用的几种连接方法见表 8-2。

1）二端接线柱式，见表 8-2 二端栏中示意图。此种连接将引入各种不确定的残余阻抗量影响。引线电感、引线电阻以及两条引线间的杂散电容都会叠加到测量结果中，因此仅适用于被测阻抗既不能太高也不能太低的场合。

2）三端连接头，见表 8-2 的三端栏中示意图。它是有屏蔽线的连接方式，也可称为具有屏蔽的二端连接方式。利用同轴电缆可减小杂散电容的影响并有效地消除对地分布电容的影响。该方式广泛用于较低频率下的导纳测量中，较高频率时使用较少。

3）四端连接头，连接方法见表 8-2 的四端栏中示意图。信号电流激励通路与电压检测通路是彼此独立的，可减小引线阻抗的影响，通常可测量低到 $10m\Omega$ 范围的小阻抗。

4）五端连接头，是具有屏蔽的四端连接头。它采用了四条同轴电缆，把四条同轴电缆的外屏蔽层导体均接到一个保护端，具有 $10m\Omega$ 到 $100M\Omega$ 的宽测量范围。五端的屏蔽连接线能改进小阻抗的测量精度。

5）四端对接头，用同轴电缆把电压检测电缆与信号电流通路相隔离，返回电流通过同轴电缆的外导体，使外导体（屏蔽）抵消了内导体所产生的磁通。它有效地消除引线间互感影响及消除接触电阻等分布参量，测量范围可扩展到 $1m\Omega$ 以下。四端对连接适用于宽范围的阻抗测量，被广泛采用。

每种连接方法都有优缺点，必须根据被测器件（DUT）的阻抗范围和测量精度的要求，选择适当的连接方法，选用适当的测试夹具和连接头。此外，为进行精确的测量，应正确实施开路/短路补偿。

表 8-2　阻抗测量的连接图、示意图及阻抗测量范围

方　式	连　接　图	示　意　图	阻抗测量范围
二端			$100\Omega \sim 10k\Omega$
三端			$100\Omega \sim 100M\Omega$
四端			$10m\Omega \sim 10k\Omega$
五端			$10m\Omega \sim 100M\Omega$
四端对			$1m\Omega \sim 100M\Omega$

注：Hc—电流高端；Lc—电流低端；Hp—电位高端；Lp—电位低端。

8.2.4 电桥法

电桥法又叫指零法，以其电桥平衡原理为基础。电桥法是用电桥作为阻抗比较器，被测阻抗与标准阻抗通过电桥直接进行比较，当两者相等时，电桥达到平衡，电表的指示为零。其优点是能在很大程度上消除或削弱系统误差的影响，精度较高，可达 10^{-4}。它最适宜在音频范围内工作，也可工作在高频。电桥法历史悠久，特别是自 1891 年文氏用正弦交流供电的交流电桥诞生以来，到 20 世纪 50 年代末，各种交流电桥迅猛发展，并逐步形成了系统的电桥理论。但 20 世纪 60 年代以来进展不大，究其原因，主要是交流电桥需要对幅值与相位两个参量进行反复平衡调节，调平衡步骤繁复，桥路中还采用一些昂贵的精密元件，成本高，制作难，应用受到了限制。

1. 交流电桥的基本组成

图 8-8 表示了精密万用电桥的基本组成。它由测量信号源、测量桥路、平衡指示电路、平衡调节机构和显示电路等组成。测量信号源有两种：测量电感和电容时，可用 20Hz ~ 1MHz 的交流测量信号源；测量电阻时，用整流后的直流电压。平衡指示电路由高输入阻抗的

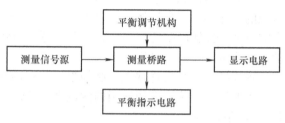

图 8-8 精密万用电桥原理框图

低噪声输入放大级、选频放大级和输出检波级组成，具有较高的灵敏度和抗干扰能力。平衡调节机构是电桥结构的最关键、最重要的装置，它是一套经过精心设计的特殊结构装置，在制作工艺上有较高的要求。

2. 电桥的平衡条件

交流四臂电桥电路见表 8-3 第一行、第一列，它由 Z_x、Z_2、Z_3 和 Z_4 四个桥臂组成，G 为测量信号源，D 为检流计平衡指示。桥臂接入被测电阻（或电感、电容），调节桥臂中的可调元件使检流计指示为零，电桥处于平衡状态。此时有

$$Z_x Z_3 = Z_2 Z_4 \tag{8-10}$$

式（8-10）即为电桥平衡条件，它表明，一对相对桥臂阻抗的乘积必须等于另一对相对桥臂阻抗的乘积。式（8-10）中的阻抗用指数形式表示，得

$$|Z_x| e^{j\theta_x} |Z_3| e^{j\theta_3} = |Z_2| e^{j\theta_2} |Z_4| e^{j\theta_4} \tag{8-11}$$

根据复数相等的定义，式（8-11）必须同时满足

$$|Z_x||Z_3| = |Z_2||Z_4| \tag{8-12}$$

$$\theta_x + \theta_3 = \theta_2 + \theta_4 \tag{8-13}$$

式（8-12）和式（8-13）表明，电桥平衡必须同时满足两个条件：相对臂的阻抗模乘积必须相等（幅度平衡条件）；相对臂的阻抗角之和必须相等（相位平衡条件）。因此，在交流情况下，必须调节两个或两个以上的元件才能将电桥调节到平衡。同时，电桥四个臂的元件性质要适当选择才能满足平衡条件。

3. 常用的测量电桥

测量电桥是电桥法的核心测量部件。在实用四臂电桥中，为了调节方便，常有两个桥臂采用纯电阻。由式（8-10）可知，若相邻两臂（如 Z_2 和 Z_3）为纯电阻 R_2 和 R_3，则另外两臂的阻抗性质必须相同（即同为容性或感性）；若相对两臂（如 Z_2 和 Z_4）采用纯电阻，则另外两臂必须一个是电感性阻抗，另一个是电容性阻抗。若是直流电桥，由于各桥臂均由纯电阻构成，故不需考虑相位问题。

表 8-3 所列为常用的交流电桥。当测量电阻时，桥路接成惠斯通电桥。当测量电容时，

桥路接成电容比较电桥，有并联形式和串联形式。当测量电感时，桥路接成麦克斯韦－韦恩电桥、海氏电桥或者欧文电桥。

表 8-3　常用的交流电桥

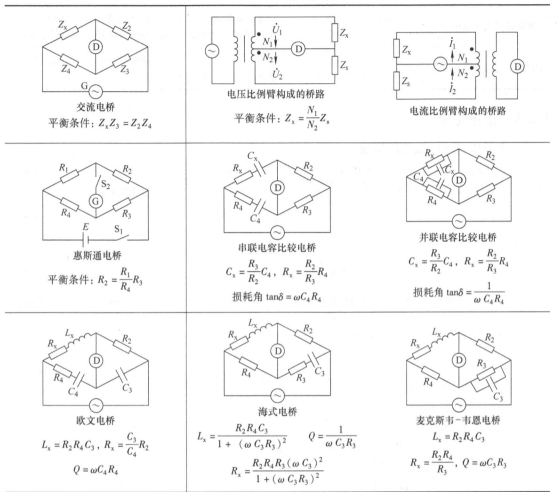

交流电桥 平衡条件：$Z_x Z_3 = Z_2 Z_4$	电压比例臂构成的桥路 平衡条件：$Z_x = \dfrac{N_1}{N_2} Z_s$	电流比例臂构成的桥路
惠斯通电桥 平衡条件：$R_2 = \dfrac{R_1}{R_4} R_3$	串联电容比较电桥 $C_x = \dfrac{R_3}{R_2} C_4$，$R_x = \dfrac{R_2}{R_3} R_4$ 损耗角 $\tan\delta = \omega C_4 R_4$	并联电容比较电桥 $C_x = \dfrac{R_3}{R_2} C_4$，$R_x = \dfrac{R_2}{R_3} R_4$ 损耗角 $\tan\delta = \dfrac{1}{\omega C_4 R_4}$
欧文电桥 $L_x = R_2 R_4 C_3$，$R_x = \dfrac{C_3}{C_4} R_2$ $Q = \omega C_4 R_4$	海式电桥 $L_x = \dfrac{R_2 R_4 C_3}{1 + (\omega C_3 R_3)^2}$　$Q = \dfrac{1}{\omega C_3 R_3}$ $R_x = \dfrac{R_2 R_4 R_3 (\omega C_3)^2}{1 + (\omega C_3 R_3)^2}$	麦克斯韦－韦恩电桥 $L_x = R_2 R_4 C_3$ $R_x = \dfrac{R_2 R_4}{R_3}$，$Q = \omega C_3 R_3$

4. 变压器耦合臂电桥

除四臂电桥以外，变压器耦合比例臂电桥也获得了广泛的应用。变压器耦合比例臂电桥的原理见表 8-3 的第一行的第二列。所谓变压器耦合比例臂，实际上就是由绕在铁心上的绕组所构成的电压比例臂或电流比例臂的桥路。

电压比例臂是使各绕组的端电压严格与匝数成正比，而电流比例臂是使各绕组中流过的电流严格与匝数成反比。两电桥的平衡条件都为

$$Z_x = \frac{N_1}{N_2} Z_s \tag{8-14}$$

由于变压器两个绕组的匝数比 N_1/N_2 只能为实数，因此标准臂参数必须与被测参数性质相同，即同为电阻或同为电容或同为电感。

这类电桥具有高准确度、高稳定性及很强的抗干扰性能。

5. LCR 数字电桥

LCR 数字式自动平衡电桥是一种智能测量仪器，该仪器采用微处理器进行电桥自动平衡，具有测量范围宽、测量速度快、测量精度高等优点，其基本精度可达 0.1%，并且具有

极高的稳定性和可靠性。表8-4列出了它的主要性能指标。

表 8-4　数字电桥典型产品的主要性能指标

型　　号	主要技术指标及性能
DF2812 型数字电桥	1. 自动测量 L、C、R、Q、D；2. 测量最高频率为 10kHz；3. 测量范围：L 为 $0.001\mu H \sim$ 9999H，C 为 $0.01 \sim 19999\mu F$，Q 为 $0.1m\Omega \sim 99.99M\Omega$；4. 基本精度为 0.1%，LCD 液晶显示
YH2816 型宽频数字电桥	1. 自动测量 L、C、R、Q、D、X、Z、Y、B、G、θ；2. 测量频率为 $20Hz \sim 150kHz$，共 3023 点；3. 测量电平为 $10mV \sim 2.55V$，步进为 10mV；4. 基本精度为 0.05%

8.2.5　电压电流法

1. 矢量电流－电压法的原理

矢量电流－电压法是基于阻抗定义的最经典的方法。根据欧姆定律，阻抗可以看成是电路中电压与电流之比，在正弦交流的情况下，电压与电流的比值是复数阻抗，表示成

$$Z = \frac{\dot{U}}{\dot{I}} = R + jX = |Z|e^{j\theta} \tag{8-15}$$

导纳为

$$Y = \frac{1}{Z} = G + jB = |Y|e^{j\theta} \tag{8-16}$$

为了测量未知阻抗 Z_x，必须测量流过阻抗的电流 $\dot{I}$，为此与 Z_x 串联接入一个标准电阻 R_s，如图 8-9a 所示。由图可见，$\dot{I} = \dfrac{\dot{U}_s}{R_s}$，则

$$Z_x = \frac{\dot{U}_x}{\dot{I}} = \frac{\dot{U}_x}{\dot{U}_s}R_s \tag{8-17}$$

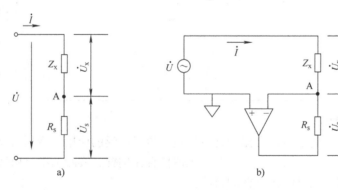

图 8-9　引入标准阻抗测量示意图

这样就将阻抗 Z_x 的测量变成了两个矢量电压比的测量。图 8-9b 为最常用的阻抗－电压变换电路，在 Z_x 与 R_s 串联电路中采用运算放大器，使串联点 A 成为虚地点，这样串接 R_s 不会影响流进 Z_x 中的电流 $\dot{I}$，并且使 $\dot{U}_x$ 与 $\dot{U}_s$ 有一公共接地参考点，更便于测量，计算公式同式 (8-17)。

2. 阻抗的数字测量技术

图 8-10 所示为采用微处理器的阻抗自动测量原理框图。在式 (8-17) 中，Z_x、$\dot{U}_x$、$\dot{U}_s$ 皆为复数，显然，若被测阻抗为纯阻，则 $\dot{U}_x$、$\dot{U}_s$ 同相；若被测阻抗为复数阻抗，则 $\dot{U}_x$、$\dot{U}_s$ 间具有一定的相位差，表明阻抗的有功分量和无功分量的差异，测出比值 $\dot{U}_x / \dot{U}_s$ 的实数部分

和虚数部分，就可以根据式（8-15）求得被测阻抗的有功分量和无功分量。利用同步检波器或模拟乘法器构成的相敏检波器，可方便地进行虚、实部分离。两次测出的 $\dot{U}_x$ 和 $\dot{U}_s$ 可以由微处理器最后完成矢量除法的计算处理。

　　实现上述矢量除法运算的途径与图 8-10 中相敏检波器相位参考基准的选择紧密相关，可分为固定轴法和自由轴法。所谓固定轴法就是相位参考基准方向为固定的；自由轴法相位参考基准方向为任意的。

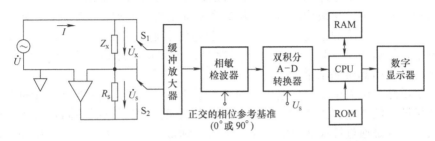

图 8-10　阻抗的数字测量法原理框图

　　（1）固定轴法　双积分 A – D 转换器具有电压量除法运算功能［见式（4-23）］，但它只能实现简单的标量除法，对矢量除法无能为力，因此，必须将式（8-17）的矢量除法转换成标量除法。如果把复数阻抗的直角坐标 x 轴方向固定地选取在分母矢量方向上，即固定在参考矢量电压 U_s 的方向上，如图 8-11a 所示，就会使分母矢量 $\dot{U}_s$ 只具有实部分量。这时 $\dot{U}_s$ 因在 x 轴上只有实部，即

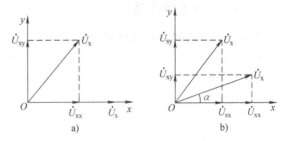

图 8-11　$\dot{U}_x$ 与 $\dot{U}_s$ 的矢量关系

a）固定轴法　b）自由轴法

$$\dot{U}_s = U_s + j \times 0 = U_s$$

将上式代入 $Z_x = R_x \dfrac{\dot{U}_x}{\dot{U}_s}$ 中，有

$$Z_x = R_s\left(\frac{U_{xx}}{U_s} + j\frac{U_{xy}}{U_s}\right) \tag{8-18}$$

　　由式（8-18）可知，通过两个简单的标量除法运算（可由双积分 A – D 转换器完成）能获得复杂的阻抗值。由于固定轴法需要为相敏检波器提供一个正交的相位参考基准，并把水平轴严格固定在 $\dot{U}_s$ 方向上，两者相位应严格保持一致。

　　测量阻抗的实部和虚部的过程分两次完成，相敏检波器进行两次相敏检波，即以 $\dot{U}_s$ 矢量方向做 0° 相位对 $\dot{U}_x$ 进行相敏检波，其输出为 U_{xx}；再与 $\dot{U}_s$ 正交的 90° 相位对 $\dot{U}_x$ 进行相敏检波，输出为 U_{xy}。同时，双积分 A – D 转换器以 U_s 幅值为基准电压，也分别对 U_{xx} 和 U_{xy} 进行两次测量，其测量值分别为式（8-18）中阻抗 Z_x 的实部电阻分量 U_{xx}/U_s 和虚部电抗分量 U_{xy}/U_s，从而完成了复数阻抗 Z_x 的测量。

　　固定轴法要精确地提供 $\dot{U}_s$ 的 0° 和 90° 相位参考信息，硬件电路比较复杂，实现比较困难。

　　（2）自由轴法　自由轴法如图 8-11b 所示，这种方法采用自由坐标轴，即坐标轴可以任意选择。自由轴法的参考相位信号可以不与任何一个电压的方向相同，但在整个测量过程

中应保持不变，即与两个电压之一保持固定的相位关系。若相位差为 α，则由图 8-11b，有

$$\dot{U}_x = U_{xx} + jU_{xy} \tag{8-19}$$

$$\dot{U}_s = U_{sx} + jU_{sy} \tag{8-20}$$

$$Z_x = \frac{\dot{U}_x}{\dot{U}_s}R_s = R_s\frac{U_{xx} + jU_{xy}}{U_{sx} + jU_{sy}} = R_s\left(\frac{U_{xx}U_{sx} + U_{xy}U_{sy}}{U_{sx}^2 + U_{sy}^2} + j\frac{U_{xy}U_{sx} - U_{xx}U_{sy}}{U_{sx}^2 + U_{sy}^2}\right) \tag{8-21}$$

只要知道每个矢量在直角坐标轴上的两个投影值，经过运算就可求出结果。

在自由轴法测量中，相敏检波器的相位参考基准是受微处理器控制的自由轴发生器提供的，它是任意方向的精确的正交基准信号。相敏检波器通过开关选择 $\dot{U}_x$ 和 $\dot{U}_s$，便可得到它们的投影分量，然后由 A–D 转换器变成数字量，经接口电路送到微处理器系统中存储，CPU 对其进行计算得到待测结果。

自由轴法虽然采用矢量电流–电压法的基本原理，但由于其精确的正交坐标系主要靠软件来产生和保证，硬件电路大大简化，还消除了固定轴法难于克服的同相误差，提高了精度。同时被测参数是通过计算获得的，除了可以得到常用的 C、L、R、D、Q 外，还可方便地计算出多种阻抗参量，如 $|Z_x|$、$|Y|$、X、B、G、θ 等。

8.2.6 自动平衡电桥法

为了淘汰手动调节电桥平衡的费时的操作，人们研究出了多种自动电桥。现代阻抗测量仪器中使用了一种自动平衡桥路法，如图 8-12 所示，该测量电路分为三个部分：

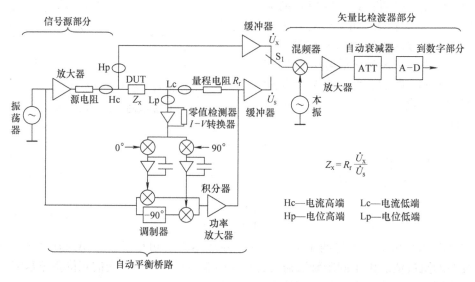

图 8-12 自动平衡电桥

1) 信号源部分。产生施加到被测件的测量信号。测量信号的频率范围为 40Hz ~ 110MHz，最高分辨力为 1mHz；输出信号电平（有效值）在 5mV ~ 1V 的范围调节。

2) 自动平衡桥路部分。被测阻抗 DUT 通过四端连接法接入平衡桥路。平衡桥路的作用是将量程电阻器电流与被测器件电流平衡，以保持低端 Lp 的零电位。当电桥处于"不平衡"状态时，零值检测器（$I-V$ 转换器）测到一个误差电流，下一级的相敏检波器把它分成 0° 和 90° 矢量成分。相敏检波器的输出信号馈入环路滤波器（积分器）并加到调制器上，以分别驱动 0° 和 90° 调制分量信号。两个调制的合成信号放大并通过量程电阻 R_r 反馈以抵消通过 DUT 的电流。自动执行这一平衡操作，因而没有误差电流流入零值检测器。

3）矢量比检波器部分。这部分是测量被测器件（$\dot{U}_x$）和量程电阻（$\dot{U}_s$）串联电路上的两个电压，如图 8-12 所示。通过测量这两个电压，可由公式 $Z_x = R_r (\dot{U}_x / \dot{U}_s)$ 计算出被测器件的阻抗矢量 Z_x。开关 S_1 选择 $\dot{U}_x$ 或 $\dot{U}_s$ 信号，使被测信号通过同一通道，以消除这两个信号间的通道误差。输入信号经混频后，输出到放大器的信号频率降低了。ATT 为自动衰减器，能根据被测器件的阻抗自动选择衰减量，得到最适宜的测量量程。现代阻抗测量仪器使用高速采样 A－D 转换器，通过软件的数字检波和电压比例运算处理，取代在图 8-10 中采用的相敏检波器和双积分 A－D 转换器。

8.2.7　晶体管有源器件的参数测试

晶体管分立器件测量仪器的品种繁多，根据所测参数的类型，可分为下列四种：①直流参数测量仪器；②晶体管特性图示仪；③交流参数测量仪器；④极限参数测量仪器。为了满足分立器件大规模生产的快速在线自动测量要求，又出现了可以测量以上多种类型参数的分立器件综合测量仪（或测量系统），本节只讨论晶体管特性图示仪。

晶体管特性图示仪简称为图示仪，是一种采用图示法在荧光屏上直接显示各种晶体管、场效应晶体管等的特性曲线，并据此测算器件各项参数的器件测量仪器。例如，测量 PNP 和 NPN 型晶体管的输入特性、输出特性、电流放大特性、反向饱和电流、击穿电压；各类晶体二极管的正反向特性；场效应晶体管漏极特性、转移特性、夹断电压和跨导等参数。

晶体管特性图示仪具有直接显示、操作简单、使用方便、用途广泛等优点。尤其在对晶体管各种极限参数和击穿特性的观测过程中，采用瞬时电压和瞬时电流能使被测晶体管仅承受瞬时的过载而不会造成损坏，因此为晶体管的测量和晶体管的合理应用带来了极大方便。不过，图示仪不能用于测量晶体管的高频参数。

1. 晶体管特性图示仪的工作原理

晶体管特性曲线的测量有两种方法：点测法和图示法。图 8-13 所示是共发射极 NPN 型晶体管输出特性曲线及其逐点测量法原理。如图 8-13a 所示的测量电路中，先固定基极电流 I_B，改变 E_C 值，可测得一组 u_{CE} 和 i_C 值；再改变基极电流 I_B，重复上述过程，可测得多组数值。适当选取坐标，根据全部测量数据作图，即可得到晶体管输出特性曲线，如图 8-13b 所示。逐点测量法是一种静态测量法，也是晶体管特性图示仪的基本测量原理。

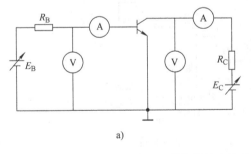 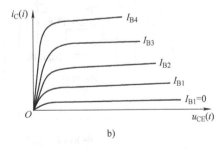

图 8-13　晶体管输出特性曲线及其逐点测量法原理

a）测量原理图　b）输出特性曲线

晶体管特性图示仪可以让上述测量过程自动进行，实现了所谓的动态图示，是一种动态测量法。它利用示波器的 $X-Y$ 图形显示功能，自动描绘出晶体管的特性曲线。为了利用示波器作为 $X-Y$ 图示仪，把图 8-13b 所示 i_C 与 u_{CE} 的关系曲线描绘出来，可将基极电流 I_B 固定为某一值，集电极电压 u_{CE} 加到示波器的 X 输入端，则水平轴相当于 u_{CE} 轴；而把集电极电流 i_C 变换为电压，加到示波器的 Y 输入端，则垂直轴相当于 i_C 轴。这样，屏幕上将扫描

出一条 $i_C = f(u_{CE})$ 的曲线。为此，晶体管特性图示仪应具备以下功能：

1）能够提供测试过程所需的各种基极电流 I_B，并按阶梯波形改变。

2）每一个固定 I_B 期间，集电极电源 E_C 应作相应改变（扫描式电压）。

3）能够及时取出各组 u_{CE} 及 i_C 值，送显示电路的 X 及 Y 通道。

2. 晶体管特性图示仪的组成结构

晶体管特性图示仪有三个主要组成部分：基极的阶梯波发生器、集电极扫描发生器和示波管的水平、垂直偏转系统。晶体管特性图示仪的组成原理框图如图8-14所示。图中，转换开关 $S_1 \sim S_4$ 可提供多种测量的连接。基极开关 S_1 可让被测管的基极选用电流/梯级或电压/梯级，此外还可让基极开路或对地短路，NPN 和 PNP 开关 S_2 能改换集电极扫描波的正负极性；示波管的水平和垂直放大器的输入选择开关 S_3 和 S_4 可有多种输入选择。所以，组合应用这些转换开关，就能使晶体管特性图示仪进行多种测量。例如，示波管水平 X 轴加集电极电压1，垂直 Y 轴加集电极电流4，被测管基极用恒流源的（电流/梯级），于是，示波管显示被测晶体管的输出特性曲线簇。

阶梯波发生器产生上升速率为100级/s（每秒100个台阶）的阶梯波电压输出，再经阶梯波放大器放大后，分别变换成恒流或恒压的阶梯波输出。阶梯放大器的调零是把阶梯波的起始阶梯调至零电位。恒流、恒压源的每梯级的电流、电压值都是可调节的，串联电阻串在恒压源和基极之间，配合被测管的输入特性，模拟其应用特性。功耗限制电阻限制被测管的功耗，也是限流电阻。集电极电流取样电阻完成集电极电流与电压的变换。集电极扫描发生器输出电压的波形是50Hz交流的全波整流波形，它实际上是利用电源变压器输出的50Hz交流电压，经全波整流而得到的100Hz正弦半波电压，作为集电极的扫描电压，故可提供很大的功率。

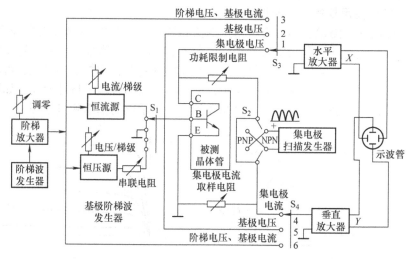

图8-14　晶体管特性图示仪的组成原理框图

3. 晶体管输出特性的观测

晶体管共发射极电路的输出特性，是基极电流为某定值时的集电极电流与集电极电压之间的关系，即 $i_C = f(u_{CE})|i_B = k|$。现在示波器的 X 轴用集电极电压（开关 S_3 置于1），Y 轴用集电极电流（开关 S_4 置于4），被测管基极用电流/梯级。阶梯波每上升一梯级，就是改变一次 I_B 参数。在一个梯级上，集电极扫描电压先增大后减少，正逆扫描一次，即可得出一条输出特性曲线。从图8-15a、b所示可见，扫描波和阶梯波的时间关系是严格同步的，在一次正程扫描时间内，基极电流不变，当基极阶梯电流改变多次后，就可得出一簇输出

特性曲线。

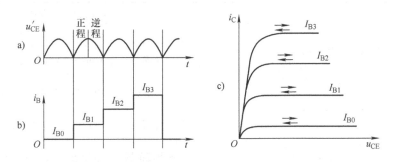

图 8-15　波形的时间关系和输出特性曲线

a）集电极扫描电压　b）基极阶梯电流　c）输出特性曲线簇

4. 晶体管输入特性的观测

共发射极电路的输入特性表示集电极电压为某定值时，基极电流与基极电压之间的关系，即 $i_B = f(u_{BE}) | u_{CE} = k |$。从观测输出特性的经验容易想到：集电极电压应当是阶梯波，而基极上应当是扫描波，这样才能得出输入特性曲线簇。可是，实际晶体管特性图示仪不是这样做的，它的扫描波仍然在集电极，阶梯波仍在基极。这是因为集电极大功率阶梯电压源的用途不多，制作成本高，使仪器复杂。

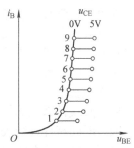

图 8-16　输入特性

观测晶体管的输入特性时，图 8-14 所示的水平放大器连接基极电压（开关 S_3 置于 2），垂直放大器连接阶梯电压、基极电流（开关 S_4 置于 6），被测管基极的开关 S_1 接恒流源。首先调节集电极的扫描电压等于 0V，若集电极电压不扫描，被固定在 0V，则示波器出现的图形如图 8-16 所示的 $u_{CE} = 0V$ 曲线。它实际是由光点 0，1，2，…，9 组成的。基极电流每上升一梯级，光点也跳跃一级。当周期性的阶梯波回零后，光点开始重复跳跃。事实上，晶体管特性图示仪在工作过程中集电极电压也在不断扫描。现在设集电极扫描电压的峰值为 5V，则可得出 $u_{CE} = 5V$ 的输入特性，如图 8-16 所示。它不是由 0~9 个光点组成的一条曲线，而是 u_{CE} 从 0~5V 的 10 条平行的扫描线段。

5. 晶体管特性图示仪的典型技术指标

国内外晶体管特性图示仪的产品甚多，具有代表性的产品的主要技术指标及性能见表 8-5。

表 8-5　晶体管特性图示仪的主要技术指标及性能

型　号	主要技术指标及性能
 XJ4810 型晶体管特性图示仪	集电极电流范围：10μA/div ~ 500mA/div，分 15 档，误差小于 ±3% 集电极电压范围：0.05V/div ~ 50V/div，分 10 档，误差小于 ±3% 阶梯电压范围：0.05V/级 ~ 1V/级，分 5 档，误差小于 ±5% 阶梯电流范围：0.2μA/级 ~ 50mA/级，分 17 档，误差小于 ±5% 集电极扫描信号范围及容量：0 ~ 10V/5A，0 ~ 50V/1A，0 ~ 100V/0.5A，0 ~ 500V/0.1A

（续）

型　　　号	主要技术指标及性能
XJ4830 型晶体管特性图示仪 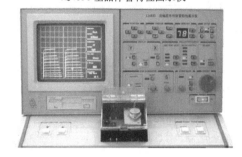	提供光标测量方式，具有 CRT 读出，显示测量档级；集电极电流范围：1μA/div ~ 5A/div，分 21 档，误差小于 ±3% 集电极电压范围：50V/div ~ 200V/div，分 12 档，误差小于 ±3% 阶梯电压范围：0.1V/级 ~ 2V/级，分 5 档，误差小于 ±5% 阶梯电流范围：0.1μA/级 ~ 0.5A/级，分 18 档，误差小于 ±5% 集电极扫描信号范围及容量：0 ~ 10V/50A，0 ~ 60V/5A，0 ~ 350V/1A，0 ~ 2000V/0.1A

8.3　线性系统特性测量

8.3.1　线性系统特性测量的基本原理

在电子科学技术领域，线性系统通常是指用以传输、处理信号的各种元器件、电路或网络，包括放大器、衰减器、滤波器、变换器等各类有源、无源的二端口和多端口网络，以及测量仪器、通信机、雷达等各类具有线性系统特性的设备。系统对信号进行传输和处理的质量取决于它的特性，了解和掌握线性系统的各种特性（如传输特性、反射特性和阻抗特性等）至关重要。

要了解线性系统的特性，必须对系统进行测量。线性系统的特性，既可在时域内进行测量、通过时间特性进行表征，也可在频域内进行测量、使用频率特性予以表征。通过时域测量，可了解电路或系统对快速变化的动态信号的响应特性（如上升时间、下降时间、延迟和抖动等），能够发现信号通过电路或系统后被放大、衰减或产生畸变等现象；通过频域测量，可以测定网络的幅频特性、相频特性，可获知线性系统的工作频率范围、通带、非线性失真系数和调制度等指标。通过上述测量，可综合判定设备或系统工作是否正常、电路设计是否符合要求。

系统的特性参量是无源量，对它进行测量的方法是激励－响应法，即用信号源作为激励输入系统，再用电压表或示波器测量系统输出的响应。信号的产生和信号的测量是系统测量的基础。图 8-17a 是线性系统（元器件、电路与网络）时域测量的原理框图。为了观测系统的动态时域特性，信号源采用阶跃式或冲击式的脉冲信号源，测量仪器采用可进行信号波形测量的示波器或动态信号采集系统。

图 8-17b 是线性系统的频域测量的原理框图。频率特性是指线性网络对正弦输入信号的稳态响应，也称为频率响应。线性网络的频率特性测量包括幅频特性测量和相频特性测量。图中，信号源通常采用正弦信号源，测量仪器采用测量信号幅度的（标量）电压表，或能同

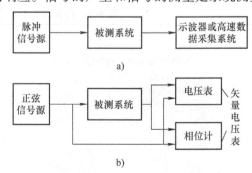

图 8-17　电路与网络特性测量系统组成原理框图
a）时域特性测量　b）频域特性测量

时测量信号幅度与相位的矢量电压表（或幅相接收机）。

8.3.2　频率特性测量的基本方法和仪器

频域测量包括信号的频谱分析和线性系统频率特性的测量。频域测量技术在线性系统测量中具有特殊意义，第 5 章介绍了信号的时域测量，第 6 章介绍了信号的频谱测量，本章将重点介绍线性系统的频率特性测量。

线性系统频率特性的基本测量方法有点频法和扫频法。经典方法是正弦波点频测量，这是一种静态的测量方法。目前更多采用的方法是正弦波扫频测量，这是一种动态测量方法。

1. 点频测量和扫频测量

（1）点频（静态）测量　为了测量系统的各种无源参数，需要信号源对被测系统提供激励，并且要求信号源的频率必须能够在一定范围内调谐或选择。早期的频率信号源主要靠手工方式实现频率调节，即通过改变振荡部分的谐振回路元件参数来调节。这种手工式频率调谐信号源都是按照"点频"方式工作的，也就是每次只能将频率度盘放置到某一位置，输出某一所需的单一频率的激励信号，测量出系统的响应。要测量出系统在一定频段内的特性曲线时，必须将信号源的频率依次设置调谐到各指定频点上，并分别测出各频点上的响应之后，才能将各点测量数据连成完整的曲线。

点频测量方法很简单，但它存在明显的缺陷。首先，点频测量所得的频率特性是静态的。当涉及的频带较宽、频点较多时，这种测量法显然极其烦琐、费时、工作效率低。同时，测量频点选择的疏密程度不同对测量结果有很大的影响，特别是对某些特性曲线的锐变部分以及个别失常点，可能会因为频点选择不当或不足而漏掉。

（2）扫频（动态）测量　为了提高点频测量的工作效率，人们希望频率源的输出频率能够在测量所需的范围内连续扫描，以便连续测出各点频率上的频率特性结果并立即显示特性曲线，这样的方式就是扫频测量。扫频测量法能够快速、直观地测量网络的频率特性。其具体实现是，用一个在一定频率范围内、随时间按照一定规律反复扫动的正弦扫频信号，代替点频法中的固定频率信号。由于扫频信号的频率是连续变化的，对被测网络进行快速动态扫描测量，因此扫频测量显示出的频率特性可反映在一定扫频速度条件下被测网络的实际频率特性，是动态频率特性；并且所得被测网络的频率特性曲线是完整的，不会出现漏掉细节的问题。

图 8-18 所示为电路幅频特性曲线的自动扫频测量与显示原理框图。扫描电压发生器一

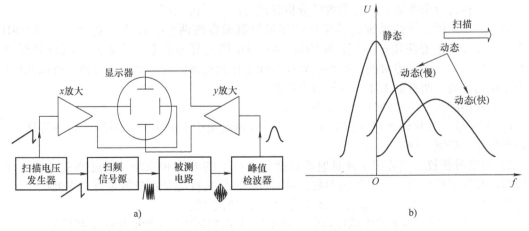

图 8-18　电路幅频特性曲线的自动扫频测量与显示原理框图

a）组成原理框图　b）幅频特性曲线动态显示

方面为示波器的 X 轴提供扫描信号，另一方面控制扫频振荡器的频率，使之按扫描规律产生由低到高周期性变化的扫频信号输出。该扫频信号加到被测电路上，电路输出电压被峰值检波器检波进入示波器的 Y 轴，从而在显示器上得到输出电压随频率变化的曲线，即幅频特性。

（3）两种方法的特性比较　点频和扫频两种测量方法获得的频率特性分别为静态特性和动态特性，为了对两种特性做对比，假定用两种方法对同一个 LC 谐振放大器进行测量，两者测得结果如下：

1）静态特性曲线呈对称状的钟形特性曲线，动态特性曲线则会出现不对称性，其钟形特性曲线产生畸变。相对于静态特性曲线而言，动态特性曲线的峰顶的水平（频率）轴位置向频率变化的方向产生偏离。扫频速度越快，偏离越大。

2）静态特性曲线较尖锐，动态特性曲线较平缓，动态特性曲线的峰值低于静态特性曲线。动态特性曲线的 3dB 带宽大于静态特性曲线的 3dB 带宽。且扫频速度越快，峰值下降越多，3dB 带宽越宽。

产生上述情况的原因在于，含有 LC 元件的被测系统对加到输入端的信号需要一定的响应建立时间。如果输入的扫频信号频率变化太快，以至于系统因输出响应滞后而尚未得到完全响应，那么对每个频率的响应幅度就会出现不足及峰顶的偏移，即扫频测量所得的幅度小于点频测量的幅度，扫速越快，这种幅度不足及峰顶偏移就越明显。

与点频测量方法相比，扫频测量方法具有以下优点：

1）可实现网络频率特性的自动测量。在进行电路调试过程中，用扫频方法可以快速、实时地获得一条频率特性曲线，这样可以一面调节电路中的有关元件，一面观察频率特性曲线的变化（即图示测量），从而迅速地将电路性能调整到预定的要求。

2）由于扫频信号的频率是连续变化的，因此，所得到的被测网络的频率特性曲线也是连续的，不会出现点频法中由于频率点离散而遗漏细节的问题。

3）扫频测量法是在一定扫描速度下获得被测电路的动态频率特性，它更符合被测电路的应用实际。

2. 频率特性的测量仪器

线性系统频率特性的测量与被测系统的工作频率密切相关。在较低频段（如数十兆赫兹），可近似认为描述系统中电路工作的参数均为集总参数，且只集中于 R、L、C 等理想元件上，导线仅起传输作用。随着工作频率逐渐提高到射频、微波段，这些参数将均匀分布在导线上，被称为分布参数，集总参数的分析处理方法已不再适用。

鉴于上述原因，线性系统的频率特性测量仪器通常按两个频段进行划分：1～300MHz 段为集总参数，主要使用扫频仪；30MHz～300GHz 段为分布参数，主要使用网络分析仪。当然，这种划分并不是绝对的，有些扫频仪可能工作到更高频段，而网络分析仪可以从低频一直工作到微波，两者的工作频段是有重叠的。

一些常用的频率特性测量仪器及系统如下：

1）扫频仪：又称频率特性测量仪，用于测量较低频段上的电路和系统的频率特性，包括幅频特性、带宽、回路 Q 值等。

2）网络分析仪：主要用于测量射频和微波频段上的电路和系统，通过测量各种有源、无源器件及网络的反射参数和传输参数，可对表征网络特性的全部参数进行全面测试。

3）频率特性及网络分析系统。该系统由两类仪器组成：

① 扫频信号源：用于产生幅度恒定、频率在限定范围内作线性变化的正弦信号。

② 频谱分析仪：用于分析信号中所含的各频率分量的幅度、功率、相位等信息。

在介绍扫频仪和网络分析仪之前，首先介绍一下扫频信号源。

8.3.3 扫频信号源

1. 概述

（1）扫频信号的作用 输出信号的频率在一定范围内随时间按一定规律变化的信号源称为扫频信号源。在频域测量中常用扫频信号源作为激励源。

（2）扫频源的主要指标

1）有效扫频宽度。即扫频源输出的扫频线性度和振幅平稳性均符合要求的最大频率覆盖范围，一般用相对值表示，即

$$\frac{\Delta f}{f_0} = 2 \times \frac{f_2 - f_1}{f_2 + f_1} \tag{8-22}$$

式中，Δf 表示扫频起点 f_1 与终点 f_2 之间的频率范围，$\Delta f = f_2 - f_1$；f_0 表示扫频输出的中心频率或平均频率，$f_0 = (f_1 + f_2)/2$。

2）扫频线性度。表示扫频振荡器的压控特性曲线的非线性（或线性）程度，可以用线性系数表征，即

$$\text{线性系数} = \frac{(k_0)_{\max}}{(k_0)_{\min}} \tag{8-23}$$

式中，$(k_0)_{\max}$ 表示压控振荡器 VCO 的最大控制灵敏度，也即 $f - U$ 曲线的最大斜率（$\mathrm{d}f/\mathrm{d}U$）；$(k_0)_{\min}$ 表示 VCO 最小控制灵敏度，对应于 $f - U$ 曲线的最小斜率。由式（8-23）可见，线性系数越接近 1，压控特性曲线的线性就越好，代表着扫频信号的频率变化规律与控制电压的变化规律越一致。

3）输出振幅平稳性。通常用扫频信号的寄生调幅表征振幅的平稳性。寄生调幅系数为

$$M = \frac{A_1 - A_2}{A_1 + A_2} \times 100\% \tag{8-24}$$

式中，A_1、A_2 分别是发生寄生调幅时的最大、最小幅度。寄生调幅系数越小，振幅越平稳。

（3）扫频信号源的基本要求 对扫频信号源的基本要求如下：

1）中心频率范围大且可连续调节。中心频率是指扫频输出的频率的中点或平均频率，即式（8-22）中的 f_0。不同测试对象对中心频率的要求也不同。

2）扫频宽度（常用频偏进行描述）要宽且可任意调节。频偏是指扫频信号的瞬时频率与中心频率的差值。频偏应能覆盖被测电路的通频带，以便测出完整的频率特性曲线。

3）扫频线性度好。扫频信号的频率和控制电压之间的关系为扫频特性。当扫频特性为直线关系时，示波管的水平轴则变换成线性的频率轴，这时幅频特性曲线上的频率标尺是均匀分布的。在测试宽带放大器时，若使用对数幅频特性，则要求扫频特性是对数关系。

4）寄生调幅要小。理想的调频波应是等幅波，因为只有在扫频信号幅度保持恒定不变的情况下，被测电路输出信号的包络才能有效表征该电路的幅频特性曲线。

2. 扫频信号源的原理

一个典型的扫频信号源的原理框图如图 8-19 所示，主要包括扫频振荡器、扫描信号发生器、频标产生电路及自动稳幅控制（Automatic Level Control，ALC）环路等。

扫频振荡器用于产生扫频信号，上、下频率限分别用 f_2、f_1 表示。扫描信号发生器一方面为了自动重复扫频产生适当的锯齿扫描电压，对振荡器进行电调谐，使其频率在 $f_1 \sim f_2$ 范围内的任意频段上扫变；另一方面产生一个锯齿波用来驱动显示器，从而产生水平（频率）轴。取样检波器用于对扫频输出信号的幅度进行取样监测，并和稳幅放大器一同组成闭环反馈通路，实现自动稳幅控制。图中，点画线框表示其中的本振和混频部分并不是所有扫频源都必备的电路。对输出频段较窄的扫频源，可以不采用混频电路，扫频振荡器产生的信号经

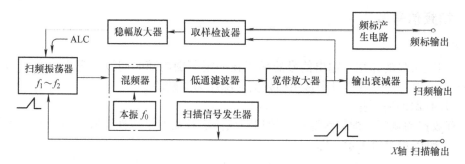

图 8-19　扫频信号源的原理框图

滤波、放大和输出衰减器之后直接输出；对较宽扫频输出的扫频源，采用差频式宽带扫频技术，混频器可以将扫频振荡器的输出频段 $f_1 \sim f_2$ 向上或向下扩展，增大扫频输出范围。例如本振输出 f_0 为 2GHz，扫频振荡器的频率 $f_1 \sim f_2$ 为 2.1 ~ 4GHz，则混频后的差频输出便可以从 100MHz 连续扫变到 2GHz。

振荡器是扫频信号源的核心部件。实现扫频振荡的方法很多，目前广泛采用的是变容二极管扫频；若要获得较高的扫频频率（几十到几百兆赫兹），可采用磁调电感扫频；要得到更高的扫频频率（千兆赫兹级），则可采用 YIG（钇铁石榴石）扫频。

8.3.4　扫频仪

作为工作在较低频段上的频率特性测量仪器，扫频仪在无线通信、广播电视、导航等领域中有着广泛应用，如测量放大器、滤波器等器件的幅频特性以及通带、频率响应、增益、反射等参数。

1. 扫频仪的组成

扫频仪实质上是一种把扫频信号源、频标发生器、示波器结合起来的仪器，图 8-20 所示为其组成框图及工作波形。由图可见，扫频仪主要包括扫频信号源、扫描电压信号源、检波探头和频标形成电路等。

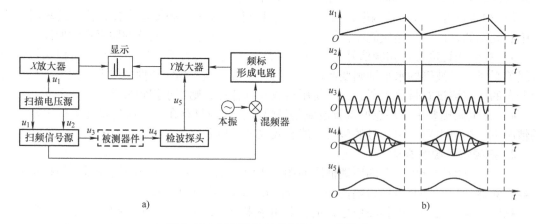

图 8-20　扫频仪的组成框图及工作波形
a）组成框图　b）工作波形

扫频信号源即频率受控振荡器，用于在锯齿波扫描信号 u_1 和扫描启停控制信号 u_2 的控制下产生扫频信号 u_3，u_3 的频率将随着 u_1 的增大而升高。

扫描电压信号源用于产生锯齿波扫描电压信号 u_1 和扫描控制信号 u_2。其中，u_1 除了用作显示器（即示波器）的水平扫描信号外，同时也是扫频信号 u_3 的频率调制信号。u_2 用作扫描同步控制信号，在显示器的扫描正程时控制扫频信号源振荡，以在屏幕上显示幅频特性曲线；在扫频回程时使扫频信号源停止振荡，以在屏幕上显示一条用作零值的水平参考基线。

检波探头用于对被测件输出的信号包络进行峰值检波，从而得到被测件的幅频特性。

频标形成电路可产生一个用作频率标度的频标信号，以便读出幅频特性曲线上各点所对应的频率值。

2. 频标

为了帮助在显示输出的水平轴上有更精确的频率读数，通常在扫频信号中附带输出两个或多个可移动的频率标记脉冲，以便准确地标读扫描区间内任一点的信号频率值。这样的频率标记脉冲就是"频标"。

（1）对频标的要求　频标是扫频测量中的频率标定值，它必须符合下列要求：

1）频标所用的基准频率必须具有较高的频率稳定度和准确度，一般采用晶体振荡器。

2）一组频标信号的幅度应基本一致、显示整齐，不会因频标幅度差异而导致读数误差。

3）频标信号不能包含杂频和泄漏进来的扫频信号。

4）有菱形、脉冲、线形等多种形式的频标，以满足各种显示和测量的需要。

5）频标产生过程中的电路延时应尽可能小，否则将引起为频率定度的偏差。

（2）产生频标的方法　产生频标的基本方法是差频法，利用差频方式可以产生一个或多个频标，频标的数目取决于和扫频信号混频的基准频率的成分，基本原理如图 8-21 所示。

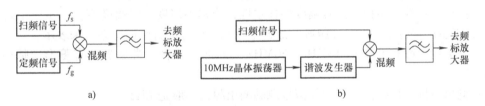

图 8-21　频标产生的基本原理
a）产生单一频标　b）产生多频标

常见的菱形频标是利用差频法得到的，如图 8-22 所示。标准信号发生器产生标准频率信号 f_0，谐波发生器产生 f_0 的基波及各次谐波 f_{01}，f_{02}，f_{03}，$\cdots$，f_{0i}。范围在 $f_{\min} \sim f_{\max}$ 的扫频信号在某处的频率如果与谐波频率相同，将得到混频零拍点，即输出差频为零。以零拍点为中心，扫频信号越向两边变化，差频频率越高；将差频输出经过低通滤波器之后，受滤波器带通特性的影响，差频中高频成分被滤去，只有以零拍点为对称点的差频信号才被保留下来。距零拍点较远的差频信号幅度被急剧衰减，于是产生形状如菱形的频标。应当指出，菱形频标是在相频过程中产生的，如果参加混频的都是固定频率信号，则混频之后也只能得到固定差频信号，无法产生菱形频标。

如果改变标准频率 f_0，菱形频标将在频率轴上移动。由于菱形频标本

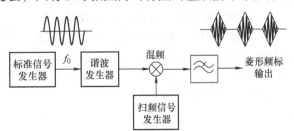

图 8-22　菱形频标产生的原理框图

身有一定的频率宽度，只有当其宽度与扫频范围相差甚远时，才能形成很细的标记，因此菱形频标适用于较高频段的频率特性测量。

脉冲频标是由菱形频标变换而来的。将经过混频、滤波的菱形频标信号送到单稳电路中，用每个频标去触发单稳电路产生输出，整形之后形成极窄的矩形脉冲信号，这就是脉冲频标，也叫针形频标。这种频标的宽度较菱形频标窄，它在测量低频电路时比菱形频标有更高的分辨力。

线形频标是光栅增辉式显示器所特有的频标形式。它的形状是一条条极细的垂直方向的亮线，可以和电平刻度线组成频率 – 电平坐标网格。

3. 扫频仪的主要性能指标

1）有效频率范围：扫频信号源所能产生的载波频率范围。

2）扫频宽度：在扫频线性和振幅平稳性符合要求的前提下，单次扫频能够覆盖的最大频率范围。

3）扫频方式：由扫频电压的实现方式而决定的扫频工作模式，如自动重复扫频（扫描电压周期性自动变化）、手动扫频（通过面板旋钮手动调节扫描电压）、触发扫频（由触发脉冲启动扫描电压）、外控扫频（由外部电压信号控制扫频信号源）等。

4）扫频非线性：扫频信号频率与扫频电压之间的线性相关程度，可用 $f-u$ 曲线的斜率变化表示为

$$k = \frac{(\mathrm{d}f/\mathrm{d}u)_{\max}}{(\mathrm{d}f/\mathrm{d}u)_{\min}}$$

式中，$\mathrm{d}f$ 为频率的微小变化量；$\mathrm{d}u$ 为电压的微小变化量；k 即为扫频非线性系数。在一定扫频范围内，k 越接近 1，说明 $f-u$ 曲线越近似于直线，则扫频线性越好。

5）振幅平稳性：指扫频信号幅度的稳定性，或称平坦度。因幅度不稳定主要由寄生调幅引起，寄生调幅越小，稳定性越好，故通常用扫频信号的寄生调幅系数来表示。

6）频标：一般有 1MHz、10MHz、50MHz 及外部等几种，常见类型有菱形、脉冲、线形等形状。

7）输出阻抗：扫频仪中，扫频信号源的输出阻抗一般是 75Ω。

8.3.5 网络分析仪

1. 网络分析的基本概念

（1）网络的基本形式 "网络"术语，泛指由实际元器件构成的物理电路的数学抽象，通常用某种数学模型表示。本节所讨论的网络并不是计算机网络，而是由射频、微波器件组成的射频电路网络。射频网络通常分为单端口网络、双端口网络和多端口网络等。

1）单端口网络。只要是对外连接只有一个连接端口的射频、微波器件或网络，即称为单端口网络。单端口网络只有一个连接端口，总是接在电路终端，因此通常又称为终端负载。最常见的有短路器、开路器和负载等。

2）双端口网络。对外连接有两个连接端口的射频、微波器件或网络，称为双端口网络（或称为二端口网络、两端口网路），如图 8-23 所示。双端口网络最重要的功能是进行信号的传输。

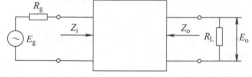

图 8-23　微波双端口网络

除了单端口、双端口以外，射频网络还有三端口、四端口等多端口网络，如功率分配器、定向耦合器等。虽然一个网络可能会有多个端口，但通过特定的处理方式，多端口网络

可以转化为双端口网络。双端口网络是最基本的网络形式。网络分析就是将被测对象等效成单端口或双端口网络，并以单端口和双端口网络参数为基础建立被测对象的数学模型，对被测对象的网络特性进行分析。

（2）网络分析的基本概念

1）入射、反射与传输。在网络分析中，需要研究测量信号沿传输线行进的入射波、反射波和传输波。利用光波作为类比，当光投射到一个透镜上时（入射能量），一部分光从透镜表面反射，但是大部分光继续通过透镜传输

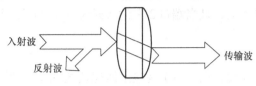

图 8-24　波的入射、反射与传输

能量，如图 8-24 所示。若透镜具有镜面，则大部分光将被反射，少量或没有光通过透镜。

虽然射频信号和光波信号的波长不相同，但原理是一样的。射频信号在传输过程中，传输线上发送的能量、沿传输线反射回发射源的能量（由于阻抗失配），以及顺利传送至终端装置的能量，都与网络特性密切相关。网络分析仪能够精确测量出被测网络的入射能量、反射能量和传输能量，并分析出网络的特性。

2）网络特性的表征。网络特性分为传输特性和反射特性两大类。网络特性可以用网络内部的结构模型来描述，但更常见的是用网络外部特性——输入/输出关系的数学模型来描述。

一个网络可以通过研究其参考面上某种输入量和输出量之间的关系而得到一组表征该网络特性的参数。其输入和输出量称为端口变量，表征网络特性的一组量称为网络参数。通过测量网络的输入和输出端对频率扫描和功率扫描测试信号的幅度响应和相位响应，来精确测量网络（元器件或电路）的特性参数，这种方法称为网络分析。

2. 微波网络的 S 参数

（1）S 参数的定义　在较低频率中，一般用阻抗 Z 参数或导纳 Y 参数来表述网络特性，由于 Z、Y 参数的定义都是基于电压、电流的概念，因此测量时需要在特定的端口条件下（如开路、短路）测出对应的电压和电流，以确定这些参数。而高频条件下的电压和电流参数很难测量，而且有时不允许人为地将网络端口开路或短路，因此上述 Z 参数和 Y 参数并不适用于微波频率，必须定义和应用一种新的参数系统来表征微波网络特性，并采用一种不同的方法进行测量。

借助"波"的概念，微波网络的端口特性常用散射参数（Scattering Parameters），简称 S 参数来表征，对 n 端口网络需要 n^2 个 S 参数。例如，单端口网络有一个 S 参数、双端口网络有四个 S 参数、三端口网络有九个 S 参数等。

图 8-25 所示为常见的微波双端口网络，被测器件（DUT）外部的带箭头线用来表示加在其端口上的信号及其流动情况。当入射波 a_1 进入端口 1 时，其中一部分会因端口失配而反射回来，大小为 $S_{11}a_1$；a_1 其余部分经网络传输到端口 2 上成为出射波，大小为 S_{21}

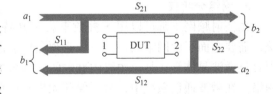

图 8-25　微波双端口网络及其 S 参数

a_1。同样地，若有入射波 a_2 进入端口 2，其中一部分也会因失配反射回来，大小为 $S_{22}a_2$；a_2 其余部分经网络传输到端口 1 上成为出射波，大小为 $S_{12}a_2$。

用 b_1、b_2 分别表示端口 1 和端口 2 上的所有出射波，则有

$$b_1 = S_{11}a_1 + S_{12}a_2$$
$$b_2 = S_{21}a_1 + S_{22}a_2$$

$$(8\text{-}25)$$

式中，S_{11}、S_{21}、S_{12}、S_{22} 就是表示双端口网络的四个 S 参数，被称为散射参量，式（8-25）由此被称为散射方程组。

（2）S 参数的物理意义　四个 S 参数均有固定的物理意义。用一个匹配负载 Z_0 终接在端口 2 上，且当端口 2 上的入射波 $a_2 = 0$ 时，由式（8-25），有

$$S_{11} = \frac{b_1}{a_1}\bigg|_{a_2=0}, \quad S_{21} = \frac{b_2}{a_1}\bigg|_{a_2=0} \tag{8-26}$$

同样地，在端口 1 终接上匹配负载 Z_0，且当端口 1 上的入射波 $a_1 = 0$ 时，有

$$S_{22} = \frac{b_2}{a_2}\bigg|_{a_1=0}, \quad S_{12} = \frac{b_1}{a_2}\bigg|_{a_1=0} \tag{8-27}$$

可见，在 S 参数的两个数字下标中，如果用第一个代表波出射的端口、第二个代表波入射的端口，则 S_{11} 是端口 2 匹配时端口 1 的反射系数；S_{22} 是端口 1 匹配时端口 2 的反射系数；S_{21} 是端口 2 匹配时的正向传输系数；S_{12} 是端口 1 匹配时的反向传输系数。所有 S 参数都是同时包含幅度、相位两种信息的复数值。一般来说，$|S_{11}|$ 和 $|S_{22}|$ 均小于 1；对有衰减的器件，$|S_{21}|$ 和 $|S_{12}|$ 均小于 1；对有增益的器件，$|S_{21}|$ 和 $|S_{12}|$ 均大于 1。

（3）微波 S 参数的特点　S 参数具有以下特点：

1）S 参数在微波网络中有明确的物理意义且便于使用。传输参数代表复数的插入损耗或插入增益，反射参数代表网络与源或负载之间的失配情况。

2）微波网络通常有一个确定的特性阻抗，S 参数特别适于分析特性阻抗为 50Ω 的微波网络或系统。

3）S 参数便于实际测量。S 参数是在信号源内阻和负载阻抗均为 50Ω 特性阻抗的匹配条件下测量的，不要求端口开路和短路，易于实现。

4）采用 S 参数表征网络特性便于网络设计和计算分析，也最适于用信流图来解决复杂的微波网络问题。

（4）网络特性参数　在实际工作中，常用反射参数和传输参数来描述网络的特性，这些参数含有更具体的物理意义。对于双端口微波网络，信号源的内阻、负载阻抗和网络之间的匹配状态对反射参数和传输参数有较大的影响，在此只讨论输入端和输出端均处于匹配状态的情况。

反射参数包括反射系数、驻波比、阻抗、回波损耗等，传输参数有增益、插入损耗（衰减）、传输系数、传输相移、延时等。这些参数的定义以及与 S 参数的关系，这里不再详细介绍了，有兴趣的读者请参阅参考文献 [1]。

3. 网络分析仪

任何射频网络都可以用 S 参数来表示其特性，因此，为了设计一个射频微波电路与系统，需要全面了解网络的特性时，必须测出它的 S 参数。例如，设计一个微波放大器时，必须具有微波晶体管在某个频段内准确的 S 参数数据，才能设计出放大器的输入、输出匹配的网络。在微波通信系统中，为了保证无失真地传输信息，对系统中的各个部件或分机的频率特性，包括幅度特性和相位特性，都必须有详尽的了解，这就需要对这些部件的 S 参数进行测量。

网络分析仪（Network Analyzer，NA）就是用来测量被测网络 S 参数等网络频率特性的仪器。网络分析仪能够完成反射、传输两种基本性能测量，从而确定几乎所有的网络特性，它是电路与系统设计最重要的工具之一。

（1）网络分析仪的组成　典型的网络分析仪主要由扫频信号源、信号分离装置及标量

电压表或矢量电压表组成，如图 8-26 所示。图中，信号源用于向被测网络提供入射信号或激励。信号分离装置把入射信号、反射信号以及传输信号分离开来，然后通过转换开关实现对它们的分别测量。标量电压表或矢量电压表（幅相接收机）用来测量入射、反射和传输信号的幅度值及它们之间的相位差。

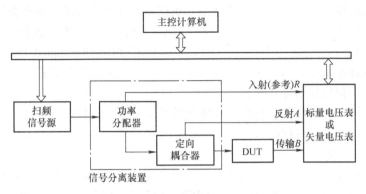

图 8-26　网络分析仪的基本组成

（2）网络分析仪的分类　网络分析仪一般分为标量网络分析仪（Scalar Network Analyzer，SNA）和矢量网络分析仪（Vector Network Analyzer，VNA）。无论是标量网络分析仪或是矢量网络分析仪，其仪器组成中均包含激励信号和信号分离装置。两者不同的是，标量网络分析仪配备标量电压表，只测量线性系统的幅度特性；矢量网络分析仪配备矢量电压表（幅相接收机），可同时测量幅度特性和相位特性。矢量网络分析仪大多是先利用某种变频方式转移至较低频率上，然后由两路幅相接收机对反射和传输信号进行幅相测量；而标量网络分析仪只测量反射和传输参数的幅值，通常采用二极管检波器完成频率变换和幅度检波。标量网络分析仪与矢量网络分析仪的比较见表 8-6。

表 8-6　标量/矢量网络分析仪的比较

比较项	标量网络分析仪	矢量网络分析仪
主要测量装置	反射传输	S 参数或反射传输
信号分离器件	标量电桥、定向耦合器	定向耦合器
检测方式	二极管检波	幅相接收
激励源	扫频信号源	合成扫频信号源
测量参数	标量幅度	幅度、相位；群延时特性
系统成本	低	高
测量精度	低	高
测量功能	少	多

251

1）激励信号源。信号源向被测器件提供输入激励，同时也作为参考信号。由于矢量网络分析仪需要测试被测器件的出射/反射信号与入射信号频率和功率的关系，要求内置信号源需具备频率扫描和功率扫描功能，所以，现在的矢量网络分析仪内部几乎都采用合成扫频信号源。

2）信号分离装置。信号分离装置包括功率分配器和定向耦合器。矢量网络分析仪测量 S 参数的基本思想是：根据四个 S 参数的定义，设计特定的信号分离装置将被测网络的入射波、反射波、传输波分开，用幅相接收机测量入射波、反射波、传输波的幅度和相位，再通

过计算得到四个 S 参数。在上述过程中，信号分离装置是实现 S 参数测量的关键部件。

3）幅相接收机（矢量电压表）。分析仪中的幅相接收机的主要作用是测量入射波、反射波、传输波的幅度和辐角，由于直接测量微波信号困难，因此通常的做法是在幅相接收机中将微波信号下变频到中频，然后测量中频信号的幅度和相位。网络分析仪一般有二极管检波、调谐接收机两种下变频方法，矢量网络分析仪采取外差式调谐接收机方法完成下变频。

4）处理与显示单元。矢量网络分析仪的控制与处理部分以嵌入式计算机系统为核心，是一个包括数字信号处理器（DSP）、图形信号处理器（Graphic Signal Processor，GSP）等单元在内的多处理器系统，负责完成系统的测量控制、误差校准和修正、时 – 频域转换、信号分析与处理、多窗口显示等功能。

现代的矢量网络分析仪是一种高度智能化的测试系统。它以嵌入式计算机为核心，完成系统的自动测试，测量过程控制包括对信号源、测量装置、输出绘图和打印、接收解释外部命令并执行命令等控制。

矢量网络分析仪通常采用多总线结构。内总线通常为高速数据总线，是仪器内部各种测量控制信号和高速数据通道；外总线多为 GPIB、LXI 等仪用总线，现在的 VNA 还带有 USB、LAN 等通用总线接口。通过这些总线，矢量网络分析仪能够方便地和其他外部仪器设备构成一个自动测量系统，完成更复杂的测量任务。

（3）网络分析仪的校准技术

1）网络分析仪的误差来源。

在 S 参量的测量系统中，使用了功率分配器、定向耦合器等微波器件，这些器件的性能通常都不是理想的，比如它们的端口阻抗难于保证在全频段都为 50Ω 特征阻抗，因而存在阻抗失配；它们对传输的信号有一定的衰减和相移，而且衰减、相移量不恒定，随频率变化而变化；定向耦合器的隔离度也不是理想的无限大。因此，用含有上述器件的系统进行反射和传输参数测量，将必然存在来自系统本身的频率响应特性以及端口特性的系统误差。

2）网络分析仪的误差校准的重要性。

很长时间以来，高精度的网络分析仪一直要求精细的设计和昂贵的硬件电路来保证，以获得尽可能准确的测量结果。由于微处理器的应用，通过数学运算来修正测量中的系统误差已成为可能，提高仪器精度的任务由此从硬件电路技术转移到了软件校准（Calibration）技术上，因为校准可以通过数学运算软件来弥补硬件上的局限。

误差修正及校准技术是现代网络分析仪的核心技术之一，它通过校准测量和误差修正，使仪器的测量精度主要取决于所使用的校准件的精度和校准方法。采用软件进行误差修正，最大限度地减小了测量中的系统误差，提高了测量精度，因此被称为"精度增强技术"。正如一些专家所言，"没有误差校准和修正理论和技术，就没有新一代矢量网络分析仪的诞生"。

3）误差校准和修正的方法。

简单地说，误差"修正"（Correction）是根据测量值和误差模型，求出各项误差并将它们的影响从测量值中扣除。"校准"则是通过测量一系列 S 参数已知的器件，对包含有器件的真实 S 参数值和网络分析仪的实际 S 参数测量值的方程组联立求解，以获得系统误差的过程。校准所用的已知 S 参数的器件被称为"校准件"。在微波测量中，同轴系统一般选用开路器、短路器和匹配负载 Z_0 作为校准件，而微带线系统则选用开路器、短路器和偏离短路器作为校准件。

误差修正及校准主要有四大步骤：①建立误差模型；②使用校准件作为被测器件进行校

准测量；③联立方程，提取误差模型中的误差参数；④用已知的误差参数对所有实测的 S 参数进行修正计算。

经过校准和修正所得的测量精度被大大提高，仅剩下由接口和开关的重复性、系统噪声、温度漂移以及校准件本身精度所引起的误差。

需要强调的是，S 参数是频率的复函数，意味着误差校准和修正工作必须针对频点进行才有意义。也就是说，一个双端口网络有四个 S 参数，它们所有 12 项误差的校准测量都应该在每个测量频点上依次进行，然后在每个点上进行大量的复数运算以实现修正。这项庞大复杂的工作一般由网络分析仪内含的微处理器完成，或借助于自动测量系统中的计算机来完成。

本 章 小 结

1）由于电阻器、电感器和电容器受到所加的电压、电流、频率、温度及其他物理和电气环境的影响而改变阻抗值，因此在不同的条件下其电路模型不同。阻抗测量有多种方法，必须首先考虑测量的要求和条件，然后选择最合适的方法，需要考虑的因素包括频率覆盖范围、测量量程、测量精度和操作的方便性。没有一种方法能包括所有的测量能力，因此在选择测量方法时需折中考虑。

2）集总参数元件的测量主要采用电压－电流法、电桥法和谐振法。依据电桥法制成的测量仪总称为电桥，同时具有测量 L、R、C 功能的电桥称为万用电桥。电桥主要用来测量低频元件。

3）阻抗的数字测量法有自动平衡电桥法、射频电压电流法、网络分析法等。在智能化 L、C、R 测量仪中采用运算放大器将被测元件的参数变成相应的电压，由相敏检波器通过开关选择 $\dot{U}_x$ 和 $\dot{U}_s$，便可得到它们的投影分量，然后由 A－D 转换器变成数字量经接口电路送到微处理器系统，CPU 对其进行计算得到测量结果。

4）常见的半导体分立器件包括二极管、晶体管、场效应晶体管、晶闸管及光电子器件等，分立器件的参数可分为直流参数、交流参数和极限参数，也可以分为电压参数、电流参数、放大倍数、阻抗参数、时间频率参数等。其测量方法和测量电路由器件和参数类型而定。测量资源一般需要可程控的电压源、电流源、正弦交流信号源和脉冲信号源，还需要电压表和电流表以及示波器等。

5）晶体管特性图示仪是一种采用图示法在荧光屏上直接显示各种晶体管、场效应晶体管等的特性曲线，并据此测算器件各项参数的器件测量仪器。例如，测量 PNP 和 NPN 型晶体管的输入特性、输出特性、电流放大特性、反向饱和电流、击穿电压；各类二极管的正反向特性；场效应晶体管漏极特性、转移特性、夹断电压和跨导等参数。晶体管特性曲线测量有两种方法：点测法和图示法。

6）线性网络的频率特性测量包括幅频特性测量和相频特性测量，经典的测量方法是正弦点频、扫频测量。静态的点频测量方法费时且不完整，常常会漏掉频率特性的突变点或细节；动态的扫频测量方法能快速、直观地测量线性网络的频率特性。

线性系统频率特性的测量与被测系统的工作频率密切相关。在较低频段可使用扫频仪。扫频仪主要用于测量电路特性，如测量放大器、滤波器等器件的幅频特性、相频特性和延迟特性，以及通带频率响应、增益、反射等参数。

网络分析是在感兴趣的频率范围内，通过线性激励－响应测试确定线性网络传输特性、阻抗特性的过程。任何网络都可以用 S 参数来描述其特性，并由此推导而得其他反射、传输网络参数。

网络分析仪是通过正弦扫频测量来获得线性网络的全面频域描述的仪器，是研究线性系统的重要工具之一。有标量网络分析仪和矢量网络分析仪两种，均是以双端口网络分析为基础，通过测定反射参数和传输参数对网络进行全面描述。典型的网络分析仪主要由信号源、S 参量测量装置及矢量电压表组成。

使用矢量网络分析仪测量反射、传输参数，可以在已知系统误差来源并建立了误差模型的基础上，根据不同的误差模型和实际测量值，利用校准件进行校准测量和误差修正，可求出误差并将它们的影响从测量值中扣除。由此提高测量精度。

思考与练习

8-1 测量电阻、电容、电感的主要方法有哪些？它们各有什么特点？

8-2 图 8-27 所示的直流电桥测量电阻 R_x，当电桥平衡时，三个桥臂电阻分别为 $R_1 = 100\Omega$，$R_2 = 50\Omega$，$R_3 = 25\Omega$。求电阻 R_x 等于多少？

8-3 图 8-28 所示的交流电桥平衡时有下列参数：Z_1 为 $R_1 = 2000\Omega$ 与 $C_1 = 0.5\mu F$ 相串联，Z_2 为 $R_2 = 1000\Omega$ 与 $C_2 = 1\mu F$ 相串联，Z_4 为电容 $C_4 = 0.5\mu F$，信号源角频率 $\omega = 10^2 rad/s$，求阻抗 Z_3 的元件值。

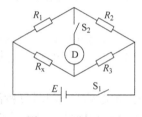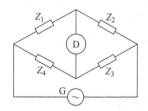

图 8-27 题 8-2 图   图 8-28 题 8-3 图

8-4 判断图 8-29 所示交流电桥中哪些接法是正确的？哪些是错误的？并说明理由。

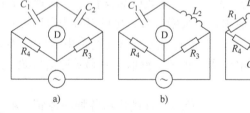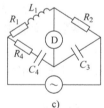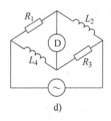

图 8-29 题 8-4 图

8-5 试推导图 8-30 所示的交流电桥平衡时计算 R_x 和 L_x 的公式。

8-6 判断图 8-31 所示的连接头的接法正确与否？并说明理由。

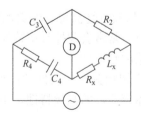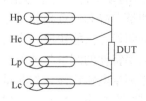

图 8-30 题 8-5 图   图 8-31 题 8-6 图

8-7　简述自动平衡电桥测量阻抗的原理。

8-8　简述晶体管特性图示仪的工作原理。

8-9　什么是线性系统的频率特性？试述幅频特性测量的基本方法，并比较这些方法的优缺点。

8-10　试述扫频仪的组成原理。它有哪些主要性能指标？

8-11　扫频仪中的频标的作用是什么？对频标有何要求？频标产生的原理是什么？

8-12　什么是 S 参数？微波网络中为什么要使用 S 参数？

8-13　简述网络分析仪的组成原理和各部分的作用。

8-14　为什么网络分析仪需要进行误差校正和修正？

参 考 文 献

[1] 詹惠琴，古天祥，等. 电子测量原理 [M]. 2 版. 北京：机械工业出版社，2014.

[2] 田书林，王厚军，叶芃，等. 电子测量技术 [M]. 北京：机械工业出版社，2012.

[3] 陈尚松，郭庆，雷加. 电子测量与仪器 [M]. 北京：电子工业出版社，2009.

[4] 蒋焕文，孙续. 电子测量 [M]. 2 版. 北京：中国计量出版社，2008.

[5] 黄纪军，戴晴，李高升，等. 电子测量技术 [M]. 北京：电子工业出版社，2009.

[6] 杨吉祥，高礼忠，詹宏英，等. 电子测量技术基础 [M]. 南京：东南大学出版社，2004.

[7] 刘国林，殷贯西，等. 电子测量 [M]. 北京：机械工业出版社，2003.

[8] 陈杰美，古天祥. 电子仪器 [M]. 北京：国防工业出版社，1986.

[9] 邓斌，等. 电子测量仪器 [M]. 北京：国防工业出版社，2008.

[10] SYDENHAM P H. 测量科学手册：上册 [M]. 周兆英，等译. 北京：机械工业出版社，1990.

[11] 陆绮荣，等. 电子测量技术 [M]. 北京：电子工业出版社，2008.

[12] 宋悦孝. 电子测量与仪器 [M]. 北京：电子工业出版社，2009.

[13] 王跃科，叶湘滨，等. 现代动态测试技术 [M]. 北京：国防工业出版社，2003.

[14] 孙圣和，等. 现代时域测量 [M]. 哈尔滨：哈尔滨工业大学出版社，1995.

[15] 樊尚春，周浩敏. 信号与测试技术 [M]. 北京：北京航空航天大学出版社，2002.

[16] ANTON F P, VAN PUTTEN. 电子测量系统——理论与实践 [M]. 2 版. 张伦，译. 北京：中国计量出版社，2000.

[17] 多夫贝塔 Л И，利亚奇涅夫 В В，西拉娅 Т Н. 理论计量学基础 [M]. 李绍贵，译. 北京：中国计量出版社，2004.

[18] 费业泰，等. 误差理论与数据处理 [M]. 4 版. 北京：机械工业出版社，2000.

[19] 倪育才. 实用测量不确定度评定 [M]. 北京：中国计量出版社，2004.

[20] 吕洪国. 现代网络频谱测量技术 [M]. 北京：清华大学出版社，2000.

[21] 詹惠琴，古军，等. 虚拟仪器设计 [M]. 北京：高等教育出版社，2008.

[22] 古天祥，詹惠琴，等. 电子测量原理与应用：上下册 [M]. 北京：机械工业出版社，2010.

[23] WITT R A. 频谱和网络测量 [M]. 北京：科学技术文献出版社，1997.

[24] NIRAJ JHA, SANDEEP GUPTA. 数字系统测试 [M]. 王新安，等译. 北京：电子工业出版社，2007.

[25] 全国法制计量管理计量技术委员会. 测量不确定度评定与表示：JJF 1059. 1—2012 [S]. 北京：中国质检出版社，2013.

[26] 全国法制计量管理计量技术委员会. 通用计量术语及定义：JJF 1001—2011 [S]. 北京：中国质检出版社，2012.